U0366875

核能与核技术经典教材系列

离子放疗设施的防护设计及辐射安全

[美] 尼西 · 伊丽莎白 · 伊佩（Nisy Elizabeth Ipe）
[美] 杰伊 · 弗兰兹（Jay Flanz） 等 编著

卢晓明 主审

王孝娃
唐 波 赵 鹏 高 峰 编译

上海交通大学出版社
SHANGHAI JIAO TONG UNIVERSITY PRESS

内容提要

本书全面介绍了带电粒子治疗设施的屏蔽设计、辐射安全及管理。全书共 9 章，内容覆盖基础理论和实践应用，详细阐述了加速器原理、粒子微观作用、辐射剂量监测、设备活化处理、蒙特卡罗模拟技术以及安全系统和风险管理。本书特别强调了次级辐射问题和治疗设施的安全管理，为粒子治疗的安全运营提供了理论基础和实践指导。

本书面向对质子和重离子放射治疗技术感兴趣的科学家和医疗专业人员，尤其是为从事粒子治疗设施的设计、管理与安全保障方面工作的专业人士，提供了宝贵的资源和指导。

图书在版编目(CIP)数据

离子放疗设施的防护设计及辐射安全 / (美) 尼西·伊丽莎白·伊佩(Nisy Elizabeth Ipe)等编著 ; 王孝娃等编译. -- 上海 : 上海交通大学出版社，2025.1.

ISBN 978-7-313-31788-9

Ⅰ. TL5

中国国家版本馆 CIP 数据核字第 2024BN7427 号

离子放疗设施的防护设计及辐射安全

LIZI FANGLIAO SHESHI DE FANGHU SHEJI JI FUSHE ANQUAN

编　著：[美] 尼西·伊丽莎白·伊佩(Nisy Elizabeth Ipe)　[美] 杰伊·弗兰兹(Jay Flanz) 等

编　译：王孝娃　唐　波　赵　鹏　高　峰

出版发行：上海交通大学出版社

地　址：上海市番禺路 951 号

邮政编码：200030

电　话：021-64071208

印　制：常熟市文化印刷有限公司

经　销：全国新华书店

开　本：710mm×1000mm　1/16

印　张：24.75

字　数：411 千字

版　次：2025 年 1 月第 1 版

印　次：2025 年 1 月第 1 次印刷

书　号：ISBN 978-7-313-31788-9

定　价：79.00 元

序　言　1

近年来，随着我国经济社会的进步以及高端制造业的迅速崛起，我国已经成为放射诊疗新技术包括质子重粒子治疗等新的研发和应用高地，“十四五”规划了 40 余台质子重离子设备，上海市质子重离子医院和武威医学科学院肿瘤医院等纷纷投入临床使用，极大地促进了质子重离子治疗的应用。粒子治疗的辐射防护问题凸显重要，成为该领域内不可忽视的核心议题。粒子治疗合作组织（PTCOG）发布的权威报告，为我们提供了宝贵的资源和指导，对于推动粒子治疗的科学研究、技术研发和临床应用具有重要意义。

PTCOG 发布了两份重要报告——《PTCOG 报告第 1 号：带电粒子治疗设施的屏蔽设计和辐射安全》与《PTCOG 报告第 2 号：关于粒子治疗安全问题》。这两份报告涵盖了粒子治疗设施设计、管理与安全保障的全方位基本知识与进展，从基础理论到实践应用，为粒子治疗的辐射防护提供了深入指导。

在粒子治疗设施的建设和运营中，我们面临的挑战众多，包括中能粒子与物质（人体正常组织和肿瘤组织）相互作用的微观过程、特有的活化和辐射屏蔽设计、辐射剂量监测新技术和新方法等。这两份报告深入探讨了这些关键议题，并提供了详尽的阐述，对于确保粒子治疗的安全性和有效性至关重要。

上海市质子重离子医院王孝娃同志作为在一线工作的专业技术人员，高度关注这一领域的重要进展，及时跟踪相关国际组织的重要出版物。他及其团队根据上述 PTCOG 的两份重要报告，精心编译，不仅忠实地传达了原文的精神和内容，还结合丰富的实践经验和深入的思考与理解，对原著的部分内容进行了适当的增补和删减，使得本书更加符合当前国内实践的需求。

我期待本书能够为粒子治疗领域的专业工作者提供重要参考，开拓我们的视野，为提升国内粒子治疗的安全和防护工作水平做出贡献。

孙全富

中国辐射防护学会　副理事长

中国疾病预防控制中心放射卫生学　首席专家

序 言 2

随着医学科技的不断进步，粒子治疗已成为癌症治疗领域的一项革命性技术。作为国内最早建设并运营质子重离子加速器的医疗机构，上海市质子重离子医院深知粒子治疗技术的重要性及其在临床应用中的复杂性，对于粒子治疗的科学性、安全性和有效性有着严格的要求和不懈的追求。

粒子治疗合作组织(PTCOG)作为全球粒子治疗领域的权威机构，其发布的报告一直是该领域内专业人士的重要参考。《离子放疗设施的防护设计及辐射安全》的出版，正是基于 PTCOG 两份权威报告的深入编译，为我们提供了从基础理论到实践应用的全面指导。

作为粒子治疗技术的实践者和管理者，我们深知粒子加速器辐射防护的重要性。本书的出版，不仅为粒子治疗设施的设计、管理与安全保障提供了宝贵的资源和指导，更为我们医院在粒子治疗领域的工作提供了重要的参考和支持。

本书的出版，得到了 PTCOG 副主席卢晓明教授的学术指导和版权协商，以及 PTCOG 现任主席马尔科·杜兰特(Marco Durante)先生的鼎力支持。他们的支持，为本书的顺利完成和推广提供了坚实的基础。

在本书的编译过程中，医院王孝娃等同志投入了巨大的时间和精力，不仅忠实地转达了原文的精髓，更结合丰富的实践经验，对内容进行了精心的增补与删减。这不仅体现了译者的专业精神，也展示了对粒子治疗领域发展的深刻理解。

在此，我代表上海市质子重离子医院，对于所有参与和支持本书出版的个人和组织表示最诚挚的感谢。你们的努力和支持，不仅推动了粒子治疗技术的发展，也为无数患者的健康和生命带来了希望。

期待本书能够成为粒子治疗领域专业人士的重要参考，为推动粒子治疗技术的创新和应用，贡献我们的力量。

王　岚
上海市质子重离子医院　常务副院长

各章作者及其单位信息

第 1 章(Chapter 1)：Nisy Elizabeth Ipe
第 2 章(Chapter 2)：Nisy Elizabeth Ipe
第 3 章(Chapter 3)：Georg Fehrenbacher and Nisy Elizabeth Ipe
第 4 章(Chapter 4)：Yoshitomo Uwamino and Georg Fehrenbacher
第 5 章(Chapter 5)：Yoshitomo Uwamino
第 6 章(Chapter 6)：Stefan Roesler
第 7 章(Chapter 7)：Harald Paganetti and Irena Gudowska
第 8 章(Chapter 8)：Jacobus Maarten Schippers
第 9 章(Chapter 9)：Jay Flanz，Oliver Jäkel，Eric Ford and Steve Hahn

---

Nisy Elizabeth Ipe,博士,美国,利福尼亚圣卡洛斯
Georg Fehrenbacher,博士,德国,重离子研究所(GSI)
Yoshitomo Uwamino,博士,日本,理化学研究所(RIKEN)
Stefan Roesler,博士,瑞士,欧洲核子中心(CERN)
Harald Paganetti,博士,美国,马萨诸塞州总医院(MGH)
Irena Gudowska,博士,瑞典,斯德哥尔摩大学
Jacobus Maarten Schippers,博士,瑞士,保罗谢勒研究所(PSI)
Jay Flanz,博士,哈佛大学医学院
Oliver Jäkel,博士,德国,海德堡癌症研究中心
Eric Ford,博士,美国,华盛顿大学
Steve Hahn,医学博士,美国,弗雷德 · 哈金森癌症研究中心

译 者 前 言

粒子治疗合作组织(PTCOG)自 1985 年成立至今,已经成为全球范围内质子、轻离子和重离子放射治疗领域内科学家和专业人士的非营利性组织。该组织致力于推动粒子治疗在科学、技术和临床实践中的应用,以期达到放射治疗的最高标准,为癌症治疗带来革新。

本书融合了两份 PTCOG 的权威报告:《PTCOG 报告第 1 号:带电粒子治疗设施的屏蔽设计和辐射安全》(2010 年 1 月发布)与《PTCOG 报告第 2 号:关于粒子治疗安全问题》(2016 年 5 月发布)。全书经过精心整合,分为 9 章,覆盖了从基础理论到实践应用的全面知识体系。

在翻译过程中,译者力求在忠实原文的同时,结合自身丰富的实践经验,对内容进行了必要的增补与删减,对关键章节进行了重点考量,确保了报告内容的时效性、前沿性和实用性,以期为粒子治疗的安全和效率提供坚实支撑。在此,译者对万骏、江振龙、康小涛、尹太磊以及谢修璀等专业同行在翻译过程中提供的支持和协助表示衷心的感谢。

本书的顺利出版,离不开 PTCOG 副主席卢晓明教授的学术指导和在版权协商方面提供的帮助,以及 PTCOG 现任主席马尔科 · 杜兰特(Marco Durante)先生的鼎力支持。同时,我们对原著作者的辛勤工作和卓越贡献表示深深的敬意,他们的研究成果为粒子治疗领域的发展奠定了坚实的基础。

尽管本书在出版前经过了细致的校对,但鉴于时间和译者个人知识水平的限制,书中可能存在疏漏。译者恳请读者在阅读中发现任何错误或不准确之处时,能够及时提出宝贵的意见和建议,以便我们在重印或再版时更正。

我们对所有参与和支持本书出版的个人和组织表示最诚挚的感激。他们的支持是本书得以与广大读者见面的关键，也是粒子治疗领域知识传播和学术交流的重要推动力。

王孝娃

2024 年 8 月 18 日

目　　录

第1章
概 述

带电粒子治疗设备以其独特的治疗能力，能够利用质子和多种元素（如氦、锂、硼、碳、氮、氧、氖和氩）的离子治疗恶性肿瘤及非恶性病变。这些设备的设计要求粒子能量足以穿透组织，达到 30 cm 或更深的深度。本书将特别聚焦于质子和碳离子的应用。

1.1 带电粒子治疗设备简介

据粒子治疗协作组织（PTCOG）2024 年 5 月的数据显示，全球已有 114 家粒子治疗设施投入运营，其中质子治疗设施 97 个、碳离子治疗设施 16 个、氦离子治疗设施 1 个。在本书撰写之际，另有 30 家粒子治疗中心正在建设中，其中中国有 8 家，还有 36 家治疗中心处于规划或设计阶段。

典型的大型粒子治疗设施由注入段、加速器系统、高能束运输线和治疗室组成。加速器系统通过回旋加速器或同步加速器将粒子加速至治疗所需的能量水平。治疗室内部设有固定治疗头和 360°旋转机架治疗头，确保束流能精确地送达患者治疗床。此外，许多设施还设有研究区，以促进粒子治疗技术的研究与发展。近年来，一种新型的单室治疗系统应运而生，该系统集成了回旋加速器，使得治疗室内部空间更加紧凑。第 2 章将对这些技术以及其他创新成果进行更深入的探讨。

目前，市场上已有多家供应商将加速器安装在治疗室外的单室系统，这种设计便于未来扩展，以增加更多治疗室。对于使用回旋加速器和同步加速器的系统，通常采用 1～2 Gy/min 的剂量率，配合 30 cm×30 cm 的“大”照射野进行治疗。眼科治疗专用的束流线则具有更高的剂量率，为 15～20 Gy/min，但治疗区域较小，直径约为 3 cm。此外，还有专门用于放射外科技术的系统，其剂量率和照射野大小介于大射野治疗和眼科治疗之间。

在粒子治疗设施的运行过程中，束流损失的区域可能会引发二次辐射的风险。这种损失通常发生在加速器的工作周期内，包括粒子的注入、加速、提取、降能以及向治疗室的输送。在这些环节中，无论是同步加速器还是回旋加速器，以及治疗头的束流成形装置，都可能成为束流损失的源头。此外，当质子束在患者体内沉积，或在束流停止器和剂量测定模型中停留时，也会诱发辐射。鉴于此，整个治疗设施必须实施严格的屏蔽措施。

质子和碳离子与物质相互作用时，会引发产生两种类型的辐射：瞬时辐射和残余辐射。瞬时辐射仅在束流作用期间存在，而残余辐射则会在束流停止后仍持续一段时间。在带电粒子治疗中，中子辐射往往是屏蔽外瞬时辐射剂量的主要组成部分。

在粒子治疗设施中，质子的能量通常控制在 230～250 MeV。相比之下，碳离子的能量范围则更广，一般为 320～430 MeV/u。对于重离子，我们通常采用比能量这一概念，即总能量与原子质量数的比值，以 MeV/amu 或 MeV/u 来表示(NCRP，2003)。这个比能量反映了每个核子的动能。例如，碳离子含有 12 个核子，当比能量为 430 MeV/u 时，其总动能可达 5.16 GeV。在这种情况下，产生的中子可能具有超过 430 MeV 的最大能量。根据 Kurosawa 等人(1999 年)的研究，碳离子束产生的最大中子能量约为碳离子能量的 2 倍。而质子束产生的中子最大能量则与入射质子的能量相匹配。

图 1－1 展示了一种基于加速质子或碳离子的回旋加速器的粒子治疗设施。图 1－2 则呈现了一个基于同步加速器的粒子治疗设施。

1.2 粒子加速器屏蔽概述

粒子加速器屏蔽的历史可以追溯到 20 世纪 30 年代。当时，英国剑桥大学的科克罗夫特和沃尔顿与美国加利福尼亚大学伯克利分校的劳伦斯和利文斯顿分别建造并成功运行了粒子加速器(Stevenson，1999；IAEA，1988)。早期的加速器由于能量和强度较低，许多设备甚至安置在地下。然而，随着技术的进步，能够产生更高能量粒子的大型加速器相继问世，如美国布鲁克文海文国家实验室的 Cosmotron 粒子加速器和美国劳伦斯伯克利国家实验室的 Bevatron 粒子加速器。这不仅推动了对瞬时辐射场的深入理解，也使得有效的屏蔽设计变得至关重要。相关核反应的详细讨论将在第 2 章展开。

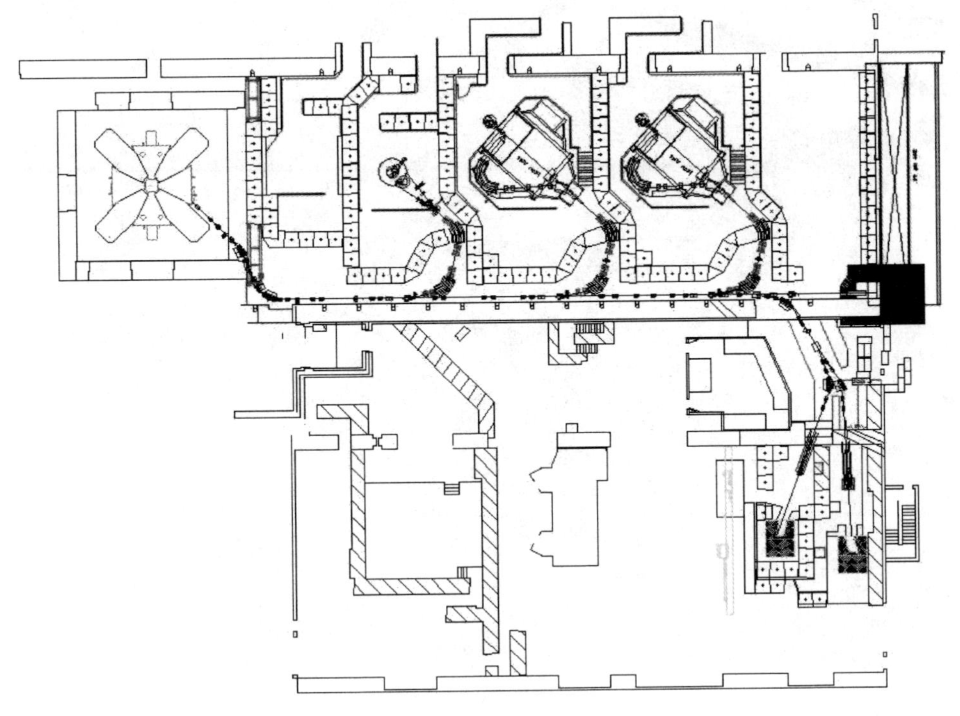

图1-1 基于回旋加速器的粒子治疗设施示意图

（资料来源：比利时离子束应用公司）

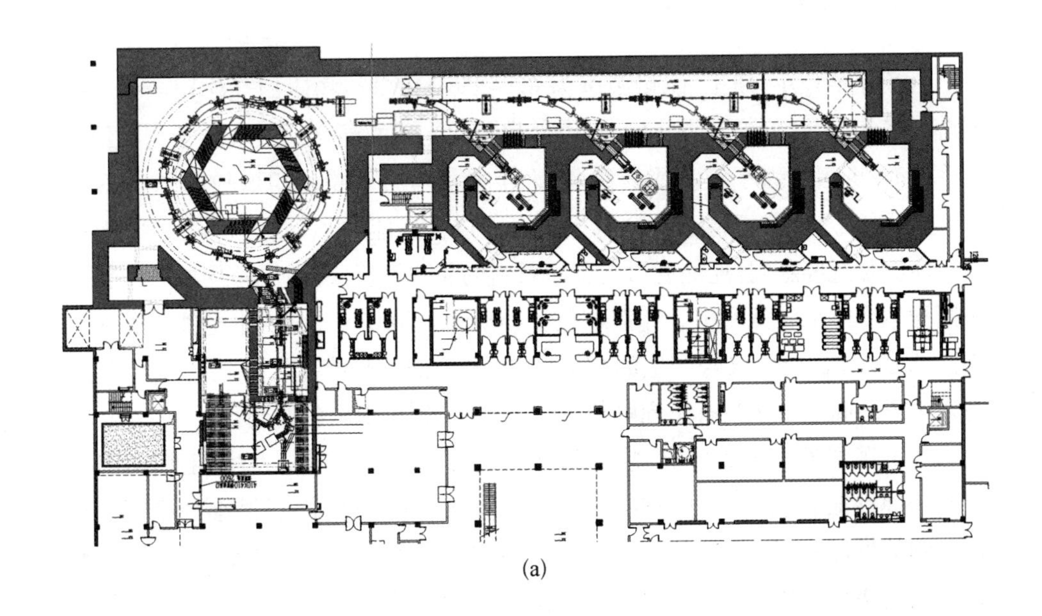

(a)

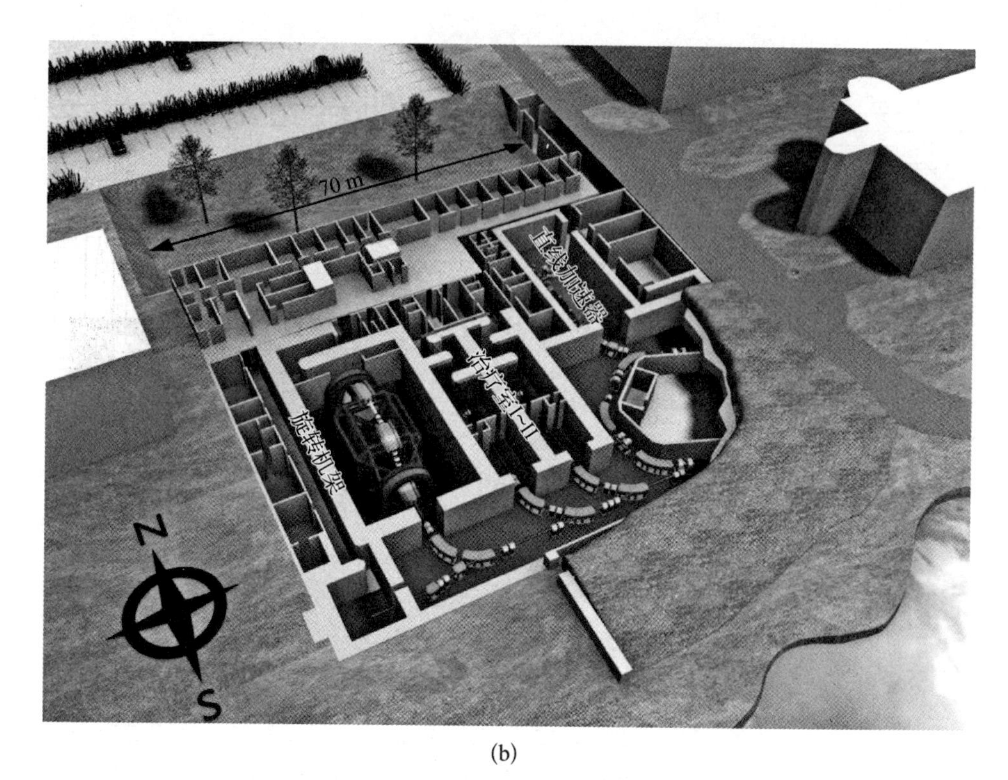

(b)

图 1-2　基于同步加速器的粒子治疗设施

(a) 基于同步加速器的粒子治疗设施示意图(资料来源：上海市质子重离子医院)；(b) 海德堡离子治疗中心(据 Fehrenbacher，2010)

在质子治疗中，质子(能量范围为 67～250 MeV)与物质相互作用产生的瞬时辐射场相当复杂，涉及带电粒子、中性粒子和光子的混合。这些质子与物质相互作用时，会引发强子级联或核级联，产生能量与质子能量相当的中子(ICRU，2000)。更深入的分析将在第 2 章中进行。这种高能中子(能量超过 100 MeV)不仅能够穿透屏蔽层，还能通过与屏蔽材料的非弹性反应，在屏蔽层的各个深度不断再生出能量较低的中子和带电粒子(Moritz，2001)。因此，中子能量分布呈现两部分：一部分是级联产生的高能中子，另一部分是能量峰值约为 2 MeV 的蒸发中子。高能中子具有正向峰值，而蒸发中子则表现出各向同性。

在屏蔽层外探测到的高能中子，通常是那些在到达时未发生相互作用，或仅经历弹性散射或直接非弹性散射，能量损失和方向变化都很小的中子。而探测到的低能中子和带电粒子则是在屏蔽外表面产生的。因此，在质子与靶材料的初级碰撞中高能中子的产率，是决定中等能量质子屏蔽层外瞬时辐射场大小的关键因素。这些高能中子具有各向异性，并表现出前向峰值。在治疗能量范围内，质子产生的带电粒子可以被足够厚的屏蔽层吸收，从而抵御中子的影响。因此，中子在屏蔽层外的辐射场中占据了主导地位。此外，降解的中子可能会在屏蔽内发生俘获反应，产生中子俘获 γ 射线。

碳离子产生的瞬时辐射场主要由中子构成，其能量显著高于质子产生的辐射。相比之下，π 介子、质子和光子对剂量的贡献相对较小，更多相关信息将在第 2 章中详细阐述。

屏蔽的主要目的是将二次辐射降至法规或设计限值范围内，同时保护设备不受辐射损害，且在合理的成本内实现，不妨碍加速器的正常使用(Stevenson, 2001)。为了达到这一目的，需要深入了解一系列参数(Ipe, 2008)，其中一些将在第 3 章中进行深入讨论：① 加速器类型、粒子类型和最大能量；② 束流损失和靶材料；③ 束流启动时间；④ 束流成形和传输过程；⑤ 法规和设计限制；⑥ 工作量，包括接受治疗的患者数量、治疗能量、治疗照射野大小、每次治疗的剂量；⑦ 使用频率；⑧ 占用系数。

第 6 章将介绍几种强大的计算机程序，它们能够详细展示屏蔽外剂量当量的空间分布。但在设施的初步设计阶段，通常需要进行更简单的计算。对于点源，可以使用以下公式估算不同厚度屏蔽的效果，该公式结合了反平方定律和指数衰减，且与几何形状无关(Agosteo et al, 1996a)：

$$H\left[E_{\mathrm{p}},\ \theta,\ \frac{d}{\lambda(\theta)}\right]=\frac{H_0(E_{\mathrm{p}},\ \theta)}{r^2}\exp\left[-\frac{d}{\lambda(\theta)g(\theta)}\right] \tag{1-1}$$

式中：H 是屏蔽外的剂量当量；H_0 是相对于入射束流产生角(θ)的源项，假定与几何形状无关；E_{p} 是入射粒子的能量；r 是靶点与剂量当量测量点之间的距离；d 是屏蔽层的厚度；$\dfrac{d}{g(\theta)}$是屏蔽层在角度 θ 下的倾斜厚度；$\lambda(\theta)$是剂量当量在产生角(θ)下的衰减长度，定义为辐射强度衰减因子 e 倍的穿透距离；$g(\theta)$是一个角度函数，对于正向屏蔽，$g(\theta)=\cos\theta$；对于横向屏蔽，$g(\theta)=\sin\theta$；对于球形几何，$g(\theta)=1$。

在有限的屏蔽厚度范围内，使用指数函数来近似表达辐射传输的效果是非常有效的(NCRP, 2003)。当衰减长度与材料密度(ρ)相乘时，其单位通常为克每平方厘米(g/cm^2)或千克每平方米(kg/m^2)，反映了与质量相关的衰减常数，常记为 $\lambda\rho$。对于密度厚度(ρd)约小于 100 g/cm^2 的屏蔽材料，随着屏蔽深度的增加，衰减长度会发生变化。这是因为较“软”的辐射更容易衰减，导致中子频谱变得更加“硬”。

图 1-3 展示了单能中子在混凝土中的衰减长度随中子能量的变化情况。可以看到，在中子能量约超过 20 MeV 时，衰减长度随着中子能量的增加而增加。尽管图 1-3 中的数据表明，在超过 200 MeV 的中子能量时，衰减长度会有所增加，但传统上人们认为衰减长度会达到一个高能极限值，约为 1 200 kg/m^2。

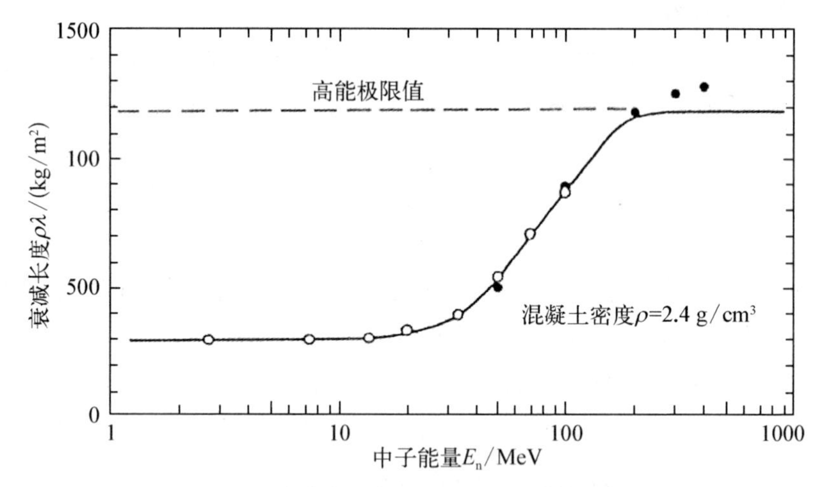

图 1-3　单能中子在混凝土中的衰减长度（ρλ）随中子能量的变化情况

（经国家辐射防护和测量委员会许可转载 http://NCRPonline.org。据 NCRP，2003）

图 1-4(a)和(b)分别展示了不同设施在混凝土中测量到的中子剂量衰减长度与源中子有效最大能量(E_{max})的函数关系。这些测量涵盖了从热中子到最大能量值的整个中子能量范围。图 1-5(a)和(b)同样展示了铁中的中子衰减长度与源中子有效最大能量(E_{max})的函数关系，但图 1-5(b)中仅针对能量大于 20 MeV 的中子。正如预期，图(b)情况下的衰减长度大于图(a)中热能中子的衰减长度。

Nakamura(2004)详细地描述了这些实验，包括 22～700 MeV 范围内 E_{max} 的测量，以及不同生成角下各种中子源的测量。表 1-1 提供了场址、中子源、屏蔽材料和探测器特性概述。根据 Nakamura(2004)的研究，混凝土的中子剂量衰减长度(从热中子到最大能量中子)的测量值为 30 ～40 g/cm^2。这些测量值在中子能量为 22～65 MeV 时正向逐渐增加，直到能量在 100 MeV 以上时达到约为 130 g/cm^2 的最大值，这可能是高能极限。

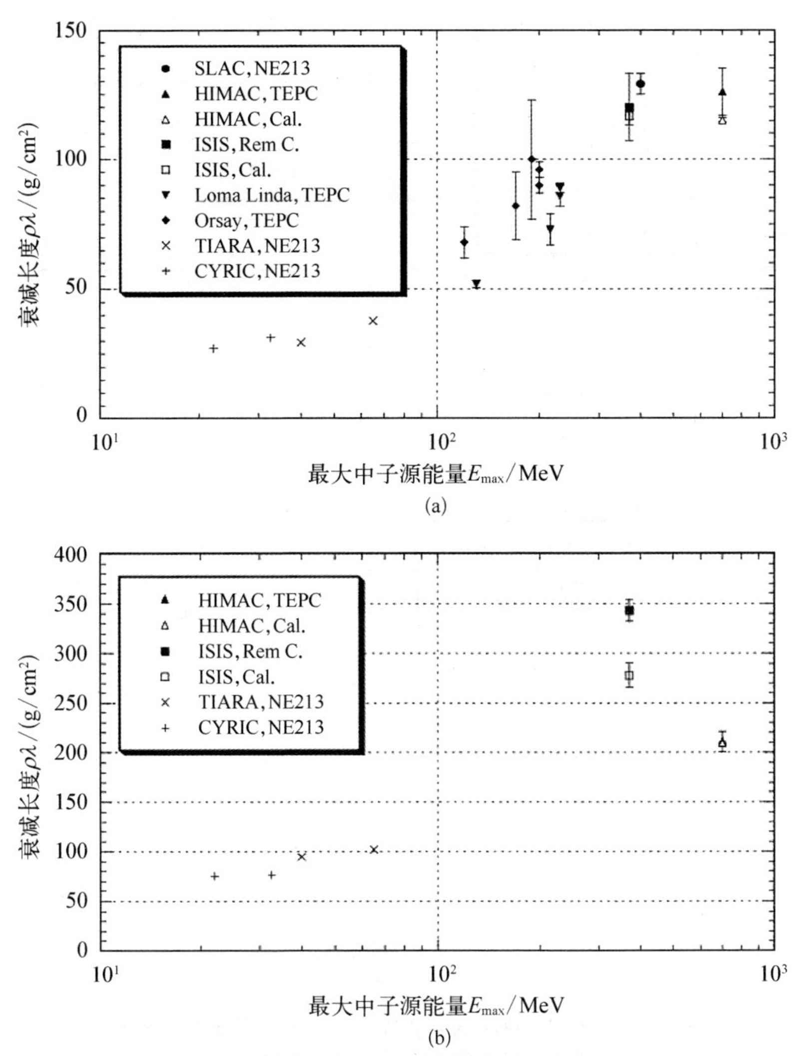

图 1－4 不同设施在混凝土中测量到的中子剂量衰减长度与源中子有效最大能量的函数关系

(a) 从热中子到最大能量的中子；(b) 能量大于 20 MeV 的中子

(据 Nakamura，2004)

注：SLAC，NE213：美国斯坦福直线加速器中心，使用 NE213(有机闪烁体探测器)；

HIMAC，TEPC：日本千叶重离子加速器，使用 TEPC(组织等效正比计数器)；

HIMAC，Cal.：日本千叶重离子加速器，使用 Cal.(组织等效正比计数器)；

ISIS，Rem C.：英国卢瑟福·阿普尔顿实验室的散裂中子源，使用 Rem C.(雷姆计数器)；

ISIS，Cal.：英国卢瑟福·阿普尔顿实验室的散裂中子源，使用 Cal.(组织等效正比计数器)；

Loma Linda，TEPC：美国罗马琳达大学医学中心，使用 TEPC(组织等效正比计数器)；

Orsay，TEPC：法国奥赛质子治疗中心，使用 TEPC(组织等效正比计数器)；

TIARA，NE213：日本高崎离子加速器中心，使用 NE213(有机闪烁体探测器)；

CYRIC，NE213：日本东北大学回旋加速器和放射性同位素中心，使用 NE213(有机闪烁体探测器)。

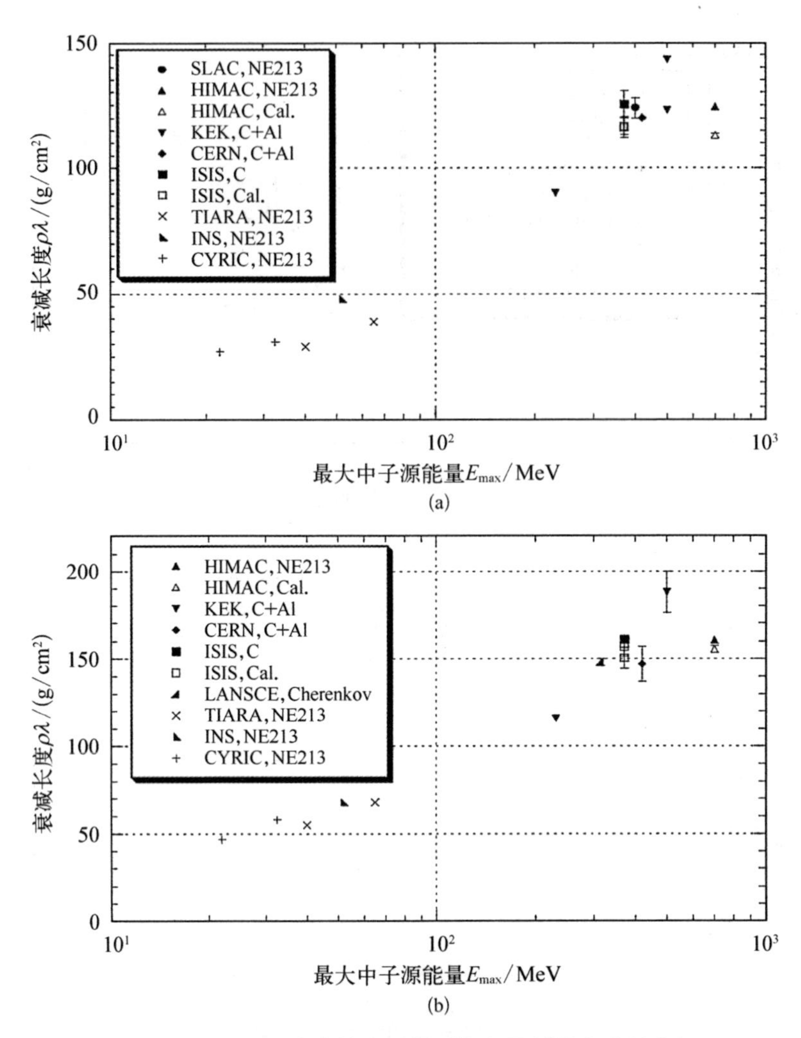

图 1-5　不同设施在铁中测量到的中子剂量衰减长度与源中子有效最大能量的函数关系

(a) 从热中子到最大能量的中子；(b) 能量大于 20 MeV 的中子在铁中剂量衰减长度比较

(据 Nakamura，2004)

注：SLAC，NE213：美国斯坦福直线加速器中心，使用 NE213(有机闪烁体探测器)；

HIMAC，NE213：日本千叶重离子加速器，使用 NE213(有机闪烁体探测器)；

HIMAC，Cal.：日本千叶重离子加速器，使用 Cal.(组织等效正比计数器)；

KEK，C+Al：日本高能加速器研究机构，使用 C+Al；

CERN，C+Al：欧洲核子研究组织，使用 C+Al；

ISIS，C：英国卢瑟福·阿普尔顿实验室的散裂中子源，使用 Rem C.(雷姆计数器)；

ISIS，Cal.：英国卢瑟福·阿普尔顿实验室的散裂中子源，使用 Cal.(组织等效正比计数器)；

TIARA，NE213：日本高崎离子加速器中心，使用 NE213(有机闪烁体探测器)；

INS，NE213：日本核子研究所，使用 NE213(有机闪烁体探测器)；

CYRIC，NE213：日本东北大学回旋加速器和放射性同位素中心，使用 NE213(有机闪烁体探测器)；

LANSCE，Cherenkov：美国洛斯阿拉莫斯国家实验室，使用 Cherenkov(契伦科夫探测器)。

表 1-1 场址、中子源、屏蔽材料和探测器特性概述

粒子中心	束流参数	靶(尺寸)	中子源和测量角度	防护材料(厚度)	探 测 器
东北大学回旋加速器和放射性同位素中心(日本)	25 MeV、35 MeV 质子	锂(厚度 2 mm)	0°处的准单能准直束流	混凝土(10～40 cm);铁(25～100 cm)	NE213 质子反冲比例计数器;Bonner Ball 带^{3}He 的计数器
原子能研究所(日本)	43 MeV 质子	锂(厚度 3.6 mm)	0°处的准单能准直束流	混凝土(25～200 cm);铁(10～30 cm)	BC501A;Bonner Ball 带^{3}He 的计数器
	68 MeV 质子	锂(厚度 5.2 mm)			
洛马琳达大学医学中心(美国)	230 MeV 质子	铝、铁、铅(减速长度,直径 10.2 cm)	全能谱(0°、22°、45°、90°)	混凝土(密度 39 g/cm^2、515 g/cm^2、1.88 g/cm^3)	组织等效比例计数器(TEPC)
奥赛质子治疗中心(法国)	200 MeV 质子	铝(厚度 15 cm,直径 9 cm);水(20 cm×20 cm×32 cm)	全能谱(0°、22°、45°、67.5°、90°)	混凝土(0～300 cm)	电离室;TEPC;雷姆计数器;LINUS(带 lead 的雷姆计数器);LiF TLD(带 moderators)
国立放射科学研究所(日本)	400 MeV/u 碳离子	铜(10 cm×10 cm×5 cm)	全能谱(0°)	混凝土(50～200 cm);铁(20～100 cm)	TEPC;NE213;激活探测器(铋、碳);TOF 探测器
国家超导回旋加速器实验室(美国)	155 MeV/u 氦、碳、氧	Hevimet(5.08 cm×5.093 cm)	全能谱(44°～94°)	混凝土(密度 308～1 057 g/cm^2、2.4 g/cm^3)	Bonner Ball 带 LiI(Eu)的计数器

（续表）

粒子中心	束流参数	靶（尺寸）	中子源和测量角度	防护材料（厚度）	探测器
TRIUMF（加拿大）	500 MeV 质子		全能谱	混凝土	Bonner Ball 带 LiI(Eu) 的计算器； ^{11}C 活化 NE102A
高能加速器研究组织（KEK）KENS（日本）	500 MeV 质子	钨（减速长度）	全能谱（0°）	混凝土（0～4 m）	活化探测器（铋、铝、金）
洛斯阿拉莫斯国家实验室（美国）	800 MeV 质子	铜（厚度 60 cm，直径 21 cm）	全能谱（90°）	铁（4～5 m）	6 吨水切伦科夫探测器
卢瑟福阿普尔顿实验室（英国）	800 MeV 质子	钽（厚度 30 cm，直径 9 cm）	全能谱（90°）	混凝土（20～120 cm） 铁（10～60 cm）；经过 284 cm 厚的铁和 97 cm 厚的混凝土	Bonner Ball 带 LiI(Eu) 的计算器； 雷姆计数器
布鲁克海文国家实验室（美国）	1.6 GeV、12 GeV、24 GeV 质子	汞（厚度 130 cm，直径 20 cm）	全能谱（0°）	钢（0～3.7 m）	活化探测器（铋、铝、金）
			全能谱（90°）	混凝土（0～5 m）； 钢（0～3.3 m）	
斯坦福大学国家加速器实验室（美国）	28.7 GeV 电子	铝（厚度 145 cm，直径 30 cm）	全能谱（90°）	混凝土（274 cm、335 cm、396 cm）	NE213； Bonner Ball 带 LiI(Eu)
欧洲核子研究中心（瑞士）	120 GeV/c、205 GeV/c 质子	铜（厚度 50 cm，直径 7 cm）	全能谱（90°）	铁（40 cm）；混凝土（80 cm）	TEPC(HANDI)； Bonner Ball 带 LiI(Eu) 的计算器； LINUS； ^{209}Bi 和 ^{232}Th 裂变室
	160 GeV/u 铅	铅	全能谱	混凝土	

对于 400 MeV/u 的碳离子，在最大中子能量为 700 MeV 时，混凝土（生成角 0°）在正向的衰减长度的测量值为 $(126\pm9)g/cm^2$，计算值为 $(115.2\pm9)g/cm^2$。铁在正向的衰减长度的测量值和计算值分别为 $(211\pm9)g/cm^2$ 和 $(209.2\pm1.5)g/cm^2$。Ipe 和 Fasso(2006)通过蒙特卡罗计算得出，混凝土中 430 MeV/u 碳离子的正向总剂量（来自所有粒子）衰减长度为 $(123.8\pm0.5)g/cm^2$。在屏蔽高能中子方面，钢要比混凝土有效得多。

值得注意的是，除了能量和产生角(θ)，λ 还取决于材料的成分和密度。Ipe 和 Fasso(2006)进行的蒙特卡罗计算表明，对于混凝土而言，当使用两种密度相同但成分不同的混凝土时，在 2～3 m 的屏蔽厚度下，250 MeV 质子在正向的屏蔽效果可能相差约 30 cm。因此，在给定角度和能量下，不同成分和密度的混凝土的 λ 并不相同，且差异可能相当明显。有关屏蔽的更多详细信息，请参阅第 3 章。

中子在屏蔽材料中的衰减长度是决定使所需屏蔽厚度足以降低剂量至可接受水平的关键因素。有效的中子屏蔽要求在源与关注区域之间部署充足的材料，以确保全能量范围内的中子都得到有效衰减(Moritz, 2001)。

高原子质量的致密材料，如钢材，因其密度优势，能够满足屏蔽高能中子的标准。而氢元素，由于其弹性散射的特性，能有效衰减中子，符合第二条标准。然而，需要注意的是，钢材对于能量为 0.2～0.3 MeV 的中子几乎是“透明”的。因此，通常在钢材屏蔽后还需设置一层含氢材料，以确保对这一能量范围内中子的屏蔽效果。

此外，如第 3 章所述，除了使用钢材和含氢材料外，还可以采用大厚度的普通混凝土或含有高原子序数(Z)骨料的特殊混凝土作为屏蔽材料。这些材料能够提供不同程度的中子衰减效果，以适应不同的屏蔽需求。

1.3 剂量和换算系数

本节讨论的剂量概念主要涉及辐射防护和操作中的剂量，包括吸收剂量、当量剂量、剂量当量等核心内容。换算系数则是指将防护量和操作量与描述辐射场的物理量联系起来的数值。

1.3.1 防护和操作剂量

辐射与物质的相互作用是一个复杂的事件序列，其中粒子能量通过一系列碰撞逐渐耗散并最终沉积在物质中。在屏蔽计算和辐射监测中使用的剂量如下。

屏蔽计算和辐射监测的终极目的均为辐射防护。屏蔽计算旨在确保设施设计能够将人员和公众的辐照剂量控制在法规限制范围内。辐射监测则用于验证是否符合设计或监管要求(NCRP, 2003)。因此,计算和测量必须基于法规限定的剂量进行。

国际辐射防护委员会(ICRP)规定了剂量限值,这些限值以人体测量的防护量表示。通过测量ICRP定义的适当操作量,可以验证是否符合这些限值。国际辐射单位与测量委员会(ICRU)规定了操作量的标准。

ICRP第60号出版物(ICRP, 1991)推荐使用当量剂量(H_T)和有效剂量(E)作为防护量。然而,这些量是无法直接测量的。对于个体的外照射,公认的操作量包括环境剂量当量$H^*(d)$、定向剂量当量$H(d, \Omega)$和个人剂量当量$H_p(d)$等。其中,d为关注的某一深度位置的剂量,Ω为辐射束的立体角。定向剂量当量$H(d, \Omega)$表示在特定深度d处,来自特定立体角Ω方向的辐射造成的剂量当量。这些操作量可能与粒子注量有关,并通过换算系数与防护量相互关联。

在本书中,广泛使用术语"剂量"来指代包括吸收剂量、剂量当量、当量剂量和有效剂量在内的多种剂量量度。这些关键概念的定义和计算方法均基于ICRP的一系列权威出版物。ICRP第21号出版物(ICRP, 1973)首次提出了剂量当量的概念,为评估辐射对生物体的潜在影响奠定了基础。随后,ICRP第60号出版物(ICRP, 1991)引入了当量剂量,这一概念考虑了不同辐射类型对人体不同组织的相对生物效应。ICRP第103号出版物(ICRP, 2007)对辐射权重因子进行了重要修订,以更精确地反映辐射的生物效应。此外,ICRP第51号出版物(ICRP, 1991)提供了辐射防护量和操作量的定义,进一步丰富了辐射防护的理论基础。这些出版物共同确保了我们对辐射剂量的理解和应用是科学、合理和一致的,主要包括以下内容。

(1) 吸收剂量(D),指电离辐射在单位质量的物质中赋予的平均能量,公式表示为

$$D=\frac{\mathrm{d}\bar{\varepsilon}}{\mathrm{d}m} \tag{1-2}$$

式中,$\mathrm{d}m$为物质的质量的微小增量(m为质量,表示赋予物质的平均能量)。$\mathrm{d}\bar{\varepsilon}$为在微小质量$\mathrm{d}m$的物质中沉积的能量增量($\bar{\varepsilon}$为赋予物质的平均能量,表示辐射在通过物质时每单位质量所沉积的平均能量)。吸收剂量的国际单位

是焦耳每千克(J/kg)，其专用名称是戈瑞(Gy)。

(2) 剂量当量(H)，是在组织某点的吸收剂量 D 与品质因子 Q 的乘积，公式表示为

$$H = QD \tag{1-3}$$

其中，剂量当量的单位是焦耳每千克(J/kg)，其专用名称是希(沃特)(Sv)。

(3) 当量剂量(H_T)，指组织或器官中受到的辐射剂量，经辐射权重因子(W_R)加权后的总和，其计算公式为

$$H_T = \sum_R W_R D_{T,R} \tag{1-4}$$

式中，$D_{T,R}$ 是辐射类型(R)在特定组织或器官(T)中产生的平均吸收剂量。当量剂量的单位与剂量当量相同，也是焦耳每千克(J/kg)，其专用名称是希(沃特)(Sv)。

表1-2列出了ICRP第103号出版物(ICRP，2007)建议的辐射防护权重因子 W_R。特别是对中子而言，W_R 随能量变化而变化，因此在评估计算防护量时需对整个能谱进行积分。

表1-2　国际放射防护委员会第103号出版物建议的辐射权重因子

辐 射 类 型	能量范围	W_R
光子、电子和 μ 介子	所有能量范围	1
中子	<1 MeV	$2.5+18.2\exp\left\{-\frac{[\ln(E)]^2}{6}\right\}$
中子	1～50 MeV	$5+17\exp\left\{-\frac{[\ln(2E)]^2}{6}\right\}$
中子	>50 MeV	$2.5+3.5\exp\left\{-\frac{[\ln(0.04E)]^2}{6}\right\}$
质子，不包括反冲质子	>2 MeV	2
α粒子、裂变碎片和重核	所有能量范围	20

(4) 有效剂量(E)，反映了人体各组织或器官受到的平均当量剂量，经组织权重因子(W_T)加权后的总和，其计算公式为

$$E = \sum_{T} W_T \cdot H_T \tag{1-5}$$

其中，H_T 是组织或器官(T)中的当量剂量。有效剂量的单位是希(沃特)(Sv)。

(5) 周围剂量当量[$H^*(d)$]，是一个重要的辐射防护参数，它在 ICRU 球体模型中定义。这个模型是一个直径为 30 cm 的球体，其材料成分按质量百分比计算，包括氧(76.2%)、氢(10.1%)、碳(11.1%)和氮(2.6%)，以模拟人体的组织等效性。$H^*(d)$描述的是在球体半径深度 d 处，与辐射场方向相反的位置，由扩展和排列的辐射场产生的剂量当量(ICRU，1993)。这一剂量当量的单位是希(沃特)(Sv)。

在均匀辐射场中，$H^*(d)$假定辐射的通量和能量分布与参考点处相同，但辐射是单向的。对于强贯穿辐射，推荐使用 10 mm 的深度；而对于弱贯穿辐射，则推荐 0.07 mm 的深度。$H^*(d)$ 特别用于估计人体在该位置可能受到的有效剂量。

(6) 方向剂量当量[$H'(d, \Omega)$]，描述的是在 ICRU 球体的指定方向 Ω 上，半径深度 d 处产生的剂量当量。这一参数同样以希(沃特)(Sv)为单位，它提供了对辐射场在特定方向上的剂量评估。对于强穿透辐射，建议的深度为 10 mm；而对于弱穿透辐射，建议的深度为 0.07 mm。

(7) 个人剂量当量[$H_p(d)$]，指人体指定点以下适当深度(d)的软组织剂量当量。对于强穿透辐射，推荐深度为 10 mm；对于弱穿透辐射，推荐深度为 0.07 mm。

对于 X 和 γ 辐射，测定的 $H^*(10)$只能用于安排、指导和控制工作人员的操作，而个人剂量仍以个人剂量计的测量为准。原则上，一个具有各向同性响应的探测器，若用 $H^*(10)$刻度过，即可在任意均匀的辐射场中用来测定周围剂量当量。

1.3.2 换算系数

换算系数是辐射防护领域中的一个关键概念，它将防护量和操作量与描述辐射场的物理量联系起来(ICRU，1998)。辐射场通常通过吸收剂量或注量来表征。注量(Φ)定义为在面积 da 上，入射粒子数 dN 与该面积的比值，其单位可以是平方米的倒数($1/m^2$)或平方厘米的倒数($1/cm^2$)。其中，da 为考虑的面积的微小增量，通常指的是一个无限小的面积元素；dN 为入射粒子数的微小增量，即在考虑的时间段内通过面积 da 的粒子数目的变化。

例如，有效剂量可以通过注量与相应的注量到有效剂量的转换系数(k)的乘积来估算。在高能辐射的屏蔽计算中，注量-剂量转换系数是基础数据，对于电子(能量高达 45 MeV)、光子(能量高达 10 MeV)和中子(能量高达 180 MeV)的转换系数，可以在 ICRU 第 57 号出版物中找到(ICRU，1998)。

蒙特卡罗传输代码 FLUKA(Ferrari，2005；Battistoni et al，2007)能够计算多种类型辐射(包括光子、电子、正电子、质子、中子、μ 介子、带电 π 介子、κ 介子)和不同入射能量(最高可达 10 TeV)的注量-有效剂量和注量-周围剂量当量转换系数。Pelliccioni(2000)对这些数据进行了详细总结，并且为 ICRU 第 57 号出版物所引用。

图 1-6 展示了不同粒子类型在前后(AP)辐照下的注量-有效剂量转换系数与粒子能量的函数关系。图 1-7 描述了不同类型辐射能量函数的注量与

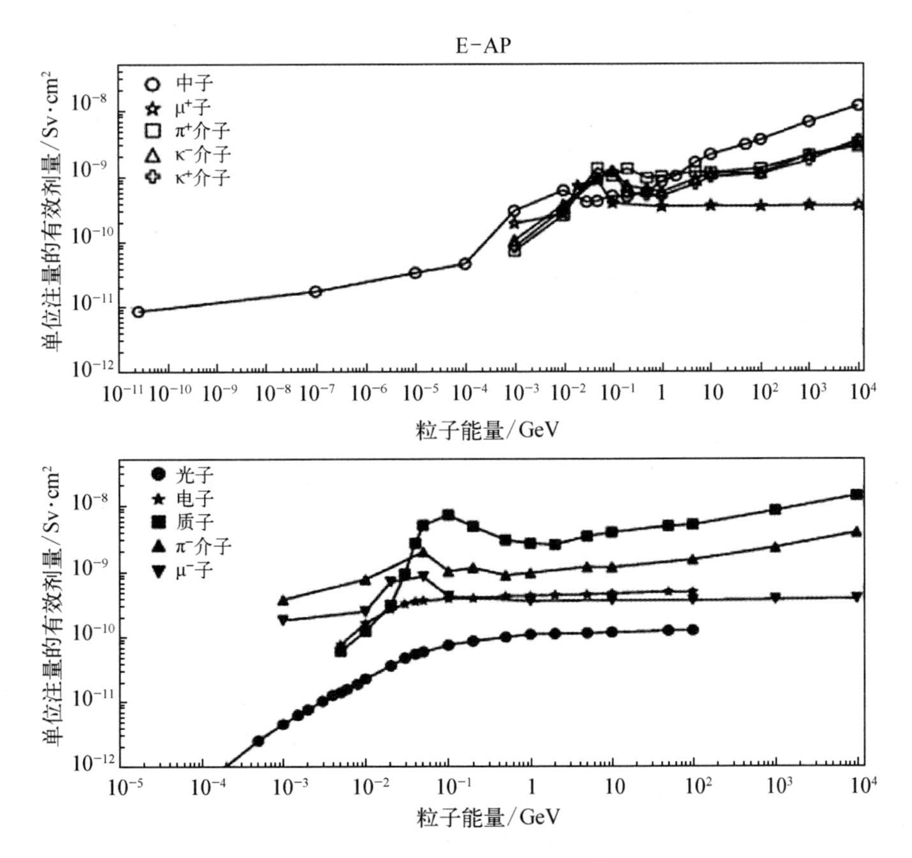

图 1-6 不同粒子在前后(AP)辐照下的注量-有效剂量转换系数与粒子能量的函数关系

(据 Pelliccioni，2000)

周围剂量当量之间的转换系数。图 1－8 则展示了各向同性(ISO)照射情况下注量-有效剂量转换系数与粒子能量的函数关系。

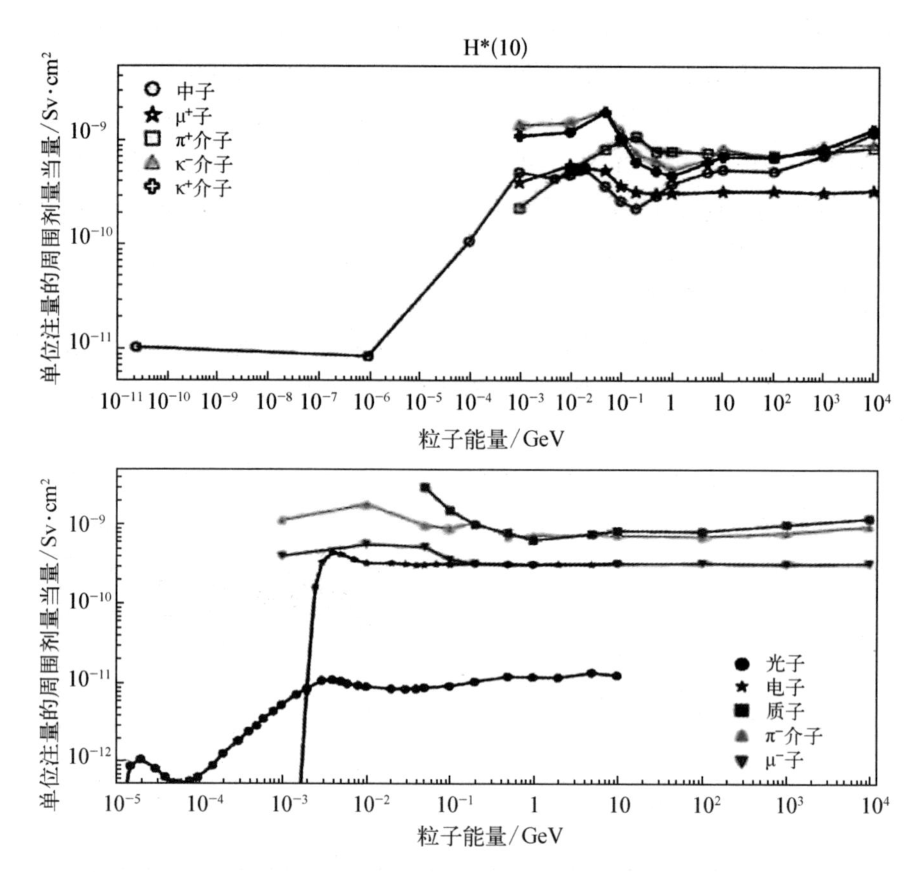

图 1－7　不同类型辐射能量函数的注量-周围剂量当量转换系数

(据 Pelliccioni，2000)

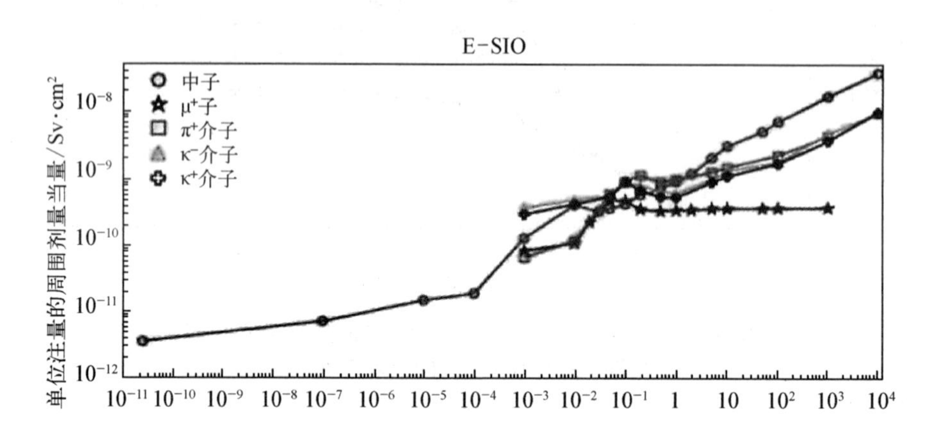

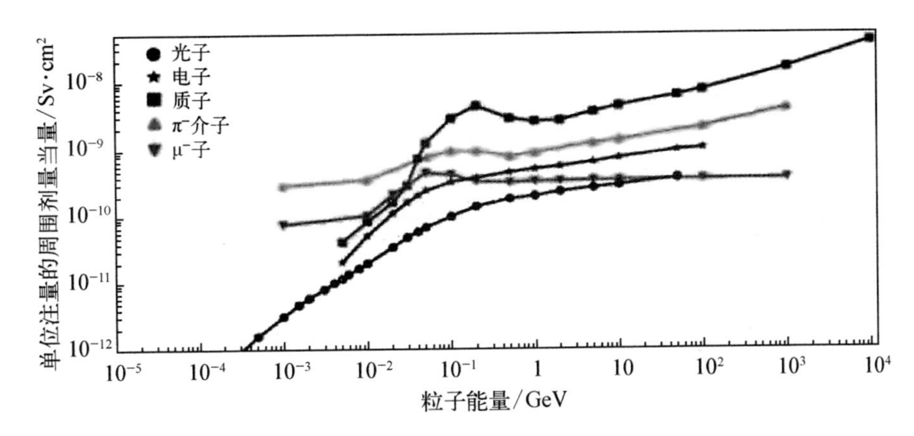

图 1-8　各向同性照射情况下注量-有效剂量转换系数与粒子能量的函数关系

(据 Pelliccioni，2000)

1.4　屏蔽设计和辐射安全

本书接下来的章节将专注于带电粒子治疗加速器的屏蔽设计和辐射安全问题。第 2 章和第 3 章将深入探讨屏蔽设计，而第 4 章至第 6 章则集中讨论辐射安全的各项考量。

尽管关于高能质子加速器(能量超过 1 GeV)的资料在现有文献中比较丰富，但中能质子和碳离子相关的数据和信息却相对匮乏。鉴于此，本书致力于填补这一空白，为新设施的设计者提供全面而详尽的信息资源。

本书的目标是为设计新型设施提供必要的文献支持，以及实用的指导和数据，帮助设计者在创建安全、有效的粒子治疗设施时做出明智的决策。

第 2 章
粒子治疗设施的放射学

在深入理解带电粒子治疗设备及其相关的剂量概念之后，我们现在聚焦于粒子治疗设施的放射学特性。这些特性对于设计有效的屏蔽至关重要。本章将阐释带电粒子与物质相互作用的基本物理原理，这些原理直接影响治疗的精确度和辐射安全。

在粒子治疗中，质子和离子与物质的相互作用产生多种辐射类型，这些辐射对屏蔽设计具有重要影响。本章将详细讨论这些相互作用，包括电磁相互作用、核相互作用和强子相互作用，以及它们如何产生二次辐射。

2.1　带电粒子相互作用

尽管关于高能粒子加速器屏蔽的物理文献较为丰富，但中能带电粒子加速器的相关研究却相对缺乏。本节将重点介绍与带电粒子治疗设备屏蔽密切相关的粒子间的相互作用。

当加速的带电粒子束与物质相互作用时，会产生多种类型的辐射。随着入射粒子动能的增加，二次辐射的产额及其类型也会相应增加。能量沉积的关键过程涉及强相互作用、电磁相互作用以及弱相互作用。电磁相互作用包括长距离的直接作用，主要发生在带电或有磁矩的粒子之间，以及与光子发射或吸收相关的相互作用。而强相互作用，尽管作用范围极短（小于 10^{-13} cm），却是粒子间最强的相互作用，是原子核内质子和中子结合的驱动力。

强子构成了已知粒子的绝大多数，并通过强相互作用进行交互，这一过程在粒子物理学中占据核心地位。强子家族由两大部分构成，分别为重子和介子。重子，其质量不低于质子且具有半整数自旋，包括我们熟知的质子和中子。而介子，自旋为整数或零，包括带电的 π 介子和 κ 介子。

在高能反应中，π 介子的产生尤为关键，它们在强子级联中发挥着主导作用，这一过程将在第 2.1.2 节中详细讨论。π 介子在空气中或真空中能够衰变为 μ 介子，但在固体或液体中则更倾向于被俘获。被俘获后，它们会形成 π 介子原子，该原子迅速退激发并释放特征 X 射线。同时，π 介子也能被原子核俘获，引发核破裂，产生低能质子、α 粒子以及具有高线性能量传递(LET)的核碎片。尽管重的介子和重子也可能在这些过程中产生，但相较于 π 介子，它们的产生概率要小得多。

强子之间的相互作用，当距离小于 10^{-13} cm 时，主要通过强相互作用进行；而在此距离以上，它们可能通过电磁相互作用，例如质子散射和电离，导致质子能量的损失。这些基本物理过程对于理解粒子在物质中的穿透能力和屏蔽设计至关重要。

带电粒子的相互作用是一个复杂过程，涉及与原子电子和原子核的电磁作用、核反应、次级强子的产生以及电磁级联。接下来的内容将逐一介绍这些相互作用机制，为理解粒子治疗设备屏蔽设计提供科学依据。

2.1.1 电磁相互作用

在本节中，我们将探讨带电粒子与物质相互作用的基本机制，这些机制是理解粒子在介质中能量损失和射程的基础。

2.1.1.1 带电粒子与原子电子的相互作用

当重带电粒子穿越物质时，它们主要通过电离和激发原子来耗散能量。在非相对论速度下，与原子核的碰撞对能量损失的贡献微乎其微。带电粒子与原子电子的碰撞可以分为硬碰撞和软碰撞两种类型。硬碰撞中传递的能量显著高于电子的结合能，而软碰撞中传递的能量接近电子的结合能。在这些碰撞中，入射粒子的速度远大于电子在原子中的运动速度。

在探讨带电粒子与原子电子的相互作用时，我们首先聚焦于所谓的硬碰撞，这类碰撞中传递给电子的能量远超过其在原子中的结合能。在这种情况下，我们可以将原子电子视为在初始时处于静止或自由状态。对于这类极端能量转移的情况，带电粒子在正面碰撞中能够传递给电子的最大能量 $T_{\max}$ 可通过公式(2-1)计算得出：

$$T_{\max}=2mc^2\frac{p^2c^2}{m^2c^4+M^2c^4+2mc^2E} \tag{2-1}$$

式中，m 是电子的静止质量；c 是真空中的光速；p 是入射粒子的动量；M 是粒子的静止质量；E 是粒子的总能量。

在相对论速度下，即当 M 远大于 m，且 pc 远小于 $(M/m)Mc^2$ 时，$T_{\max}$ 的值将接近 pc 或 E，并且与 M 的值无关。这意味着电子从入射粒子那里获得几乎全部动能的概率是相当低的。

$$T_{\max} \approx 2mc^2 \frac{\beta^2}{1-\beta^2} \tag{2-2}$$

式中，$\beta=\dfrac{v}{c}$是粒子的相对速度，v 为粒子速度。

在介质中，重带电粒子沿其路径单位长度损失的原子电子的能量，称为能量损失率，其单位通常以 MeV/cm 或 MeV/m 表示，是决定粒子在介质中剂量分布的一个关键物理量（Turner，1980）。这一物理量称为线性能量传递，即$-\dfrac{\mathrm{d}E}{\mathrm{d}x}$，它反映了介质对粒子能量耗散的抵抗能力，可通过著名的贝特方程计算：

$$-\frac{\mathrm{d}E}{\mathrm{d}x}=\frac{4\pi Z^2 e^4 n}{mc^2\beta^2}\left[\ln\frac{2mc^2\beta^2}{I(1-\beta^2)}\right]-\beta^2 \tag{2-3}$$

式中，Z 是粒子的原子序数；e 是基本电荷；n 是单位体积内的电子数；I 是介质的平均激发能；m 是电子的静止质量；c 是光速；β 是粒子速度与光速的比值。

阻止本领主要取决于粒子的电荷 Ze、相对速度 β 以及介质的特性，包括平均激发能 I 和电子密度 n。带电粒子的射程，即粒子在停止运动前能够行进的距离，可以通过阻止本领的倒数来估算。具体来说，具有动能 T 的粒子的射程 $R(T)$可以通过以下公式计算：

$$R(T)=\frac{M}{Z^2}f(\beta) \tag{2-4}$$

式中，M 是粒子的质量；$f(\beta)$是一个与粒子速度相关的函数。

特别值得关注的是，粒子在给定速度下的平均射程与其质量成正比，同时与电荷的平方成反比。根据贝特(Bethe)方程，对于具有相同质量和能量但电荷相反的粒子，例如 π 介子和 μ 介子，它们对介质的阻止本领和射程是相同的，这归功于贝特方程中 Z^2 项的特性。

然而，实际的实验观测与贝特方程的预测存在偏差，这种偏差通过在贝特方程中引入更高阶的Z项得到了测量和理论的解释。此外,在粒子能量损失的过程中,由于统计波动的存在,即使是具有相同初始动能的粒子,它们的实际射程也会出现一定的离散性。这种离散性通常用均方根(RMS)来描述,导致所谓的"射程歧离"现象。

2.1.1.2 带电粒子与原子核的相互作用

当带电粒子接近原子核时会发生散射现象,这一过程主要被视为弹性碰撞(ICRU, 1978)。在这些碰撞中,由于光子发射导致的能量转移与带电粒子动能相当的概率通常很小,因此,散射过程之后粒子的能量损失可以忽略不计。

在带电粒子穿透介质的过程中,它们会经历多次与原子核的相互作用,这些相互作用在大多数情况下会导致粒子发生小角度偏转。这些小角度偏转的累积效应构成了所谓的多重散射,它对粒子路径的整体偏转具有显著影响。相对地,单次大角度散射事件,尽管较为罕见,也会显著改变粒子轨迹,这种改变通常是由一次较大角度散射和多次小角度散射共同作用的结果。

介于大角度散射和小角度散射之间的情况,即粒子在经历若干次中等程度的散射后发生的方向改变,我们称之为中间散射或部分弹性散射。这种散射同样对粒子在介质中的穿透深度和分布有着不可忽视的作用。

2.1.2 核相互作用

核相互作用可分为两大类:核子与原子核的相互作用以及重离子与原子核的相互作用。

2.1.2.1 核-核相互作用

当入射的核子与原子核相遇时,它会受到核势能的影响而发生偏转,并以相同能量、不同角度重新出现(Moritz, 2001)。这一过程称为直接弹性散射,是核-核相互作用的一种基本形式。

除了直接弹性散射外,核子还可能与靶核子发生碰撞,导致靶核子激发并形成复合态。在这种情况下,可能出现两种不同的结果,分别为核子的能量可能大于或小于其分离能。如果核子的能量超过分离能,它将离开原子核,仅经历偏转而无其他进一步的相互作用。在质量守恒的前提下,如果反应中没有质量变化,那么这个过程可以是非弹性散射或电荷交换反应,这两者都被视为直接反应。相反,如果质量发生变化,这通常标志着发生了转移反应或击穿反应。

在核-核相互作用中，散射粒子的角度分布呈现出各向异性，并在前行方向达到峰值。这种角度分布特征对于理解核相互作用的动力学至关重要。

在核子与原子核的相互作用中，一旦核子进入复合核，它将引发一系列进一步的碰撞，这些碰撞将激发能均匀地扩散到整个核结构中。在所谓的前平衡阶段，核的内部状态变得极为复杂，但最终系统会演化至统计平衡状态。

在这一过程中，如果一个核子获得足够的能量，它可能会逃离原子核，就像通过“蒸发”过程一样。类似地，如果动能集中在一组核子上，可能会导致氘核、氚核和 α 粒子等轻粒子的释放。在某些情况下，甚至可能发射出重核碎片。

粒子的“蒸发”过程可以类比于液体表面分子的蒸发行为。特别是，发射出的中子的能量分布遵循麦克斯韦-玻尔兹曼分布，其数学表达式为

$$\frac{\mathrm{d}N}{\mathrm{d}E_\mathrm{n}}=BE_\mathrm{n}\exp\left(-\frac{E_\mathrm{n}}{T}\right) \tag{2-5}$$

式中：E_n 是中子的能量；B 是比例常数；T 是核温度，它是一个反映目标残核及其激发能量的特征量，通常为 2～8 MeV。通过将上述分布绘制在半对数坐标系中，即 $\ln\left(E_n^{-1}x\frac{\mathrm{d}N}{\mathrm{d}E}\right)$ 与 E_n 之间的关系，麦克斯韦分布呈现为一条斜率是 $-\frac{1}{T}$ 的直线。这些“蒸发”出来的粒子以各向同性的方式发射，中子的能量分布可以覆盖高达约 8 MeV 的范围。

在前平衡阶段，还可能发生复合核反应，这时粒子的发射角度与入射粒子的方向密切相关。然而，一旦达到统计平衡，发射的粒子将不再表现出方向性，而是均匀地向所有方向发射。

在核相互作用的复杂过程中，散射和发射出的粒子不会停止它们的活动，而是会进一步引发一连串的相互作用，这种现象称为核内级联。特别是当能量超过 π 介子产生阈值（135 MeV）时，π 介子在这一过程中将扮演重要角色。

中性 π 介子在经历短暂的寿命后，会衰变成一对 γ 射线，这一过程是电磁级联的起点。而带电的 π 介子，如果它们在飞行路径上没有遭遇进一步的相互作用，将经历衰变过程，先变为 μ 介子，再继续衰变成电子，同样触发电磁级联。

此外，中子或质子在撞击高原子质量的原子核时，也有可能引发裂变反应，这是核能领域中一个非常重要的现象。这些裂变事件不仅释放出巨大的能量，还产生更多的次级粒子，进一步丰富了核级联的过程。

2.1.2.2 重离子-核相互作用

当重离子穿越物质时，它们与原子核的相互作用主要通过两种方式发生：掠过碰撞和正面碰撞(Raju, 1980)。在掠过碰撞过程中，无论是入射的重离子还是目标原子核，都可能经历碎裂，这是核相互作用的一种主要形式。相对而言，正面碰撞较为罕见，但其特点是在碰撞过程中会发生大量的能量转移。

在重离子与原子核的相互作用中，产生的次级粒子数量众多。与典型的强子-核相互作用相比，核-核相互作用展现出不同的特征(ICRU, 1978)。特别是，两个原子核之间的碰撞截面通常大于单个强子与原子核的碰撞截面。在高能原子核的相互作用中，仅有相互穿透的部分会经历显著的相互作用和解体，而每个原子核的未受扰动部分则保持原状，尽管它们可能处于高度激发状态。这一点从观察到的现象中得到证实：大量碎片以与入射离子相同的方向和相似的速度移动。

在高度激发的状态下，原子核并不倾向于通过“蒸发”过程分裂成更小的碎片($Z<3$)。只有在正面碰撞中，抛射体会碎裂成许多小碎片，而这些碎片通常不会以高速移动。此时，残余的原子核和从初级碎片中蒸发出来的 α 粒子主要沿着入射方向分布。

核碎片的形成可以通过所谓的磨蚀-消融过程来描述，这一过程在图 2-1 中有详细展示(Konstanze et al, 2004)。该过程的初始阶段称为磨蚀。在一次掠过碰撞中，部分核材料会相互重叠，形成所谓的火球的区域。在这一阶段，来自抛射体的前碎片会保留大部分初始能量，而来自靶材料的前碎片基本保持静止状态，火球则以中等速度反冲。

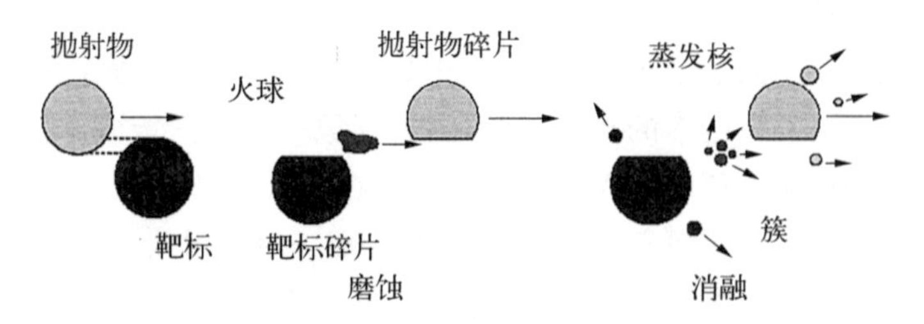

图 2-1 靶内核碎片形成示意图

(资料来源：德国 GSI)

随后进入消融阶段，这是碎裂过程的第二步。在这一阶段，初始形成的核碎片和处于高度激发状态的火球将开始蒸发，释放核子和光子。在核-核相互作用中，产生的介子数量会超过质子碰撞中产生的数量。特别是，重核间的单次碰撞所产生的介子数量会根据两个原子核之间重叠的程度而有显著的变化。

在高能量水平(约大于 200 MeV/u)时,碎裂的概率和类型变得与入射能量无关。然而,在低能量条件下,碎裂截面会显著减小。进一步降低能量时,原子核在没有发生显著相互作用的情况下保持静止的可能性更高。在非常低的能量水平(1～2 MeV/u),两个原子核可能会作为一个整体发生相互作用,形成复合核。

在高能量条件下(Moritz, 1994),重离子与物质的相互作用可以简化为组成离子的单个核子与目标原子核的独立作用。在这种近似下,一个质量数为 A 的离子被视为由 Z 个质子和($A-Z$)个中子组成,它们独立地与目标原子核发生相互作用。这种相互作用通常发生在有限的撞击参数范围内,即射弹速度矢量与目标中心的垂直距离较小的区域。这可能导致部分离子被剪切下来,形成核碎片并继续前进,从而减少了可用于进一步相互作用的核子数量。尽管如此,由于相互作用截面较大,碎片离子很可能在初始相互作用点附近再次发生相互作用,给人一种所有核子在单一点上同时作用的印象。

Agosteo 等人(2004a; 2004b)的研究指出,在治疗相关的离子能量范围内,将质量数为 A 的离子视为 A 个独立质子的方法,并不是进行屏蔽计算的准确近似。然而,在超相对论能量(每核子数千亿电子伏特)下,这种近似是成立的。在低能量情况下,这种方法可能会导致对屏蔽厚度的低估,并且随着屏蔽厚度的增加,低估的程度也会增加,特别是在正方向上。这种低估可能源于离子相互作用产生的二次中子能量,这些中子的能量可能达到原始离子能量的 2 倍左右。

Nakamura 和 Heilbron(2006)的手册中列出了针对比能量大于 100 MeV/u 的离子在重离子反应中的实验数据。这本手册包含了丰富的信息,如厚靶的二次中子产率、薄靶的二次中子产生截面、屏蔽后的中子穿透测量、散列产物的截面和产额,以及中子产额的参数化数据,为重离子治疗设施的屏蔽设计和评估提供了重要的实验依据。

2.1.3　强子相互作用

在本节中,我们将深入探讨强子级联以及它们与质子相互作用的复杂性。

2.1.3.1　强子级联或核级联

图 2-2 提供了强子级联,也称为核级联的直观表示(ICRU, 1978;

NCRP，2003）。该图展示了级联过程中各个粒子的典型能量，这里所指的能量是粒子被发射时的能量，而非它们最初入射时所携带的能量。在强子级联中，一系列复杂的反应发生，包括粒子的产生、相互作用以及最终的衰变过程。

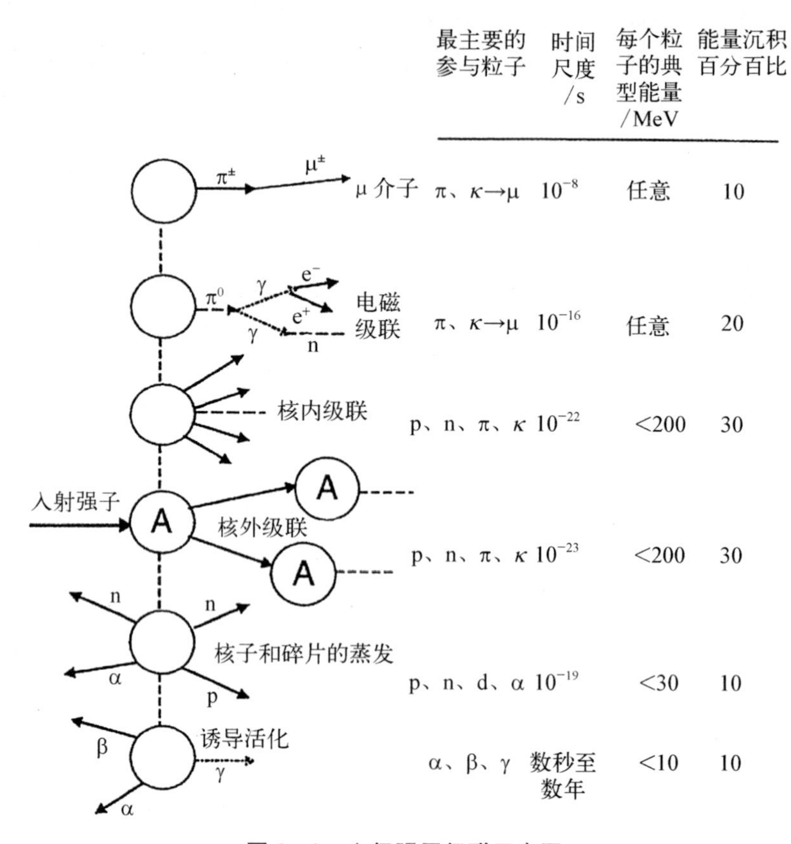

图 2-2　六级强子级联示意图

（据 NCRP，2003）

注：经国家辐射防护和测量委员会（NCRP）许可，本图得以转载。有关详细信息请参阅 http://NCRPonline.org。

强子级联包含 6 个独立的阶段，其中核外级联最为关键，它为整个级联过程提供能量。在核外级联中，强子如质子(p)、中子(n)和正反 π 介子($\pi^{\pm}$)等，通过与原子核的相互作用释放高能粒子，这些粒子随后通过与其他原子核的碰撞级联传播。在每次相互作用中，粒子数目都会有所增加。

核内级联则是当核外级联中的粒子与被撞击原子核内的单个核子发生相互作用时可能发生的现象。这一过程产生的反应产物与核外级联类似，但能量较低，且发射角度较宽。核内级联对核外级联的影响较小，该过程在大约

10^{-22} s 内完成。当能量超过 π 介子产生阈值(135 MeV)时,π 介子也会参与核级联。

级联内和级联外的中性 π 介子(π^0)衰变为两个光子,这可以进一步引发电磁级联。能量的转移主要通过电离损失在几个辐射长度内沉积。辐射长度 X_0 是指将相对论带电粒子的能量减少到其原始值的 e 倍所需的平均路径长度。中性 π 介子的衰变过程发生在大约 10^{-16} s 内。

带电的 π 介子和 κ 介子($\kappa^{\pm}$)在释放出所有能量之前会衰变,每次衰变都会产生一个 μ 介子($\mu^{\pm}$)。μ 介子是一种穿透力强的粒子,主要通过电离作用在物质中沉积能量,并且它们也可能参与光核反应。带电 π 介子和 κ 介子的衰变过程发生在 10^{-8} s 内。

当强子与原子核发生相互作用时,会形成一个处于激发态的预碎片,即原始原子核的残余部分。这个激发态的原子核通过发射粒子,主要是中子和质子,实现去激发。这些粒子对于核级联的传播没有进一步的贡献,也不会参与其他反应过程。发射出的低能中子能够穿透并传播很远的距离,沿途逐渐沉积能量;而质子则在较近的范围内迅速沉积其能量。核子的蒸发过程通常在大约 10^{-19} s 内完成。去激发后的原子核可能具有放射性,从而产生残余辐射。

高能强子与原子核的相互作用会触发大量粒子的生成,主要包括核子、π 介子和 κ 介子。在这一过程中,入射能量的主要部分可能转移至单个核子,该核子因而成为级联传播的关键载体。这种能量转移主要发生在高能核子(即能量超过 150 MeV 的核子)的相互作用中,这些高能粒子在级联中起到传播作用。

对于能量为 20～150 MeV 的核子,它们通过核相互作用将能量分散传递给多个核子,而非集中在单一核子上。因此,每个核子平均只获得一小部分能量,导致它们的动能相对较低,约为 10 MeV。这些带电粒子由于电离作用很快在物质中被阻止,使得在低能量区域中子成为主要的传播粒子。

带电的 π 介子和 κ 介子最终会衰变成 μ 介子和中微子。μ 介子由于不受强相互作用的影响,其在物质中的能量损失主要是通过电离过程。另外,中性 π 介子衰变产生的高能 γ 射线可能触发电磁级联。但这些电磁级联的衰减长度(如第 1 章所定义)远小于强相互作用粒子的吸收长度,即粒子强度因吸收降低到原始强度的 $\frac{1}{e}$ 所需的距离,因此它们对整体能量传输的贡献有限。

随着粒子在屏蔽物质中深度的增加,中子在能量约小于 450 MeV 时具有较高的穿透能力，成为级联传播的主要粒子。质子和 π 介子在这一能量范围内的能量损失率较高，因此在屏蔽设计中，中子的传播特性需要特别考虑。

2.1.3.2　*质子相互作用*

质子与物质相互作用时，不仅会导致质子能量的衰减，还会引发一系列次级粒子的产生，这些粒子构成了所谓的强子级联或核级联，如前所述。核外级联通常在初级质子能量达到数十亿电子伏特的高能情况下发生(Moritz，1994)，紧接着可能发生核内级联。核内级联则在质子能量处于 50～1 000 MeV 的范围内出现。

在质子治疗常用的能量范围(67～250 MeV)内，核内级联对屏蔽设计具有显著的重要性。根据 ICRU(1978)的研究，随着初始质子能量的增加，低能中子的产率也会增加。然而，由于低能量下更大的横截面，屏蔽材料内部的更大衰减可以补偿中子产率的增加。屏蔽研究揭示，辐射场在穿透屏蔽物质几个平均自由程后会达到平衡状态。

能量超过 150 MeV 的中子有能力重新引发级联反应，尽管这些高能中子的数量相对较少。这些高能中子的反应还产生大量的低能中子。在屏蔽层表面观测到的中子能谱形状与屏蔽层内部的能谱形状非常相似。如果屏蔽层中存在孔洞或穿透物，可能会扰乱中子能谱的形状，并且在穿透区域附近的低能中子数量可能会增加。ICRU(1978)的实验和计算结果证实，对于充分发展的级联，中子能谱的形状主要取决于氢含量，而与屏蔽内的位置、入射能量或屏蔽材料的具体类型关系不大。

在厚重的混凝土屏蔽外，典型的中子能谱由数兆电子伏特和约 100 MeV 的峰值组成，这些峰值反映了不同能量中子的分布特征。

当质子的能量低于 10 MeV 时，它们会被靶核吸收，形成一个新的复合核，这一过程在第 2.1.2.1 节中有更详细的讨论(IAEA，1988)。

屏蔽区域内产生的光子主要来源于几个过程：非弹性中子散射、混凝土壁内氢的中子俘获以及靶内蒸发中子的非弹性散射。这些光子在初级中子能量低于 25 MeV，以及在厚混凝土屏蔽中的情况，对剂量有显著影响。然而，当质子的能量超过 150 MeV 且屏蔽足够厚时，由光子引起的总剂量比中子引起的要小得多。

在质子能量处于最低水平时，能量损失主要是由材料对质子的电离作用造成的。这些低能量质子因其最大的特定电离能力而在射程末端形成布拉格峰，这一特性在质子治疗中得到了应用。当质子的动能较高而能够穿透库仑势垒时，除了库仑散射外，还可能发生核反应。随着质子能量的增加，核反应与电磁相互作用开始相互竞争，影响着质子与物质相互作用的特性。

2.1.4　电磁级联

电磁级联的启动通常归因于 π 介子的衰变（见图 2-2）。然而，在质子治疗的射程范围内，核内级联在质子的相互作用中扮演着更为主导的角色。当高能电子与物质发生作用时，仅有小部分能量通过碰撞过程散失。大部分能量转化为高能光子的形式，也就是我们所说的韧致辐射。

这些高能光子通过电子对或康普顿散射与物质相互作用产生，进而产生新的电子。这些新产生的电子又发射出更多的光子，而这些光子又继续与物质相互作用产生更多的电子。随着这一连锁反应的进行，粒子数量逐渐增加，而平均能量逐步降低。这一过程持续进行，直至电子的能量降至辐射损失不再能与碰撞损失相竞争的水平。最终，初始电子的能量在物质中通过原子的激发和电离过程完全转化为热量。

整个由光子、电子和正电子相互作用产生的连锁过程构成了电磁级联。在电磁级联过程中，一小部分韧致辐射能量用于产生强子，例如中子、质子和 π 介子，这在高能物理环境中尤为重要。

2.2　二次辐射环境

带电粒子治疗加速器在运行过程中产生的二次辐射环境包含多种辐射类型和粒子，具体包括如下几方面。

（1）中子和各种带电粒子，如 π 介子、κ 介子以及在非弹性强子相互作用中产生的核碎片。

（2）由中子或离子与物质相互作用产生的瞬时 γ 射线。

（3）μ 介子以及其他类型的粒子。

（4）特征 X 射线，这是由于带电粒子将能量传递给束缚态电子，后者在激发态衰变时发射光子。

（5）韧致辐射，这是加速的带电粒子将能量转移给束缚态电子，电子在返回基态时发射光子的过程。

（6）放射性活化残留辐射，这是由粒子与原子核发生核反应产生的。

在质子和离子加速器产生的瞬时辐射场中，中子在屏蔽层外占主导地位。

通常，屏蔽外的辐射剂量水平受多种因素影响，包括粒子的能量、入射粒子的类型、照射持续时间、靶材料及其尺寸以及屏蔽材料的特性。

2.2.1 中子能量分类

在辐射防护领域，中子的能量分布是关键的考量因素，因此中子被划分为以下几个能量类别。

(1) 热中子：在20℃下，热中子的平均能量($\bar{E}_n$)约为0.025 eV，通常界定为能量(E_n)不超过0.5 eV，这个范围内的中子能够与镉等材料发生共振吸收。

(2) 中间能中子：能量为0.5 eV～10 KeV的中子，这个范围的中子能量介于热中子和快中子之间。

(3) 快中子：能量超过10 KeV且不超过20 MeV的中子，它们在物质中的穿透能力较强。

(4) 相对论或高能中子：能量超过20 MeV的中子，这些高能中子在辐射防护和屏蔽设计中需要特别关注。

此处，$\bar{E}_n$表示中子的平均能量，而E_n表示中子的具体能量值。

2.2.2 中子相互作用

中子由于不带电，能够在物质中穿透较远距离而不发生相互作用。然而，当中子与原子发生碰撞时，可能触发两种类型的反应：弹性反应和非弹性反应(Turner，1986)。在弹性反应中，入射中子与原子核碰撞后，总动能保持不变；而在非弹性反应中，原子核吸收部分能量并达到激发状态。此外，中子还可以通过(n，p)、(n，2n)、(n，α)或(n，γ)等类型的反应被原子核捕获或吸收。

热中子与周围环境基本处于热平衡，它们主要通过弹性散射与原子核相互作用，仅转移微小的能量给原子。这些热中子在介质中自由扩散，直至被原子核俘获。在俘获过程中，热中子可能经历辐射俘获，即被俘获后立即释放γ射线，如在$^1H(n, \gamma)^2H$反应中，释放的γ射线能量为2.22 MeV，其俘获截面约为0.33×10^{-24} cm^2。此类反应常见于聚乙烯和混凝土等屏蔽材料中。硼化聚乙烯由于硼具有更大的俘获截面($3\,480 \times 10^{-24}$ cm^2)，并且其俘获反应$^{10}B(n, \alpha)^7Li$释放的γ射线能量较低(0.48 MeV)，因而被广泛使用。对于能量低于1 KeV的低能中子，其俘获截面随中子速度的增加而减小，即随能量的增加而降低。

中子在物质中穿行时，会通过散射过程逐渐失去能量，并最终被吸收。快中子，特别是那些源自带电粒子加速器的蒸发中子，通过连续的弹性和非弹性散射与物质相互作用。这些散射过程导致中子能量逐步衰减，直至它们被原子核俘获(ICRU, 1978)。在中子减速和最终被俘获的过程中，大约 7 MeV 的能量通过 γ 射线的形式被吸收。

对于能量超过 10 MeV 的中子，非弹性散射成为所有材料中的主要相互作用方式。而在较低能量范围内，弹性散射则占据主导地位。特别是在 1 MeV 以下，弹性散射成为中子与含氢材料如混凝土和聚乙烯相互作用的主要机制。值得注意的是，当使用高原子序数(Z)的材料，例如当用钢作为屏蔽材料时，必须配合使用含氢材料。这是因为中子可以通过非弹性散射将能量降低到特定水平，这一水平对于高 Z 材料可能是透明的。如第 1 章所述，钢对于能量在 0.2～0.3 MeV 的中子是透明的，这意味着在这个能量范围内，中子能够穿透钢而不发生相互作用。

相对论中子在质子加速器产生的核级联以及离子加速器的核裂变和碎裂过程中发挥着至关重要的作用，它们对辐射场的传播具有显著影响。具备超过 100 MeV 能量的高能中子能够穿透屏蔽层，并通过与屏蔽材料的非弹性反应，在屏蔽层内部不同深度处持续产生较低能量的中子和带电粒子(Moritz, 2001)。

对于能量介于 50～100 MeV 的中子，其与物质的相互作用可以划分为三个阶段(NCRP, 1971)。首先是核内级联阶段，入射的高能中子与原子核内的单个核子发生相互作用，产生散射和反冲核子，这些核子可能继续与其他核子相互作用，形成核内级联。部分级联粒子可能携带足够能量从原子核中逃逸，而其他粒子则留在原子核内。

第二阶段涉及未逃逸粒子的能量在原子核内剩余核子间的分配，导致这些核子处于激发状态。处于激发状态的原子核可能通过蒸发过程释放 α 粒子和其他核子。

最终，在第三阶段，当进一步的粒子发射在能量上变得不可行时，原子核剩余的激发能量将以 γ 射线的形式辐射出来，完成能量的最终释放。

2.2.3　质子治疗：中子产额、能谱和角分布

在质子治疗中，能量高达 250 MeV 的质子产生的瞬时辐射场极为复杂，由带电粒子、中性粒子和光子共同构成。在这一辐射场中，中子起着主导作用。

随着质子能量的逐步增加，更多的核反应得以触发，特别是当能量超越200 MeV时，将引发核级联过程。在质子能量处于50～500 MeV的范围内，中子的产额与入射质子能量的平方成正比，即约为E_P^2，其中E_P代表入射质子的能量(IAEA，1988)。

针对不同能量质子入射到各类材料上所产生的中子产额、能谱和角分布，已有广泛的计算和测量研究，这些成果在专业文献中有所记录(Agosteo et al，1995；Agosteo et al，1996；Agostee et al，2007；Kato et al，2002；Nakashima et al，1995；NCRP，2003；Tayama et al，2002；Tesch，1985)。此外，Kato等人(2000)、Nakashima等人(1995)和Tayama等人(2002)对计算结果与实验测量结果进行了细致的比较分析。

在粒子物理学实验中，根据靶材料的厚度与粒子射程的比较，我们可以将靶分为两类：厚靶和薄靶。厚靶指厚度大于或等于入射粒子射程的靶，这意味着粒子在靶内几乎会完全停止。相对地，薄靶的厚度则显著小于粒子的射程，导致粒子仅在靶内损失极小部分能量。例如，在质子治疗中，质子在厚靶中损失的能量可以忽略不计，靶内可用于产生中子的动能几乎等于全部入射质子的能量(IAEA，1988)。

靶的中子产额是指每个入射初级粒子所释放的中子数量。表2-1展示了使用蒙特卡罗程序FLUKA计算的结果，这些结果显示了100～250 MeV质子撞击厚铁靶时产生的中子产额，这些计算考虑了所有发射角度的积分效果(Agosteo et al，2007；Ferrari，2005)。FLUKA程序的详细描述可以在第6章找到。表格中列出了总中子产额(n_{tot})以及不同能量阈值下的中子能产额(E_n)，包括小于和大于19.6 MeV的中子。结果表明，随着质子能量的增加，中子产额也随之增加，这与预期的一致。

表2-1　100～250 MeV质子入射厚铁靶时的中子产率

(据Agosteo et al，2007)

质子能量/MeV	射程/mm	铁靶半径/mm	铁靶厚度/mm	低能中子产额(E_n<19.6 MeV)	高能中子产额(E_n>19.6 MeV)	n_{tot}
100	14.45	10	20	0.118	0.017	0.135
150	29.17	15	30	0.233	0.051	0.284

（续表）

质子能量/MeV	射程/mm	铁靶半径/mm	铁靶厚度/mm	低能中子产额(E_n<19.6 MeV)	高能中子产额(E_n>19.6 MeV)	n_{tot}
200	47.65	25	50	0.381	0.096	0.477
250	69.30	58	75	0.586	0.140	0.726

表 2－2 进一步揭示了不同发射角度下中子平均能量($\bar{E}_n$)与质子能量之间的关系。数据显示，随着质子能量的增加，特别是在正向角度(0°～10°)范围内，中子的平均能量显著增加，表明能谱变硬。然而，在较大的角度(130°～140°)下，中子的平均能量并未随着质子能量的增加而显著变化，表明在这个角度范围内中子能谱的硬度趋于饱和。

表 2－2　不同发射角下中子平均能量与质子能量的函数关系

(据 Agosteo et al，2007)

质子能量/MeV	不同发射角下中子平均能量/MeV			
	0°～10°	40°～50°	80°～90°	130°～140°
100	22.58	12.06	4.96	3.56
150	40.41	17.26	6.29	3.93
200	57.73	22.03	7.38	3.98
250	67.72	22.90	8.09	3.62

表 2－3 深入探讨了 250 MeV 质子与靶材料相互作用时产生的中子产额如何随着靶尺寸的变化而变化。研究表明，随着靶半径的增大，中子的总产额呈现上升趋势，然而，高能中子(E_n>19.6 MeV)的产额却呈现出下降的趋势。这种高能中子产额的下降导致了平均中子能量的降低，如表 2－4 所展示的那样。

此外，中子总产额随着靶厚度的增加而增加，但高能中子的产额却随着厚度的增加而减少。数据显示，在 0°～10°和 40°～50°的发射角度下，中子的平均能量有所增加，而在超过 80°的发射角度下，平均能量则有所减少。这表明，靶材料的尺寸和质子的相互作用对中子能谱有显著影响。

表 2-3　250 MeV 质子的中子产额与铁靶尺寸的函数关系

（据 Agosteo et al,2007）

铁靶半径/mm	铁靶厚度/mm	低能中子产额 ($E_{n}<19.6$ MeV)	高能中子产额 ($E_{n}>19.6$ MeV)	n_{tot}
37.5	75.0	0.567	0.148	0.715
58.0	75.0	0.586	0.140	0.726
75.0	75.0	0.596	0.136	0.732
75.0	150.0	0.671	0.111	0.782

表 2-4　250 MeV 质子入射下不同发射角度的铁靶尺寸对平均中子能量的影响

（据 Agosteo et al, 2007）

铁靶半径/mm	铁靶厚度/mm	不同发射角度下中子平均能量/MeV			
		0°～10°	40°～50°	80°～90°	130°～140°
37.5	75.0	73.6	25.9	8.1	3.9
58.0	75.0	67.7	22.9	8.1	3.6
75.0	75.0	64.7	21.3	8.1	3.5
75.0	150.0	70.3	23.5	6.9	3.2

随着靶厚度的增加，质子与靶材料的相互作用次数增多，导致二次中子的总产额增加。在初期，高能中子的产量占主导地位。但随着靶厚度的进一步增加，高能中子通过相互作用逐渐转化为更多的低能中子，这导致高能中子的产额减少，而低能中子的产额增加。然而，随着靶厚度的持续增加，低能中子在靶材料中将经历衰减过程，这一现象最终将导致总中子产额在达到一个最大值后开始下降。

图 2-3 和图 2-4 展示了通过 FLUKA 程序计算得到的中子双微分能谱，这些中子能谱是由 100 MeV 和 250 MeV 质子束流射入厚铁靶（未设置混凝土屏蔽）时产生的（Agosteo et al, 2007）。在这些能谱图中，能量分布呈现出两个显著的峰值特征：一个是高能峰，主要由散射束粒子引起；另一个是位于大约 2 MeV 的蒸发峰。随着质子能量的增加，尤其是在接近正（0°～10°）方向上，高能峰向更高的能量区域移动，这一变化趋势非常明显。

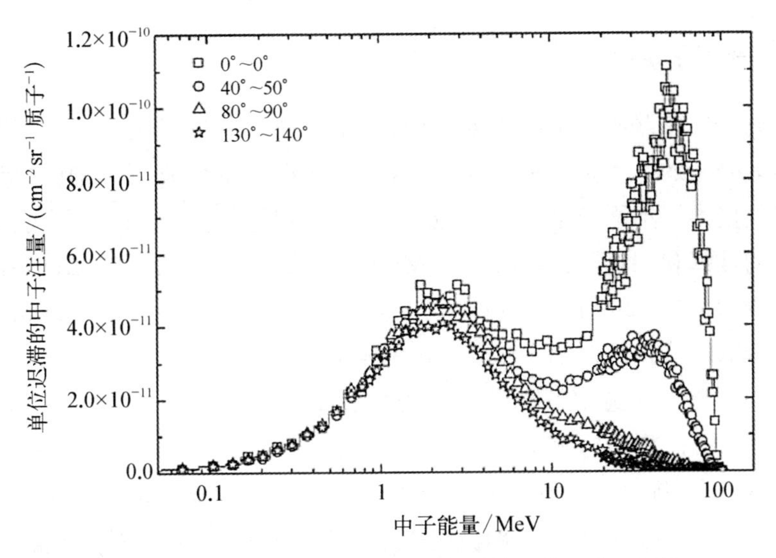

图 2-3　100 MeV 质子入射厚铁靶时的双微分中子能谱

（据 Agosteo et al, 2007）

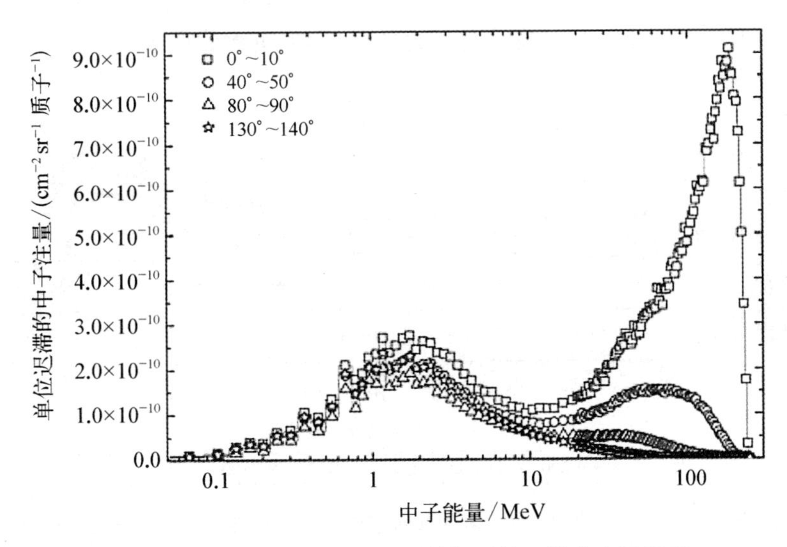

图 2-4　250 MeV 质子入射厚铁靶时的双微分中子能谱

（据 Agosteo et al, 2007）

值得注意的是，未加屏蔽的铁靶在高能区域的峰值，并不同于第 2.1.3.2 节中提到的，在厚混凝土屏蔽外常见的是约 100 MeV 的峰值。这一差异强调了在进行中子监测时，使用能够覆盖宽能量范围的仪器的重要性，如第 4 章所讨论的。这样的监测设备能够更准确地捕捉和评估在不同屏蔽条件下中子能谱的特性。

2.2.4 重离子治疗

在离子加速器所产生的辐射场中，中子的产生占据了主要地位，而光子、质子和π介子的产生贡献相对较小，这一点在第3章中有更详细的讨论。大量的文献提供了不同能量离子在撞击不同材料时产生的中子产率、能谱和角度分布的计算和测量数据(Gunzert-Marx，2004；Kato et al，2002；Kurosawa et al，1999；Nakamura，2000；Nakamura et al，2002；Nakamura et al，2006；NCRP，2003；Porta et al，2008；Shin et al，1997)。

图2-5展示了总中子产额，表示为每个入射粒子在0°~10°角度区间内单位立体角的中子数。这些离子包括质子(200 MeV)、氦(202 MeV/u)、锂(234 MeV/u)、硼(329 MeV/u)、碳(400 MeV/u)、氮(430 MeV/u)和氧(468 MeV/u)(Porta et al，2008)。这些计算基于FLUKA程序对离子撞击ICRU组织模型的模拟，该模型的成分包括76.2%的氧、10.1%的氢、11.1%的碳和2.6%的氮。体模的尺寸为高40 cm、直径40 cm，束流直径为10 mm。每种离子的能量都是在水下26.2 cm深度处选择的，以模拟实际的临床条件。

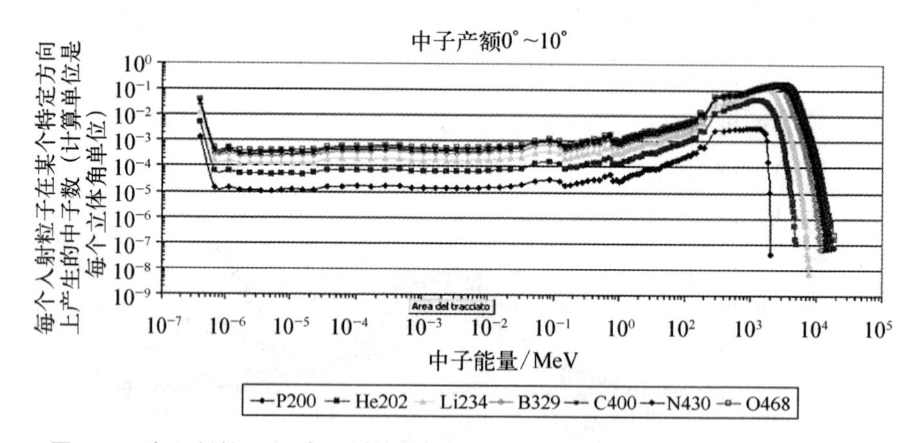

图2-5 每入射粒子在0°~10°角范围内单位立体角的中子数表示的总中子产额

(据Porta et al，2008)

在本节中，我们将专注于碳离子与靶材料相互作用的特性。图2-6、图2-7和图2-8展示了180 MeV/u和400 MeV/u碳离子入射到铜靶和碳靶时的中子能谱测量结果(Kurosawa et al，1999)。实验中使用的碳靶尺寸分别为10 cm×10 cm×2 cm(180 MeV/u)和10 cm×10 cm×20 cm(400 MeV/u)，而铜靶的尺寸为10 cm×10 cm×1.5 cm。

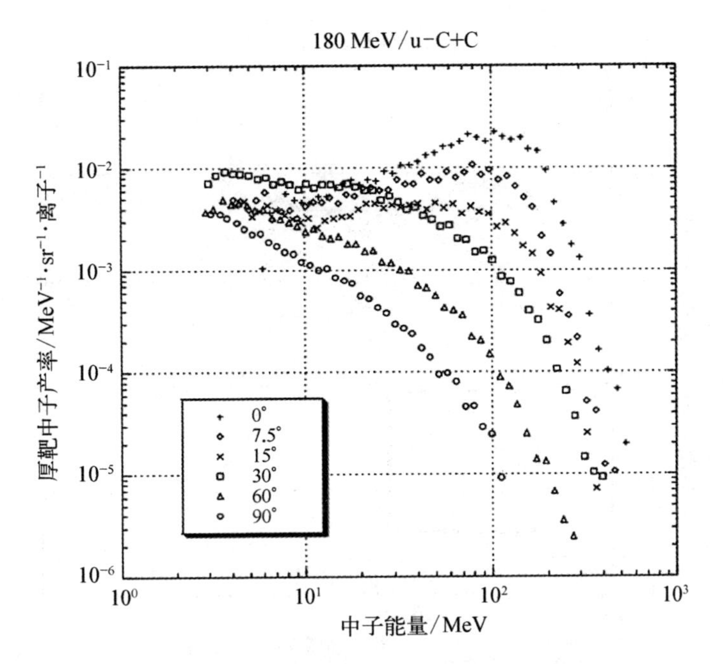

图 2-6　入射到碳靶上的 180 MeV/u 碳离子中子能谱

（据 Kurosawa et al，1999）

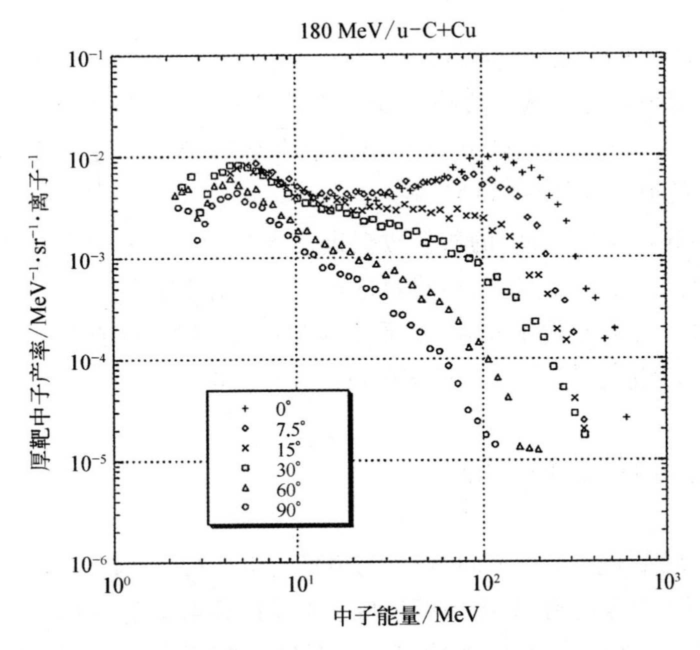

图 2-7　入射到铜靶上的 180 MeV/u 碳离子中子能谱

（据 Kurosawa et al，1999）

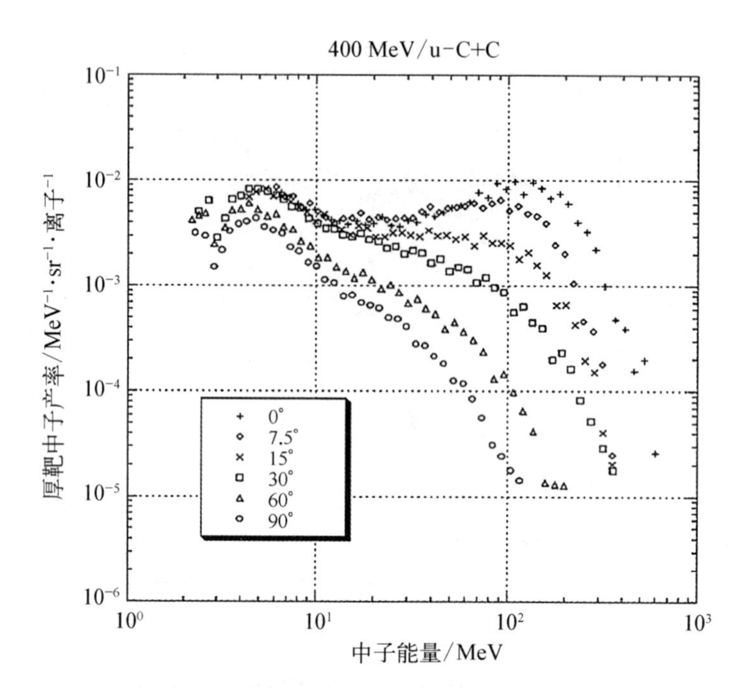

图 2-8　入射到碳靶上的 400 MeV/u 碳离子中子能谱

(据 Kurosawa et al, 1999)

测量结果显示,正向能谱在高能量区域呈现明显的峰值,并且随着发射角度的增大,峰值展宽。这些峰值的能量大约是入射碳离子比能量的 60%～70%,对于 180 MeV/u 的碳离子,峰值能量约为 140 MeV;而对于 400 MeV/u 的碳离子,峰值能量约为 230 MeV。

Kurosawa 等人(1999)的研究数据进一步揭示了一个重要现象：对于较轻靶核以及较高弹射能量,由核碎裂过程产生的高能中子比例以及从入射粒子到靶核的动量转移均显著高于较重靶核和较低弹射能量的情况。这一发现对于理解和优化离子治疗束流的屏蔽设计具有重要意义。

2.3　束流损耗和辐射源

粒子治疗设施在运行期间,粒子与束流传输系统组件以及患者身体的相互作用会诱发产生辐射,其中中子构成了主要的辐射类型。为了有效屏蔽这些辐射,设施的各个部分通常会采用不同厚度的混凝土屏蔽,厚度范围从约 60 cm 到 7 m 不等。

为了设计出高效的屏蔽方案，至关重要的一点是深入理解带电粒子治疗设施中的束流损耗情况和辐射源的分布。这包括了解加速器的工作原理，以及它如何将束流输送至治疗室。设备供应商应提供详尽的数据，包括束流损耗量级、持续时间、发生频率、靶材料类型以及损耗发生的具体位置。这些信息对于确保在屏蔽设计中充分考虑到所有可能的辐射源至关重要。

特别需要注意的是，在设施的启动和调试阶段，束流在调整至最终治疗靶位置的过程中可能会经历较高的损耗。因此，在规划阶段，必须考虑到这一因素，以确保屏蔽设计能够适应调试期间可能出现的辐射水平变化。

接下来的内容将详细讨论回旋加速器和同步加速器系统的束流损耗和辐射源问题，以便为屏蔽设计提供更加具体的指导。

2.3.1　回旋加速器

回旋加速器是一种能够加速质子和重离子的设备，它产生的束流通常是连续的。该设备设计时需确保引出能量足以穿透并治疗深层肿瘤(Coutrakron, 2007)。质子回旋加速器的工作原理如下。

质子从位于设备中心的离子源中被引出，并注入加速器内部。加速器主要由一个大磁铁(或多个扇形磁铁)构成，其内部设有真空区。医用常温回旋加速器的最大半径约为 1 m。加速器内部装有高频加速腔，通常称为“D 形盒(dees)”，它们在质子沿轨道运动时，施加与质子回旋频率同步的正弦交流电压。这使得质子在穿过电极间隙时获得进一步加速，并沿螺旋形轨道向外运动。质子的轨道半径由磁场控制。

图 2－9 展示了 C－230 IBA 回旋加速器的内部结构，可以看到它由 4 个螺旋形扇区组成。质子从下方的离子源注入，并在加速器中心开始其加速过程。随着质子能量的增加，回旋加速器的磁场会相应增强，以适应质子相对论质量的增加，同时在达到更高能量时减小其轨道半径。由于回旋加速器的设计是等时的，不论其能量或轨道半径大小，所有粒子都以相同的旋转频率运动。最终，质子通过静电偏转板，从加速器的一个出口孔被引导出来。

在粒子加速的过程中，回旋加速器不可避免地会遭遇束流损失，这是一种常见现象。根据不同的束流部件特性，损失的束流粒子比例为 20%～50%。回旋加速器的磁铁铁轭一般由钢材构成，本身具备一定的自屏蔽能力，但这种屏蔽效果在铁轭上存在孔洞的区域会有所降低。因此，在进行屏蔽设计时，必须特别考虑这些孔洞对屏蔽效果的影响。

图 2-9　C-230 IBA 回旋加速器内部视图

（资料来源：Ion Beam Applications S. A. 公司）

在质子能量较低时产生的束流损失，虽然对瞬时辐射的屏蔽要求不高，但这些损失会导致回旋加速器内部的活化现象。而在高能量条件下，尤其是接近临床治疗使用的能量水平（如 230～250 MeV，具体数值依据回旋加速器的类型而定），质子与 D 形盒（一种铜制的谐振腔）和剥离膜的撞击会引起显著的束流损失。这些高能束流的损失不仅需要在屏蔽设计中予以重视，而且同时应考虑其会引起设备活化的问题。

因此，在设计屏蔽系统时，必须综合考虑束流损失的位置、能量水平以及由此产生的活化效应，确保既能有效阻挡辐射，又能降低设备活化带来的长期影响。

在粒子治疗中，针对浅层肿瘤的治疗需要对质子的能量进行精确调控。为此，在质子从回旋加速器引出后，通常会通过一个能量选择系统（ESS）来降低能量。图 2-10 展示了一个典型的能量选择系统配置，它包括能量衰减器、钽准直器、镍制能量狭缝和准直器，以及镍制束流阻挡器。

能量衰减器由可变厚度的材料构成，通常使用石墨，这些材料安装在一个旋转盘上。通过旋转盘的调整，可以改变质子束的能量，理论上能量可降至 75 MeV。在某些情况下，为了实现更低能量的质子治疗，治疗室加速器的前端会配备一个射程移位器，也称降能器。为了维持恒定的剂量率，随着质子能量的减少，必须相应增加回旋加速器的流强。这导致在降能器区域产生大量中子，特别是在低能量操作时，因此需要更厚的局部屏蔽来保护该区域。

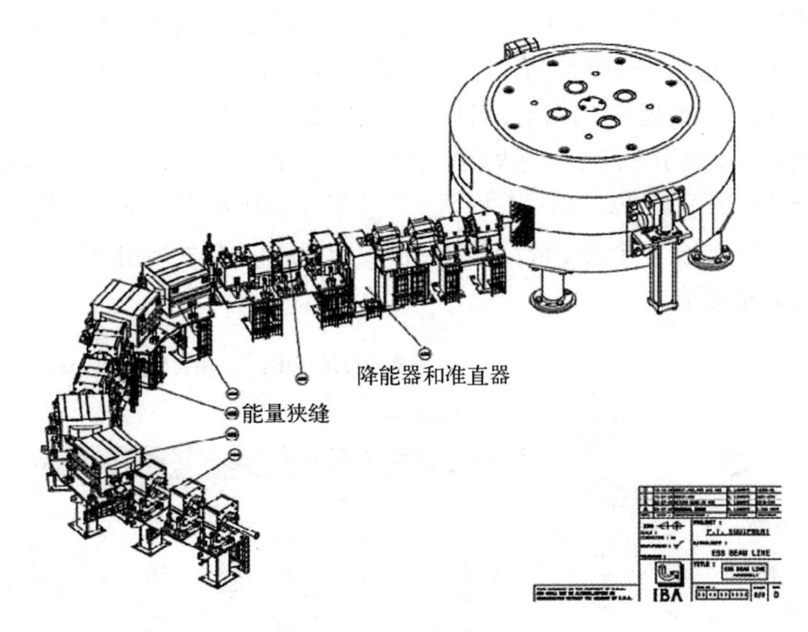

图 2-10　能量选择系统

（资料来源：Ion Beam Applications S. A. 公司）

降能器的作用还包括散射质子以增加能量分散，而从降能器散射出的质子束流随后在钽准直器中进行准直，以降低束流的发射率。此外，磁谱仪和能量狭缝用于进一步减少能量分散，而束流挡板则用于微调束流的强度。值得注意的是，准直器和狭缝中也会产生中子。

能量选择系统在操作过程中会产生较大的束流损耗，这些损耗不仅导致设备活化，还对屏蔽设计提出额外的要求。

2.3.2　同步加速器

同步加速器是一种高级的粒子加速设备，能够将质子和离子加速至精确的治疗所需能量。由于其精确的能量控制能力，同步加速器在治疗过程中无须依赖降能器，这有助于减少束流输运线部件的活化效应以及对局部屏蔽的需求。与连续运行的回旋加速器不同，同步加速器以脉冲模式运行，其特点是在加速过程中，粒子轨道的半径保持恒定，而所需的磁场随着粒子能量的增加而相应增强。

在治疗应用中，质子的最大能量设定为约 250 MeV，每次溢出时质子的数量约为 10^{11} 个。对于碳离子，其能量范围为 320～430 MeV/u，每次溢出时的离子数量为 0.4×10⁹～1.0×10⁹ 个。引出时间，即粒子从加速器中被提取出来的时间，一般为 1～10 s。值得注意的是，质子的流强可以达到碳离子的 250 倍，这为同步加速器在不同治疗场景下的应用提供了灵活性。

图 2-11 展示了同步加速器的标准注入系统配置。该系统配备了两个电子回旋共振离子源(ECRIS)，分别用于产生质子和碳离子。对于仅处理质子的设备，则只配备一个离子源。通过切换磁场，可以选择性地引导碳离子或质子进入加速流程。

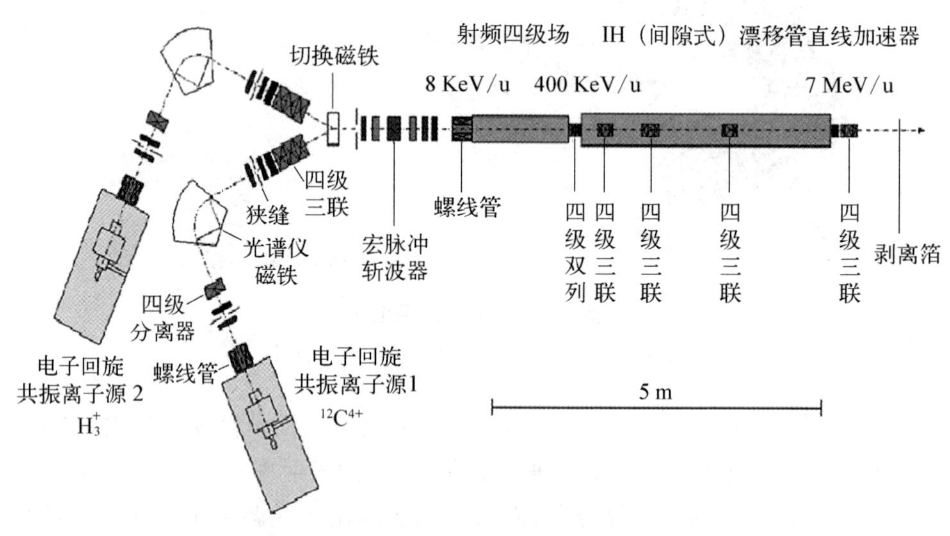

图 2-11　同步加速器的典型注入器

（资料来源：Gesellschaft für Schwerionenforschung 协会）

粒子首先经过射频四极系统(RFQ)和交叉指型 H 结构(IH)漂移管直线加速器的组合，从 8 KeV/u 的能量水平加速至 7 MeV/u。在这一过程中，使用剥离箔技术产生完全剥离的离子，这有助于消除束流中的电子污染，从而确保注入同步加速器的粒子具有高纯度。

在注入系统中，存在多个辐射源，包括由离子源产生的 X 射线、由反向流动电子撞击直线加速器结构产生的 X 射线，以及离子与直线加速器末端结构相互作用产生的中子。这些辐射源的存在，要求在屏蔽设计中予以充分考虑。常用的靶材料是铜或铁，而反向流动电子产生的 X 射线的强度则依赖于真空条件和加速器的具体设计。

此外，为了有效控制和拦截直线加速器引出的束流，通常会在系统中设置法拉第杯，这也是屏蔽设计中的一个重要组成部分。

图 2－12 展示了一个典型的西门子粒子治疗设备，包括其同步加速器、高能束传输系统（HEBT）以及通往治疗室的粒子输运系统。该同步加速器具备将碳离子加速至 430 MeV/u，以及将质子加速至 250 MeV/u 的能力。该设备采用了多圈注入方案，以实现对同步加速器的高效填充。在 1 s 内，束流即可被加速至所需的能量水平。此外，该系统能够对每个周期内的 200 多个不同束流能量进行精确调节。为了实现对束流的精确控制，该装置采用慢引出技术，使得束流的引出时间可以根据需要在 1～10 s 内进行调整。

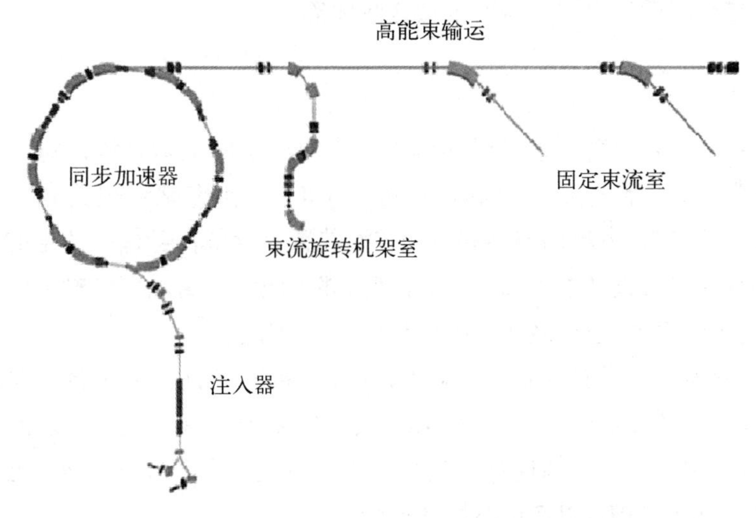

图 2－12　同步加速器、HEBT 和通往治疗室的粒子输运系统

（资料来源：西门子医疗系统公司）

在同步加速器的操作过程中，束流损失是常见现象，主要发生在注入过程、射频捕获（RF 捕获）以及加速和引出阶段。这些损失可能在局部发生，也可能沿同步加速器的整个周长分布。通常，靶材料选用铜或铁，而束流损失的具体程度会因设备型号和设计而异。因此，设备供应商应提供详细的技术文档和相关数据，以帮助用户了解和控制这些损失。

在引出过程中，未使用的粒子可能会被偏转到束流收集器或挡板上。这一点在进行屏蔽设计和活化分析时需要特别考虑。在某些情况下，这些粒子在被偏转前会经历减速过程，因此在屏蔽设计或活化分析中可能不必引起过多关注。

此外，由于在静电偏转器上施加的电压，注入和引出隔板可能会产生 X 射线。这一点在设备调试期间尤为重要，需要对在同步加速器组件附近工作的人员进行额外的辐射防护考虑。因此，设计人员在进行设备设计和调试时，应充分考虑这些因素,确保操作人员的安全。

2.3.3 束流输运线

在回旋加速器和同步加速器系统中,束流输运线不可避免地会产生一定程度的束流损失。虽然这些损失通常较低(约为1%),但它们沿束流线分布,需要在设计屏蔽时予以充分考虑。靶材料通常选用铜或铁,以适应不同的治疗需求。在设备运行过程中,束流会导向法拉第杯、束流阻挡器和束流收集器等设备,在屏蔽设计中同样需要考量这些设备。

2.3.4 治疗室

在治疗室内,照射在患者或体模上的束流产生的辐射是该区域的主要辐射源。因此,在进行屏蔽计算和计算机模拟时,应假定靶组织具有较大的厚度。此外,治疗头、束流调节器和射程转换装置等设备在运行中产生的束流损失,也必须在屏蔽设计中予以考虑。同时,邻近区域如高能束传输系统和其他治疗室的束流损失,也应纳入屏蔽设计的考虑范围。

治疗室通常未设有屏蔽门,因此迷道设计的有效性尤为关键。建议对迷道进行全面的计算机模拟,以确保其在实际应用中的有效性。迷道的设计将在第3章中进行更深入的讨论。治疗室的设计可以是固定束流型,也可以是配备旋转机架的类型,以适应不同的治疗场景。

2.3.4.1 固定束流治疗室

固定束流治疗室通常配备有单一的水平束流或双束流系统,后者可能包括水平、垂直或斜向束流。对于同时提供质子和碳离子治疗的设施,在设计屏蔽时,必须综合考虑这两种粒子的特性。尽管在同步加速器设施中,质子的流强通常远高于碳离子的,但碳离子在正前方产生的中子剂量率却更高。因此,正前方的屏蔽墙需要比侧壁和后墙更厚,以提供足够的防护。

在大角度和迷道入口处,由质子产生的中子剂量通常高于碳离子。图2-13展示了一个配置有水平和斜45°束流的固定治疗室。使用系数(U)为初级质子或碳离子束流射向屏障的时间比例。对于配备有双向束流的治疗室,设计时应考虑每个束流对正前方墙壁的使用系数。这可能表现为两束流的各$\frac{1}{2}$,或者一束流的$\frac{2}{3}$和另一束流的$\frac{1}{3}$。对于只配备单一束流方向的治疗室,正前方墙壁的使用系数则为1。

图 2－13　带双束流方向的固定束流治疗室

（资料来源：西门子医疗系统公司）

2.3.4.2　旋转机架治疗室

在旋转机架治疗室中，束流系统设计应使得束流能够围绕患者进行旋转，以实现更为精确的治疗定位。在这种配置下，理论上可以假定 4 个主要屏障——两侧墙壁、地板和天花板，其各自承担相等的屏蔽责任，即每道屏障的使用系数平均为 0.25。然而，在某些设计中，旋转机架的配重部分（通常由厚重的钢材构成）在正前方提供了额外的屏蔽，这种屏蔽的覆盖角度可能较小且存在不对称性。由于旋转机架的设计使得天花板、两侧墙和地板相对于主辐射方向的暴露时间较短，因此前向墙壁的屏蔽厚度可以比固定束流治疗室的设计要求更薄。

2.3.5　束流形状和输运

将束流精确地输运至患者体内的靶部位是粒子治疗技术中的关键环节。实现这一目标的方法主要分为两大类：被动散射和笔形束扫描。被动散射技术通过使用散射器来调整束流的形状和强度，使其能够覆盖靶区。而笔形束扫描技术则通过精确控制束流的移动，形成高分辨率的扫描模式，以实现对靶区的精确照射。这两种方法各有优势，选择使用哪一种取决于具体的治疗需求和设备配置。

在被动散射治疗中，位于加速器治疗头内的射程调制转盘或脊形滤波器用来产生展宽的布拉格峰(SOBP),这是一种优化剂量分布的技术(Smith,2009)。在治疗头下游,散射体将束流横向散开,实现对靶区的覆盖。单散射器适用于小射野的治疗,而双散射器则用于大射野。在治疗头和患者之间,使用准直器来适应特定的治疗野,同时利用射程补偿器来校正患者表面的形状、束流穿过组织的不均匀性以及远端靶体积的形状。由于原始束流在通过各种输运和成形装置时会产生损失,因此治疗头需要更高的束流流强以补偿这些损失。被动散射系统的效率约为45%,这导致其相对于笔形束扫描技术需要更多的屏蔽。此外,如第7章所述,被动散射技术可能会使患者受到更高的二次剂量照射。

笔形束扫描技术利用水平和垂直磁铁在垂直于束流轴的平面上进行精确扫描,通过调整束流能量控制其在患者体内的射程深度。在同步加速器中,常通过改变加速器的能量设置来实现。而在回旋加速器中,能量选择系统可以用来调整能量。此外,治疗头中的能量吸收器也可以用于实现射程的移动和(或)调制。与被动散射不同,笔形束扫描技术中使用的散射体较少,因此束流损失也较小,从而使由此产生的二次辐射最小化。

2.4 加速器新技术

加速器技术在近年来取得了显著进展,其中一些重要成果在Smith(2009)的论文中得以总结。这些进展包括单室系统,如回旋加速器或同步加速器;介质壁加速器(DWA);固定场交替梯度粒子加速器(FFAG);利用激光技术加速质子的方法等。

2.4.1 单室系统

图2-14展示了一种基于同步循环加速器的单室质子治疗系统,该系统配备有旋转机架。这种系统能够提供带有旋转机架的质子治疗。在回旋加速器的出口处,质子的最大能量可达250 MeV。旋转机架内部集成了第一和第二散射体、能量衰减器和射程调制器,这些组件共同作用于250 MeV的质子束,使其在治疗室内实现散射或扩散。由于采用了超导技术,回旋加速器的体积得以大幅度减小,并且可以集成安装在旋转机架的前端。旋转机架能够绕患者平面旋转±90°,这意味着只有天花板、一面侧墙和地板会直接拦截正前方的辐射。因此,可以假定这些屏障的使用系数均为$\frac{1}{3}$。

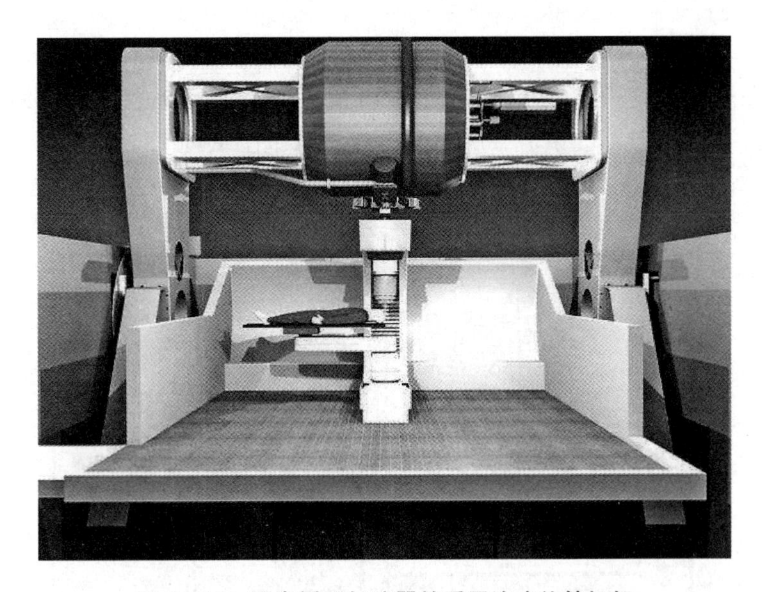

图 2－14　同步循环加速器的质子治疗旋转机架

(资料来源：马萨诸塞州利特尔顿 Still River Systems 公司)

图 2－15 为一个单室回旋加速器设施的三维示意图。该设施的房间设计为两层入口结构：一层用于患者治疗；另一层为附属功能区。因此，存在两个独立的入口迷道，每层各有一个。考虑到迷道散射产生的中子和中子捕获产

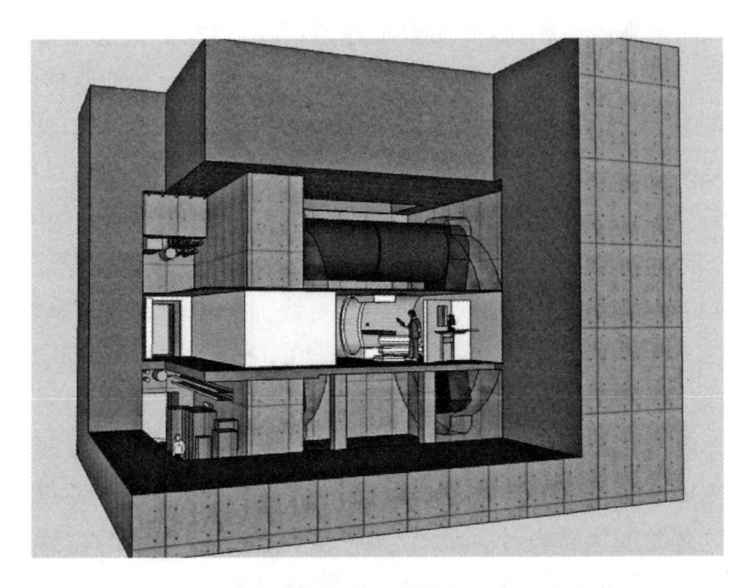

图 2－15　单室回旋加速器设施的建筑三维示意图

(资料来源：俄克拉荷马州俄克拉荷马城的 Benham 公司，SAIC 公司)

生的γ射线，两个迷道都需要配备屏蔽门。在设计屏障时，需要考虑的束流损失包括在患者或体模中停止的主射束，以及可能从旋转机架前端的回旋加速器和射野范围内泄漏的束流。屏障的厚度设计范围从约 1.5 m 至 4.0 m 的混凝土不等。图 2－16 进一步展示了一个基于同步加速器的单室设施。

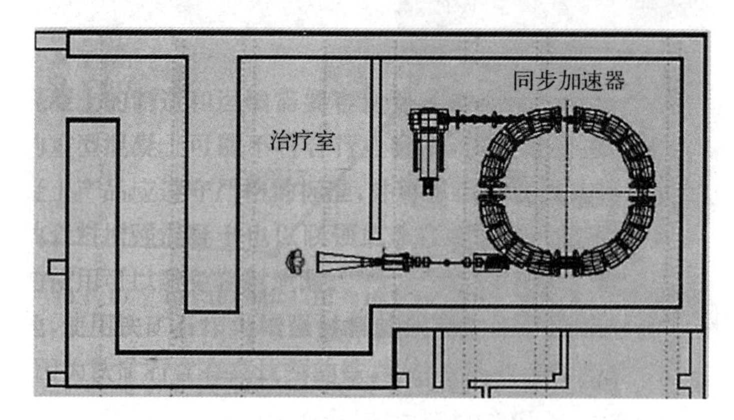

图 2－16　基于同步加速器的单室质子治疗系统示意图

（资料来源：ProTom International，Flower Mound，Texas）

2.4.2　介质壁加速器

与传统加速器腔体相比，介质壁加速器（DWA）在其间隙中仅产生加速场，而间隙仅占腔体长度的一小部分，产生 1～2 MeV/m 的加速梯度，介质壁加速器则展现出显著的技术优势。根据 Caporasa（2009）的研究，介质壁加速器有潜力实现高达 100 MeV/m 的加速梯度。在介质壁加速器设计中，束流通道被绝缘壁所取代，这使得质子能够在加速器的整个长度上实现均匀加速。

图 2－17 为一种紧凑型质子介质壁加速器示意图。该加速器能够在仅 2 m 的行程内将质子加速至 200 MeV。其直线加速器的设计是模块化的，从而允许质子能量的灵活调整。此外，每个脉冲的能量、强度和束斑大小均可调节，脉冲宽度为纳秒级别，且具有 50 Hz 的重复频率。

由于介质壁加速器的孔径远大于束流尺寸，沿加速器的损耗极低。二次辐射的主要来源是入射到患者或体模上的质子束。由于介质壁加速器采用的是行波直线加速器设计，电子回流产生的轫致辐射问题得到了有效控制。此外，该直线加速器还具备至少 200°的旋转能力，为治疗提供了更大的灵活性。

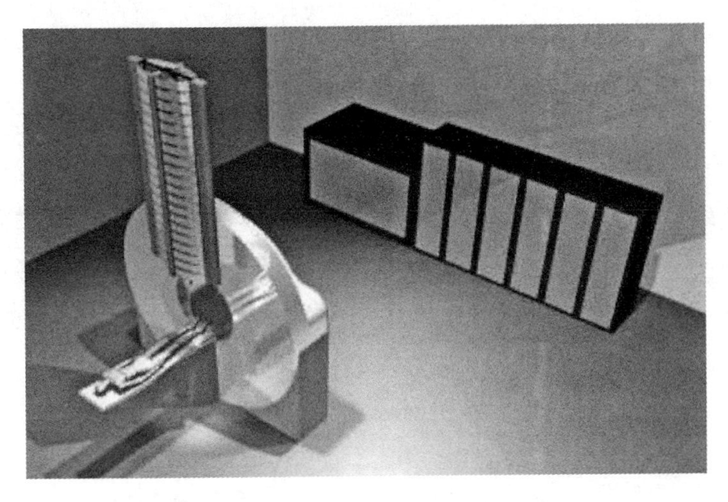

图 2-17　紧凑型质子介质壁加速器示意图

（据 Caporaso，2009）

2.4.3　固定场交替梯度粒子加速器

固定场交替梯度粒子加速器（FFAG）结合了固定磁场（类似于回旋加速器）和脉冲加速（类似于同步加速器）的特点。这些加速器在设计和操作上，同样需要考虑前面章节中讨论的束流损失问题。

2.4.4　激光加速

激光加速技术是一种创新的质子加速方法。在这一过程中，高功率激光脉冲（约为 10^{21} W/cm^2）与高密度富氢材料相互作用，引发材料电离并形成等离子体。质子的加速是通过将这种高功率激光聚焦在电子密度约为 5×10^{22} cm^{-3} 的极薄靶上（厚度为 0.5～1 μm）实现的（Fan，2007；Smith，2009）。激光脉冲的极短宽度（约为 50 fs）产生极高的峰值功率，导致靶中发生大规模电离，从而释放出大量相对论电子。电子的快速丢失在靶上形成高正电荷，进而产生瞬态正电场，加速质子至高能状态，产生宽能谱和大角度分布的质子束。这种方法能够产生 200 MeV 或更高能量的质子。

为了获得适合治疗的质子束，需要通过特殊的粒子选择和准直装置来筛选质子。然而，这一过程也会产生大量不需要的质子和电子。在激光-质子治疗设备中，靶箔组件和束流选择装置通常放置在旋转机架内。激光束直接传送到旋转机架上，并通过一系列反射镜传送到靶箔上。从靶箔发射的电子和质子沿着激光束的轴线向前传播，达到峰值并具有宽的角扩展。初级带电粒子大部分被初级准直器阻挡，只有一小部分进入粒子选择系统。

这些高能质子与选择和准直装置相互作用，产生中子。中子进一步与屏蔽材料相互作用，产生中子俘获 γ 射线。在屏蔽设计中，还必须考虑由电子产生的轫致辐射，因为入射激光能量的近一半会转移到电子上，而电子的最大能量几乎与质子相同。因此，泄漏辐射包括中子和光子。除了泄漏辐射外，质子束在患者、体模或束流停止处的沉积也必须在室内屏蔽设计中予以考虑。

第 3 章
屏蔽设计考虑因素

在设计医用粒子加速器的屏蔽系统时，必须综合考量一系列关键因素，以确保设备的安全性和有效性。屏蔽设计的核心目标是降低辐射对操作人员、患者及公众的影响，同时保障粒子加速器的正常运作。为达成此目标，设计者需全面评估屏蔽材料的选用、结构设计，以及潜在的辐射源和辐射水平。此外，屏蔽设计还必须符合国家或国际放射防护机构制定的相关监管要求，以确保粒子加速器的安全运行和辐射防护达到标准。

3.1 监管要求

使用带电粒子束进行治疗时，会产生电离辐射，这可能对设施内的人员或公众造成照射。患者也可能受到非预期的照射。如前所述，中子是此类设施屏蔽设计中应特别考虑的二次辐射的主要来源。保护暴露于二次辐射的不同群体至关重要，包括① 受到职业照射的人员；② 公众（治疗中的陪护人员和设施周边的公众）；③ 患者。

大多数国家的辐射防护法规均基于国际准则或标准。例如，国际辐射防护委员会在 1991 年制定了相关标准。国际辐射防护委员会的标准随后被调整为国际准则，如欧洲原子能共同体（EURATOM）在 1996 年的相关规则，被纳入欧洲各国的国家法规中。这些国际规则设定了最低标准，各国还可以在这些基础上进行加强。因此，欧盟成员国的辐射防护条例在标准上具有一致性。

在一些国家，如德国，根据其每年接受的有效剂量把职业辐照工作者进一步细分为不同类别：A 类（每年不超过 6 mSv）和 B 类（每年不超过 20 mSv）。本章将专注于职业工作者和公众的辐射防护问题，而第 7 章将详细讨论患者的辐射防护。

在美国，医疗设施必须遵守各州的规定，这些规定通常基于美国核管理委员会发布的防护标准(USNRC, 2009)。

中国的辐射防护法规旨在保护公众、环境和工作人员免受有害辐射的影响，主要包括以下几个方面。

(1) 法律法规：包括《中华人民共和国放射性污染防治法》《中华人民共和国环境保护法》和《中华人民共和国核安全法》，这些法律确立了辐射防护的基本原则和措施。

(2) 标准和条例：如《电离辐射防护与辐射源安全基本标准》(GB 18871—2002)和《放射性同位素与射线装置安全和防护条例》，这些标准和条例规定了辐射源的安全使用和防护措施。

(3) 防护措施：包括定期的辐射监测、提供个人防护设备，以及对辐射工作人员进行培训教育，以提高他们的安全意识和应对能力。

(4) 管理制度：如许可证制度和应急预案，确保涉及辐射的活动在获得许可的情况下进行，并在辐射事故发生时能够迅速有效地应对。

国家辐射防护法规强制执行的剂量限值包括有效剂量和对眼睛晶状体或皮肤等单个器官、组织的照射限值(ICRP, 1991)。由于各国规定可能存在差异，无法在此一一列举。然而，每个粒子加速器设施都必须遵守所在地各级政府规定的法规。后续章节将提供一些具体的例子。

3.1.1 辐射区

这里主要介绍美国、欧洲以及中国等国家和地区的放射性区域的分类。

3.1.1.1 美国的放射性区域分类介绍

在美国，辐射区的分类依据辐射水平及对个人可能造成的影响进行定义(USNRC, 2009)：

(1) 辐射区(radiation area)：指任何个人可进入的区域，该区域的辐射水平可能在1 h内导致个人在距离辐射源30 cm处或辐射穿透的任何表面30 cm处接受超过0.05 mSv的剂量当量。

(2) 高辐射区(high radiation area)：指个人可进入的区域，其中体外辐射源的辐射水平在1 h内可导致个人接受的剂量当量超过1 mSv。这同样适用于在距离任何辐射源30 cm处或辐射穿透的任何表面30 cm处的情况。

(3) 极高辐射区(very high radiation area)：指个人可进入的区域，该区域的辐射水平可能在1 h内导致个人在距离辐射源1 m处或距离辐射穿透的任何表面1 m处的吸收剂量超过5 Gy。

此外，美国的辐射区进一步归类为受控区，这是出于辐射防护目的而对进入、占用和工作条件进行严格控制的区域（NCRP，2005）。在这些区域工作的人员都经过了使用电离辐射的专门培训，并接受个人剂量监测。

相对应的，非限制区域（或非控制区域）指既不限制也不控制进入的区域，这些区域对进入、占用或工作条件不加限制，通常称为公共区域。占用非控制区的人员可能包括患者、访客、维修工程师以及不经常在辐射源周围工作的员工。这些人员通常不需要单独监管。

限制区指为保护个人免受辐射和放射性物质照射的不当风险而限制进入的区域。这些区域的进入受到严格控制，以确保只有经过适当培训和授权的人员才能进入。

3.1.1.2　欧洲的放射性区域分类介绍

在德国、意大利和瑞士等国家，放射性区域的分类基于国际原子能机构（IAEA）第115号安全系列文件（IAEA，1996）中提出的概念。这些区域根据其辐射水平和防护需求可划分为如下4种类别。

（1）控制区：指在正常工作条件下，可能需要采取特定的保护措施和安全规定，以控制正常暴露或防止污染扩散，并防止或限制潜在暴露范围的区域。这些区域需要实施严格的管理和监测。

（2）监督区：指未被指定为控制区的区域，尽管通常不需要具体的保护措施和安全规定，但其职业接触条件仍需进行审查。设置监督区的目的是确保在辐射水平较低的环境中，工作人员的健康和安全也能得到适当的关注。

（3）隔离区或限制区：指控制区的一部分，必须考虑增加的剂量率水平或污染。这些区域的进入受到限制，以确保只有经过授权的人员才能进入。隔离区或限制区的具体定义可能因国家的辐射防护立法而异。

（4）封锁区：通常由当地的辐射安全管理部门确定。封锁区的概念在某些国家用于同一区域的不同状态变化，例如治疗室在使用射束时为封锁区，而在其他时间则可能为控制区或监督区。

3.1.1.3　中国的放射性区域分类介绍

在中国，放射性区域的划分基于辐射水平和防护需求，主要分为控制区、限制区和监督区。这些区域的明确划分和管理是为了确保工作人员和公众的健康安全，同时保障辐射源的安全使用和管理。

(1) 控制区(controlled area)：控制区是可能存在较高水平电离辐射的区域，必须采取严格的控制措施以保护工作人员和防止放射性物质的扩散。其主要特点和要求包括① 辐射水平较高，可能超过公众年剂量限值；② 对进入人员的控制极为严格，仅允许经过专业辐射防护培训的人员进入；③ 必须配备辐射监测设备，穿戴必要的个人防护装备，如铅衣和辐射防护手套，并实施定期监测；④ 区域内应设置明显的辐射警示标志和进入限制标志，以提醒人员区域的特殊性。

(2) 限制区(restricted area)：限制区的辐射水平较控制区低，但依然需要限制非必要人员进入，以避免不必要的辐射暴露。其主要特点和要求包括① 辐射水平接近但低于公众年剂量限值；② 限制非必要人员进入，所有进入人员必须接受辐射防护教育和培训；③ 配备必要的辐射监测设备，并进行定期监测；④ 设置适当的辐射警示标志和进入限制标志，以明确区域限制；⑤ 进入受到限制，以防止或限制潜在暴露的区域。

(3) 监督区(supervised area)：监督区的辐射水平通常较低，但需要持续监测以确保辐射水平保持在安全范围内。其主要特点和要求包括① 辐射水平维持在公众年剂量限值以下；② 实施定期的辐射监测，以确保环境安全；③ 设置适当的辐射警示标志，但相对控制区和限制区，对人员进入没有严格的限制。

通过这些细致的区域划分和管理措施，中国建立了一个旨在保护人们免受不必要辐射暴露的辐射防护体系，并确保辐射源得到安全和有效的管理。

图 3-1(a)是粒子治疗设施放射区域划分示意图，图中[由 Fehrenbacher G、Goetze J 和 Knoll T 提供(GSI，2009)]展示了德国、意大利和瑞士粒子治疗设施的放射区域分布。在加速器运作期间，所有输送粒子束的部分被划分为无法进入的区域，以深蓝色表示。这些区域由于直接暴露于高能粒子束，因此对人员进入实行严格限制。

环绕加速器的周边区域被定义为控制区(以浅蓝色表示)或监管区(以黄色表示)，这些区域的辐射水平较无法进入的区域低，但仍需采取相应的防护措施。

大楼外部区域(以绿色表示)适用于公众剂量限值，通常为公众可自由进出的区域。这一区域的辐射水平被严格控制在安全范围内，以保护非专业人员的辐射安全。

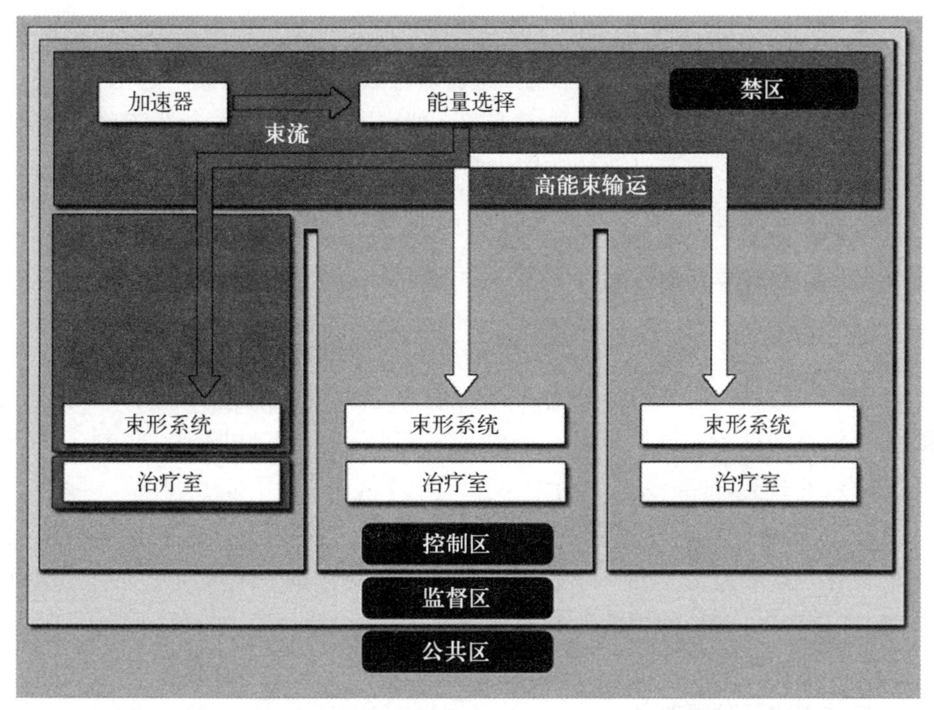

(a)

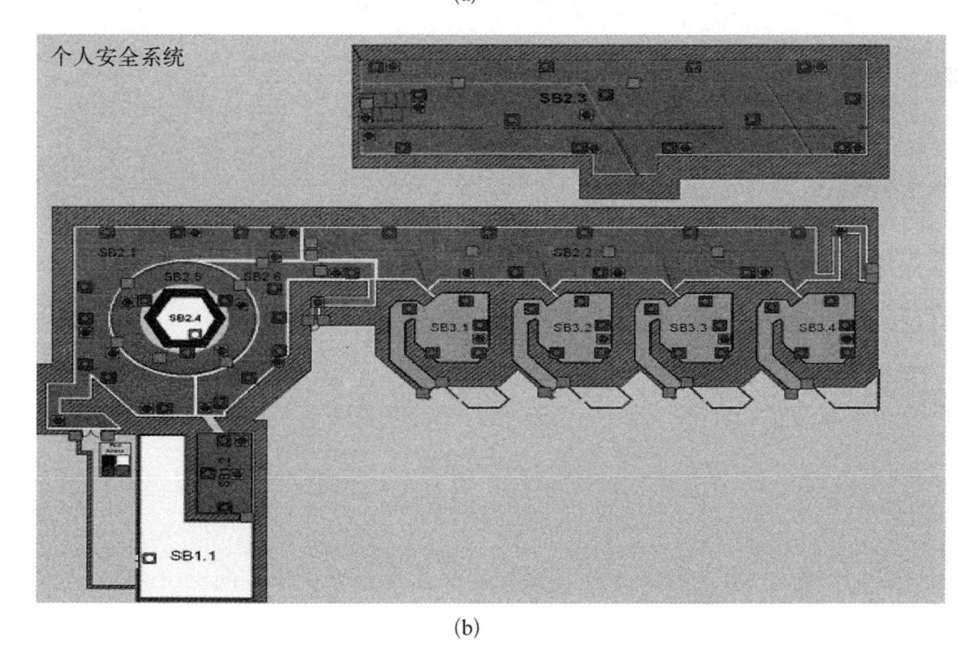

(b)

图 3－1　粒子治疗设施的放射区域划分及访问限制示意图(彩图见附录)

(a) 放射区域划分；(b) 放射区域访问限制

图 3－1(b)(由 SPHIC 提供)进一步明确了粒子治疗设施内不同放射区域的访问限制。红色区域标识为控制区域,该区域实行严格限制,仅允许经过专业培训并获得授权的人员进入。黄色区域为限制区域,仅在专业工作人员接受过相应培训并采取了必要的防护措施后,方可进入。绿色区域为监督区,允许相关人员自由进出,但需进行定期的辐射监测以确保区域安全。

3.1.2 各国剂量限值比较

表 3－1 提供了一些国家对辐射区域和剂量限值的具体要求示例。在欧盟国家,如意大利和德国,对控制区、监督区和公共区的剂量限值具有相似性。德国特别将剂量率超过 3 mSv/h 的区域定义为限制区。法国则对限制区进行了更细致的分类,如表 3－1 所示。

在美国,控制区的剂量限值较其他国家为低。例如,与治疗室相邻的控制室的设计剂量限值为 5 mSv/a,而其他国家的控制区剂量限值通常更高。这意味着,在患者工作量、使用情况和射束参数相似的假设下,如果采用某一国家的剂量限值作为统一标准,可能会对其他国家带电粒子治疗设施某些区域的屏蔽需求造成低估或高估。

3.2 主屏蔽和次屏蔽的概念

在光子治疗中,所面临的辐射主要分为一次辐射和二次辐射(NCRP, 2005)。一次辐射也称为有用射束,是直接从治疗设施发射并用于患者治疗的辐射。主屏蔽的设计目的在于拦截这种直接从粒子加速器设施发射的一次辐射,它通常由墙壁、天花板、地板或其他结构组成。

次级屏蔽的作用则是拦截那些从主屏蔽或保护外壳泄漏的辐射源,以及由患者或其他物体散射产生的辐射。在本书中,我们将带电粒子治疗设施中使用的质子或碳离子统一称为一次射束。而二次辐射指的是一次射束与任何靶目标(包括患者)相互作用时产生的所有辐射,包括机器的泄漏辐射和散射辐射。

根据这一定义,主屏蔽是指直接面向一次质子或碳束方向的屏蔽结构,如墙壁、天花板、地板等。它的作用是拦截由一次射束与靶目标相互作用时在 0°方向产生的二次辐射。例如,如果一次射束直接朝向墙角,那么这个墙角区域即构成主屏蔽的一部分。

表 3 - 1　一些国家的放射性区域分类示例

辐射区域	美国（USNRC，2009）	日本（JRPL，2004）	韩国（Lee，2008）	意大利（IRPL，2000）	瑞士（BfG，2004）	德国（GRPO，2005）	法国（JORF，2006）	中国（GB 18871—2002）
限制区	—	—	—	无一般规定（辐射安全办公室判断）	—	—	禁止： >100 mSv/h； 橙色： <2～100 mSv/h； 黄色： <25 μSv/h～2 mSv/h	中国对职业照射的年剂量当量限值通常为 20 mSv/a。对于孕妇和待在控制区的工作人员，剂量限值会更低
控制区	≤5 mSv/a	<1 mSv/w	—	—	<20 mSv/a	<3 mSv/h	绿色： 7.5～25 μSv/h	对于任何在控制区工作的工作人员，或有时进入控制区工作并可能受到显著职业照射的工作人员，或其职业照射剂量可能大于 5 mSv/a 的工作人员，均应进行个人监测
监督区（控制区附近区域）	—	控制区边界<1.3 mSv/3 m	<0.4 mSv/w（基于辐射工作者的 20 mSv/a）	<6 mSv/a	<5 mSv/a	<6 mSv/a	<7.5 μSv/h	职业照射剂量为 1～5 mSv/a，则应尽可能进行个人监测
公众区	≤1 mSv/a； 20 μSv/h	<250 μSv/3 m（现场边界外）	<1 mSv/a	<1 mSv/a；建议操作极限为 0.25 mSV/a	<1 mSv/a	<1 mSv/a	<80 μSv/m	对于公众成员，年剂量当量限值通常为 1 mSv。在特殊情况下，如紧急情况，剂量限值可能会有所不同

相对地，次级屏蔽则指除了主屏蔽之外的所有墙壁、地板或天花板，即那些不直接拦截0°二次辐射的结构。次级屏蔽的设计旨在提供额外的保护，确保从主屏蔽泄漏或散射的辐射得到有效控制。

3.3 使用因子的定义与应用

在光子治疗中，使用因子（通常表示为U）是一个重要的参数，它用于描述治疗设备在特定条件下的使用模式。具体来说，使用因子是指在一定时间内（如，一周内），射线束在特定方向或角度范围内使用的比例，它通常与旋转机架(gantry)的角度有关(NCRP, 2005)。国际原子能机构(IAEA)定义光子治疗的使用因子为，在考虑的辐射直接照射到特定屏墙的时间内所占的比例(IAEA, 2006)。

对于带电粒子治疗设施，使用因子定义为在一次治疗操作期间，质子或碳离子束流朝向主要屏蔽方向的时间比例（是指粒子束在特定方向上使用的时间与总使用时间的比值）。这一定义对于评估和设计屏蔽结构是至关重要的。

以旋转机架治疗室为例，射束围绕等中心旋转360°时，其治疗角度的分布是对称的。在这种情况下，可以合理假设每个主屏蔽（即直接拦截主束流的两面墙壁、天花板和地板）的使用因子为$\frac{1}{4}$。这意味着，旋转机架在任何给定方向上的停留时间是总工作时间的$\frac{1}{4}$。

对于一个旋转范围为±90°的旋转机架，每个主屏蔽（即一面墙、天花板和地板）的使用因子则为$\frac{1}{3}$，反映了射束在这些方向上的相对工作时间。

对于水平固定射束室，由于一次射束方向是固定的，其使用因子为1。这表明一次射束始终指向同一方向的屏蔽。

因此，在设计旋转机架治疗室的屏蔽时，由于使用因子为$\frac{1}{4}$，4个主屏蔽的屏蔽厚度可以小于固定束流主屏障所需的厚度。这种设计考虑可以优化屏蔽材料的使用，同时确保满足辐射防护的要求。

3.4 占用系数

占用系数(T)是一个衡量指标，用于描述射束出束期间，个体在特定区域内的平均时间占比(NCRP，2005)。如果设备使用在一周内是均匀分布的，占用系数则反映了个人在该区域内的时间与一周总工作时间的比例。

在实际应用中，不同区域的占用系数会有所差异。例如，走廊、楼梯、浴室或室外区域的占用系数通常低于办公室、护士站、病房或工作人员休息室。这是因为人员在后者这些区域的停留时间相对较长。

在控制区域，占用系数通常假定为1，这意味着认为辐射工作人员在全部工作时间内都处于受控区域。然而，这一假设存在例外。在某些情况下，辐射工作人员在辐射发生时进入受控区域可能受到限制。这时，合格的专业人士(具体定义见第3.11节)可能会认为采用一个较低的占用系数更为合适。

NCRP(2005)和IAEA(2006)提供了不同区域的占用系数参考值，以帮助评估和设计辐射防护措施。这些数据对于确保工作人员和公众的辐射安全至关重要。

3.5　工作量

在光子放射治疗领域，工作量(W)是一个核心概念，它描述了在距离放射源1 m处，针对患者最大吸收剂量深度测定的吸收剂量率随时间的累积值(NCRP，2005)。工作量的定义基于一周内，预计照射到治疗等中心的光子剂量，这涉及一周内接受治疗的患者(或治疗区域)的平均数量，以及每个患者(或区域)所吸收的平均剂量。此外，工作量还包括在设备校准、质量控制和物理测量过程中，每周平均输送的吸收剂量。然而，这一概念并不直接适用于带电粒子治疗设施，主要原因如下。

(1) 在光子治疗中，工作量的确定是基于治疗室等中心处主束光子剂量率的时间积分。值得注意的是，仅当入射光子的能量超过约6 MV时才会产生光中子，这些光中子的平均能量为1～2 MeV(NCRP，2005)。光中子主要在加速器头部以及任何外部高原子序数靶件，例如在铅屏蔽中产生。由加速器头部产生的光中子剂量当量率通常不到等中心主束光子剂量的0.1%，同样，加速器头部的光子泄漏剂量率也低于等中心主光子束剂量率的0.1%。由于主光子和泄漏光子的十值层(即剂量降低到原始剂量的$\frac{1}{10}$所需的材料厚度)显著大于光中子的十值层，因此在设施设计中，使用混凝土进行的光子屏蔽对于防护光中子而言通常是足够的。

对于带电粒子治疗设施，情况则有所不同。在这些设施中，任何拦截主束流的靶材料都会成为产生二次高能辐射的源头，需要特别的屏蔽考虑。例如，在治疗过程中，当质子或离子束(即初级束)在患者组织中被完全拦截时，它们就会成为二次辐射的来源。此外，射束成形装置和射束喷嘴也可能产生额外的二次辐射。在带电粒子治疗中，主要由高能中子构成的二次辐射对治疗室屏蔽设计起着决定性作用。

(2) 在对光子疗法和带电粒子疗法进行比较时，存在一些关键的区分点。特别是在配备旋转机架的治疗室中，虽然治疗剂量直接传递给位于等中心位置的患者，但二次辐射剂量的评估方式却有所不同。与在光子治疗中的等中心处直接测定不同，带电粒子治疗中的二次辐射剂量是在距离等中心 1 m 处进行测定的。这种测定方法反映了带电粒子治疗中二次辐射的特定分布特性。

此外，带电粒子疗法产生的二次辐射剂量分布呈现出前向峰值的特点，并且具有明显的角度分布和能谱特征。这与光子疗法中产生的光中子分布形成鲜明对比，后者几乎在所有方向上都呈现出各向同性。

(3) 选择不同的照射技术时，离子束的能量也会随之变化。例如，在使用回旋加速器的质子能量选择系统或同步加速器进行质子和重离子治疗时，可以根据治疗需求调整离子束的能量。这种能量的可调节性为治疗提供了灵活性，同时也对屏蔽设计和治疗计划的精确性提出了更高要求。

(4) 与光子治疗相比，带电粒子治疗的屏蔽设计更为复杂。在光子治疗中，通常只需对治疗室进行屏蔽。然而，在带电粒子治疗中，除了治疗室之外，还需要对回旋加速器或同步加速器、束流传输线以及可能产生束流的其他研究区域进行屏蔽。重要的是，即使在治疗室内没有束流时，这些区域也可能存在束流，因此必须采取适当的屏蔽措施。

(5) 对于带电粒子治疗设施，区分使用的初级粒子类型至关重要。不同类型的初级粒子，如质子或碳离子，会产生具有不同能量和角度分布的次级中子。这种分布特征对于确定屏蔽材料的选择、厚度以及屏蔽结构的设计至关重要，以确保能够有效地降低辐射风险。

(6) 带电粒子治疗束的时间结构，与光子治疗中相对简单的直线加速器产生的辐射相比，带电粒子治疗束的时间结构可能相当复杂。这意味着在治疗过程中，产生的辐射可能具有高度不连续的时间结构。因此，在设计屏蔽系统和评估辐射剂量时，必须考虑到这种复杂性，以确保屏蔽设计能够适应辐射的动态变化。

(7) 在带电粒子治疗中，患者的剂量通常以格雷当量(Gy - eq)为单位进行计量。特别是对于较重的离子，如碳离子，其相对生物学效应(RBE)值通常高于1。这意味着，与相同物理剂量的光子或质子相比，碳离子在生物组织中产生的生物学效应更强。

屏蔽设计需基于对平均光谱中子能量注量的精确评估，这一评估过程涉及使用剂量转换系数(即光谱剂量分布)进行加权。值得注意的是，即使是相同剂量值的照射，也可能与显著不同的光谱剂量分布相关联，这取决于照射的粒子类型和能量。

因此，在确定工作量时，必须综合考虑多个因素，包括每个治疗室的特点、使用的粒子类型、能量水平、射束成型方式、每周治疗的分割数量和持续时间、每次分割的剂量，以及为达到特定剂量率所需的质子或碳离子流强。这些因素共同决定了治疗室的工作量。

一旦确定了治疗室的工作量，就可以逆向计算回旋加速器或同步加速器所需的能量和流强，进而确定这些设备的相应工作量。每个设施的工作量将根据其具体的操作条件和治疗需求而定。

此外，束流损失、靶材料及其位置，以及相关的流强等参数，都与设施的具体设备配置密切相关。不同设施的这些参数可能会有显著差异，因此在设计和评估屏蔽系统时，必须对每个设施的具体情况进行个性化考虑。

3.5.1　工作量计算和使用假设示例

本节提供一个示例，用于说明如何为质子回旋加速器设施进行工作量计算，并建立相应的使用假设。示例情况是设施进行100%均匀扫描，且质子的最大能量设定为230 MeV。需要特别指出的是，以下示例仅供参照，并非普遍适用；具体应用时，应根据各自设施的实际情况进行调整。

在这个示例中，我们考虑一个质子回旋加速器设施，它包括一个旋转机架治疗室、一个倾斜束治疗室和一个固定束治疗室。我们假设在这3个治疗室中，每室每天运行8 h，分别进行25次治疗或分次治疗。治疗涉及不同能量的质子束，且均采用100%均匀扫描方式。设备供应商提供了在患者处达到2 Gy/min剂量率所需的质子流强数据，单位为纳安培(nA)。

我们进一步假设每次治疗提供的剂量为2 Gy，对应1 min的照射时间。在每个治疗室中，考虑一个阻挡组织靶的存在。根据具体的治疗需求，我们确定了回旋加速器在不同能量水平下的运行时间比例。此外,设备供应商还提供了有关回旋加速器、能量选择系统、靶材料以及束传输线中的束流损失和靶材料信息。

通过这些假设和数据,我们可以计算出该质子回旋加速器设施的工作量,进而为屏蔽设计和安全评估提供依据。然而,再次强调,这些计算和假设必须根据每个设施的具体情况进行定制和验证。

以下是对不同治疗室及回旋加速器束流开启时间和治疗参数的详细计算,以便更好地理解质子回旋加速器设施的工作负荷和能量需求。

3.5.1.1 旋转机架束和倾斜束治疗室

1) 束流开启时间

针对 2 Gy 剂量的治疗,束流开启时间经过精确计算,得出每周总共需要 125 min。这一计算基于每天 8 h 的治疗时间,每周 40 h 的总工作时间,以及每次治疗持续 1 min 的假设。具体计算公式为

$$\text{束流开启时间}=\frac{25\text{ 次分次治疗}}{8\text{ h}}\times\frac{40\text{ h}}{\text{w}}\times\frac{1\text{ min}}{\text{次治疗}}=125\text{ min/w}$$

2) 治疗和束流参数

治疗室内的质子治疗根据能量水平分配不同的治疗比例和所需的质子流强,以确保达到 2 Gy/min 的剂量率。具体分布如下。

(1) 20%的治疗使用 180 MeV 能量,需要 3.3 nA 的质子流强。

(2) 60%的治疗使用 130 MeV,需要 2.3 nA 的质子流强。

(3) 20%的治疗使用 88.75 MeV,需要 3.09 nA 的质子流强。

3.5.1.2 水平束治疗室

1) 束流开启时间

对于水平束治疗室,束流开启时间的计算与旋转机架束和倾斜束治疗室相同,均是针对 2 Gy 剂量的治疗。根据计算,每周的束流开启时间总计为 125 min。这一结果是基于每天 8 h 的治疗时间、每周 40 h 的工作时长以及每次治疗 1 min 的假设得出的。具体的计算公式为

$$\text{束流开启时间}=\frac{25\text{ 次分次治疗}}{8\text{ h}}\times\frac{40\text{ h}}{\text{w}}\times\frac{1\text{ min}}{\text{次治疗}}=125\text{ min/w}$$

2) 治疗和束流参数

在水平束治疗室中,治疗和束流参数根据治疗需求和能量水平进行了特定的分配,以确保达到 2 Gy/min 的剂量率。具体的能量使用分布如下。

(1) 80%的治疗使用 216 MeV 的能量,这需要 4 nA 的质子流强。

（2）剩余20%的治疗使用180 MeV的能量，需要3.3 nA的质子流强。

3.5.1.3　回旋加速器

1）束流开启时间

回旋加速器的操作时间是根据设施的运行需求和治疗计划来设定的。在这个示例中，束流的开启时间被设定为每周20 h，这个时间安排旨在满足治疗需求的同时，也考虑到设备的维护和休息时间，确保设备长期稳定运行。

2）束流能量分布

在回旋加速器中，束流的能量分布是根据不同类型的治疗需求来优化的。具体的能量分布如下：216 MeV的能量占总能量的20%；180 MeV的能量占总能量的20%；130 MeV的能量占比最高，达到45%；88.75 MeV的能量占总能量的15%。

3）回旋加速器中的束流损失

在回旋加速器中，束流损失由几个关键因素决定。首先，整体传输效率为35%，这表明大部分束流在传输过程中会有所损失。对于10 MeV的低能量束流，损失可以忽略不计。然而，当能量达到230 MeV时，除了传输效率的损失外，还会有10%的额外损失，这部分损失可能与高能量下束流的相互作用有关。同时，4个反转电极在任何能量水平下都会造成20%的损失，而隔膜在230 MeV时造成的损失高达35%，这可能与隔膜材料和设计有关。最后，回旋加速器和能量降解器之间的连接处也存在5%的损失，这可能缘于连接部件的不完善或能量转换过程中的自然损失。这些损失的累积对最终的束流强度有显著影响，需要在设施设计和运行中予以考虑。

3.5.1.4　能量选择系统

在能量选择系统（ESS）中，配置了碳降能器，其设定在230 MeV以满足高能量治疗的需求。此外，系统还包括钽准直器，它能够覆盖包括216 MeV、180 MeV和130 MeV在内的不同能量水平，确保治疗过程中能量的精确选择和传递。这种设计为医疗专业人员提供了必要的灵活性，使他们能够根据患者的具体情况选择最合适的能量水平，以实现最佳治疗效果。同时，需要注意的是，束流在能量选择系统处会经历最大的损失，这些损失的程度取决于所请求的能量，因此在设计和使用能量选择系统时，必须考虑到这些能量损失对治疗效率的影响。

3.5.1.5　束流输运线

在束流输运线（BTL）的配置中，束流的开启时间被设定为每周20 h，确保了设施的高效运行和能源的合理分配。在这一过程中，束流会经历 5%的损失，这可能包括在传输过程中的能量散失或由于系统组件的不完善而导致的能量衰减。此外，束流的能量分布也被精心设计，以满足不同治疗需求：230 MeV 的能量占总能量的 20%；180 MeV 的能量同样占总能量的 20%；而 130 MeV 的能量占比最高，达到 55%，这包括了为患者提供 88.75 MeV 能量的情况。这种能量分布策略旨在优化治疗效率，同时确保患者接受到精确和有效的剂量。

通过对治疗室和回旋加速器的束开启时间和治疗参数进行细致的计算，我们能够获得对质子回旋加速器设施工作负荷和能量需求的深刻洞察。这些计算不仅为我们提供了每种治疗情况下束流开启的具体时长，还精确估算了所需的束电流强度。

这种精确的估算对于设施的规划至关重要，它允许我们优化治疗室的运行计划，确保设备的有效利用，并为患者提供连续、高效的治疗服务。同时，这也帮助我们评估和调整能量输出，以满足不同治疗模式的需求。

此外，这些数据还对设施的长期运营具有指导意义。通过分析工作负荷和能量使用模式，我们可以预测设备维护需求，安排预防性保养，并在必要时进行升级，以保持设施的最佳性能。

总之，这些详细的计算是确保质子回旋加速器设施高效、安全运行的关键步骤，为设施管理提供了坚实的数据支持。

3.5.2 屏蔽计算中的束流参数

表 3-2 汇总了设备厂家提供的束流参数，以及基于这些数据计算得出的额外参数，这些参数对屏蔽计算至关重要。表 3-2 中各列内容说明如下。

第 1 列：列出了质子束在降能器处的能量水平。

第 2 列：指明了能量选择系统中碳降能器的厚度，这是调节质子束能量的关键组件。

第 3 列：显示了降能器中的能量水平。

第 4 列：展示了喷嘴中碳离子束射程转换器的厚度，该转换器专用于将 130 MeV 的质子束能量降低至 88.75 MeV。

第 5 列：反映了喷嘴出口处的质子束能量。

第 6 列：描述了患者接受的剂量范围。

第 7 列：提供了照射野的大小，这是确定屏蔽需求的重要参数。

第 8 列：显示了回旋加速器出口处的束流强度。

表 3-2　用于屏蔽计算的束流参数示例

回旋加速器出口和降解器处的束能量/MeV	能量选择系统碳降能器厚度/mm	钽准直器和喷嘴入口处的束能量/MeV	喷嘴中的碳离子束射程转换器厚度/($g \cdot cm^{-2}$)	喷嘴出口处的束能量/MeV	在患者中的射程范围/($g \cdot cm^{-2}$)	射野大小/(cm×cm)	回旋加速器出口处的束流强度/nA	能量选择系统传输率	喷嘴入口处的束流强度/nA	假设铁靶损失5%，反向计算束流输运线中的束流强
230	—	130	4.1	88.75	6.24	30×30	90.35	0.006 8	3.09	3.25
230	130.00	130	—	130.00	21.30	30×30	51.00	0.006 8	2.30	2.42
230	74.40	180	—	180.00	—	30×30	15.83	0.045 5	3.30	3.47
230	26.51	216	—	216.00	22.00	30×30	7.50	0.191 6	4.00	4.21
230	0	230	—	230.00	31.80	30×30	4.72	0.446 0	3.77	3.97

第 9 列：呈现了能量选择系统传输率，这是从插值厂家提供的均匀扫描数据中获得的。

第 10 列：显示了喷嘴入口处的束流强度。

第 11 列：通过将第 10 列的束流强度除以 0.95，反向计算了束流输运线中的束流强度，以反映束流输运线中 5%的损耗。

表 3.2 中的第 2、4、6、8、9、10 列的数据是由厂家直接提供的信息。

在屏蔽计算中，我们分别使用表中第 8 列的束流强度进行回旋加速器的计算，第 10 列的束流强度用于治疗室的计算，以及第 11 列的束流强度用于 BTL 的计算。如表 3-2 所示，所有在碳降能器中的损耗均发生在 230 MeV 的能量水平，但不同组件的厚度有所差异。对于隔膜和反转电极，我们假设使用铜作为阻挡靶。在反转电极中，假定 50%的能量损耗发生在 230 MeV，而剩余的 50%损耗在 150 MeV。

在进行屏蔽设计时，必须综合考虑多个辐射源对特定位置剂量的累积影响。例如，一个治疗室附近的房间可能会受到相邻治疗室产生的剂量的影响，这一点在设计屏蔽时需要特别考虑。

表 3-3 汇总了针对不同粒子治疗设施中同步加速器和回旋加速器的束流损失情况的调查结果。每项调查结果均附有数据来源，确保了信息的透明度和可靠性。

表 3-3　不同粒子治疗设施的束流损失调查汇总

加速器类型	同步加速器	回旋加速器
粒子类型	碳离子	质子
注入式 LINAC-同步加速器/%	60(Noda, 2004)	—
加速器中的束损/%	36(Noda, 2004); 5(Agosteo, 2001)	50(Avery, 2008); 55(Geisler, 2007); 65(Newhauser, 2002)
束流引出/%	10(Noda, 2004); 5(Agosteo, 2001)	50(Avery, 2008); 20(Geisler, 2007)或以上
HEBT(束流高能输运段)/%	约 5(Noda, 2004); 4～7(Agosteo, 2001)	约 5; 1(Newhauser, 2002)

（续表）

	主动束	被动束	被动束
ESS(能量选择系统)/%	—	70(Noda，2004)	>55(99) (Geisler，2007； Rinecker，2005)； 63(Newhauser，2002)

3.6　束流线部件的自屏蔽特性

束流线由多种束流光学元件构成，包括二极磁铁、四极磁铁、六极磁铁等。这些磁体在设计中可能会承受粒子偏离预定轨迹时产生的束流损失。它们通常由钢、铜等材料制成，这些材料本身具有显著的自屏蔽能力。

尽管这些元件中束流损失的确切数量往往未知，且粒子治疗设施的制造商通常不提供这些磁体的详细数据，但自屏蔽的影响仍可在屏蔽设计中加以考虑。通过在蒙特卡罗模拟中应用已知的束流损失数据和磁体的简化模型，可以评估加速器部件的自屏蔽效果。

值得注意的是，如果在屏蔽计算中未考虑自屏蔽，所测量的辐射剂量往往会低于计算值。此外，回旋加速器和旋转机架由于其结构特点，也提供了一定程度的自屏蔽。在屏蔽设计中，通常会将回旋加速器的自屏蔽纳入考量，特别是在没有磁轭开口的位置。

3.7　计算方法

在进行屏蔽设计的计算过程中，采用的方法对于确保结果的准确性至关重要。本节将介绍用于评估粒子治疗设施屏蔽需求的主要计算方法。

3.7.1　解析算法

屏蔽设计的分析方法通常基于视域（也称点核）模型，该模型基于以下关键参数和假设进行构建。

(1) 点损失：假设在特定点的损失情况。

(2) 点源到参考点的距离(r)：确定辐射源与计算参考点之间的距离。

(3) 入射束流(线)与参考点方向的夹角(θ)：影响辐射到达参考点前的传播路径。

(4) 角度特定源项[$H_0(E_p, \theta)$]：取决于离子类型和靶类型，以及粒子能量 E_p。

(5) 衰减长度(λ)：因为中子能量分布随角度 θ 变化，所以衰减长度随角度 θ 变化。

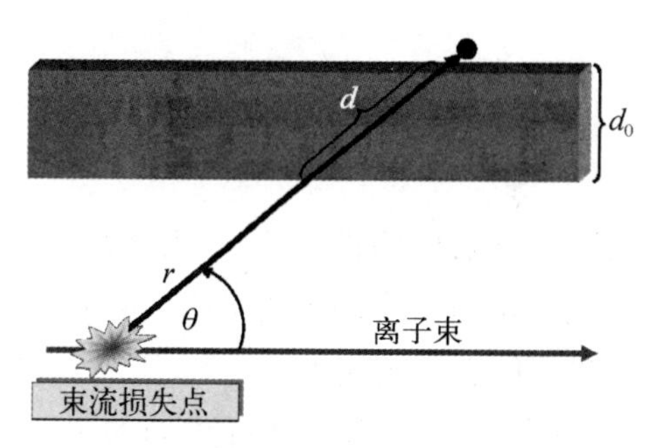

图 3-2　视域模型在简单体屏蔽几何结构中的应用

(资料来源：GSI 的 Fehrenbacher G、Goetze J、Knoll T，2009)

(6) 指数衰减：在厚度为 d_0 的屏蔽材料中，辐射强度按照指数规律衰减。其中，$d[d_0/\sin(\theta)]$表示考虑角度的倾斜厚度；$\lambda(\theta)$ 是相应的衰减长度。

图 3-2 展示了视域模型的几何结构，为理解屏蔽计算提供直观参考。

参考点处的剂量(率)可以通过源项 H_0 和几何量来估算。具体来说，参考点处的剂量 $H(E_p, d, \theta)$可以使用以下公式进行计算：

$$H(E_p, d, \theta) = H_0(E_p, \theta) \cdot \frac{1}{r^2} \cdot \exp\left[-\frac{d}{\lambda(\theta)}\right] \tag{3-1}$$

1961 年，Burton Moyer 为 6 GeV 质子 Bevatron 屏蔽设计开发了一种半经验方法(Moyer, 1961)。此后，费米国家加速器实验室(FNAL)和欧洲核子研究组织(CERN)的质子同步加速器和超级质子同步加速器(SPS)进一步改进了 Moyer 模型。该模型在接近 90°的角度下特别适用，而高能质子加速器的横向屏蔽可以通过以下简化的 Moyer 模型来确定：

$$H = \frac{H_0}{r^2}\left(\frac{E_P}{E_0}\right)^{\alpha} \exp\left(-\frac{d}{\lambda}\right) \tag{3-2}$$

式中，H 为在距离靶点给定径向距离 r 处的最大剂量当量率；d 为屏蔽厚度；E_P 为质子能量；E_0 为 1 GeV；H_0 为 2.6×10^{-14} Sv · m^2；α 约为 0.8。

在评估高能质子加速器的屏蔽需求时，经验模型如 Moyer 模型提供了一种快速估算的方法。该模型在十亿电子伏特能量范围内是有效的，因为它假设中子剂量衰减长度几乎是恒定的，无论能量大小(见图 1-3)。然而，这种模型的应用受限于它只能确定在 60°～120°产生的中子剂量当量。在治疗相关的质子能量范围内，中子衰减长度实际上会随着能量的增加而显著增加，这一点在图 1-3 中有明确展示。

经验模型的使用受到限制，因为它们主要适用于横向屏蔽，并未充分考虑能量、产生角度、靶材料和尺寸，以及混凝土材料的成分和密度等因素的变化。尽管 Moyer 模型曾被用于一些质子治疗设施的屏蔽设计，但它并不完全适合这种用途。

为了克服这些限制，Kato 和 Nakamura 开发了 Moyer 模型的修改版本，该版本考虑了衰减长度随屏蔽厚度的变化，并引入了对斜穿屏蔽的修正(Kato and Nakamura，2002)。此外，Tesch 为 50 MeV～1 GeV 的质子能量开发了一个模型，进一步扩展了模型的应用范围(Tesch，1985)。

过去，高能加速器的屏蔽设计主要依赖于分析方法。但随着功能强大的计算机和复杂的蒙特卡罗代码的出现，计算方法已经取代了传统的分析方法。分析方法虽然易于使用且效率较高，但其简单化的假设限制了对复杂几何形状和材料特性的考虑。

分析方法的主要优点是简便和高效，适用于整体屏蔽的初步规划。然而，它们的缺点在于假设过于简化，主要适用于简单的平面几何形状，且在靶材料和几何形状方面存在局限性。随着计算能力的提高，蒙特卡罗模拟等计算方法能够提供更为精确和详细的屏蔽设计评估，从而更好地预测屏蔽外的剂量率水平。

3.7.2　蒙特卡罗计算

蒙特卡罗方法，其详细描述位于第 6 章，是屏蔽计算中一种极其强大的工具。这些计算代码能够进行全面的模拟，对加速器或束线以及整个治疗室的复杂几何形状进行精确建模。它们不仅能够用于模拟实际情况，还能帮助推导后续章节中讨论的计算模型。

蒙特卡罗代码已被广泛应用于多个设施的治疗室或迷宫的屏蔽设计中，如 Agosteo 等人(1996b)、Avery 等人(2008)、Dittrich 和 Hansmann(2006)、Hofmann 和 Dittrich(2005)、Kim 等人(2003)、Porta 等人(2005)以及 Stichelbaut(2009)的研究所示。这些代码能够生成等剂量曲线，即剂量等值线，为二次辐射场提供了直观的可视化，这对于促进屏蔽设计至关重要。

在将蒙特卡罗计算结果与实验数据进行比较时，必须确保模拟与实验配置的一致性，包括仪器的响应特性和混凝土的具体成分。此外，实验数据的采集应使用合适的仪器进行。任何与上述条件的偏差都可能导致测量结果与模拟结果之间的显著差异。

然而，目前在公开发表的带电粒子治疗设施数据中，几乎没有能满足所有这些条件的案例。这限制了对蒙特卡罗计算结果的验证，也突显了在屏蔽设计中进一步发展和完善实验验证方法的必要性。

3.7.3 蒙特卡罗计算模型构建与应用

蒙特卡罗计算模型，作为一种独立于具体几何结构的方法，通常由两部分组成：一个源项和一个描述辐射随距离衰减的指数项。这两部分都依赖于粒子类型，并且是粒子能量和入射角度的函数。

Agosteo 等人(1996)首次利用实验性双微分中子能谱数据推导出了此类模型，但随着时间的推移，这些数据已经过时。Ipe 和 Fasso(2006)公布了当 430 MeV 碳离子入射到 30 cm 厚的 ICRU 球体时，复合势垒的源项和衰减长度数据。

如第 1 章所述，在设施设计的方案阶段，当设计细节频繁变动时，计算模型在确定整体屏蔽要求方面尤为重要。在这种情况下，不需要对整个房间的几何形状进行详细建模。通常的做法是在靶周围设想一个球形的屏蔽材料壳体，并在预设的角度间隔和每个屏蔽材料壳体内对剂量进行评估。

通过在不同角度进行剂量评分，可以绘制出剂量与屏蔽厚度的关系图。利用蒙特卡罗方法对这些数据进行拟合，可以确定源项和衰减长度与角度的函数关系，以及它们在相关能量下与特定靶材料的关系。这些参数将取决于屏蔽材料的成分和密度。

阻止靶可以用于评估入射到患者身上的束流剂量率。然而，值得注意的是，在某些情况下，使用阻止靶并不一定是保守的策略，特别是对于薄靶，强子级联可能会在下游屏蔽区域中传播。

射线追踪可以从不同角度进行，并将推导出的源项和衰减长度应用于剂量计算。这些模型不仅有助于确定所需的薄屏蔽材料，也是优化屏蔽设计的关键工具。

重要的是，合格的专业人士在应用这些模型时，不应仅仅依赖于已公布的数据，而应基于具体场所的能量水平、靶材料和混凝土成分，推导出适合的计算模型。

3.7.3.1　碳离子的蒙特卡罗计算模型

Ipe和Fasso(2006)利用FLUKA软件进行了蒙特卡罗计算,以建立430 MeV/u碳离子入射到组织时的计算模型。这些模拟是为了确定当430 MeV/u碳离子入射到ICRU组织等效球体(半径为15 cm,成分比例为76.2% O、10.1% H、11.1% C和2.6% N)时,在混凝土和复合屏障(混凝土加铁)中的源项和衰减长度。所假定的混凝土为硅酸盐水泥,具有2.35 g/cm^{3}的密度。

图3-3展示了所有粒子产生的总环境剂量当量(单位为pSv/C,归一化至距靶1 m处)与屏蔽厚度的函数关系。通过将1 m处的剂量除以距离的平方,可以得到组织靶在任意距离d处的剂量。图3-3中还包括在真空中的剂量当量数据。值得注意的是,在屏蔽层的前几层中会发生剂量积累,这是衰减开始之前的现象。因此,不应简单地使用真空中的剂量当量率来确定所需的屏蔽厚度。图中未显示误差,但通常这些误差控制在20%以内。衰减长度λ随屏蔽深度变化,并在屏蔽厚度约为1.35 m后趋于平衡。图3-3中的数据采用经典双参数等式[公式(1-1)]进行拟合,平衡衰减长度λ_e由指数项的倒数确定。表3-4列出了结果以及在其他两个极角范围(10°～30°和40°～50°)的参数。这些源项和衰减长度适用于屏蔽厚度大于1.35 m的情况。表中列出的衰减长度反映了所有粒子的剂量当量衰减,而不仅仅是中子。

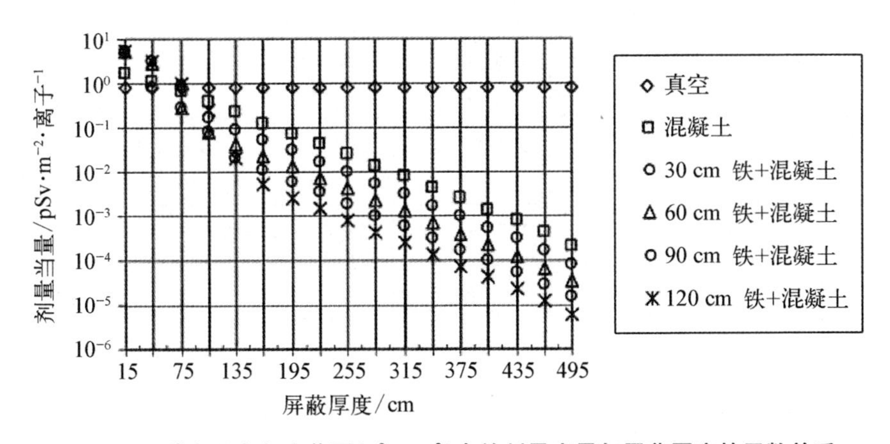

图3-3　碳离子在角度范围(0°～10°)内的剂量当量与屏蔽厚度的函数关系

10°～30°角度范围内的衰减长度高于正向(0°)衰减长度,这与Agosteo等人(1996b)对400 MeV/u碳离子的观察结果相似。这种差异可能是由于正面碰撞相对于掠过碰撞在统计上较少发生(Raju, 1980)。

在屏蔽设计中,增加铁材料对降低源项具有显著效果。实验观察表明,引入 30 cm 厚的铁层可以使源项减少约 2 倍。这种效应在正向角度(0°～30°)尤为明显,铁的加入导致辐射光谱变软,这一点可以通过监测衰减长度的变化来观察。然而,在较大角度(40°～60°)下,铁对光谱的软化作用并不明显。

在评估屏蔽效果时,需要考虑多个因素,包括粒子能量、靶材料的组成和尺寸、辐射产生的视角、注量到剂量当量的转换系数,以及屏蔽材料的成分和密度。此外,源项和衰减长度的确定还受到所采用的拟合方法的质量影响。

目前,关于 430 MeV/u 碳离子的源项和衰减长度的公开数据相对有限,无论是基于计算还是实验的结果。

表 3 - 4 展示了在屏蔽厚度超过 1. 35 m 的条件下,使用混凝土和铁作为复合屏蔽材料时,430 MeV/u 碳离子入射到 ICRU 组织等效球体(半径 15 cm)的计算模型结果。这些数据由 Ipe 和 Fasso(2006)通过计算得出,涵盖了不同入射角度的分析结果。

表 3 - 4　碳离子在不同厚度复合屏蔽材料条件下计算的辐射防护量

铁厚度/cm	0°～10°		10°～30°		40°～60°	
	H_0/(Sv • m^{-2} • 离子$^{-1}$)	λ_e/(g • cm^{-2})	H_0(Sv • m^{-2} • 离子$^{-1}$)	λ_e/(g • cm^{-2})	H_0(Sv • m^{-2} • 离子$^{-1}$)	λ_e/(g • cm^{-2})
0	(3. 02±0. 04)×10^{-12}	123. 81±0. 48	(4. 81±0. 06)×10^{-13}	133. 09±0. 74	(4. 71±0. 21)×10^{-14}	117. 64±1. 32
30	(1. 25±0. 02)×10^{-12}	123. 12±0. 38	(2. 44±0. 03)×10^{-13}	129. 64. ±0. 36	(1. 91±0. 08)×10^{-14}	119. 38±0. 48
60	(6. 05±0. 03)×10^{-13}	120. 32±0. 46	(1. 11±0. 04)×10^{-13}	128. 66±0. 70	(8. 29±0. 66)×10^{-15}	118. 5±0. 80
90	(2. 77±0. 09)×10^{-13}	119. 58±1. 25	(5. 27±0. 29)×10^{-14}	126. 09±0. 80	(3. 29±0. 69)×10^{-15}	119. 14±1. 34
120	(1. 33±0. 05)×10^{-13}	117. 68±0. 91	(2. 48±0. 24)×10^{-14}	124. 29±0. 94	(1. 34±0. 68)×10^{-15}	118. 83±2. 89

图 3 - 4 和图 3 - 5 展示了在 0°～10°和 80°～100°两个角度范围内,铁靶和组织靶的每碳粒子剂量当量(单位为 pSv/C,归一化至距靶 1 m 处的剂量,单位为 pSv/m^2)随混凝土屏蔽厚度的函数关系。这些数据由 Ipe 和 Fasso(2006)通过计算得出。

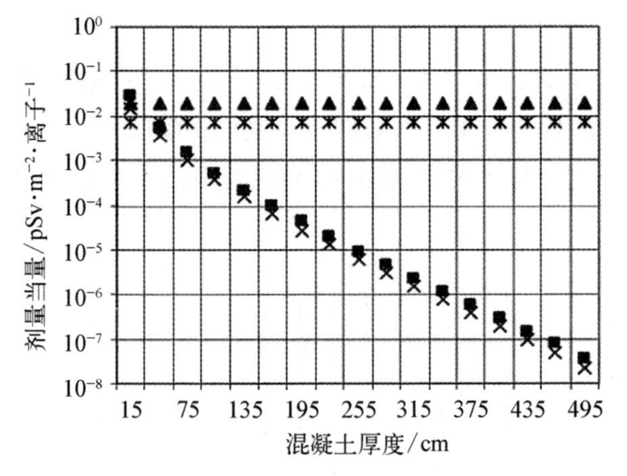

图3-4　碳离子在角度范围(0°～10°)内的剂量当量与混凝土厚度的函数关系

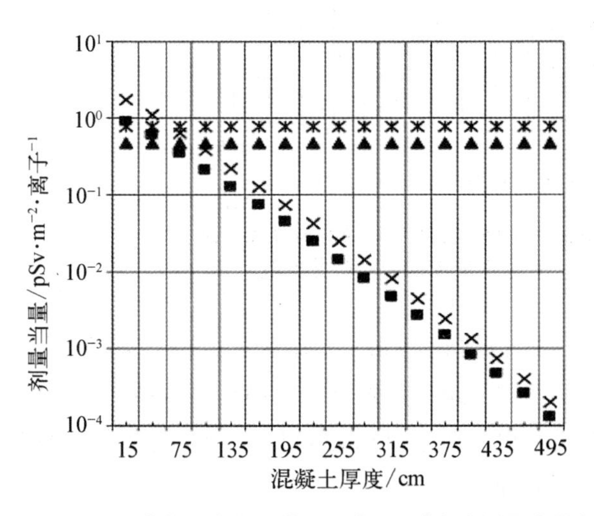

图3-5　碳离子在角度范围80°～100°内的剂量当量与混凝土厚度的函数关系

在正方向(0°～10°)，与铁靶相比，组织靶在真空和混凝土中的剂量更高。这一现象可以归因于在高能中子与轻核靶（如组织）的相互作用中，由于解体过程和动量转移，产生的中子成分比重更大。这种相互作用在前方方向上尤为显著，导致更多的中子在组织靶中产生(Gunzert-Marx et al, 2004)。

相反，在大角度(80°～100°)下，组织靶的剂量相对较低。这表明随着入射角度的增大，靶材料对中子产生的影响减小，组织靶和铁靶之间的剂量差异也随之降低。

对于这两种靶材料，在混凝土屏蔽的初期几层中，剂量会逐渐增加，这是由于屏蔽材料对辐射的初步衰减作用。只有经过约1 m或更厚的混凝土层后，衰减长度才会达到平衡状态。

图 3 - 6 展示了在距离 ICRU 组织等效球体 1 m 处，0°～10°角度范围内，由 430 MeV/u 碳离子引起的各种粒子对相对剂量当量的贡献(Ipe and Fasso，2006)。该图详细描绘了在这一特定角度范围内，不同类型粒子对总剂量当量的贡献比例。

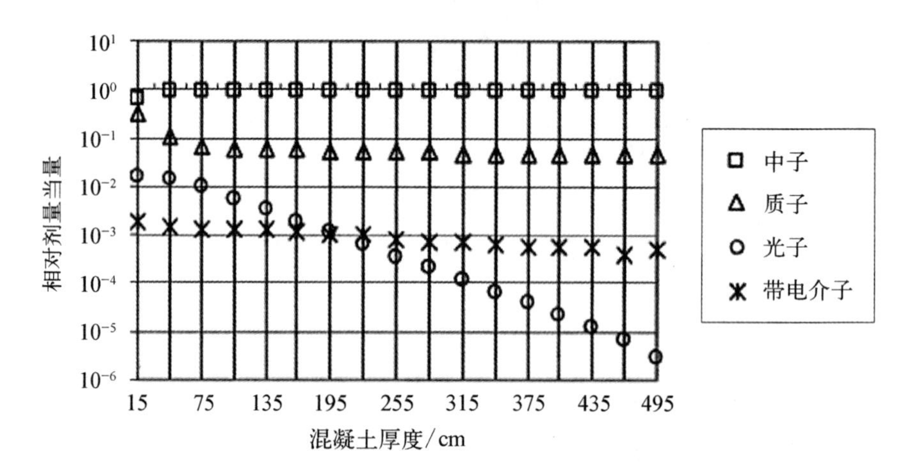

图 3 - 6　碳离子在距离 ICRU 组织等效球体 1 m 处 0°～10°角度范围的相对剂量当量

在这些角度下，中子是总剂量当量的最大贡献者。具体来说，在距靶 15 cm 的混凝土屏蔽处，约 66%的剂量当量来自中子，32%来自质子，不足 2%来自光子，而带电离子 π 的贡献更是微乎其微，不到 0.2%。随着屏蔽深度的增加，中子的相对贡献进一步上升，约为 95%。

在大角度下(尽管图中未明确显示)，中子对剂量当量的贡献在所有屏蔽深度中都保持相对稳定，约为 96%。与此同时，质子的贡献随着屏蔽深度的增加而略有上升，从不到 1%增加到约 2%。

这些数据强调了在所有考虑的角度下，中子在屏蔽外剂量当量中占主导地位。因此，在设计屏蔽系统时，必须特别关注中子的屏蔽效果，以确保人员和环境的安全。

图 3 - 7 展示了在能量为 430 MeV/u 的碳离子入射到 ICRU 组织等效球体时，中子能谱的详细情况(Ipe and Fasso，2006)。该图详细描绘了在两个不同的角度范围，即 0°～10°和 80°～90°，入射到混凝土表面的碳离子产生的中子能谱。

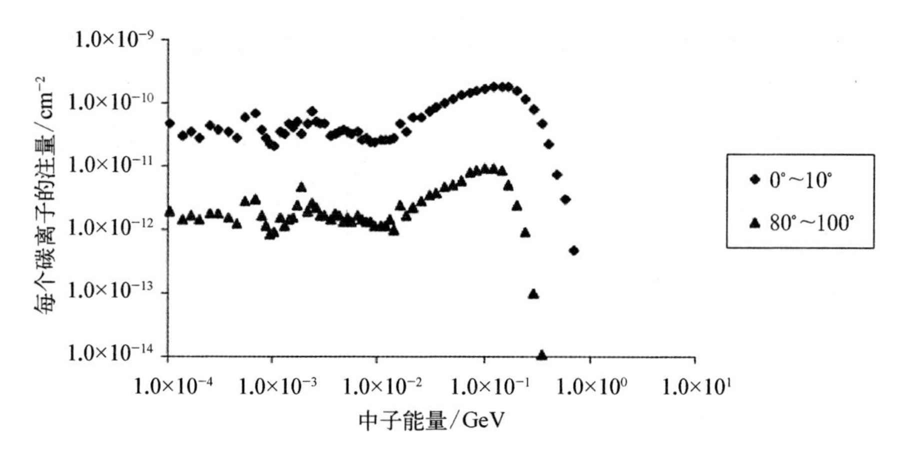

图 3－7　430 MeV/u 碳离子入射在 ICRU 组织球上的中子能谱

图 3－7 中的结果显示，正向角度(0°～10°)产生的中子注量显著高于大角度(80°～90°)的中子注量。正向的中子能谱覆盖了较宽的能量范围，最高可达约 1 GeV，而大角度的能谱则最高只达到约 0.4 GeV。尽管图中未显示误差条，但在通常情况下，这些误差控制在 20%以内。

在对数能单位下，注量表示为 $E_{x}\dfrac{d\phi}{dE}$，其中 E 代表中子的能量，$\dfrac{d\phi}{dE}$是微分注量，反映了单位能量间隔内的中子数量。

在两个角度的能谱中，都观察到了显著的特征峰：一个位于 500 KeV 的氧共振峰，归因于混凝土中的氧元素，以及一个约为 2.3 MeV 处的蒸发中子峰。特别地，在正向能谱中，观测到一个约为 340 MeV 的高能中子峰；而在大角度能谱中，则观测到一个宽峰，位于 20～50 MeV 的能量范围内。

这些观察结果对于理解屏蔽材料对不同能量中子的衰减特性至关重要，有助于优化屏蔽设计，确保在各种入射条件下均能提供有效的辐射防护。

3.7.3.2　质子的屏蔽计算模型

Agosteo 等人(2007)利用蒙特卡罗程序 FLUKA，针对密度为 2.31 g/cm³、含水量为 5.5%的 TSF 5.5 混凝土，对 100 MeV、150 MeV、200 MeV 和 250 MeV 质子入射厚铁靶的情况，推导出了混凝土屏蔽的计算模型。对正向(0°)数据采用单指数拟合，而对大角度(超过 40°)数据则采用双指数拟合，具体结果展示在表 3－5 中。他们的研究还包括与已公布的实验和计算数据的广泛比较，并指出结果之间的显著差异，这反映了在几何配置、材料成分和所用技术方面的巨大差异。特别是，混凝土成分可能对屏蔽的衰减特性产生显著影响。

表 3-5　停止于厚铁靶中(混凝土 TSF 5.5)的质子束的源项参数和衰减长度

能量/MeV	角度间隔	$H_1(10)$/质子(Sv·m²)	λ_1/(g·cm⁻²)	$H_2(10)$/质子(Sv·m²)	λ_2/(g·cm⁻²)
100	0°～10°	—	—	$(8.9\pm0.4)\times10^{-16}$	59.7±0.2
	40°～50°	$(5.9\pm1.3)\times10^{-16}$	47.5±2.7	$(1.5\pm0.1)\times10^{-16}$	57.2±0.3
	80°～90°	$(5.3\pm0.8)\times10^{-16}$	33.7±1.2	$(1.1\pm0.3)\times10^{-17}$	52.6±0.7
	130°～140°	$(4.7\pm0.4)\times10^{-16}$	30.7±0.5	$(8.0\pm5.1)\times10^{-18}$	46.1±2.8
150	0°～10°	—	—	$(3.0\pm0.2)\times10^{-15}$	80.4±0.5
	40°～50°	$(1.2\pm0.2)\times10^{-15}$	57.8±3.4	$(3.3\pm0.8)\times10^{-16}$	74.3±1.4
	80°～90°	$(10.0\pm2.2)\times10^{-16}$	37.4±2.7	$(1.2\pm0.3)\times10^{-17}$	70.8±1.3
	130°～140°	$(7.8\pm2.0)\times10^{-16}$	32.1±1.5	$(2.1\pm0.6)\times10^{-18}$	61.8±1.1
200	0°～10°	—	—	$(5.6\pm0.4)\times10^{-15}$	96.6±0.8
	40°～50°	$(1.9\pm0.3)\times10^{-15}$	68.3±5.9	$(6.8\pm0.5)\times10^{-16}$	86.4±0.5
	80°～90°	$(1.3\pm0.4)\times10^{-15}$	43.8±4.4	$(3.7\pm0.8)\times10^{-17}$	78.3±1.3
	130°～140°	$(1.3\pm0.3)\times10^{-15}$	32.8±1.6	$(2.8\pm2.4)\times10^{-18}$	70.0±4.1
250	0°～10°	—	—	$(9.8\pm1.0)\times10^{-15}$	105.4±1.4
	40°～50°	$(2.3\pm0.5)\times10^{-15}$	77.0±7.9	$(1.2\pm0.1)\times10^{-15}$	93.5±0.5
	80°～90°	$(1.4\pm0.4)\times10^{-15}$	49.7±5.7	$(9.0\pm2.5)\times10^{-17}$	83.7±2.0
	130°～140°	$(1.9\pm0.6)\times10^{-15}$	34.4±3.4	$(6.5\pm2.6)\times10^{-18}$	79.1±3.4

Teichmann(2006)发表了关于 72 MeV 和 250 MeV 质子入射厚铁靶的计算模型，使用的是针对 TSF 5.5 混凝土的蒙特卡罗代码 MCNPX(Pelowitz, 2005)。FLUKA 和 MCNPX 两种代码计算出的衰减长度相差在 10%以内，但源项的计算结果却有较大差异。例如，在 0°～10°范围内，MCNPX 在 250 MeV 能量时的源项是 FLUKA 的源项$\frac{2}{3}$。

Ipe(2008)公布了 250 MeV 质子入射到组织靶时复合材料(铁加混凝土)

屏障的平衡衰减长度。Tayama 等人(2002)发表了基于 MCNPX 的混凝土屏蔽的源项和衰减长度,适用于 52 MeV、113 MeV 和 256 MeV 质子入射厚铁靶的情况。Tayama 等人(2002)还将 Siebers(1993)测量的 230 MeV 实验源项和衰减长度与 MCNPX 的计算结果进行了比较,发现计算出的源项和衰减长度与测量值分别相差 2 倍和 35%。

3.7.4　其他屏蔽计算代码

在屏蔽设计领域,多种计算代码得到开发和应用,以满足不同设施的特定需求。

ANISN 代码：这是一个历史悠久的代码,由 Engle(1967)开发,曾在兵库县(HIBMC)和群马大学加速器设施的设计中发挥了重要作用。

BULK－I 代码：这是一个在 Microsoft Excel 平台上运行的应用程序,由日本 KEK 加速器实验室开发(Tayama, 2004)。BULK－I 专为 50～500 MeV 能量范围内的质子束设计,它不仅能够计算混凝土屏蔽效果,还可以评估铁屏蔽或铁与混凝土组合屏蔽的性能。

BULK C－12 代码：由德国齐陶应用科学大学与德国埃尔兰根的阿海珐公司合作开发(Norosinski, 2006),BULK C－12 能够估算由中等能量质子(50～500 MeV)或碳离子(155～430 MeV/u)引起的中子和光子的有效剂量率。该代码考虑了混凝土墙或铁与混凝土组合作为屏蔽材料,提供了一种全面的屏蔽效果评估方法。BULK C－12 代码可通过核能机构(NEA)获取,为辐射防护专业人员提供了宝贵的资源。

3.8　屏蔽材料和透射

本节深入探讨了各种常用辐射屏蔽材料的特性,重点分析了它们的成分如何影响屏蔽效果,并评估了这些材料对辐射的透射性。

3.8.1　屏蔽材料

在粒子加速器的屏蔽设计中,土壤、混凝土和钢材是常用的屏蔽材料(NCRP, 2003)。此外,聚乙烯和铅等材料也在特定情况下有限度地使用。鉴于中子是主要的二次辐射类型,使用钢材时必须配合含氢材料以增强屏蔽效果。

3.8.1.1 土壤

土壤常被选作地下加速器设施的屏蔽介质。为确保有效性，需要将土壤适当压实，以减少裂缝和空隙。土壤主要成分为二氧化硅，这使得它成为屏蔽γ射线和中子的有效材料。土壤中的水分含量对中子屏蔽尤为重要，因为水能显著提高对中子的屏蔽能力。然而，土壤的含水量和密度可能在0%～30%和1.7～2.2 g/cm^3 有较大变化，因此在设计屏蔽时必须考虑场地特定的土壤特性。

地下水的活化效应也是在地下设施设计时需要考虑的因素。一些粒子治疗设施，如海德堡的HIT、意大利帕维亚的CNAO和日本群马大学的GHMC，已经采用了土壤屏蔽。土壤屏蔽的唯一直接成本是其运输费用。

3.8.1.2 混凝土和重型混凝土的屏蔽应用

混凝土是一种由水泥、粗细骨料、水，以及由辅助胶结材料和化学外加剂混合而成的复合材料（见 http://www.cement.org/tech/faq_unit_weights.asp）。混凝土的密度受到多种因素的影响，包括骨料的种类与密度、混合物中的空气含量、水和水泥的比例，以及骨料的最大粒径。普通混凝土的密度通常为2.2～2.4 g/cm^3。

相较于其他材料，混凝土作为屏蔽材料拥有多项优势（NCRP，2005）。它能够根据设计需求浇筑成各种形状，并且能有效屏蔽光子和中子。混凝土的成本效益高，且由于其良好的结构强度，可以用于承重和提供额外的屏蔽。此外，混凝土砌块也是可行的屏蔽选项。

混凝土中的水以自由水和结合水的形式存在，对中子屏蔽效果有显著影响。自由水随时间蒸发，但混凝土会通过水化作用吸收周围环境中的水分，直至达到平衡状态。在混凝土固化的前30天左右，可能会有约3%的水分通过蒸发散失。为了实现最佳的中子屏蔽效果，建议混凝土的含水量维持在约5%。

在美国，普通混凝土的标准密度约为2.35 g/cm^3（相当于147 lb[①]/ft^3[②]），而用于建筑物楼板的通常是轻质混凝土，其密度范围为1.6～1.7 g/cm^3。

现浇混凝土通常通过钢筋加固，这不仅增强了其结构性能，同时也提高了对中子的屏蔽效果。需要注意的是，由于钢筋并不计入混凝土的标准成分，因此含有大量钢筋的混凝土结构在实际测量中的辐射剂量可能会低于理论计算值。

混凝土的养护是一个长期过程，可能持续数月。表3-6展示了不同类

① 1 lb（磅）=0.453 592 kg。

② 1 ft（英尺）=3.048×10^{-1} m。

型混凝土养护后的典型成分(Chilton et al, 1984; NCRP, 2003)。然而,由于缺乏某些元素的比例,表中成分的总和可能与混凝土的整体密度并不完全吻合。

表3-6　三种混凝土不同元素成分的部分密度

单位: $g \cdot cm^{-3}$

成　分	普通混凝土	硫酸钡混凝土	磁铁-钢混凝土
氢	0.013	0.012	0.011
氧	1.165	1.043	0.638
硅	0.737	0.035	0.073
钙	0.194	0.168	0.258
碳	—	—	—
钠	0.04	—	—
镁	0.006	0.004	0.017
铝	0.107	0.014	0.048
硫	0.003	0.361	—
钾	0.045	0.159	—
铁	0.029	—	3.512
钛	—	—	0.074
铬	—	—	—
锰	—	—	—
钒	—	—	0.003
钡	—	1.551	—

注:普通混凝土的密度是 $2.35\ g \cdot cm^{-3}$;硫酸钡混凝土的密度是 $3.35\ g \cdot cm^{-3}$;磁铁-钢混凝土的密度是 $4.64\ g \cdot cm^{-3}$。

为提升混凝土屏蔽性能,重型混凝土的制备会特意加入高原子序数的骨料,如废钢或铁碎片,以增加其密度至约为 $4.8\ g/cm^3$。这种混凝土的制造过程复杂，涉及骨料的沉降、混合和结构稳定性等技术难题，这对传统混凝土承包商而言是一大挑战(NCRP，2005)。重型混凝土的运输和施工不仅要求特殊的设备，还需严格遵守质量控制标准。通过选用如铁矿石、巴氏矿这类高密度骨料，重型混凝土的密度得以进一步提升，从而在屏蔽辐射方面提供更为优越的性能。这种混凝土特别适合于那些对屏蔽要求更为严格的应用场合。

重型混凝土的制造和运输需要容量更大的混凝土运输车，而在施工现场就地制造的重型混凝土可能不符合行业标准，因此需要进行仔细检查。预制的重型混凝土产品应遵守严格的标准，并可以以砌块或连锁砌块的形式提供。高原子序数骨料增强混凝土也以联锁或非联锁模块化砌块的形式出售，其中联锁砌块的使用可以避免辐射泄漏。

特别地，使用铁矿石作为增强材料的混凝土在屏蔽相对论中子方面表现出色，这是因为铁矿石含有高比例的铁，能够有效地吸收高能中子。

Ledite®，由宾夕法尼亚州弗雷德里克的原子国际公司制造，是一种含铁量高的模块化预制联锁高密度砌块。该材料因其出色的屏蔽性能，目前广泛应用于光子治疗直线加速器的屏蔽项目中。Ledite®的一个显著优势是其可移动性和可重复使用性，它可以方便地放置在现有结构中，并在需要时搬迁和重新利用。与传统的混凝土浇筑相比，使用 Ledite®可以显著缩短施工时间，从数月缩短至数周。

为评估 Ledite®在屏蔽空间优化方面的潜力，我们对其 3 种不同成分的透射率进行了研究：专为粒子治疗设计的新型材料——Proshield Ledite 300(密度为 4.77 g/cm^3)，以及之前使用的两种材料 Ledite 2932 和 Ledite 2473(密度分别为 4.77 g/cm^3 和 3.95 g/cm^3)。这些研究结果将在第 3.8.2 节中详细讨论。

复旦大学研发并开始生产两种新型屏蔽材料，这些材料含有钨、硼等高效的屏蔽元素，形成了功能结构一体化的屏蔽块体。这些材料设计用于快速搭建屏蔽屏障，对快中子和 γ 射线提供高效的屏蔽效果，同时大幅减轻重量和减小尺寸。

第一种高密度材料为 WAlB - MAB 相复合材料，密度大于 9 g/cm^3。这种材料在 0.01 的透射率下，对中子和 γ 射线所需的屏蔽厚度仅为不锈钢的$\frac{1}{3}$和$\frac{2}{3}$，同时保持了与不锈钢相当的弯曲强度，强度大于 500 MPa。第二种中等密度材料(密度为 4.5 g/cm^3)为铝基 WB(Al - WB - Gd)材料。其中子透射率与典型的铝基碳化硼中子吸收材料相当,但在 γ 射线屏蔽效率上显著优于后者。

在选择屏蔽材料时,必须考虑一个关键因素:材料对中子辐射活化的敏感性,这种敏感性的影响可能持续数十年。第 4 章将更深入地探讨混凝土的活化问题。

观察结果表明,混凝土中的活化主要产生短寿命放射性同位素,如^{24}Na(半衰期为 15 h),以及长寿命放射性同位素,包括^{22}Na(半衰期为 2.6 a)和^{152}Eu(半衰期为 12 a)。此外,用于加固混凝土的钢筋也会受到活化的影响。

使用重晶石等高密度材料制成的重型混凝土可能会产生更高水平的活化。放射性同位素如^{133}Ba(半衰期为 10.7 a)、^{137}Cs(半衰期为 30.0 a)、^{131}Ba(半衰期为 12 d)和^{134}Cs(半衰期为 2.1 a)的存在,可能会显著增加外部剂量率(Sullivan, 1992)。

然而,Ipe(2009b)的研究表明,Ledite® 中的活化现象并不明显高于普通混凝土中的活化水平。这一发现对于评估和选择屏蔽材料具有重要意义,因为它表明在特定应用中,使用 Ledite® 可能不会带来额外的活化风险。

3.8.1.3 钢材在辐射屏蔽中的应用

钢材作为一种铁合金,因其出色的屏蔽性能而广泛应用于光子和高能中子的屏蔽。钢材的高密度(约 7.4 g/cm^3)和物理特性使其成为在空间受限环境中的理想选择。根据 Sullivan(1992)的研究,高能中子在钢材中的十分之一值层厚度约为 41 cm。

钢材通常以块状形式提供(NCRP, 2003)。天然铁主要由同位素组成,包括 91.7% 的^{56}Fe、2.2% 的^{57}Fe 和 0.3% 的^{54}Fe。^{56}Fe 的最低非弹性能级为 847 KeV,这意味着高于该能量的中子通过非弹性散射过程失去能量,而低于此能量的中子则主要通过弹性散射,这一过程对铁来说效率较低,导致低能中子在屏蔽材料中堆积。

此外,由于^{56}Fe 的共振特性,天然铁在 27.7 KeV(0.5 barn①)和 73.9 KeV(0.6 barn)处有两个最小截面非常低的能量区域,这导致该区域的衰减长度比高能区域的高出约 50%。因此,在钢屏蔽外部可能会观察到较高的中子注量。

① 1 barn(靶恩)=10^{-24} cm^2。

对于能量较低的中子，仅通过弹性散射过程能量会逐渐衰减。如第1章所述，如果使用钢材屏蔽高能中子，必须配合使用含氢材料来屏蔽由此产生的低能中子。

钢材在核反应过程中可能会经历高度活化，包括热中子引发的中子俘获反应。质子和中子与钢或铁相互作用，可能产生多种放射性核素，如^{52}Mn、^{54}Mn、^{56}Mn、^{44}Sc、^{46}Sc、^{56}Co、^{57}Co、^{58}Co、^{60}Co、^{48}V、^{49}V、^{51}Cr、^{22}Na、^{24}Na和^{59}Fe(Freytag, 1972; Numajiri, 2007)。特别是热中子能够激活^{59}Fe和^{60}Co。因此，选择含钴量较低的钢材可以减少钴同位素的生成，从而降低辐射风险。

3.8.1.4 聚乙烯和石蜡的屏蔽特性

聚乙烯(PE)[化学式为$(CH_2)_n$]和石蜡都含有高比例的氢，这使得它们成为有效的中子屏蔽材料。尽管石蜡价格较低，但其较低的密度和易燃性限制了其应用范围(NCRP, 2005)。相比之下，聚乙烯虽然成本较高，却因其更高的密度和不易燃性，成为更适合中子屏蔽的选择。

Teichmann(2006)的研究展示了72 MeV质子入射厚铁靶产生的中子在聚乙烯中的衰减曲线。聚乙烯中的热中子俘获反应会产生能量为2.2 MeV的γ射线，这种射线具有较强的穿透力。为了解决这一问题，可以使用含硼的聚乙烯，因为硼俘获热中子时产生的γ射线能量较低(0.475 MeV)，且硼化聚乙烯在屏蔽门、管道和其他穿透物的应用中表现出色。

3.8.1.5 铅的屏蔽应用

铅以其11.35 g/cm^3的高密度而著称，主要用于光子屏蔽。铅可以制成砖块、薄片和板材等多种形式。由于其良好的延展性(NCRP, 2005)，铅在屏蔽设计中的应用非常灵活，但同时也需要注意，由于其较软，铅无法在没有支撑的情况下堆叠到很高的高度。

然而，铅对快中子的屏蔽效果并不理想，因为快中子能轻易穿透铅层。此外，铅在非弹性散射中可以将高能中子的能量降低到约5 MeV，但在此能量以下，中子的非弹性截面会急剧下降。考虑到铅的毒性，使用时必须采取适当的安全措施，如用钢或其他材料进行包裹，或涂覆保护漆，以防止铅污染。

3.8.2 透射率的界定与应用

屏蔽材料的透射率是指在特定角度下，有屏蔽材料保护时的剂量与无屏蔽材料保护时相同角度剂量的比值。这一概念不仅定义了屏蔽效果的量化指标，而且透射曲线是确定所需屏蔽厚度的重要工具。

图 3－8～图 3－10 展示了在 430 MeV/u 碳离子入射至 30 cm 厚的 ICRU 组织等效球体时，基于 FLUKA 计算得到的 3 种不同成分的 Ledite®、复合屏蔽材料以及铁和混凝土在不同角度下的总粒子剂量当量透射率与屏蔽厚度的

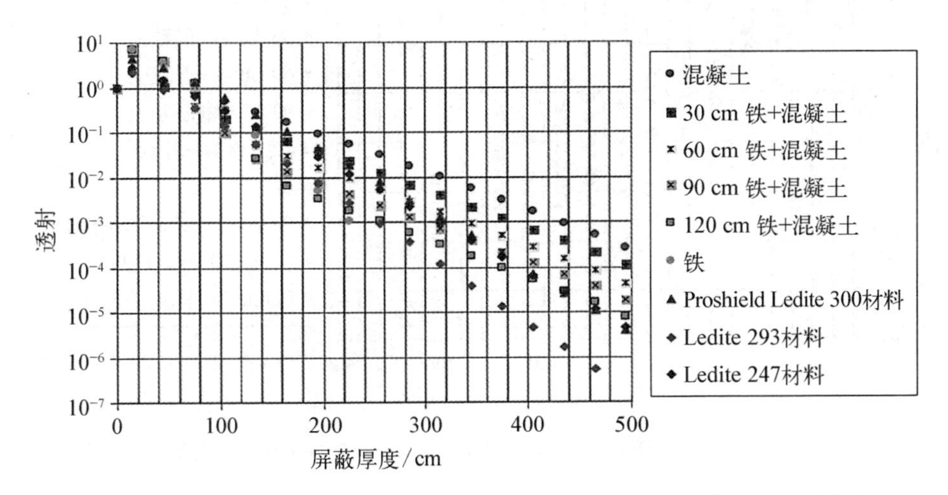

图 3－8　430 MeV/u 碳离子入射到 30 cm ICRU 球体(0°～10°)上的透射曲线

(据 Ipe，2009a)

注：版权所有，美国核学会，2009 年 9 月 8 日，伊利诺伊州拉格兰奇公园。

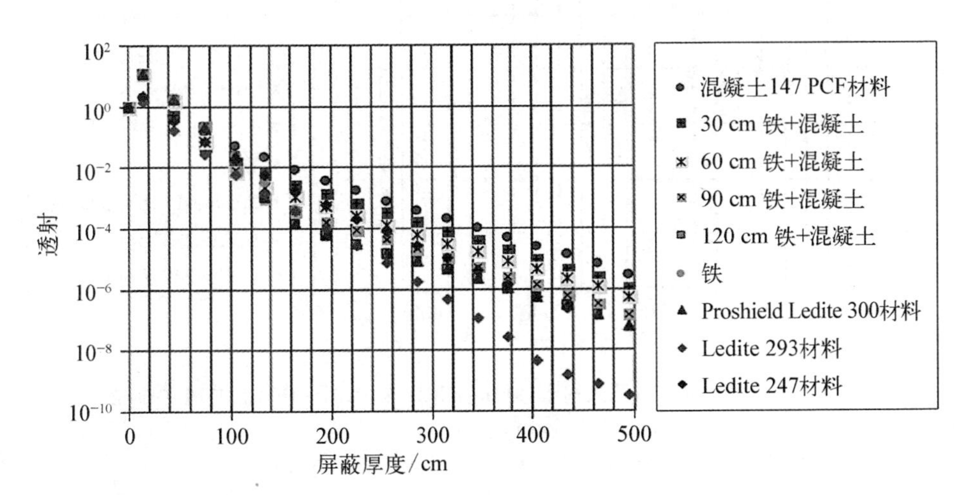

图 3－9　430 MeV/u 碳离子入射到 3 cm ICRU 球体(40°～60°)上的透射曲线

(据 Ipe，2009a)

注：版权所有，美国核学会，2009 年 9 月 8 日，伊利诺伊州拉格兰奇公园。

关系(Ipe, 2009)。图 3 - 11 至图 3 - 13 则提供了 250 MeV 质子的相应数据。这些透射曲线对于确定复合屏蔽的厚度至关重要,它们可以用于优化治疗室前方的屏蔽设计,以减少所需的空间。

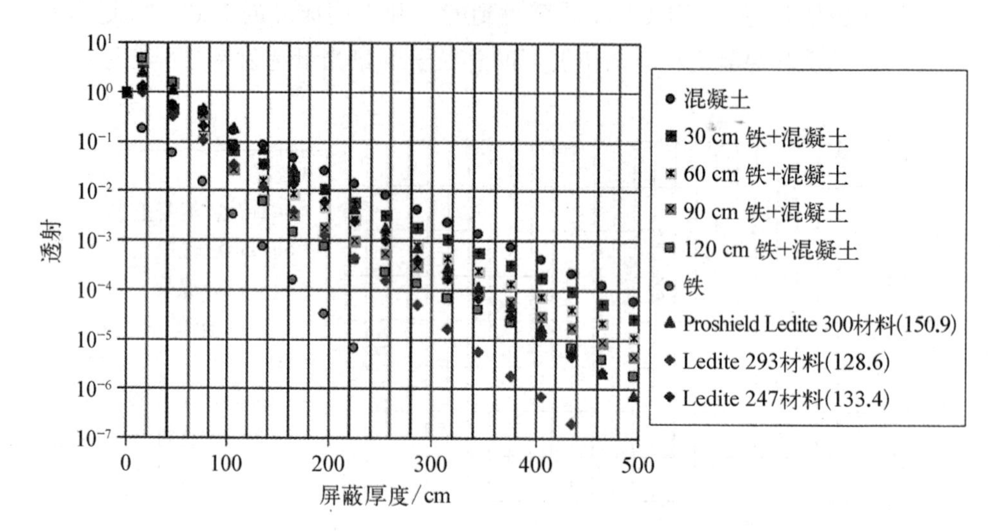

图 3 - 10　430 MeV/u 碳离子入射到 30 cm ICRU 球体(80°～90°)上的透射曲线

(据 Ipe, 2009b)

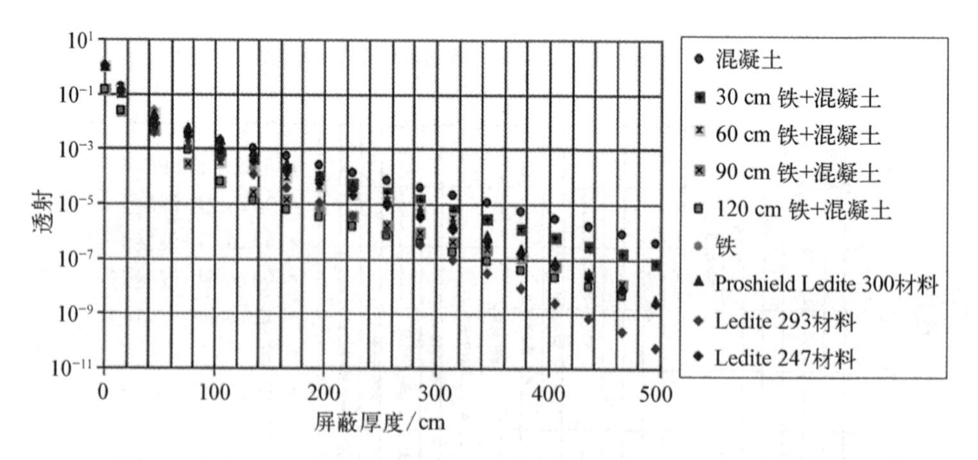

图 3 - 11　250 MeV 质子入射到 30 cm ICRU 球体(0°～10°)上的透射曲线

(据 Ipe, 2009a)

注:版权所有,美国核学会,2009 年 9 月 8 日,伊利诺伊州拉格兰奇公园。

例如,从图 3 - 8 中可以观察到,4. 65 m 厚的混凝土提供的屏蔽效果与约 2. 6 m 厚的 Ledite 293、3. 3 m 厚的 Proshield Ledite 300 或 120 cm 厚的铁加

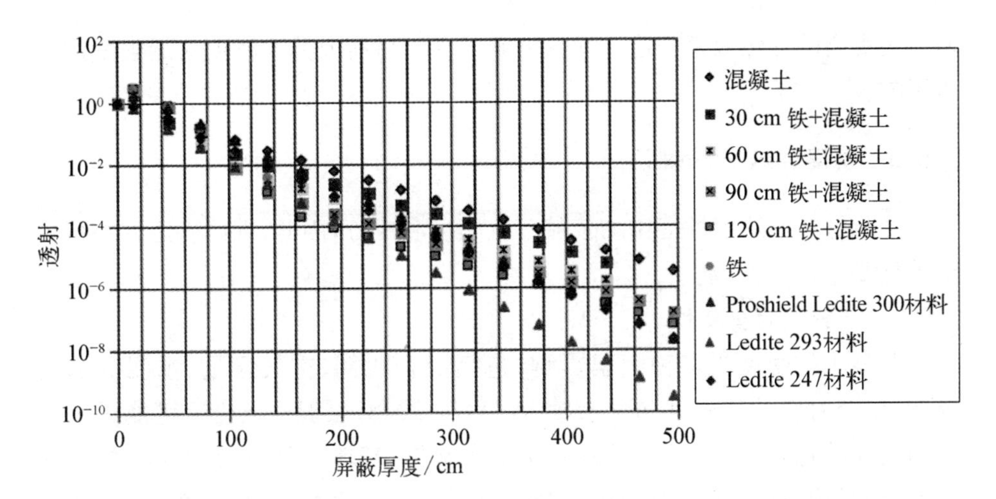

图 3-12　250 MeV 质子入射到 30 cm ICRU 球体(40°～60°)的透射曲线

(据 Ipe, 2009a)

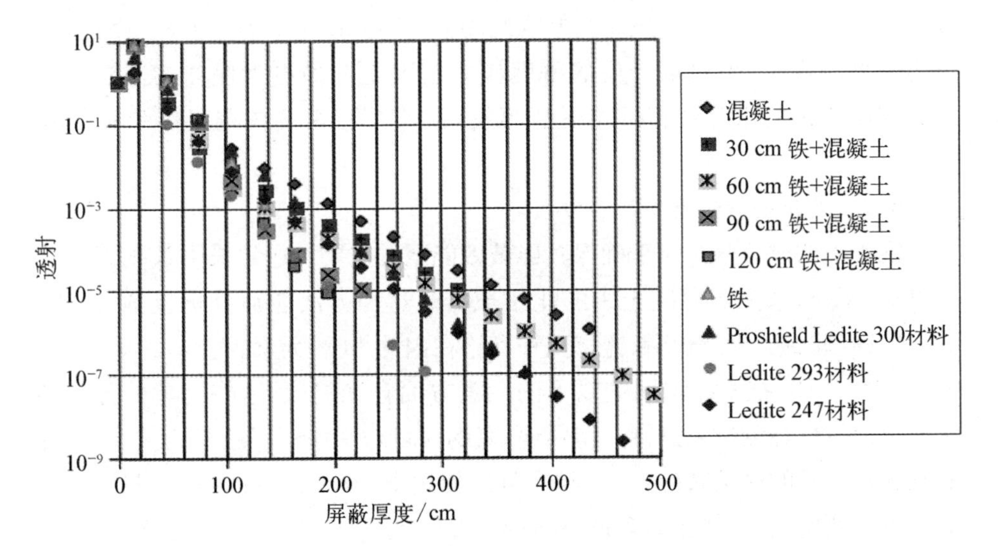

图 3-13　250 MeV 质子入射到 30 cm ICRU 球体(80°～100°)上的透射曲线

(据 Ipe, 2009b)

上 165 cm 厚的混凝土(总屏蔽厚度为 2.85 m)大致相同。这意味着采用 Ledite 293 可以节省 2.05 m^3 的空间；Proshield Ledite 300 可以节省 1.65 m^3 的空间；而铁和混凝土的复合屏蔽可以节省 1.85 m^3 的空间。

此外，从图中还可以发现，尽管 Proshield Ledite 300 的密度高于 Ledite 293 的，但在正方向上，Ledite 293 相较于 Ledite 247 和 Proshield Ledite 300

显示出更高的屏蔽效率。这一现象强调了屏蔽材料成分和密度对透射率的显著影响。

3.8.3 密度和成分的确认

屏蔽材料的透射性能密切依赖于其密度和成分，因此，准确确定这些特性至关重要。

3.8.3.1 密度的重要性

混凝土的密度受多种因素影响，包括混合比例、空气含量、水泥的水需求量，以及骨料的比密度和含水量（ASTM, 2003）。混凝土密度可能因水分的损失而降低，这一损失与骨料的初始含水量、环境条件以及混凝土构件的表面积与体积比有关。对于大多数混凝土类型，通常在90～180天内达到平衡密度。

实验数据表明，即便轻质骨料的初始含水量存在差异，混凝土的平衡密度仍会略高于其烘干后的密度，差值约为0.05 g/cm^3（3.0 lb/ft^3）。因此，在进行密度测定时，采用烘干后的密度作为基准是一种更为保守的方法。考虑到混凝土中的水分会随时间逐渐蒸发，依赖“湿”密度的测量结果可能不够保守。

3.8.3.2 成分分析的重要性和方法

混凝土的成分分析对于确保其屏蔽效能至关重要。通常采用X射线荧光光谱法（XRF）来测定混凝土中的化学成分。这种方法能够分析包括硅、铝、铁、钙、镁、硫、钠、钾、钛、磷、锰、锶、锌和铬在内的14种元素。

然而，XRF技术在识别钠以下的元素方面存在局限，这些元素的分析通常需要通过燃烧测试来进行。特别地，氢的含量对于中子屏蔽极为重要，因此必须通过额外的测试来确定。例如，可以使用Perkin Elmer 2400 CHN元素分析仪来测定碳、氢和氮的含量（ASTM, 2003）。

氧的测定可以通过Carlo Erba 1108或LECO 932分析仪完成。值得注意的是，某些元素如硅、硼和氟在高含量时可能会干扰氧的分析。作为替代，也可以采用感应耦合等离子体（ICP）技术来分析氧的含量。至于碳和硫的分析，则可以利用LECO分析仪进行。

在XRF测试中，元素的含量通常以氧化物的形式报告。为了获得原始元素的重量分数，需要在测试之前提出特殊要求，以确保测试结果能够准确反映混凝土的真实成分。

3.8.4 接缝、裂缝和空隙的处理

为确保屏蔽的连续性和完整性，相同屏蔽材料之间的接缝应设计为相互错开。若采用屏蔽块进行施工，则应确保它们之间能够相互锁定。使用灌浆材料时，应保证其密度与屏蔽材料相匹配，以维持均匀的屏蔽效果。

在混凝土浇筑过程中，采用振动工艺是确保混凝土密实、无空隙的关键措施。对于混凝土墙壁和天花板，推荐采用连续浇筑方法。在非连续浇筑情况下，应采取适当措施，如喷砂处理浇筑表面、使用键槽或错开接缝等，以强化冷接缝处的强度。此外，非连续浇筑的天花板与侧墙交界处应设计有开槽，以增强结构的整体性和屏蔽效果。

3.8.5 钢筋和模板拉杆的屏蔽考量

钢筋作为屏蔽结构中的加强材料，虽然在屏障中所占面积通常不超过5%，但其密度(7.8 g/cm^3)远高于混凝土密度(2.35 g/cm^3)，在屏蔽光子方面，钢材提供了更为优越的性能。如前所述，钢筋与混凝土的组合对中子屏蔽同样有效。

模板拉杆可能完全穿透屏蔽层，通常直径约为2.5 cm，采用重型双丝或钢棒制作。模板拉杆在结构中相当于长导管，尽管大部分中子会从钢中散射出去，但仍需注意其对屏蔽效果的潜在影响。在模板拉杆的扎带末端有时会使用锥形体，施工完成后，锥形体留下的孔洞应用与混凝土密度相同的灌浆料进行填补，以保持屏蔽的完整性。

3.9 专题讨论

在深入探讨屏蔽设计的各个方面之后，本节将集中讨论几个关键的专题，这些专题对于优化粒子治疗设施的屏蔽性能至关重要。

3.9.1 迷道设计

迷道是一种精巧的设计策略，用于降低治疗室入口处的辐射剂量，从而减少对庞大屏蔽门的依赖。根据迷道的设计效果，在某些情况下可能完全不需要防护门，或者仅需一扇较薄的屏蔽门即可提供足够的防护。

迷道的设计原则是阻止辐射直接传播至入口区域。如图3-14所示，治

疗室的迷道示例包括固定束几何形状的迷道[见图 3-14(a)]和适配旋转机架的迷道设计[见图 3-14(b)]。这些迷道的屏蔽墙由不同类型的材料构成，包括普通混凝土、重型混凝土(HC)和钢筋混凝土(Fe)，以实现最佳的屏蔽效果。

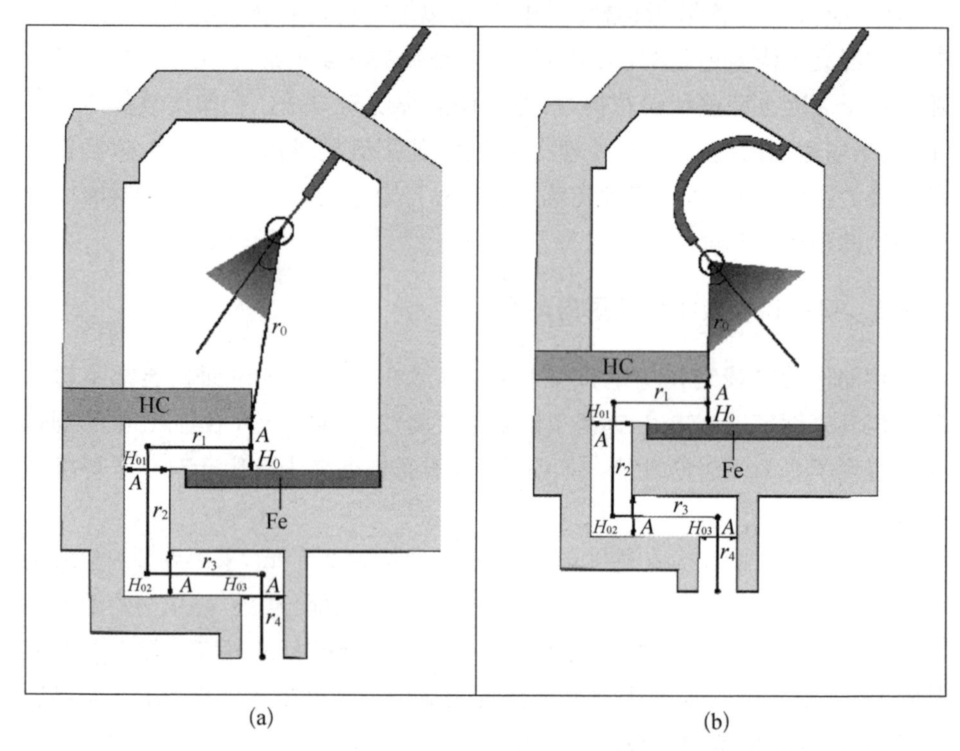

图 3-14　治疗室的迷宫示例

(a) 固定束几何形状迷道；(b) 旋转机架几何形状的迷道

[由 Fehrenbacher G、Goetze J 和 Knoll T 提供，GSI(2009)]

注：r_0 是加速器出口至第 1 拐角间的距离；r_1 是迷道第 1 拐角至第 2 拐角间的距离；r_2 是迷道第 2 拐角至第 3 拐角间的距离；r_3 是迷道第 3 拐角至第 4 拐角间的距离；r_4 是迷道第 4 拐角至出口处的距离；H_0 是第 1 拐角处的宽度；H_{01} 是第 2 拐角处的宽度；H_{02} 是第 3 拐角处的宽度；H_{03} 是第 4 拐角处的宽度。

在衰减二次辐射方面，迷道通常采用至少 4 个拐角的设计，且每个拐角弯曲成 90°，这样的布局在辐射衰减上最为有效。每个拐角都有助于进一步散射和吸收辐射能量，从而显著降低到达迷道末端的辐射强度。

在设计迷道时，必须遵循两条基本规则以确保其辐射防护的有效性：一个是避免直接辐射，来自辐射源的正向辐射绝不应直接对着迷道。这一规则有助于最大限度减少直接辐射对迷道入口的影响。另一个是等效屏蔽厚度，迷道墙的总厚度应等同于直接屏蔽墙的厚度，确保整个迷道系统提供的屏蔽效果与连续的屏蔽墙相当。

迷道的有效性取决于以下几个关键特征。

(1) 拐角数量与衰减：迷道中拐角的数量增加会导致辐射衰减增强。通常，这些拐角相互垂直，连续设置的拐角比单一拐角提供更显著的辐射降低效果。

(2) 散射辐射的考虑：由于主射方向的辐射不会进入迷道，规划时主要考虑散射辐射的衰减，与直接辐射相比，这种辐射的能量分布倾向于较低能量。

(3) γ 辐射的持续性：在迷道中，由于中子与材料相互作用产生的(n, γ)反应，存在持续的 γ 辐射源。因此，在设计中必须考虑 γ 辐射的衰减。

评估迷道内的辐射水平对于确保治疗环境的安全至关重要。这一评估可以通过多种方式进行，包括分析方法、蒙特卡罗模拟，以及基于实验数据的计算。

Tesch(1982)根据使用 Am - Be 中子源和混凝土衬里迷道的实验数据，开发了一种易于应用的近似估算方法。该方法为迷道内不同拐角的辐射剂量提供了明确的计算公式。

第 1 个拐角的剂量计算：

$$H(r_1)=2\cdot H_0(r_0)\cdot\left(\frac{r_0}{r_1}\right)^2 \tag{3-3}$$

其中，H_0 是迷道第 1 拐角出口的剂量；r_0 是从治疗段射线出口处到迷道第 1 拐角出口的距离；r_1 是迷道第 1 拐角至第 2 拐角间的距离。

第 2 个拐角及后续拐角的剂量计算(对于 $i>1$)：

$$H(r_i)=\left[\frac{\exp\left(-\frac{r_i}{0.45}\right)+0.022\cdot A_i^{1.3}\cdot\exp\left(-\frac{r_i}{2.35}\right)}{1+0.022\cdot A_i^{1.3}}\right]\cdot H_{0i} \tag{3-4}$$

其中，r_i 表示第 i 拐角的中心线距离；A_i 是第 i 个入口的横截面积；而 H_{0i} 是第 i 个拐角入口处的剂量当量。

这些公式的应用结果与实际测量的剂量率非常吻合，证明了其准确性。此外，增加迷道的长度和减小其横截面积可以提高辐射的衰减效果。

除了 Tesch 的方法外，还有多种其他估算方法可供选择，这些方法在相关文献中有详细描述(Dinter, 1993; Göbel et al, 1975; Sullivan, 1992)。这些方法根据不同的设计需求和实验条件，提供了多样化的估算途径。

3.9.2 贯穿件和管道的屏蔽策略

在粒子治疗设施中，管道和贯穿件是实现空调、冷却水、电气布线以及其他必须连接的重要结构。这些结构必须谨慎设计，以避免辐射直接穿透屏蔽墙体。

为减少辐射泄漏，应避免在屏蔽墙上直接穿透管道。如图 3－15(a)所示，一种采用斜向穿透的方法可以有效增加辐射路径的长度，从而提高衰减效果。然而，必须确保主射束的方向不会指向这些穿透点。另一种有效的屏蔽增强方法是在管道设计中引入弯曲和弧形结构，如图 3－15(b)(c)(d)所示。这种设计可以在辐射散射的弯曲处减少沿管道传播的辐射量。

在斜向穿透不可行的情况下，可以使用遮罩屏蔽，如图 3－15(e)所示。这种方法为管道提供了额外的保护层，有助于进一步降低辐射泄漏。

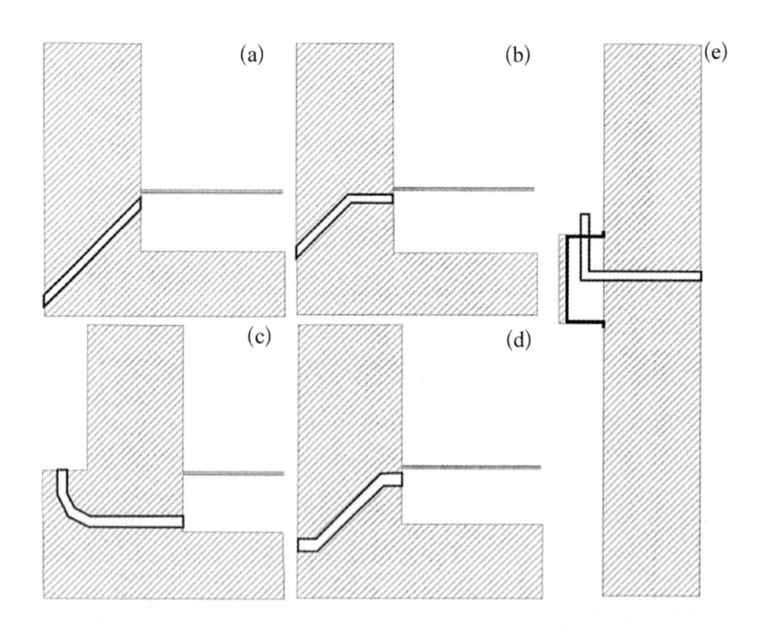

图 3－15 展示了采用不同方法减少辐射沿管道传播的管道和贯穿件设计

(a) 延长管道长度；(b)和(c) 使用单弯管；(d) 使用双弯管；(e) 用屏蔽罩覆盖贯穿件

[由 Fehrenbacher G、Goetze J 和 Knoll T 提供(GSI, 2009)]

通常，贯穿件内的电缆填充可以提供一定程度的屏蔽效果，尽管这种屏蔽可能是最低限度的。

DUCT III(Tayama et al, 2001)是一个基于半经验方法的计算代码,适用于γ射线和中子在管道(包括圆柱形、矩形、环形和狭缝)中的屏蔽计算,覆盖的能量范围分别高达 10 MeV 和 3 GeV。该代码可通过核能机构(NEA)获取,为设计人员提供了一种强大的工具,以确保管道和贯穿件的屏蔽效果达到预期标准。

3.9.3　天空辐射和地下辐射现象

在某些粒子加速器或治疗室的设计中,如果天花板上方区域无人居住,可能会采用较少的屏蔽材料。在这种情况下,二次辐射有可能被大气层反射,进而对地面造成影响,这一现象被称为“天空辐射”。如图 3-16 所示,治疗室内产生的二次辐射部分可能从屋顶逸出,在观测点造成不可忽视的剂量率(GSI, 2009)。

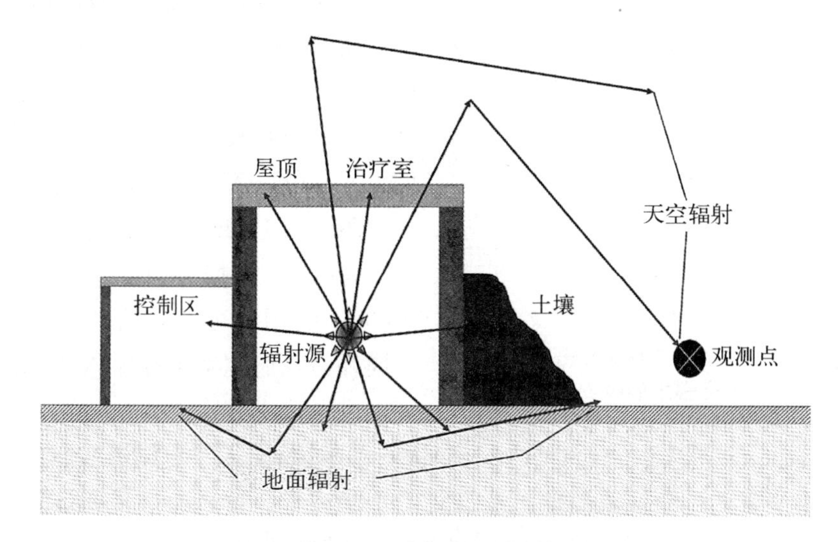

图 3-16　展示了天空辐射和地下辐射的示例

相对地,“地下辐射”描述的是辐射从楼板逃逸,到达地面并向上散射的情形。这种辐射可能源自治疗室内的束流沉积,尤其是当大量束流能量沉积在靶目标(如患者组织)上时。

天空辐射主要来源于低能量中子的散射,这是由 NCRP(2003)在报告中指出。高能中子穿透顶棚屏蔽后,与空气发生非弹性碰撞,从而产生更多的低能中子。因此,了解穿透治疗室天花板上方天空的中子的强度、能量和角度分布是至关重要的。

Stevenson 和 Thomas(1984)开发了一种计算天空辐射的方法,该方法适用于距离辐射源 100～1 000 m 的区域。该方法基于以下假设和简化。

(1) 使用形式为 1*EE*1(其中 *EE* 代表能量)的微分中子能谱,一直延伸到最大中子能量,即中子能谱的上限能量。这一假设可能导致对高穿透力中子成分的高估。

(2) 中子被发射到一个半垂直角约为 75°的锥形空间内。如果中子发射的半垂直角较小,这一假设可能会导致对较远距离剂量的高估。

从治疗室屋顶屏蔽逃逸的每个源中子产生的中子剂量当量可以通过以下公式计算:

$$H(r)=\frac{\kappa}{r^{2}}\cdot \exp\left(-\frac{r}{\lambda}\right) \tag{3-5}$$

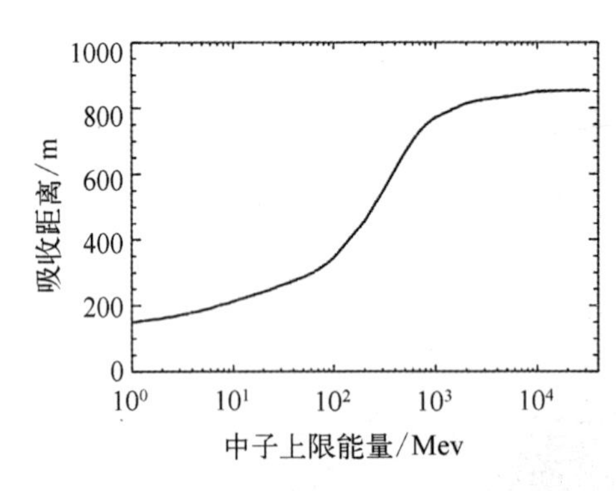

图 3-17　中子从天花板逸出并引起天空辐射的吸收长度

其中,r 是源到观测点的距离,m;κ 是一个常数,其值为 $1.5\times10^{-15}\sim3\times10^{-15}$ Sv · m^2;λ 是空气中最大中子能量的有效吸收长度。图 3-17 提供了 1 MeV～10 GeV 能量范围内的 λ 值。

图 3-17 展示的结果是由 G. Fehrenbacher 根据 NCRP 144(NCRP, 2003)中引用的公式计算得出的。这一成果为我们理解治疗室内的辐射环境提供了重要数据

Stapleton 等人(1994)对式(3-5)进行了改进,引入了更贴近实际的中子光谱、中子发射的角度依赖性以及高能中子的权重。这一改进使得计算结果更加精确,更符合实际应用的需求。修改后的表达式为

$$H(r)=\frac{\kappa'}{(h+r)^{2}}\cdot \exp\left(-\frac{r}{\lambda}\right) \tag{3-6}$$

其中,κ'为 2×10^{-15} Sv · m^2/中子;h 为 40 m。这一公式不仅在理论上具有重要意义,也为实际应用提供了一个更为可靠的参考。

需要注意的是,式(3-5)是基于实验和理论数据的经验总结,虽然在许多情况下都能提供准确的预测,但在使用时可能会受到一些限制。因此,在应用这些公式时,应充分考虑其适用条件和可能的局限性。

3.10　现有设施实例分析

本节将通过实例展示不同设施的屏蔽设计策略。

3.10.1　质子治疗设施屏蔽设计

本节将深入探讨全球主要质子治疗中心的屏蔽设计方案。

3.10.1.1　美国加利福尼亚州洛马琳达大学医学中心

洛马琳达大学医学中心(LLUMC)是全球首个以医院为基础建立的质子治疗设施。图3-18详细展示了该设施的布局，包括一个直径为7 m的同步加速器(配备2 MeV RFQ用于预加速)、3个旋转机架治疗室以及一个固定束室。同步加速器能够提供70～250 MeV的能量范围，设计强度达到10^{11}个质子/秒。束流引出效率超过95%，这一效率的实现归功于Coutrakon(1990)、Scharf(2001)和Slater(1991)的工作。被动束流成形系统包括脊滤波器、散射箔和摆动器，确保每年能够治疗1 000～2 000名患者，每日治疗次数最多可达150次。

图3-18　洛马琳达大学医学中心质子治疗设施概览

Awschalom(1987)收集了250 MeV质子束的屏蔽数据，为设施建设规划提供了重要参考。该设施位于地下，因此其外墙设计相对较薄。Hagan等人

(1988)完成了主要的辐射安全计算。利用蒙特卡罗代码 HETC(Cloth, 1981)对铁靶和水靶产生的 150～250 MeV 质子产生的二次辐射进行了模拟计算。随后,使用 ANISN 代码(Engle, 1967)对球形几何体中的中子辐射传输进行了模拟。得出的衰减曲线适用于最大厚度为 650 cm 的混凝土屏蔽。

在费米国家加速器实验室的同步加速器实验装置的安装过程中,通过在混凝土屏蔽层上钻孔,并将 TEPC 探测器(详见第 4 章)安装于孔外的实验,获得了 0°～90°角度范围内的衰减曲线,这些曲线为理论衰减曲线提供了实验基准(Siebers, 1990; 1993)。

洛马琳达大学医学中心的质子治疗设施由 Fehrenbacher G、Goetze J 和 Knoll T 提供(GSI, 2009)。该设施配备了 1 个同步加速器、3 个配备旋转机架的治疗室,以及 1 个具有两条束流线的固定束分支和 1 条专用于校准测量的固定束线。

3.10.1.2 美国马萨诸塞州波士顿麻省总医院(MGH)

图 3 - 19 展示了麻省总医院的质子治疗设施布局。该设施采用一台 IBA 230 MeV 回旋加速器,并配备两个旋转机架室、一条专用于眼科治疗的水平射束线以及一条实验射束线。束流成形系统结合了被动散射系统和摆动器,以确保治疗的精确性。加速器和治疗室均位于地下,以减少对周围环境的影响,并且每年可为约 500 名患者提供治疗。

图 3 - 19 麻省总医院的东北质子治疗中心(NPTC)

在设计阶段，采用了 Tesch 的分析模型，该模型涵盖了体屏蔽（Tesch，1985）和迷道设计（Tesch，1982）。在设计中，除了回旋加速器外，其他束流传导元件的自屏蔽效果均忽略。考虑到设施位于地下，外墙设计得相对较薄。最终设计在建成后通过 MCNPX 软件进行了验证（Newhauser，2005；Titt，2005），确保了屏蔽设计的可靠性。

东北质子治疗中心由 Fehrenbacher G、Goetze J 和 Knoll T 提供（GSI，2009）。该中心的设施包括 2 个旋转机架室、1 条眼科治疗专用的水平射束线和 1 条实验射束线，旨在提供全面的质子治疗服务。

3.10.1.3 韩国国立癌症中心（NCC）

图 3－20 提供了韩国国立癌症中心的质子治疗设施的视图。该设施的核心是一台 IBA 230 MeV 回旋加速器，配合 3 个治疗室：2 个旋转机架室和 1 个固定束室。此外，还预留了 1 个实验治疗室，以适应未来的技术发展和研究需求。

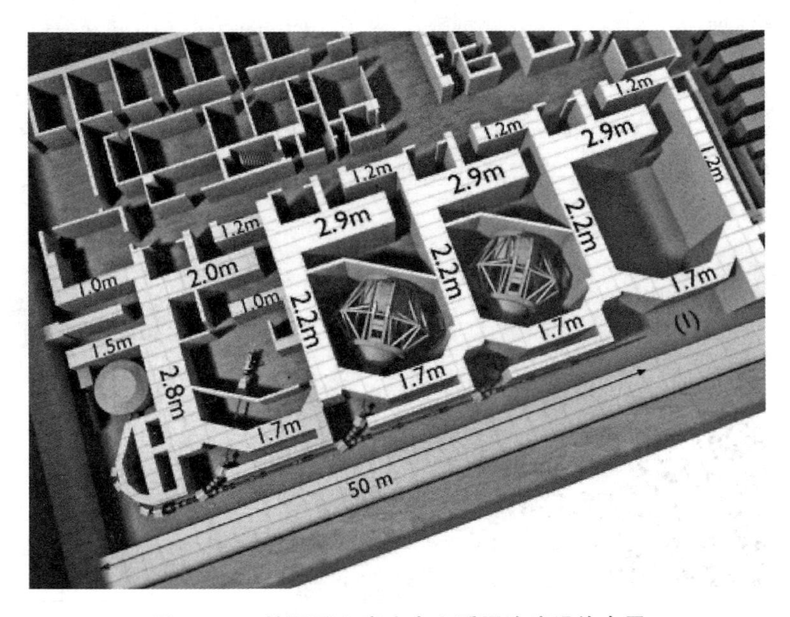

图 3－20 韩国国立癌症中心质子治疗设施布局

在治疗技术方面，韩国国立癌症中心最初采用散射法（scattering method）进行治疗，预计未来将逐步引入摆动法（wobbling method）。此外，计划在未来进一步采用光栅扫描技术（raster scan technique），以提高治疗的精确度和灵活性。

在屏蔽设计方面，韩国国立癌症中心的屏蔽计算最初基于 Tesch 的分析模型(Tesch，1985)，随后通过 MCNPX 软件进一步的验证和优化。该设施采用了密度为 2.3 g/cm^3 的混凝土进行屏蔽，确保了足够的防护效果。屏蔽计算的假设条件包括：每小时最长束流照射时间为 30 min，每次治疗剂量为 2 Gy，每周治疗时间为 50 h，每年治疗周期为 50 周。这些参数确保了屏蔽设计在满足治疗需求的同时，也符合法定剂量限值(见表 3-1)。

特别值得注意的是，NCC 的迷道墙厚度达到了 2.9 m，相比之下，麻省总医院的迷道墙厚度仅为 1.9 m。这一差异反映了不同加速器设施在工作量、使用假设和监管要求方面的多样性，进而影响了屏蔽设计的具体方案。正如前文所述，这种多样性是质子治疗设施设计中必须考虑的重要因素。

韩国国立癌症中心的质子治疗设施布局由 Fehrenbacher G、Goetze J 和 Knoll T 提供(GSI，2009)。该设施配备了比利时 IBA 公司的 230 MeV 回旋加速器，包括 3 个治疗室和 1 个实验治疗室。设计初衷是采用散射法进行治疗，未来计划引入摆动法和光栅扫描技术，以提升治疗的精确度和灵活性。

3.10.1.4　德国慕尼黑 Rinecker 质子治疗中心

慕尼黑 Rinecker 质子治疗中心的设施布局在图 3-21 中展示。该中心配备了 1 台 250 MeV 的超导回旋加速器，最大质子电流为 500 nA。设施包括

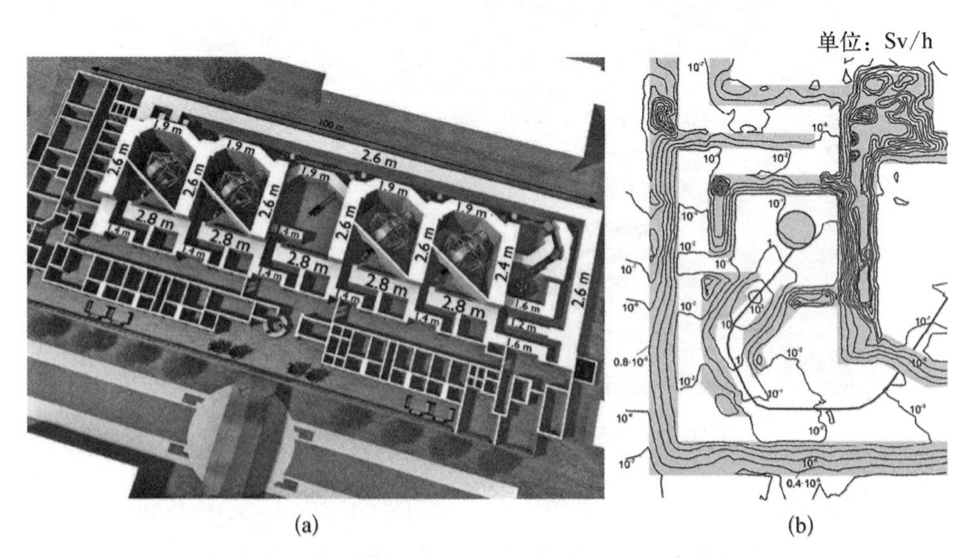

图 3-21　慕尼黑 Rinecker 质子治疗中心设施布局

(a) 慕尼黑 Rinecker 质子治疗中心大楼；(b) 回旋加速器和能量选择系统附近区域的剂量分布
注：该区域的剂量率最高(Hofmann and Dittrich，2005)。

4个旋转机架室和1个固定束室。屏蔽计算基于250 MeV质子束入射到石墨降能器上，该降能器的厚度足以将能量降低到70 MeV（Hofmann and Dittrich，2005）。职业暴露人员和公众的年剂量限值分别设定为5 mSv和1 mSv。设施采用普通混凝土和重型混凝土（主要用于降能器区域）进行屏蔽。屏蔽计算使用MCNPX软件进行，并引入方差减少技术以优化结果。图3-21(b)展示了屏蔽墙和治疗室内及其周围辐射传播的等剂量曲线和空间分布。

3.10.1.5　瑞士保罗谢勒研究所（PSI）

图3-22展示了瑞士保罗谢勒研究所（PSI）的质子治疗设施。该设施包括一台250 MeV($I_{max}\leqslant 500$ nA)的超导回旋加速器、两个旋转机架治疗室、一个固定束室和一个研究室。屏蔽设计主要基于Teichmann（2006）的计算模型。屏蔽材料包括混凝土、重混凝土和钢材。屏蔽设计的目标如下。

(1) 侧墙的剂量率小于1 μSv/h。

(2) 屋顶屏蔽顶部的剂量率小于10 μSv/h。

(3) 靠近束流区域的可进入区域的剂量率小于1 μSv/h。

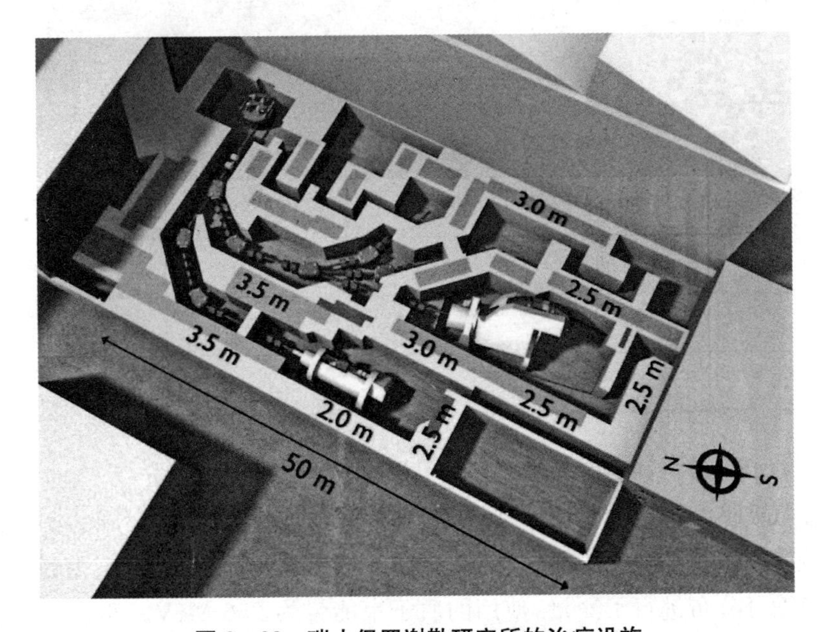

图3-22　瑞士保罗谢勒研究所的治疗设施

［由Fehrenbacher G、Goetze J和Knoll T提供(GSI，2009)］

由于使用了现有的混凝土砌块，并考虑到结构问题，某些情况下墙壁的厚度超过了必要的厚度。具体来说，降能器区域的屋顶厚度约为3.5 m；回旋加速器区域的屋顶厚度约为 2.5 m；旋转机架室的屋顶厚度约为 1 m。这些设计细节确保了设施在提供高效治疗的同时，也符合严格的安全标准。

3.10.1.6 日本筑波质子医学研究中心

图 3-23 展示了筑波质子医学研究中心的设施布局。该中心配备了 1 台周长为 23 m 的同步加速器，以及 2 个旋转机架治疗室和 1 个研究室。注入系统包括 1 个双质子离子源（提供 30 KeV 的束能量）、1 个射频四极加速器（RFQ，输出 3.5 MeV）和 1 个 Alvarez 单元（最终能量达到 7 MeV）。同步加速器能够将质子能量加速至 70～250 MeV，质子束强度高达 6.1×10^{10} 粒子/s（pps），每周加速的总电荷量为 258 μC。

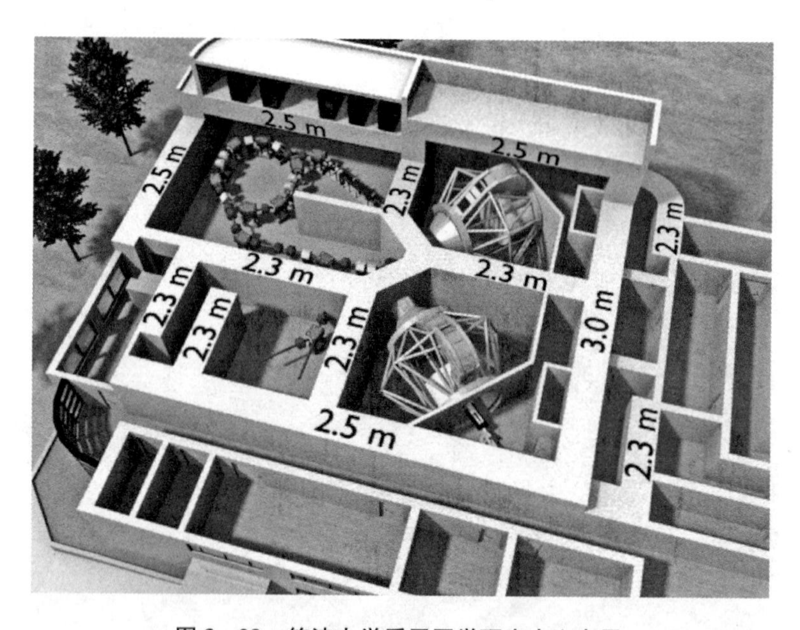

图 3-23 筑波大学质子医学研究中心布局

［由 Fehrenbacher G、Goetze J 和 Knoll T 提供(GSI，2009)］

屏蔽设计的开发基于洛斯阿拉莫斯国家实验室介子物理设施的实验数据（Meier，1990）。通过飞行时间技术，对厚靶（碳、铁等元素）近似产生的中子辐射的双微分分布进行了测量，使用的质子束能量为 256 MeV。测量覆盖了中子的多个角度，包括 30°、60°、120°和 150°。

源中子的输运分析采用 ANISN 代码（Engle，1967），并结合 DLC-119B/HILO86R/J3 横截面的群常数。这种方法确保屏蔽设计能够准确地预测和控制由质子束与材料相互作用产生的中子和其他二次辐射。

3.10.2　质子治疗和重离子治疗设施概览

本小节专注于介绍重离子加速器治疗设施，包括那些配备有质子和重离子治疗功能的一体化加速器设施。

3.10.2.1　日本千叶重离子医用加速器（HIMAC）

HIMAC［由 Hirao 等人（1992）开发］是一个多功能的粒子加速器，能够加速包括质子、氦、碳、氖、硅和氩离子在内的多种离子。在实际治疗中，碳离子广泛用于患者治疗。图 3 - 24 展示了 HIMAC 的设施布局，它由如下部分组成：2 个同步加速器、1 个水平束（H）治疗室、1 个垂直束（V）治疗室、1 个能够同时使用水平和垂直束的组合治疗室（H&V）、1 个物理和通用辐照室、1 个中等能量束辐照室和 1 个生物辐照室。

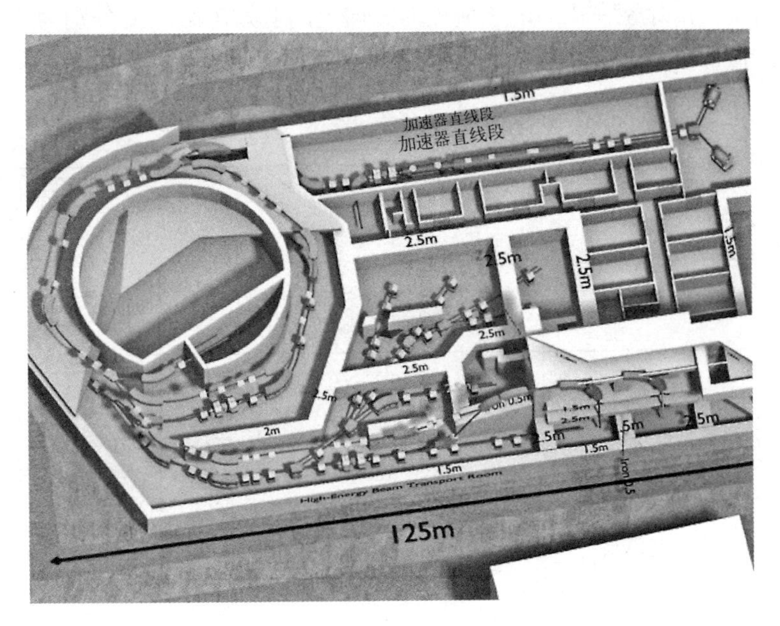

图 3 - 24　HIMAC 设施布局（彩图见附录）

［由 Fehrenbacher G、Goetze J 和 Knoll T 提供（GSI，2009）］

组合治疗室的设计允许使用两台同步加速器产生的两种不同束流进行治疗，如图 3 - 24 中红色束线所示。这种设计提供了治疗上的灵活性，能够根据患者的具体需要定制治疗方案。

从 HIMAC 的同步加速器引出的碳离子束强度为 2×10^8 个离子每秒（Uwamino，2007）。对于能量高于治疗所需能量的 500 MeV/u 氦离子，束流损失分布情况如下：约5%发生在引出过程中；10%发生在沿环加速过程中；15%在环形刮环器上；10%在垂直束输运线上(Uwamino，2007)。这些数据对于屏蔽计算至关重要，与每周运行的估计时间段相结合，同步加速器为108 h/周，治疗室为11～18 h/周。

HETC - KFA计算的结果(Cloth，1981)用于开发计算氦离子和其他离子类型产生的二次中子注量的近似公式。该公式能够描述中子注量与离子能量之间的函数关系(Ban，1982)。进一步的计算用于确定中子辐射在屏蔽体中的衰减，并据此得出相应的剂量值(Ban，1982)。

表3-7列出了HIMAC一些重要区域的屏蔽计算结果。屏蔽墙部分由铁增强，表中混凝土和铁的组合屏蔽厚度值已转换为混凝土层的有效值。同步加速器周围的屏蔽厚度为1.5 m，在引出区域还有额外的2.5 m局部屏蔽，如图3-24所示。治疗室在正向前和横侧向方向上的有效屏蔽厚度分别为3.2 m和2.5 m。表3-7还提供了高能束流传输线、屋顶屏蔽和地板屏蔽的屏蔽厚度信息。

表3-7　HIMAC设施在重要区域的屏蔽措施

区　域	前向/侧向屏蔽层厚度/m	正向/侧向混凝土有效厚度/m
同步加速器	1.5(内部有额外的2.5 m局部屏蔽)	—
水平束治疗室(H)	2.5(0.5 Fe)/2.5	3.22/2.5
水平和垂直束组合治疗室(H&V)	2.5(0.5 Fe)/1.6，迷道1.6(0.8 Fe)	3.22/1.6 迷道2.75
垂直束治疗室(V)	2.5/1.6，Maze 1.2	—
屋顶	1.5	—
地面	2.4	—
HEBT	1.5～2.0	—
直线段	1.5	—

3.10.2.2　日本群马大学加速器设施

图3-25展示了群马大学加速器的设施布局，该设施由1个同步加速器

和3个治疗室组成：1条水平束线、1条垂直束线以及1条水平和垂直束线(H&V)治疗室。此外,第4个房间配备了1条垂直束流线,专门用于开发新的照射方法(Noda et al, 2006a)。该设施设计的最大碳离子能量为400 MeV/u,预计每年可治疗约600名患者。治疗室内照射口处的期望束流强度为1.2×10^9 pps,相当于每秒产生3.6×10^8个离子用于治疗患者(Noda et al, 2006a)。

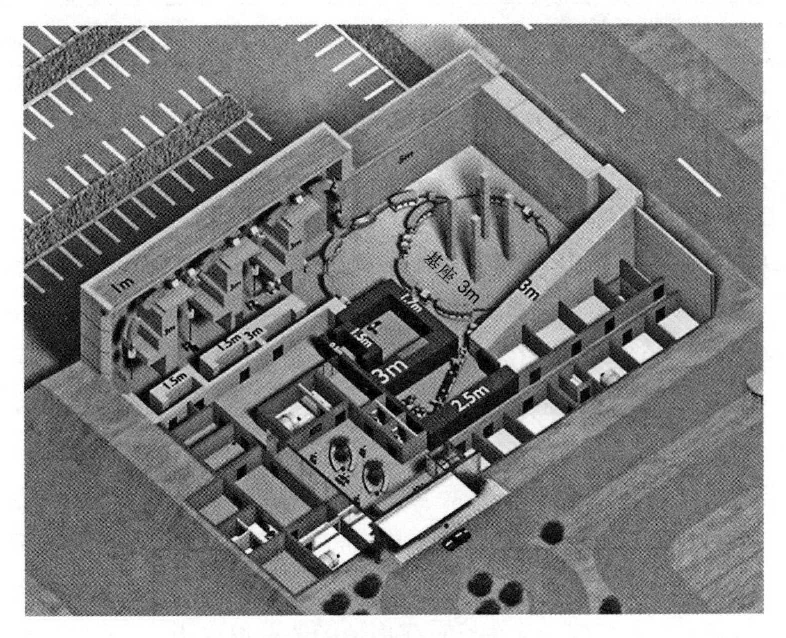

图3-25　群马重离子加速器的设施布局[包括直线加速器(LINAC)、同步加速器(环形加速器)和治疗室]

[由 Fehrenbacher G、Goetze J 和 Knoll T 提供(GSI, 2009)]

加速过程不同阶段的射束强度和射束损失分布概况见表3-8。在屏蔽设计中,考虑到未使用的离子束在倾倒之前会在加速器中减速(Noda et al, 2006a),这一措施有助于减少中子产生的辐射。

表3-8　群马重离子加速器设施的束流损失分布和绝对束流强度

设施部位	效率 η	离子束强度
注入	0.4	2×10^{10} ppp
同步环	0.64	5×10^9 ppp

（续表）

设 施 部 位	效率 η	离子束强度
引出离子引出	0.9	1.3×10^{9} pps
HEBT	0.95	1.2×10^{9} pps
治疗室	0.3	3.6×10^{8} pps

剂量率的计算基于以下步骤。

(1) 产生的中子辐射源分布依据 Kurosawa 的测量结果(Kurosawa, 1999; Uwamino, 2007)。

(2) 束流损失分布由 Noda 等人(2006a)确定,具体数据见表 3-8。

(3) 屏蔽外的剂量率通过使用 ANISN 代码(Engle, 1967)和 JAERI 的横截面数据(Kotegawa et al, 1993)计算得出。

(4) 该设施的某些区域是使用第 6 章所述的 PHITS 代码(Iwase, 2002; Uwamino, 2007)进行设计的。

群马大学加速器设施的屏蔽厚度如图 3-25 所示。在某些关键位置,除了混凝土屏蔽外,还增加了铁屏蔽以提高屏蔽效果。同步加速器的墙壁厚度为 3~5 m。水平治疗室的屏蔽墙在正向厚度为 3 m(由 1.9 m 混凝土和 1.1 m 铁组成,混凝土有效厚度为 4.6 m),侧向墙的屏蔽厚度为 1.5~2.5 m。直线加速器的墙壁厚度为 1.0~2.5 m。楼板厚度为 2.5 m,屋顶屏蔽层厚度为 1.1~2.2 m 不等。第 4 辐照室(V)的墙壁厚度从 1.1~1.7 m 不等,考虑到预计的辐照时间较短,与其他治疗室相比,墙壁厚度有所减小。

表 3-8 总结了群马重离子加速器设施的束流损失分布和绝对束流强度,其中效率 η 表示加速和输运过程不同阶段的离子束传输效率,离子束强度以每脉冲粒子数(ppp)或每秒粒子数(pps)表示。

3.10.2.3 意大利帕维亚 CNAO 加速器

图 3-26 展示了 CNAO 加速器设施的第一阶段布局,包括 1 个同步加速器、2 个水平束治疗室和 1 个水平-垂直组合治疗室。第二阶段计划增加 2 个旋转机架室。该设施能够将质子加速至 250 MeV、碳离子加速至 400 MeV。初步的屏蔽研究由 Agosteo(1996)完成,而最新的屏蔽设计则由 Porta 等人(2005)和 Ferrarini(2007)完成。

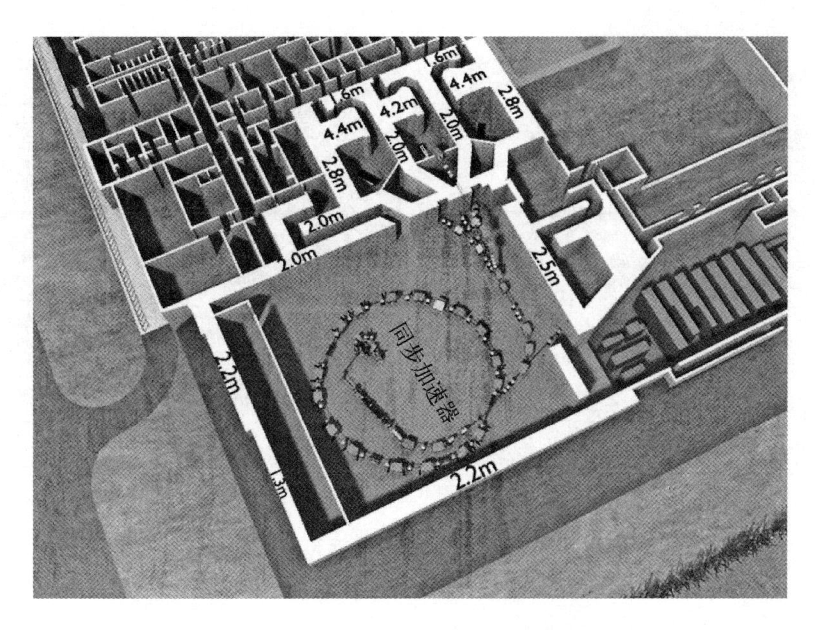

图 3-26　CNAO 加速器设施布局

[由 Fehrenbacher G、Goetze J 和 Knoll T 提供(GSI，2009)]

同步加速器的屏蔽由 2 m 厚的混凝土墙构成，并由土层加固，公共区域的土层厚度为 5～7 m。治疗室的屏蔽设计确保了相邻治疗室的剂量率低于 0.5 μSv/h、年剂量低于 2 mSv。屏蔽厚度根据中子的斜入射角度进行优化，横向屏蔽厚度为 2～3.1 m，正向屏蔽墙厚度为 4.2～4.8 m，有效厚度可达 8 m。地面屏蔽为 3.1 m，屋顶屏蔽厚度为 1.1～2 m。

3.10.2.4　德国海德堡重离子治疗设施

图 3-27 展示了海德堡重离子治疗(HIT)设施的关键组成部分，该设施包括 1 个同步加速器、2 个水平束治疗室、1 个碳离子旋转机架治疗室和 1 个研究室。该设施具备加速质子以及碳、氧和氦离子的能力。离子能量经过精心调整，以适应不同的治疗需求。具体来说，质子和氦离子在水中的最大射程分别约为 40 cm 和 30 cm，而氧离子的则为 23 cm。HIT 设施的束流流强对于质子为 4×10^{10} ppp(220 MeV)，对于碳离子为 1×10^{9} ppp(430 MeV/u)。

图 3-27(a)详细展示了海德堡 HIT 加速器设施的一部分。图 3-27(b)则展示了碳离子束在水平束治疗室中的剂量分布(Fehrenbacher，2007)。剂量分布以等剂量线(黄色)表示，剂量值以 μSv/h 为单位。剂量值的范围从 10^{5} μSv/h(红色)递减至 10^{2} μSv/h，再到 10^{-1} μSv/h(蓝色)，每级递减 10 倍。

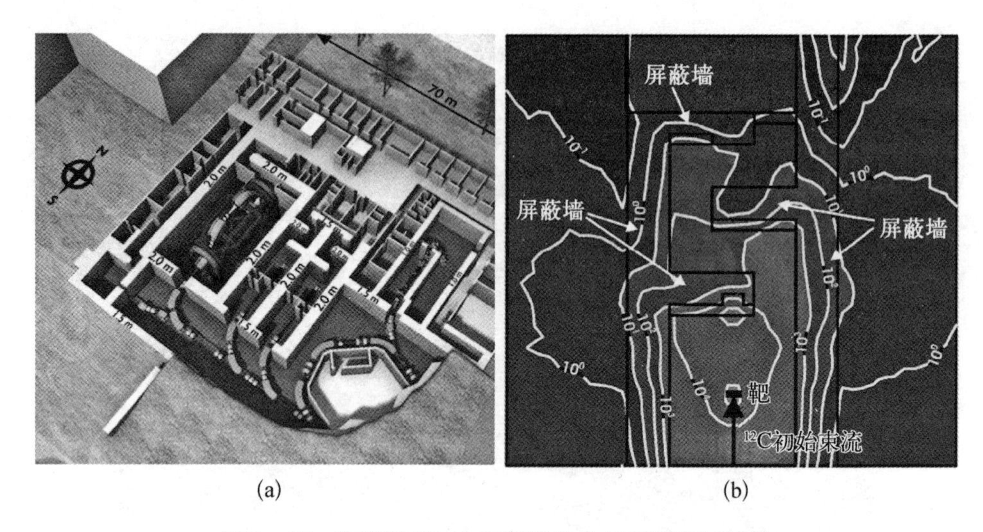

(a) (b)

图 3-27 海德堡 HIT 加速器设施布局(彩图见附录)

(a) 加速器设施;(b) 碳离子束在水平束治疗室中的剂量分布

这些数据由 Fehrenbacher G、Goetze J 和 Knoll T 提供(GSI, 2009)。

HIT 设施的屏蔽设计是基于 Kurosawa 等人(1999)提出的 400 MeV/u 碳离子的中子能谱。这一能谱为评估屏蔽结构提供了关键的中子能量分布信息。

Fehrenbacher 等人(2001)采用视域模型来计算屏蔽外的中子辐射剂量率。该模型综合考量了多个因素,包括如下几个方面。

(1) 中子产生的角度依赖性,涵盖从 0°至 90°的范围。

(2) 中子能量分布,特别针对能量大于 5 MeV 的中子。

(3) 中子能量的吸收特性,即中子的去除截面。

(4) 物质中中子辐射的建成效应。

对于离子束入射角度超过 90°的情况,模型特别采用了 90°处的中子源强度数据进行评估。

为了进一步精确评估屏蔽效果,Fehrenbacher 等人(2002a;2002b)利用 2000 版的 FLUKA 软件(Fasso et al, 1997)结合 Kurosawa 中子谱,对水平束治疗室和旋转机架治疗室进行了蒙特卡罗模拟计算。这些计算涵盖了石墨靶中 400 MeV/u 和 3×10^{8} 离子/s 的碳离子束的剂量分布,结果如图 3-27(b)所示(Fehrenbacher, 2007)。

随着重离子版本的 FLUKA 软件(Fasso et al,2005)的发布,对 HIT 设施的屏蔽设计进行了全面的模拟分析。模拟结果与使用 Kurosawa 中子源光谱作为 FLUKA 输入的模拟结果进行了比较，两者之间显示出合理的一致性，偏差在 26%以内。

此外，FLUKA 软件还可用于研究水平束治疗室地板屏蔽凹槽对安装机器人的潜在影响，确保屏蔽设计不仅能够有效地减少辐射剂量，同时也满足治疗室内部布局和设备安装的实际需求。

(1) 屏蔽设计标准与准则，HIT 设施的屏蔽设计严格遵循了第 3.1.2 节表 3 - 1 中规定的年剂量限值。为确保工作人员和公众的安全，在任何 10 min 照射时间内，联锁区域外的额外剂量率准则被设定为 3 μSv/h。设计中充分考虑了局部区域，例如射束引出点，预计会有 10%的射束损耗，以及二极铁中 10%的射束损失。对于同步加速器和束流输运线等束流损失分布不明确的区域，增设了局部混凝土屏蔽以提供额外的防护。

(2) 屏蔽材料与结构，在水平束治疗室的设计中，特别关注了入口迷道的屏蔽。拦截 0°束流的三面墙采用了 1.5 m 厚的钢板和 5.5 m 厚的混凝土，形成了 7.66 m 有效厚度的混凝土屏蔽。旋转机架治疗室的墙壁设计为 2 m 厚，同时在计算屏蔽厚度时，考虑了 1 m 厚的铁配重，以有效减弱±25°角度范围内的主中子锥束。水平束治疗室的屋顶屏蔽为 2 m 厚，并有 0.5 m 厚的钢板加固，使得有效混凝土总厚度达到 2.72 m。

(3) 同步加速器与治疗室的屏蔽，同步加速器的屏蔽由 1.5 m 厚的混凝土墙构成，并辅以部分外墙的泥土屏蔽。土壤和其他散装材料的使用，为同步加速器和治疗室的混凝土屋顶提供了额外的屏蔽。楼板厚度设计为 1.5～1.8 m，这一措施有助于减少土壤和地下水的活化，从而降低辐射对环境的影响。

3.10.2.5　中国上海市质子重离子医院

上海市质子重离子医院(SPHIC)的 IONTRIS 系统，共 4 个治疗室，其中 2 个水平束治疗室、1 个斜 45°治疗室和 1 个眼科疾病治疗室(见图 3 - 28，图 3 - 29)。质子最高能量达 221 MeV，碳离子最高能量达 430 MeV/u。上海市质子重离子医院所采用的离子源是氢气和二氧化碳经离子源形成氢离子和碳离子的等离子体，由离子源高压引出后经低能量束流传输段传送和斩波进入直线加速器段经射频四极加速腔(RFQ)将离子加速至大约 400 KeV/u，后再由漂移加速强(IH - DTL)加速至约 7 MeV/u，再通过中能量束流传输段经传送、碳离子剥离全部外层电子、斩波和能量强度选择等操作后注入同步环，束流经同步加速器的加速腔加速到指定的能量后引出，经高能量束流传输段后再经过扫描磁铁入射患者体内。

辐射防护设计中的粒子特性与时间分布，在进行建筑辐射防护设计时，确保安全的关键因素包括单次溢出的最大粒子强度、最大粒子能量以及粒子种类的时间分布。

质子束特性。单次溢出的最大粒子强度可达到 10^{10} 粒子数，即每秒粒子数的上限为 10^{10} 粒子数。考虑到每循环溢出的时间，假设下限为 2 s，设施在单次溢出中可能达到的最大粒子数为 4×10^{10} 粒子数。

碳离子束特性。单次溢出的最大粒子强度可达到 10^{9} 粒子数。以每秒粒子数的上限为 3.3×10^{9} 粒子数计算，假设每循环溢出的时间下限为 3 s。

临床使用情况。质子能量的使用预测显示，在 90%的情况下使用 150 MeV/u，在 10%的情况下使用 220 MeV/u。碳离子能量的使用预测显示，在 90%的情况下使用 280 MeV/u，在 10%的情况下使用 430 MeV/u。

粒子种类使用的时间分布。在初期，主要使用质子束流，其中碳离子占 10%，质子占 90%。长期来看，主要使用碳离子束流，其中碳离子占 70%，质子占 30%。

在对建筑进行辐射防护设计过程中，辐射防护安全的计算主要是基于单次溢出最大粒子强度和最大粒子能量和粒子种类使用的时间分布。

图 3-28　中国上海市质子重离子医院

（资料来源：《质子重离子系统设施应用技术解析及运维管理》）

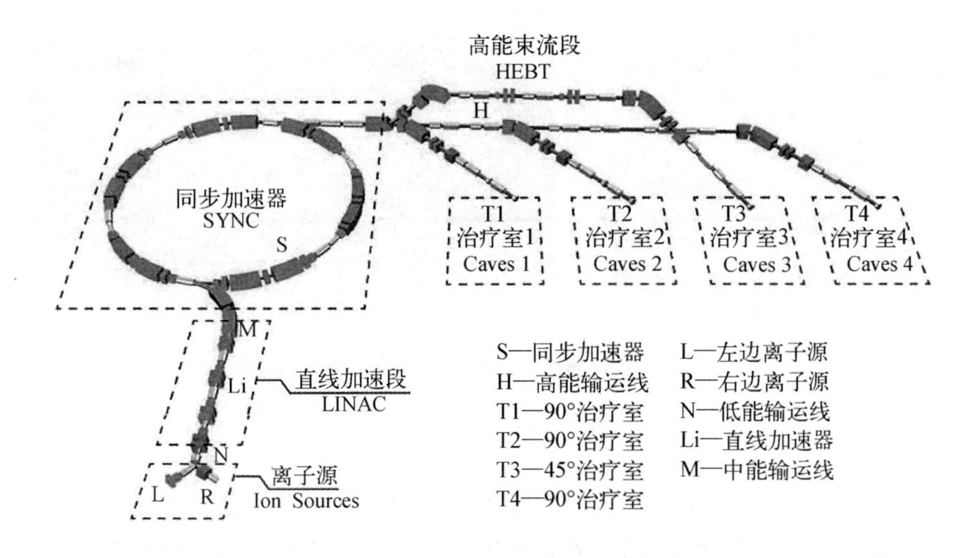

图 3-29 中国上海市质子重离子医院系统结构简图

（资料来源：《质子重离子系统设施应用技术解析及运维管理》）

在进行辐射防护设计时，建筑墙体的屏蔽厚度是通过应用相应的辐射防护公式，并结合具体的实际条件来计算确定的。理论计算结果通常作为基础，而在实际建造过程中，为了增加辐射防护的冗余度，一般会在计算结果的基础上增加十到几十厘米的厚度。

针对不同类型的质子重离子加速器，如直线加速器配合同步加速器的情况，不同加速器段的防护水平需求会有所不同。例如，在直线段的防护要求相对较低，通常 1 m 厚的混凝土墙就能够满足放射防护的标准。

在治疗室内，尤其是面对主射线的墙体，屏蔽要求则更为严格。这些墙体的厚度可能超过 3.5 m，并且混凝土中还会掺杂重金属材料，例如铁。这样的设计不仅提高了防护效果，同时也因增加了材料的防护性能而减少了墙体所需的厚度，有效提高了建筑的使用面积。

在辐射安全设计中，为该装置特别设计了超大体积的钢筋混凝土屏蔽墙。治疗仓底板的厚度为 2.95 m，主辐射屏蔽墙的混凝土厚度更是达到 3.7 m，并在外层附加了 1.5 m 厚的钢板，该钢板由数十块高为 4.65 m、宽为 2 m、厚为 0.1 m 的钢板交错叠加焊接而成，图 3-30 展示了辐射屏蔽墙体的施工情况。

在装置运行过程中，辐射屏蔽墙可能会发生轻微的活化现象，从而产生感生放射性。从辐射安全的角度出发，必须将因活化而产生的感生放射性对工作人员的辐射照射降至合理可达到的最低水平。感生放射性的程度与被活化

(a) (b) (c)

图 3 - 30　防辐射墙体施工图片及治疗室钢板留洞图片

(a) 交错叠加焊接中的钢板；(b) 钢板预留空洞；(c) 待用的刚转
(资料来源：《质子重离子系统设施应用技术解析及运维管理》)

介质的材料和化学组分密切相关。因此，采取了以下两方面的特殊设计。

第一方面，钢砖堆叠设计，在治疗仓内正对治疗头束线引出的位置，特别设计了钢板上的 600 mm×600 mm 开口，用于堆叠钢砖。这种设计允许在活化剂量超过安全阈值时，仅更换这些钢砖，而无须更换整个钢板。整个设施共 4 个治疗仓，总用钢量达到 1 600 t。

第二方面，混凝土屏蔽墙的材料选择，为了控制混凝土屏蔽墙的感生放射性量，对混凝土材料提出了严格的要求。根据西门子公司的技术合同条件，要求用于辐射屏蔽的混凝土必须满足以下化学和物理规格：密度不低于 2.35 g/cm^3；水泥中的微量元素含量需控制在安全水平以下，具体为钴、银、铱小于 50 ppm，铕、钐、钆、镝、铥小于 10 ppm。

这些要求确保了混凝土屏蔽墙在提供必要的防护同时，其感生放射性维持在最低水平。

3.11　合格专家的职责与参与

在带电粒子治疗设施的规划与建设中，合格专家是指那些在高能粒子加速器屏蔽设计、放射学，尤其是相对论中子屏蔽领域内，拥有丰富专业知识和实践经验的物理学家。他们还需具备执行蒙特卡罗计算的能力，这是一种模拟粒子与物质相互作用的技术。不同国家对合格专家的资质要求各异，例如在美国，多数州要求专家必须注册或获得相应执照。

合格专家的参与对于避免成本高昂的错误和实现成本效益高的屏蔽设计至关重要。他们应参与贯穿设施设计和建造的关键阶段。

3.11.1 方案设计阶段

在带电粒子治疗设施的方案设计阶段，建筑师负责组织关键会议，确立设施的基本布局，并发展成初步设计方案。此阶段至关重要，需要合格专家的积极参与，以确保设计满足辐射防护和功能性的要求。

1）专家参与和设施布局

（1）会议组织：建筑师应组织会议，邀请合格专家参与讨论，确保设计方案考虑了所有必要的辐射防护措施。

（2）占用系数确定：与会者需确定不同区域的占用系数，以评估人员在各个区域的预计停留时间。

（3）空间使用评估：评估空间使用情况，特别注意将高占用率区域（如护士站、办公室）布置在辐射水平较低的区域，而将低占用率区域（如储藏区）布置在接近高辐射源的地方。

2）工作量与技术参数确定

（1）工作量定义：业主需提供关于治疗设施将要使用的粒子类型、能量水平、治疗频率及束流成形技术等详细信息。

（2）供应商信息：若设备供应商已确定，应提供束流成形方法的详细技术参数，包括束流损失、靶材料和电流要求。

3）材料与图纸要求

（1）混凝土材料信息：提供混凝土的成分和密度，这些信息对于物理学家进行蒙特卡罗计算至关重要。

（2）图纸提供：建筑师应向合格专家提供详尽的按比例绘制的图纸，包括平面图和剖面图，标明所有关键尺寸和细节。

4）设计合作与初步厚度建议

（1）设计合作：合格专家应与业主和建筑师紧密合作，提出成本效益高且空间利用优化的设计、屏蔽配置和材料选择方案。

（2）初步厚度建议：基于工作量、当地法规和其他相关假设，专家应提出初步的屏蔽厚度建议。

5）图纸审查与报告编写

（1）图纸审查：合格专家需仔细审查建筑师提交的图纸，确保所有屏蔽措施得到妥善考虑，并进行必要的反复修订。

（2）初步屏蔽报告：专家应撰写一份详尽的初步屏蔽报告，列明所有假设条件,并明确指出所需的屏蔽规格。

通过这一细致且协作的方案设计流程,可以确保带电粒子治疗设施在满足最高安全标准的同时,实现成本效益和空间优化。

3.11.2 设计开发阶段

在设计开发的深化阶段,治疗室的具体规模、布局和位置将得到细致的规划,遵循 NCRP(2005)的指导原则,以确保设计方案的最终确定。此外,本阶段还将详细制定机械、电气和管道系统的布局,并精确确定贯穿件、导管、管道等关键结构的尺寸规格。

(1) 图纸更新:建筑师负责将所有更新后的设计信息整合到施工图纸中,为专家提供必要的细节,以便准确评估和确定贯穿件的屏蔽需求。

(2) 屏蔽方案确定:在屏蔽需求得到明确后,专家将负责编写全面的最终屏蔽报告,该报告将提交给相关监管机构进行审查。

(3) 剂量评估与验证:最终屏蔽报告应详尽展示治疗室内及周围区域的剂量分布情况,并验证这些剂量水平是否符合监管机构设定的剂量限值要求;在第 3.12 节中,将对屏蔽报告的内容进行深入讨论,包括剂量计算的方法、屏蔽材料的选择,以及如何确保整个设施的辐射安全。

3.11.3 施工文件阶段

在施工文件阶段,所有施工图纸将被精心绘制,以确保项目细节得到最终确认,并为施工做好全面准备。此阶段是确保设计意图准确传达给施工团队的关键时期。

(1) 图纸一致性:施工图纸中的屏蔽设计必须与之前专家编写的屏蔽报告中所显示的内容保持一致,确保设计的连续性和一致性。

(2) 文件审查:合格专家需对所有提交的图纸和文件进行细致审查,这些文件可能包括分包商提供的关于混凝土密度和成分、门屏蔽、穿透屏蔽和其他特殊屏蔽材料的详细资料。

(3) 信息请求响应:专家还需对承包商提出的信息请求(RFI)做出及时和准确的回应,确保所有疑问得到妥善解决。

(4) 会议参与:在施工开始前,合格专家应参与与业主、建筑师、承包商以及其他相关行业代表的会议,共同讨论并最终确定屏蔽项目的实施细节。

(5) 变更管理:在此阶段,可能会因施工可行性问题而需要调整屏蔽配置，合格专家应仔细审查所有设计变更，评估其对屏蔽效果的影响，并确保所有变更仍能满足辐射防护的要求。

通过这些细致的审查和协调工作，合格专家确保了施工文件的准确性和施工过程的顺利进行，从而保障了整个治疗设施的辐射防护安全。

3.11.4 施工检查阶段

在施工检查阶段，确保屏蔽措施按照设计规范和屏蔽报告中的规定正确实施至关重要。为此，有资质的专家将进行现场考察和检查，以验证施工的准确性和完整性。

(1) 现场考察：专家将亲临施工现场，进行详细的观察和评估，确保所有屏蔽措施与设计图纸和屏蔽报告中的要求相一致。

(2) 屏蔽完整性检查：专家将对屏蔽结构进行细致的检查，确保没有裂缝或薄弱点，这些缺陷可能会影响屏蔽效果。

(3) 尺寸和材料核实：治疗室的屏蔽、门，贯穿件的屏蔽尺寸、材料和配置将被严格核实，以保证其符合设计规范。

(4) 检查报告：专家应提供一份详细的检查报告，记录检查结果和任何发现的问题，确保所有关键点都得到妥善处理。

(5) 不符合项处理：承包商或分包商应及时报告并纠正任何不符合设计要求的情况，确保施工质量符合预期标准。

通过这些严格的检查和核实措施，合格专家确保了施工过程中的屏蔽措施不仅符合设计要求，而且能够提供必要的辐射防护，保障治疗设施的安全和有效运行。

3.12 屏蔽报告的编制与内容

加速器设施必须保存一份详尽的屏蔽报告，该报告是确保设施符合辐射防护标准的重要文件。屏蔽报告应详尽记录以下内容。

(1) 参与人员信息：报告应列出合格专家、建筑师和设施负责人的姓名及联系信息，确保在需要时能够联系到相关责任人。

(2) 设施基本信息：报告应明确设施的名称和地址，为监管机构和相关人员提供准确的参考信息。

(3) 加速器与治疗室描述：报告应简要说明加速器、束流输运线和治疗室的功能和设计特点。

(4) 束流参数：报告应详细描述束流的参数，包括束流类型、能量、损失情况、靶目标材料及其在设施中的具体位置。

(5) 工作量与使用假设：报告应阐述设施的工作量和使用假设，这些是评估屏蔽需求和设计的基础。

(6) 占用系数：报告应列出不同区域的占用系数，反映人员在各区域的预计停留时间，对屏蔽设计至关重要。

(7) 法规与设计限值：报告应明确列出适用的法规和设计限值，确保设计和施工均符合相关标准。

(8) 混凝土材料信息：报告应提供混凝土的成分和密度信息，这些是进行屏蔽计算和确保屏蔽效果的关键参数。

(9) 图纸与布局：报告应包含所有屏蔽室的平面图和剖面图，标明尺寸、门、贯穿件等关键细节，以及计算剂量的位置，为施工和检查提供直观指导。

(10) 剂量评估：报告应展示应用占用系数和使用系数后的剂量和剂量率，并验证其是否符合法规限值，确保辐射防护的有效性。

(11) 补充说明：报告应为建筑师和承包商提供有关屏蔽施工的补充说明，如混凝土浇筑技术、键槽的使用、联锁块的布置和现场密度测试等，以指导施工团队正确实施屏蔽措施。

通过这些详细且系统的内容，屏蔽报告不仅为监管机构提供了全面的评估依据，也为设施的运营和维护提供了重要的参考。

3.13 屏蔽完整性辐射测量

辐射测量是确保屏蔽完整性和剂量符合设计规范及法规要求的关键步骤。以下是屏蔽完整性辐射调查的详细流程。

(1) 初步测量：在加速器初次运行及束流首次输送至治疗室时，应进行初步的中子和光子辐射测量。

(2) 最终测量：在设施全面运行后，应执行最终辐射测量，以确认屏蔽效果与设计预期一致。

(3) 监管要求：监管机构通常要求在设施启动期间进行屏蔽完整性的辐射测量，以确保公共安全。

第4章详细介绍了可用于辐射测量的仪器。测量结果应用于验证基于工作量假设所计算的剂量是否在设计和监管限值之内。屏蔽的任何变更或束流运行参数的调整后，都应重新进行辐射测量。

(4) 检测报告：设施必须保存一份详尽的检测报告副本，报告应包括但不限于以下内容。① 执行人员信息：记录执行调查的人员的姓名，确保责任明确。② 设施信息：列出设施的名称，为报告提供明确的应用场景。③ 调查日期：记录调查的具体日期，为历史记录和趋势分析提供依据。④ 机器条件：详细描述机器条件和束流运行参数，为测量结果提供上下文。⑤ 治疗室模型：提供治疗室使用的模型详情，包括任何特殊配置或选项。⑥ 测量仪器：列出所用仪器的类型、型号、序列号和校准证书，确保测量准确性。⑦ 束流参数：记录束流参数、损失情况、靶目标材料及其位置。⑧ 工作量与假设：阐述工作量和使用假设，这些是评估剂量的基础。⑨ 占用系数：列出不同区域的占用系数，反映人员分布情况。⑩ 剂量测量：记录占用区域的剂量测量结果。⑪ 合规性验证：验证测量得到的剂量是否符合设计和法规限值。

通过这些细致的调查和记录，屏蔽完整性辐射调查不仅确保了设施的辐射安全，而且为未来的审查和维护提供了重要依据。

第 4 章 辐射监测

在第 3 章中，我们深入讨论了屏蔽设计的重要性及其实施策略，旨在确保加速器设施在运行期间能够为患者、医护人员以及周边环境提供必要的保护。然而，为了确保高能粒子的安全有效利用，辐射监测扮演着至关重要的角色。它不仅关系到患者和医护人员的健康安全，也是保障设备长期稳定运行的关键因素。通过对辐射监测的深入理解，我们可以更好地管理和控制放射性风险，确保治疗过程的安全性和有效性。

4.1 辐射监测导论

在粒子治疗设施中，个体可能面临多种辐射的暴露风险，包括束流操作期间的瞬时辐射以及束流停止后的残余辐射。瞬时辐射主要由治疗室内或加速器厚重屏蔽后的中子和光子辐射构成，而残余辐射则源自感生放射性物质的光子和 β 射线。此外，患者在治疗室内所受的中子和光子照射同样关键，对此的深入讨论将在第 7 章展开。

已有大量文献对辐射检测的基础知识和原理进行了详尽阐述，包括但不限于 Ahmed（2007）、Knoll（1999）、Leroy 和 Rancoita（2005）以及 Tsoulfanidis（1995）。此外，ICRU 的第 47 号和第 66 号报告为我们提供了光子和电子剂量当量测量以及中子测量方法的权威指南。鉴于这些文献和报告的全面性，本章将不再赘述基础知识，而是转向粒子治疗设施的辐射监测实践和监测技术的具体介绍。

鉴于辐射防护法规在不同国家和地区之间存在差异，每个设施都应确保其辐射测量活动严格遵循适用的法规要求。

在粒子治疗设施的辐射监测中，我们专注于测量环境剂量当量 $H^*(10)$

和个人剂量当量 $H_p(10)$，两者均在 10 mm 深度处进行评估。尽管浅层剂量 $H_p(0.07)$ 和 $H_p(3)$ 在某些情况下也具有重要性，但在粒子治疗设施中，它们通常不如强穿透辐射所占的主导地位那样重要。

图 4 - 1 提供了注量-剂量当量的转换系数，这些系数随粒子能量变化而变化，更详细的讨论见第 1.2.2 节（ICRP，1996）。此外，图中还呈现了前后照射几何结构的注量-有效剂量转换系数 E(AP)，包括日本原子能学会（AESJ，2004）对高能粒子的推荐值。国际中子辐射防护委员会提供的中子数据限于 20 MeV 以下的 $H_p(10)$ 和 180 MeV 以下的 $H^*(10)$，而光子数据则限于 10 MeV 以下。

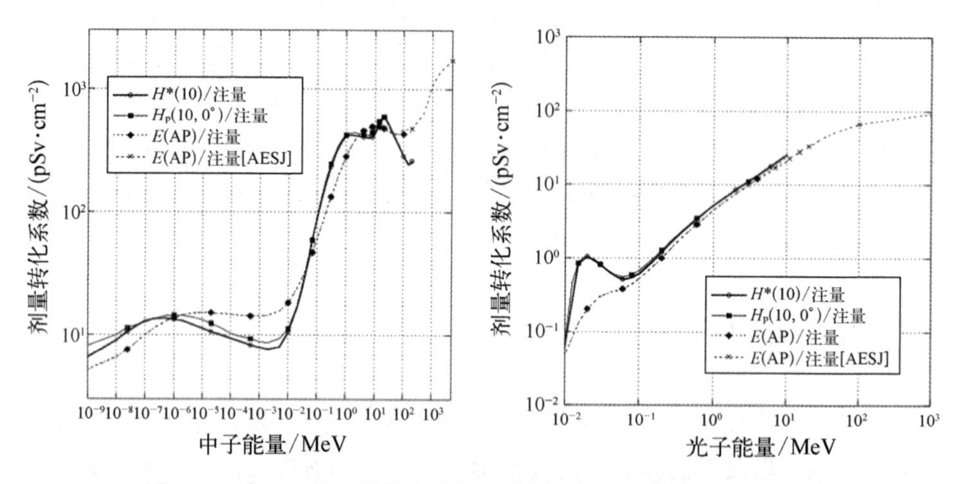

图 4 - 1　与 AP 几何结构有关的有效剂量的剂量转换系数 E(AP)

在高能中子情况下，由于 $H^*(10)$ 的转换系数在 50 MeV 以上可能低于 E(AP)，因此测量 E(AP) 成为一个可行选项。重要的是要认识到，$H^*(10)$ 并不总是对有效剂量的保守估计，尤其是在与 E(AP) 相比较时。这一点在光子的评估中同样适用。

文献中记录了大量关于高能中子和光子的研究，这些研究结果为我们提供了宝贵的见解（Ferrari et al，1996；Ferrari et al，1997；Mares et al，1997；Sakamoto et al，2003；Sato et al，1999；Sutton et al，2001）。特别地，在中子能量超过 50 MeV 时，E(AP) 的转换系数可能低于前后照射几何结构的转换系数。考虑到从热中子到高能中子的综合剂量在 AP 几何结构中达到最高，图 4 - 1 特别强调了从粒子注量到环境剂量当量 $H^*(10)$、个人剂量当量 $H_p(10)$ 以及与 AP 几何结构相关的有效剂量的剂量转换系数 E(AP)。

4.2 瞬时辐射监测

瞬时辐射监测是现代高能粒子物理研究中不可或缺的一环。它不仅为我们提供了关于粒子加速器和治疗系统中辐射现象的深刻见解，还对辐射监测和防护策略的制定具有指导意义。

4.2.1 瞬发辐射场的特征

在高能粒子加速和治疗过程中，瞬发辐射场的特征显著且多样。这些特征不仅对辐射监测至关重要，也对防护措施的实施具有深远影响。对瞬发辐射场特征的详细分析如下。

(1) 辐射类型：瞬发辐射场包括由加速粒子与物质相互作用产生的各种辐射类型，如中子、光子、电子等。

(2) 辐射强度：辐射强度可能因粒子能量、束流强度和相互作用物质的性质而异，监测这些参数对于评估辐射风险至关重要。

(3) 空间分布：瞬发辐射场的空间分布复杂，可能受到加速器设计、束流控制和屏蔽效果的影响。

(4) 时间特性：瞬发辐射场的时间特性，如辐射的持续时间和脉冲频率，对于理解和预测辐射暴露具有重要意义。

(5) 防护策略：了解瞬发辐射场的特征有助于设计有效的防护措施，如优化屏蔽材料、调整操作程序和制订应急响应计划。

4.2.1.1 混合场分析

在粒子治疗和高能物理实验中，混合辐射场的复杂性要求我们进行细致的分析和研究。高能质子和离子在与加速器、能量选择系统、束流传输治疗端以及患者组织相互作用时，引发一系列核反应，生成高能中子和光子。此外，重离子的碎裂过程也会产生多种轻离子，这些轻离子同样能够产生中子和光子。高能中子在经历核散射后减速，并最终被物质吸收，同时伴随着光子的产生。

初级带电粒子激发产生的光子通常能够被房间的厚屏蔽材料所吸收。然而，高能中子具有穿透屏蔽的能力，并在传输过程中引发次级光子的产生，这导致在屏蔽区域外也能观察到中子和光子。特别是，能量低于几十兆电子伏特的中子更易被吸收。在屏蔽外表面的中子能谱中，可以识别出约为

100 MeV 和几兆电子伏特的峰值，这些峰值指示了中子能量的分布特征。

图 4-2 详尽地展示了在 400 MeV/u 的^{12}C 离子照射下，一个 10 cm 直径、25 cm 厚的水模体产生的中子的角度和能量分布。该图进一步揭示了这些中子和光子在经过 2 m 厚普通混凝土屏蔽后的能谱特性。图中右侧的纵坐标展示了水模体产生的中子的厚靶产额(TTY)的分布情况，而左侧的纵坐标则对应于屏蔽后的中子和光子能谱。这些数据是基于重离子蒙特卡罗模拟代码 PHITS(Iwase et al, 2002)的计算结果。

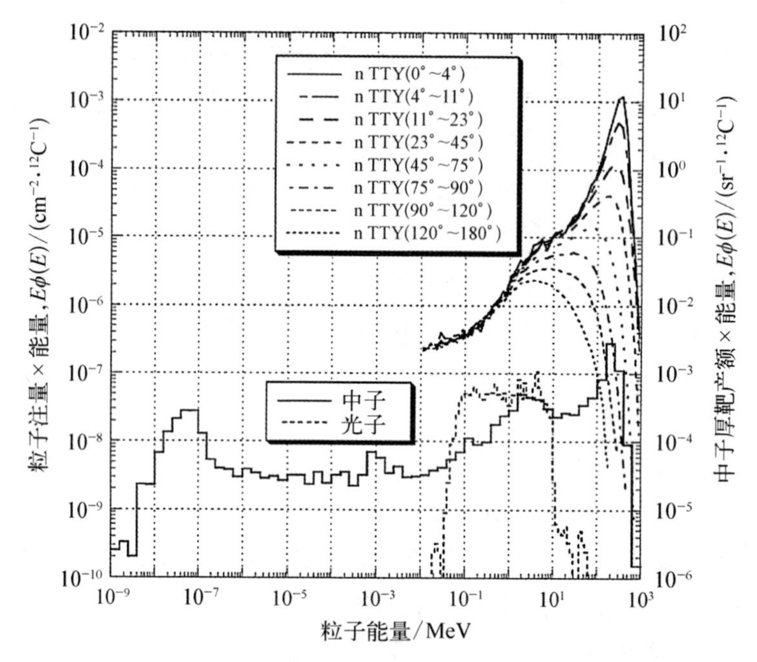

图 4-2　400 MeV/u ^{12}C 离子分别以水模体(右侧纵轴)和混凝土(左侧纵轴)作为屏蔽体后产生的中子和光子分布图

图 4-3 展示了累积剂量率随能量变化的函数，这一比率是相对于由图 4-2 中能谱计算得出的总剂量。纵坐标的公式为 $\dfrac{\int_0^E E_\phi(\mathrm{AP})\phi(E)\mathrm{d}E}{\int_0^{E_{\max}} E_\phi(\mathrm{AP})\phi(E)\mathrm{d}E}$，描述了在不同能量 E 下，剂量转换系数 $E_\phi(\mathrm{AP})$ 与粒子能量注量 $\phi(E)$ 的积分比值。其中，$E_\phi(\mathrm{AP})$ 是根据 AESJ(2004)的推荐值确定的 AP 几何条件下的剂量转换系数。

在光子剂量测量方面，大多数标准探测器能够准确测量 10 MeV 以下光子

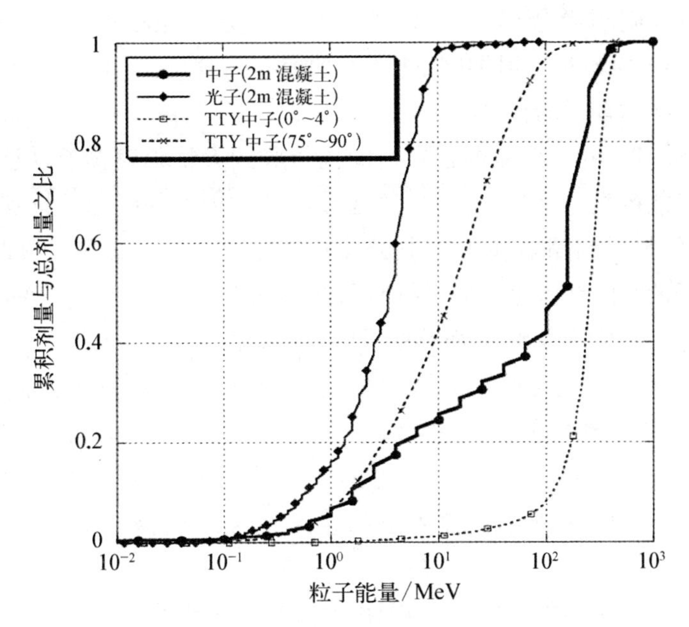

图 4-3 累积剂量与能量的比率的关系图

的能量，覆盖了几乎所有的光子剂量。对于中子剂量测量，情况则有所不同。尽管这些探测器对 15 MeV 以下的中子具有一定的敏感性，但在厚混凝土屏蔽外的前向束流方向上，其测量结果可能只能反映实际剂量的三分之一。而在侧向方向上，探测器提供的读数则更为接近真实情况，从而提供了更可靠的剂量评估。

在带电粒子治疗设施中，中子探测器(如雷姆计)对光子的检测灵敏度极低，因此它们不适用于光子剂量的测量。虽然光子探测器对中子有一定的响应，但准确评估中子的贡献却非常复杂。在辐射防护的实践中，为了简化测量并维持其保守性，通常会忽略中子对光子探测器的潜在影响。

初级带电粒子在患者体内会被吸收，但重离子在停止之前，会通过碎裂反应产生较轻的粒子，如质子和氘核。这些轻粒子具有较长的射程，并且有可能穿透患者。为了准确评估患者受到的中子和光子照射，当探测器被放置在体模附近时，可能需要采用反符合模式下的拦截计数器来消除这些轻粒子的干扰，确保测量结果的准确性。

4.2.1.2 脉冲辐射场的监测与管理

在脉冲辐射场中，探测器在接收到计数脉冲信号后会进入一个短暂的不敏感周期，即停滞时间或解析时间，这一时间范围通常为 $10^{-8}\sim10^{-4}$ s。回旋加速器的加速间隔约为 10^{-8} s，这一间隔接近或短于探测器的停滞时间，因此其束流被视作连续的。而同步加速器的加速间隔较长，为 10^{-2}～10 s，导致其束流表现出脉冲辐射的特征。

在脉冲辐射期间，探测器在短时间内接收到大量辐射粒子，但即便如此，探测器也只能产生一个脉冲信号，这导致了计数损失的问题。特别是在辐射源附近，初级粒子的照射和次级中子及光子的检测之间几乎没有时间延迟。屏蔽外中子的时间结构也会因飞行时间的不同而变化，例如 100 MeV 中子在 1 m 距离的飞行时间为 8 ns，而热中子的飞行时间为 0.5 ms。

通过在示波器上观察探测器发出的脉冲信号，可以验证探测器的示数是否准确。如果脉冲重复率与束流引出率一致，则可能表明探测器的示数存在误差。测量电流的探测器，如电离室，通常不受脉冲场的影响。但在高剂量率条件下，高密集电子和离子的重组所导致的饱和效应可能会变得重要。

在粒子治疗同步加速器中，为了精确控制辐照剂量，加速粒子的引出速度被控制得较慢，使得引出的束流通常具有连续辐射的特性。例如，在国立放射科学研究所的 HIMAC 中，加速时间为 3.3 s，引出时间约为 2 s。

4.2.1.3 噪声控制策略

在粒子加速器设施中，高功率和高频电压操作产生的背景噪声可能干扰有源探测器的测量。为最小化这种干扰，推荐将探测器的信号电缆与加速器的电源电缆分开布局，并在接地的金属管中进行布线以降低噪声干扰。尽管成本较高，光导纤维提供了一种高度可靠的噪声识别解决方案，但需注意其对机械冲击和辐射照射的敏感性。

4.2.1.4 磁场对探测器的影响

高磁场在加速器和束流输运系统中发挥着弯曲和聚焦束流的关键作用。这些磁场可能对某些类型的探测器，如光电倍增管，产生不良影响，因此在这些强磁场附近不宜使用标准闪烁体测量设备。值得注意的是，即使切断电源，由于磁滞效应，残余磁场仍可能对探测器造成影响。与光电二极管耦合的闪烁体则表现出对磁场的较强抵抗力。在磁场环境中，传统的电流表模拟指示器可能无法提供准确的示数，而液晶指示器则提供了更为可靠的性能。

4.2.1.5 非加速束流相关的辐射源

在高射频功率操作下，如加速腔和速调管等设备，即便束流未经历加速过程，也可能产生强烈的X射线辐射。此外，低原子序数材料或薄金属制成的部件，如玻璃窗和波纹管，也可能成为辐射泄漏的路径。特别地，电子回旋共振(ECR)离子源的X射线泄漏问题也应予以重视。

4.2.2　辐射测量仪

手持式测量仪在粒子治疗设施中用于快速评估瞬时剂量率和绘制屏蔽区域外的剂量率分布图。鉴于粒子治疗设施周围的辐射场包含中子和光子，因此需要配备能够分别测量这两种辐射类型的测量仪。

4.2.2.1　中子测量仪

中子测量仪根据其安装方式和便携性，可以分为固定式和便携式两大类。本节将重点介绍两种主要的中子测量设备，以满足粒子治疗设施对辐射监测的需求。

1) 雷姆计：中子剂量当量测量的关键工具

雷姆计是测量中子剂量当量的不可或缺的仪器，它由一个热中子探测器和聚乙烯中子慢化剂组成。探测器类型包括 BF_3 或 ^3He 比例计数器以及 ^6Li 玻璃闪烁计数器，慢化剂则用于将快中子减速至热能级，以便于探测。

然而，标准雷姆计在高能中子(超过15 MeV)的探测上存在局限，这可能导致在粒子治疗设施屏蔽区域外的测量结果被严重低估。为克服这一局限，改进型雷姆计在慢化剂中加入了高原子序数材料，如铅或钨，以增强对高能中子的响应。

虽然这些改进型雷姆计因体积和重量较大而不适合手持操作，但它们提供的测量结果更为精确可靠。图4-4展示了FHT762 Wendi-2型商用雷姆计，它能够对宽广能量范围内的中子提供出色的响应。图4-5详细展示了Wendi-2雷姆计、Prescila雷姆计和传统的安德森-布劳恩雷姆计(AB)的响应函数，以及 $H^*(10)$ 和 $E(AP)$ 剂量转换系数的参考值。

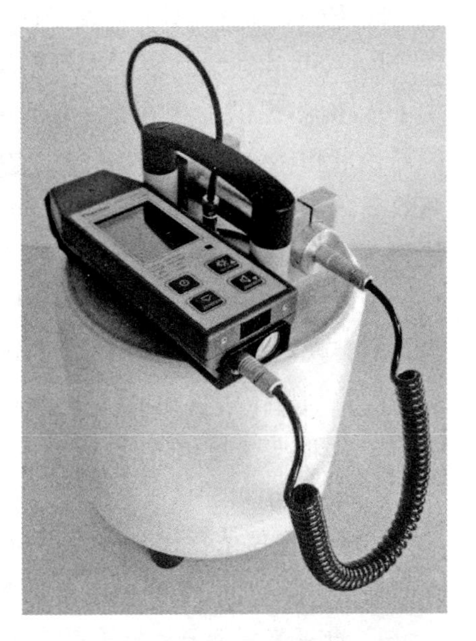

图4-4　用于测量包括高能中子的FHT762 Wendi-2雷姆计

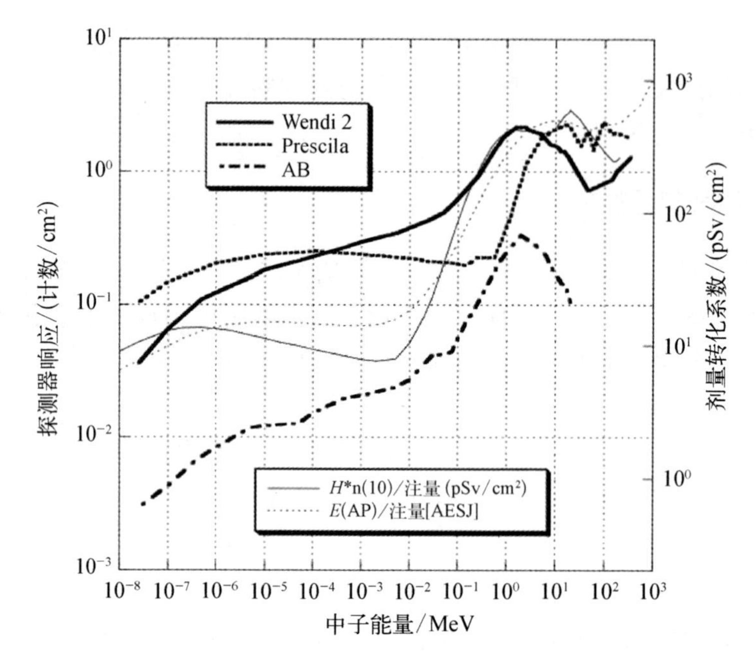

图 4－5　中子测量仪(能量响应范围：热中子到 5GeV)及其响应函数

注：左侧纵轴显示的是 3 种雷姆计测量仪的响应函数，右侧纵轴显示的是剂量转换系数。

2) Prescila 雷姆计：高效能的中子辐射探测器

Prescila 雷姆计代表了中子测量技术的重大进步，它通过结合快中子和热中子传感器，提供了对中子辐射的全面探测能力。快中子传感器由 ZnS(Ag)闪烁粉末和环氧树脂胶的混合物构成，并与 Lucite 导光板配合使用，以提高探测效率。热中子传感器则采用^{6}Li+ZnS(Ag)闪烁体，增强了对热中子的探测能力。

该雷姆计利用镉和铅过滤器来塑造其响应函数，使其与中子注量到剂量当量的转换系数相匹配，并对 20 MeV 以上能量的中子展现出高灵敏度。与传统的慢化剂型雷姆计相比，Prescila 雷姆计的灵敏度提高了约 10 倍，同时保持了约 2 kg 的便携重量，使其成为粒子治疗设施中理想的中子测量工具。

4.2.2.2　光子测量仪

光子测量仪依据探测原理可分为半导体探测器、电离室探测器和闪烁体探测器等，本节专注于介绍电离室探测器和闪烁体探测器。

1) 电离室探测器：光子剂量测量的可靠工具

电离室探测器因其在 30 KeV 至几兆电子伏特能量范围内的线性响应特

性而成为光子剂量测量中不可或缺的工具。这种响应几乎与能量无关，通常保持在±10%的一致性范围内，确保了测量结果的可靠性。

尽管如此，电离室的检测下限限制了其在极低剂量率测量中的应用。为了适应软X射线的测量需求，某些电离室设计了可拆卸的盖子，从而扩展了其测量能力。

在低剂量率条件下，电离室探测器测量到的电流极其微弱，通常仅为飞安级别。因此，在使用前需要对探测器进行几分钟的预热，以确保其达到稳定状态并提供准确的测量结果。

2) NaI(Tl)闪烁体探测器：光子剂量测量的挑战与创新

NaI和CsI等高原子序数闪烁体探测器在光子剂量当量测量中面临能量响应不佳的挑战。这种响应特性使得它们在精确测量中的表现不尽如人意。不过，通过采用补偿电路，一些闪烁体探测器能够实现与电离室相媲美的能量响应，提升了测量的准确性。

尽管存在这些限制，闪烁体探测器对低于50 KeV的光子普遍不敏感，限制了它们在低能量X射线场的应用。然而，随着技术的发展，新型仪器如NHC5已经能够检测到低至约8 KeV的光子，显著扩展了闪烁体探测器的测量范围，使其在低能量X射线场的应用成为可能。

4.2.3　光谱仪：粒子治疗设施中辐射分析的关键

在粒子加速器治疗设施中，光谱仪是分析辐射特性的重要工具。本节专注于3种光谱仪，分别为光子光谱仪、中子光谱仪和LET光谱仪。

4.2.3.1　光子光谱仪

高纯锗探测器因其出色的能量分辨率而成为光子光谱研究的首选。然而，由于其操作条件要求低温冷却，高纯锗探测器在常规测量中的应用受到限制。针对光子光谱测量，市面上提供了多种手持式闪烁测量仪，如InSpector™ 1000和identiFINDER™，这些设备设计用于现场快速测量。

此外，一些手持式测量仪采用了掺铈溴化镧[$LaBr_3$(Ce)]闪烁体，相较于传统的掺铊碘化钠[NaI(Tl)]闪烁体，提供了更佳的能量分辨率。这些设备使得从探测器捕获的光输出到光子能谱的转换更为精确，尽管这一转换过程需要通过一个复杂的数学展开过程来完成。

4.2.3.2　中子光谱仪：揭示高能中子的奥秘

在粒子加速器治疗设施中，中子光谱仪是分析高能中子辐射特性的重要工具。常用的技术包括测量光输出或飞行时间分布，以获得高能中子能谱。Bonner 球体是一种由不同厚度调节器组成的中子探测器，由 Awschalom 和 Sanna(1985)以及 Wiegel 和 Alevra(2002)提出，用于简化测量过程。

Wiegel 和 Alevra(2002)在其慢化剂中使用了铜和铅，开发了一种名为 NEMUS 的能谱仪，能够测量高达 10 GeV 的高能中子。图 4-6 和图 4-7 展示了 NEMUS Bonner 球体的响应与中子能量的关系。

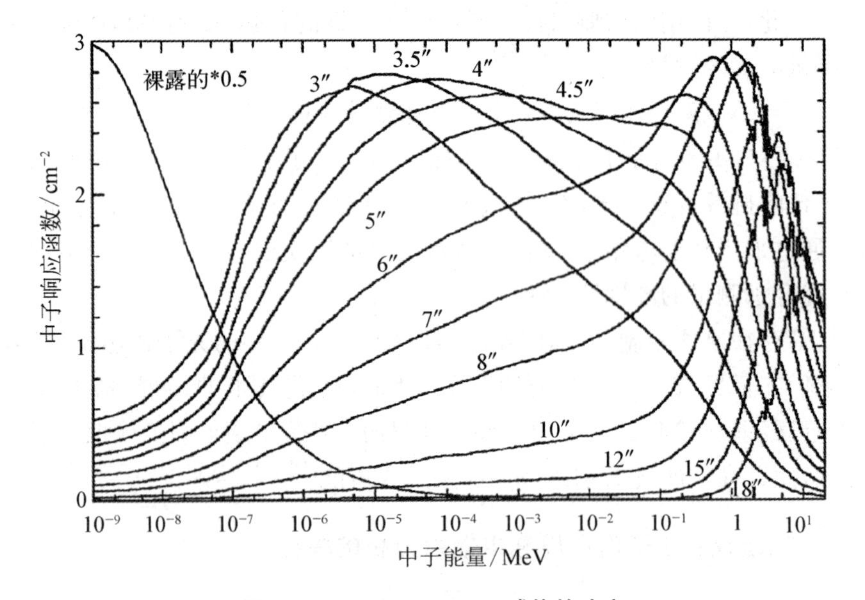

图 4-6 NEMUS Bonner 球体的响应

注：图中不同数据表示聚乙烯调节器直径的英寸单位。

在图 4-7 中，“4P5_7”配置表示 ^{3}He 计数器被放置在一个 4 in① 直径的聚乙烯球体中，该球体覆盖有 0.5 in 厚的铅外壳(因此总直径为 5 in)，所有计数器都被嵌入在一个 7 in 直径的聚乙烯球体中。“4C5_7”配置则表示插入的外壳是 0.5 in 厚的铜。图中还展示了纯聚乙烯调节剂的 6 个响应函数。每个球体的重要中子能量差异为能谱分析提供了关键信息。

这些探测器的结果集通过一个展开的计算机程序转换成中子能谱。为了启动展开过程，必须有一个通过计算或理论正确获得的初始假定能谱。

4.2.3.3 LET 谱仪：TEPC 的精确测量能力

组织等效比例计数器(TEPC)代表了辐射测量技术的一个里程碑，它能够

① 1 in(英寸)=2.54 cm。

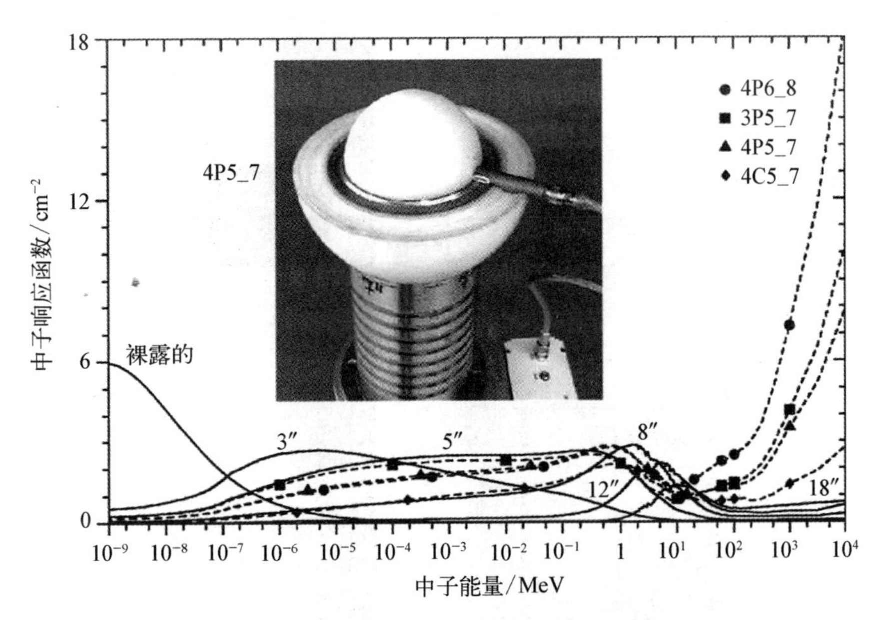

图 4-7　扩展 NEMUS Bonner 球体的响应

精确测量由中子和光子引起的二次带电粒子的线性能量传递(LET)谱。通过将 LET 谱转换为剂量当量或有效剂量,TEPC 为评估混合辐射场中的总剂量提供了一种强有力的方法。自 Alberts(1989)和 Mazal 等人(1997)早期研究以来,TEPC 技术已经得到了进一步的发展和应用。

尽管 TEPC 在精确度上具有无可比拟的优势,但其对机械冲击的敏感性限制了其在常规测量中的普及。因此,TEPC 主要应用于那些对辐射剂量测量精度要求极高的特定场合。

4.2.4　区域监测仪:关键的辐射安全保障

在粒子加速器治疗设施中,区域监测系统是确保辐射安全的关键。该系统一般由中子和光子剂量计以及一个中央控制单元组成。中子探测通常使用雷姆计,而光子探测则根据实际辐射强度选择适合的探测器,如电离室、闪烁探测器或半导体探测器。系统还可以包括具有本地辐射水平指示器的检测站,以提供即时的辐射信息。

中央控制单元的功能强大,不仅能够实时显示各监测站的辐射水平趋势图,还能将数据记录在服务器中,实现对辐射水平的全面监控。然而,这种高性能的系统往往伴随着较高的成本(见图 4-8)。

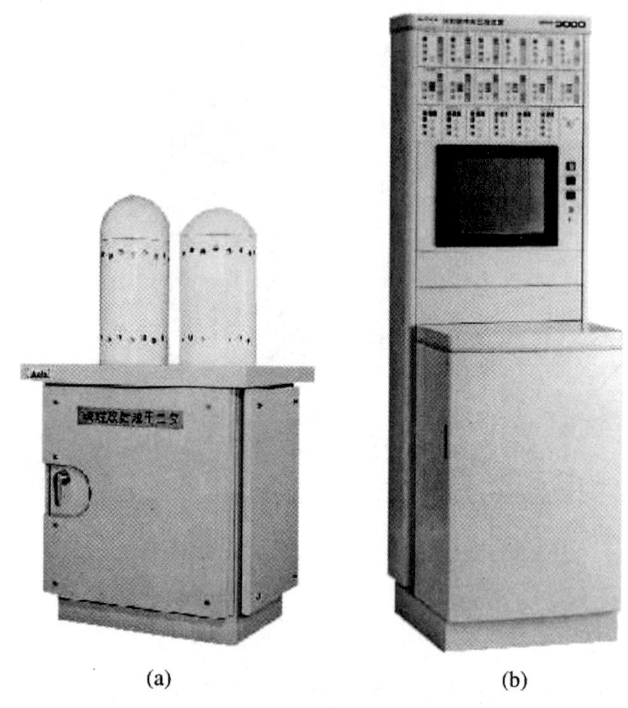

(a)　　(b)

图 4-8　区域监测仪示例图

(a) 探测器系统(主要包括中子雷姆计和光子探测器);(b) 中央控制单元 MSR-3000

在确定监测点之前,必须对设施内部和周围的剂量分布进行全面的研究,以确保监测站的布局合理,能够覆盖预计辐射剂量率较高或对安全至关重要的区域。尽管如此,高剂量率辐射,如在辐照室内,有时可能会影响智能监测站的正常运行。因此,在设计和部署区域监测系统时,必须考虑这些潜在的挑战,并采取相应的措施以确保系统的可靠性和有效性。

在物理研究用的加速器设施中,区域监测器是安全体系的关键组成部分,它们通过相互联锁确保在检测到超出预设辐射水平时能够及时终止束流。然而,在粒子治疗设施中,由于束流是治疗患者的重要手段,因此束流的中断是不可取的。这就要求监测系统的设计必须极为可靠,避免误报,并确保不会因错误警报而影响治疗过程。

监测系统的高成本使得在粒子治疗设施中广泛部署监测站存在一定难度。鉴于中子剂量在粒子治疗设施周围的辐射场中通常占主导地位,可以在关键位置部署多个中子剂量计(见第 4.2.2.1 节)。这些剂量计的模拟输出信号由安全系统的可编程逻辑控制器(PLC)进行读取(Uwamino et al, 2005)。

PLC 能够处理的剂量率动态范围非常宽，当输出信号以对数形式表现时，可以超过 5 个数量级。如果输出信号是电压形式，可以通过转换为电流信号来确保信号的可靠传输。

4.2.5　被动监测

被动探测器，最初专为个人辐射监测而开发(见第 4.4.3 节)，同样适用于环境辐射监测领域。虽然它们不能提供即时的测量数据，但得益于较低的成本，被动探测器在监测适当的累积剂量方面显得尤为宝贵。这些探测器能够直接反映特定时间段内的总剂量，为环境剂量的长期监测提供了一种经济有效的解决方案。

被动监测器具备显著的稳定性，几乎不受脉冲辐射场的时间结构、高功率操作伴随的电噪声以及机械冲击的影响，这使得它们在多变的辐射环境中依然保持可靠的性能。

对于原本用于个人剂量监测的设备，由于其通常在体模上进行校准，因此并不适合直接用于环境测量。为了适应环境监测的需求，必须依照第 4.5.2 节中描述的程序，在自由空气中对监测器进行校准。Hranitzky 等人(2002)通过使用 LiF 热释光剂量计(TLD)配合滤波器，成功开发了一种 $H^*(10)$光子剂量计。该剂量计在 30 KeV～2.5 MeV 的能量范围内展现出优异的能量响应特性，其测量精度的偏差控制在 5%以内。

在直线加速器和 ECR 离子源环境中，X 射线剂量的准确测量至关重要。为此，Fehrenbacher 等人(2008)开发了一种基于 LiF TLD 芯片的 $H^*(10)$剂量计。该剂量计由 4 个 TLD 芯片组成，其中 2 个芯片加装了铜过滤器，以模拟人体组织对不同能量 X 射线的响应。这些剂量计在读数上采用加权平均法，在 10 KeV～4 MeV 的能量范围内提供了比 $H^*(10)$响应偏差低 25%的准确度。

Fehrenbacher 等人(2007b; 2007c)还开发了一种利用 ^{6}LiF 和 ^{7}LiF 热释光剂量计的 $H^*(10)$剂量计，该剂量计配备专门设计的慢化剂，能够测量高达数百兆电子伏特的宽能谱中子。

在高强度中子场的测量中，活化箔技术同样显示出其适用性。通过锰、钴、银、铟、镝和金的俘获反应，可以精确测量热中子。而对于快中子，$^{12}C(n, 2n)^{11}C$、$^{27}Al(n, \alpha)^{24}Na$、$^{27}Al(n, 2n\alpha)^{22}Na$、$^{59}Co(n, \alpha)^{56}Mn$、$^{197}Au(n, 2n)^{196}Au$、$^{209}Bi(n, xn)^{210-x}Bi$($x=4$～12)等阈值反应提供了有效的测量手段。

这些核反应的组合能够覆盖兆电子伏特能量区域的中子谱。

Uwamino 和 Nakamura(1985)提出了一种创新的中子能谱测量方法，即使用球形聚乙烯慢化剂中心的铟活化探测器，该方法适用于从热中子到 20 MeV 能量范围的中子能谱分析。

4.3 残余放射性的测量

在粒子治疗设施的运行过程中，残余放射性可能成为一个重要问题。特别是在束流引出装置、束流倾倒装置、能量选择系统、被动散射治疗端口的组件以及截束喷嘴等位置，束流损失可能导致显著的活化现象。这些区域的辐射强度测量对于预防人员过度暴露至关重要。

4.3.1 残余放射性测量概述

在粒子治疗设施中，某些区域由于束流损失较高，可能会产生显著的残余放射性。这些区域包括束流引出装置、束流倾倒装置、能量选择系统、被动散射治疗端口的组件以及截束喷嘴。对这些关键区域进行辐射强度的测量至关重要，以确保人员不会遭受过度的辐射暴露。

在被动辐照设施的治疗端口，固定安装的准直器、脊滤器和射程调制器可能会经历显著的活化。尽管如此，由于每个患者的皮肤补偿物和患者准直器仅在短时间内受到照射，加之这些材料中诱导产生的放射性同位素的半衰期($T_{1/2}$)较短，因此辐照后的残余辐射仅在短时间内存在。例如，皮肤补偿物中的^{11}C(半衰期为 20.4 min)和准直器中的^{62m}Co(半衰期为 13.9 min)的衰变，意味着治疗人员在处理这些患者专用设备时受到的辐射量相对较低(Tujii et al, 2009; Yashima et al, 2003)。

值得注意的是，在大多数使用被动散射技术的设施中，这些设备在运出设施之前通常会存放 2～3 个月。这有助于进一步降低残余放射性。相比之下，在采用同步加速器的扫描辐照设施中，治疗端口几乎不会产生活化问题，从而减少了对残余放射性的担忧。

粒子治疗加速器设施的活化情况与物理研究用的加速器实验室相比，表现出独特的特征。在患者治疗室内，由于设计上的优化，活化水平通常保持在较低水平。然而，对于配备有回旋加速器的设施，能量选择系统，特别是降能器及其后的束流与准直器相遇部位，会经历较为显著的活化。这一系统通常位于直接从回旋加速器引出的束线上，其中90%以上的束流强度会在通过降能器和准直器时损失。因此，这些区域可能成为热点，需要在维护或修理时采取适当的屏蔽措施。

回旋加速器本身也可能由于束流损失而产生热点，这可以通过局部屏蔽或更换热部件来有效管理。在这些情况下，对残余放射性的准确测量变得尤为重要，尤其是在加速器部件、射束输送喷嘴和患者专用辐照装置需要进行放射性或非放射性废物管理分类时更显得重要。

残余放射性的测量对于确保粒子治疗加速器设施的安全运行至关重要。它不仅有助于评估和控制工作人员和患者的辐射暴露，还是废物管理系统中不可或缺的一环。通过对加速器部件、射束输送喷嘴和患者专用辐照装置进行细致的放射性评估，可以确保在被归类为“放射性”或“非放射性”废物时，对它们采取合适的处理和处置措施。

4.3.2 电离室的应用

电离室探测器因其准确性和可靠性，在测量残余放射性引起的环境剂量率方面是首选工具。一些电离室设计配备了可移动窗口，这一特性使其能够测量对评估皮肤剂量至关重要的β射线。这种灵活性使得电离室不仅适用于常规剂量率的监测，而且能适应特定的剂量评估需求。

4.3.3 NaI(Tl)闪烁体

装备有能量依赖性校正电路的NaI(Tl)闪烁测量仪，能够提供与电离室相媲美的准确度，用于测量环境剂量率。这些探测器具有较低的检测限，使其足够敏感以进行背景水平的测量，同时也适用于放射性废物的监测。

如第4.2.3.1节所述，手持式光子谱仪不仅可以作为剂量计使用，还能够用于残余放射性活度的核素分析。尽管手持式光子谱仪的能量分辨率有限，可能无法区分复杂的能谱，但它们在初步分析和现场快速评估中发挥着重要作用。对于需要更高精度分析的应用，建议使用高纯锗探测器，因其出色的能量分辨率而更适合进行详细的能谱分析。

4.3.4 盖革-米勒管

盖革-米勒(Geiger-Müller, GM)计数器，特别是那些配备薄窗的型号，对β射线的探测具有近乎100%的灵敏度，使其成为放射性与非放射性材料分类的宝贵工具。这些测量仪通常配备有可伸缩杆，顶端装有小型 GM 计数器，允许操作者从安全距离远程测量高剂量率区域。

4.3.5 用于污染测量的其他测量仪表

正比计数器、塑料闪烁体和半导体探测器等先进探测器，为污染测量提供了多样化的选择。这些巡测仪不仅能够对材料进行“放射性”或“非放射性”的分类，而且与 GM 管相比，它们具有几乎不随时间退化的性能优势。

手足衣监测仪是检测人体表面污染的有用工具。它们通常采用 GM 管、正比计数器和塑料闪烁体作为传感器。这些传感器大多数对 β 射线和 γ 射线敏感，部分传感器还能同时检测 α 辐射污染。为了有效监控人员是否受到放射性污染，监测器一般安装在受控区域的入口处。

4.4 个人剂量监测

个人剂量监测是评估个体受照剂量的关键环节，对于保护工作人员免受辐射伤害具有重大意义。监测方法包括有源个人剂量计、热释光剂量计(TLD)、光激发发光剂量计(OSL)和玻璃剂量计等多种技术。

4.4.1 监测要求与类型

个人照射分为外照射和内照射两大类。内照射主要与非密封放射性同位素的操纵有关，同时，在处理高度活化的加速器组件（如靶材料和电荷交换剥离箔）时，也必须考虑内照射的影响。在基于回旋加速器的粒子治疗设施中，如果存在多个治疗端口并以高占空比运行，内照射的评估尤为重要。

尽管在粒子治疗设备中，内照射通常不是主要关注点，但在束流关闭后，对于特定区域的清洁和维护工作仍需谨慎处理。这包括对可能成为中子或质子照射后的热点区域（如回旋加速器的降能器区域）进行灰尘清除，以及对可能受到污染的冷却水和活化空气进行处理。

个人剂量监测主要关注剂量当量 $H_p(10)$ 和 $H_p(0.07)$ 的测量。$H_p(10)$ 对于估算有效剂量至关重要，它反映了全身受到的平均剂量。而 $H_p(0.07)$ 则专门用于评估皮肤和眼睛晶状体等敏感部位的当量剂量。

标准做法是使用个人剂量计，男性通常佩戴在胸前，女性则佩戴在腹部，以便持续监测可能接触到的辐射水平。在预计会出现强烈非均匀照射的情况下，除了主要剂量计外，还应在手指或头部等四肢佩戴辅助剂量计，以更全面地评估受照剂量。

对于加速器或能量选择装置，如果存在高残余活化水平且需要进行手动维护，建议在手指上佩戴环形剂量计。这是因为手部的辐射暴露量通常远高于躯干。鉴于手掌的暴露量可能高于手背，推荐使用敏感部位朝内的手指环形个人剂量计，以确保对辐射暴露进行准确测量。

4.4.2 有源剂量计

有源个人剂量计利用半导体探测器或小型盖革-米勒管来提供实时的辐射暴露监测。这些设备一旦启动，便能持续测量并显示累积的剂量，为工作人员提供重要的辐射暴露信息。

市场上的有源剂量计种类繁多，功能各异。一些设备配备了报警系统，在累积照射量超过预设的安全阈值时发出警报，以提醒工作人员注意潜在的辐射风险。此外，部分剂量计能够显示当前的剂量率，或通过声音信号（如咔嗒声）来指示剂量率的高低，增强了用户的实时感知能力。还有些剂量计具备数据记录功能，能够追踪照射趋势，并通过数据传输接口将信息发送到计算机进行深入分析。

市面上的有源剂量计产品众多，例如DOSICARD、PDM和Thermo EPD等。特别是Thermo EPD，它集成了上述提到的所有功能，包括剂量率显示、累积剂量记录和数据传输。另一个创新的例子是PM1208M，这是一款集成了γ射线剂量计的手表，提供了便捷的个人剂量监测解决方案。NRF30则是一款可以与个人门禁系统相连的剂量计，能够记录进出受控区域的时间以及对应的照射量。

虽然这些有源剂量计通常由小电池供电，但许多型号设计为低功耗，能够连续工作一周甚至几个月，减少了频繁更换电池的需要。然而，值得注意的是，移动电话的无线电波可能会对某些类型的剂量计造成干扰，影响其测量准确性。

4.4.3 被动剂量计的特性与应用

被动剂量计通过测量综合剂量来评估个体的辐射暴露，但它们不提供实时照射信息。尽管如此，被动剂量计具有多种优点：体积小、无噪声、对机械冲击有很高的耐受性。与有源剂量计相比，被动剂量计的读数不受辐射场时间结构的影响，但在强脉冲辐射场中，有源剂量计的测量值可能会低估实际剂量。

4.4.3.1 热释光剂量计

热释光剂量计(TLD)是一种流行的被动剂量计，它利用掺杂元素如铥的硫酸钙($CaSO_4$：Tm)的热释光特性来测量辐射剂量。当热释光剂量计元件在加热时发出光，其发光强度与接受的辐射剂量成正比，从而可以测定暴露程度。热释光剂量计读取器便于操作，通常可以放置在桌面上，使得室内剂量测定变得非常便捷。

市场上存在一种多功能热释光剂量计，能够同时测量光子和 β 射线。这种剂量计由多个具有不同滤波器的元件组成，可以同时测定深度为 10 mm [$H_p(10)$]和 0.07 mm[$H_p(0.07)$]的剂量当量。由于热释光剂量计的体积小，它们也适用于手部暴露监测，可以作为环形个人剂量计使用，为工作人员提供额外的保护。

4.4.3.2 光激发发光剂量计的应用

光激发发光(OSL)剂量计利用掺杂材料，如掺碳氧化铝[Al_2O_3(C)]，在特定波长的光激发下发出光，以此测量辐射剂量。当光激发发光剂量计元件暴露于辐射中，其发光特性会发生变化，通过绿色激光的照射，可以激发出蓝色的光，发光的强度与接收到的辐射剂量成正比。

LUXCEL OSL 是一种集成了光激发发光剂量计元件和滤波器的剂量计片，专门设计用于测量光子和 β 射线的剂量。这种剂量计片可通过专业机构提供的剂量测定服务进行管理，服务包括分发剂量计片、使用后的剂量读取和评估。

为了方便使用，还有光激发发光剂量计读取器可供选择，这种读取器设计为桌面式，使得室内剂量测定变得便捷。光激发发光剂量计适用于测量 5 KeV～10 MeV 能量范围内的光子和 150 KeV～10 MeV 能量范围内的 β 射线。对于光子，其可读剂量范围为 10 μSv～10 Sv，而对于 β 射线，可读剂量范围为 100 μSv～10 Sv，这显示了光激发发光剂量计在宽剂量范围内的测量能力。

4.4.3.3 玻璃剂量计的特性

玻璃剂量计采用掺银磷酸盐玻璃芯片，这种芯片在紫外线激光的照射下能够发出橙色光。通过将多个玻璃元件与滤光片组合，可以构成一个用于测量光子和 β 射线的剂量计片。读取玻璃元件的发光强度不会导致剂量计的重置，因此可以直接获得长期的累积剂量信息。一旦需要，可以通过高温退火过程来复位剂量计。玻璃剂量计的性能与光激发发光剂量计相近，提供了另一种可靠的剂量测量选择。

4.4.3.4　直接离子储存剂量计

直接离子储存(DIS)剂量计的工作原理是通过电离室的电流放电来释放储存在半导体中的电荷，放电过程中电导率的变化即为剂量的测量结果。RADOS DIS－1 剂量计因其对光子的良好能量响应而受到认可。该剂量计适用于测量 15 KeV～9 MeV 能量范围内的光子和 60 KeV～0.8 MeV 能量范围内的 β 射线。它可以覆盖 1 μSv～40 Sv 的光子剂量范围，以及 10 μSv～40 Sv 的 β 射线剂量范围。室内剂量测定法对于直接离子储存剂量计来说非常常见，且通过在探测器上安装一个小型读取器，直接离子储存剂量计还可以作为有源剂量计使用，提供了灵活性和便利性。

4.4.3.5　固态核径迹探测器的应用

固态核径迹探测器利用快中子在聚乙烯等介质中产生的反冲质子，在碳酸烯丙酯(商品名 CR－39)塑料芯片上形成微小的损伤轨迹。通过化学或电化学蚀刻工艺，这些损伤轨迹可以显现并计数，从而将径迹密度与中子剂量当量相关联。此外，通过使用硼转换器，可以利用 $^{10}B(n, \alpha)$ 反应探测热中子。市场上可用的探测器，如兰道尔 Neutrak 144，提供了快速和热中子探测选项。然而，这些探测器的探测下限相对较高，测热中子约为 0.1 mSv，测快中子约为 0.2 mSv，快中子的探测能量范围是 40 KeV～35 MeV。通常，专业机构提供相应的剂量测定服务。

4.4.3.6　胶片剂量计的监测方法

胶片剂量计由感光胶片和滤光片构成，通过将辐照后的胶片进行显影，并与对照胶片的照相密度进行比较，来估算辐射剂量。使用不同的滤光片组合可以对光子或 β 射线的能量进行初步估计，而热中子的暴露量则通过镉滤光片来测量。通过显微镜观察，可以识别由快中子引起的反冲核轨迹。同样，专业机构通常提供胶片剂量计的剂量测定服务。

然而，胶片剂量计由于若干局限性正逐渐被淘汰。这些缺点包括较高的探测限度——光子和 β 射线约为 100 μSv，中子约为几百微希；胶片的褪色现象，如果剂量计在辐照后未及时显影，可能会导致无法测量。

4.5　校准

在辐射测量领域，校准是确保测量结果准确性的关键步骤。它涉及将剂量计的读数与国家标准场中的标准辐射剂量率进行比较，并建立两者之间的关系。

4.5.1 校准的标准与分类

国际辐射防护委员会发布的关于光子剂量计的报告（ICRU，1992a）和中子剂量计的报告（ICRU，2001）详细阐述了校准程序的具体细节。这些报告为剂量计的校准提供了国际认可的指导和标准。

校准因子 N 的确定是通过以下公式计算得出：

$$N = \frac{H}{M} \tag{4-1}$$

其中，H 是标准场的剂量率；M 是经过必要环境因素校正（例如大气压力和温度）后的探测器读数。

校准主要分为两大类：一类是获取探测器对能量、角度和剂量率的响应特性，这通常由制造商根据国家工业标准完成；另一类是监测探测器性能随时间的变化，包括其绝对灵敏度，这需要用户每年至少进行一到两次校准。本节将重点介绍用户需自行执行的后一类校准过程。

4.5.2 环境剂量监测仪校准

环境剂量监测仪的校准主要针对粒子加速器设施中使用的光子和中子监测仪。这一过程确保了监测设备与国家标准的一致性和可追溯性。

4.5.2.1 光子监测仪校准

光子监测仪的校准通常采用 ^{60}Co 或 ^{137}Cs 标准 γ 放射源来建立标准场。根据以下公式计算标准剂量率：

$$H = X \cdot f \tag{4-2}$$

其中，X 是在标准源 1 m 处的照射率；f 是 γ 射线源能量至环境剂量当量 $H^*(10)$ 的换算系数。如果探测器与放射源的距离不是 1 m，应根据点源假设和距离的平方反比定律对 X 进行校正。

当使用已在校准至国家标准场的标准辐照剂量计时，标准剂量率 H 的计算公式变为

$$H = N_S \cdot f \cdot M_S \tag{4-3}$$

其中，M_S 是标准剂量计经过必要修正后的读数；N_S 是其校准因子；f 是辐照与环境剂量当量的转换因子。

在校准式(4-2)中，忽略了墙壁、地板和屋顶散射后到达校准点的光子。同样，在式(4-3)中，也忽略了散射过程中光子能量的变化。

因此，为确保校准的准确性，探测器与放射源的距离应精心选择。探测器不应放置得太远，以免辐射强度过低；也不宜太近，以免受到不均匀照射，增加距离的相对不确定性。为假设点辐射源，距离应大于探测器直径的 5 倍，且如果光源未经过准直，则应小于 2 m。同时，探测器和辐射源应距离地面至少 1.2 m，与墙壁和屋顶保持 2 m 的距离。

4.5.2.2　中子监测仪校准

中子监测仪的校准通常采用 ^{252}Cf(平均能量为 2.2 MeV)和 $^{241}Am-Be$(平均能量为 4.5 MeV)作为标准中子源。由于中子散射对剂量率的影响显著，因此在实际校准过程中必须予以考虑。

校准因子 N 的计算公式如下：

$$N=\frac{H}{M_F-M_B} \tag{4-4}$$

其中，H 是剂量率，根据源的中子发射率和中子注量到剂量当量的换算系数计算得出；M_F 是探测器在直接中子和散射中子辐照下的读数；M_B 是探测器仅在散射中子辐照下的背景读数。在测量背景读数时，使用阴影锥将直接中子源和探测器隔离开来，以确保 M_B 仅反映散射中子的影响。

在校准过程中，必须精确控制实验条件，以确保 M_F 和 M_B 的测量准确性。此外，为了减少环境因素对校准结果的影响，建议在屏蔽良好且环境稳定的条件下进行校准。

在中子监测仪的校准中，直接中子的屏蔽传统上需要使用大型且昂贵的阴影锥。为了避免这种高成本和复杂性，可以采用替代的校准方法。由于中子探测器的灵敏度通常对角度变化不敏感，剂量率 H(包括校准点的散射中子)可以通过使用标准参考剂量计来确定。

待校准的探测器在直接和散射中子的共同照射下，其读数可以与标准参考剂量计的读数相比较。在这种情况下，如果标准参考剂量计读取环境剂量当量，则转换因子 f 为单位 1，校准因子 N 可以通过式(4-1)和式(4-3)来计算得出。

然而，如果使用的是传统型的中子辐射计（如雷姆计），它主要对应于15 MeV以下的中子，那么通过上述程序校准的辐射计可能只能在低能中子场中提供准确的读数。在粒子治疗设施中，高能中子可能占主导地位，如第4.2.1.1节所述，这种情况下传统雷姆计的读数可能只有真实剂量率的三分之一。

为了在高能中子场中估算正确的剂量率，虽然需要确定射野处的中子能量注量（E_ϕ），但在校准过程中并不要求计算其绝对值。能量校正校准因子N_C的估算公式为：

$$N_C = N \frac{\int_0^{E_{max}} E_\phi(AP)\phi(E)dE}{\int_0^{E_{max}} R(E)\phi(E)dE} \tag{4-5}$$

在中子监测仪的校准过程中，需要特别关注雷姆计对不同能量中子的响应。雷姆计的读数M乘以能量校正校准因子N_C可以得到正确的有效剂量。其中，E表示粒子能量；$E_\phi(AP)$是在前后（AP）几何结构中，从粒子注量到有效剂量的剂量转换系数；而$R(E)$则是探测器对不同能量粒子的响应。

如果雷姆计的读数M考虑了能量校正，那么通过乘以N_C，可以得到更接近实际的有效剂量。值得注意的是，由于$H^*(10)$剂量通常远小于第4.1.1节中讨论的高能中子的有效剂量，因此在评估有效剂量时需要特别讨论。如果已经估算出$H^*(10)$，那么$E_\phi(AP)$的剂量转换系数可能会被$H^*(10)$的剂量转换系数所取代。

如果雷姆计对高能中子的能量响应经过了改进，它将能够在高能中子场中提供准确的读数。这种改进的雷姆计能够更准确地评估高能中子的有效剂量，从而为粒子治疗设施中的辐射安全提供了更可靠的保障。

4.5.3 个人剂量监测仪的校准

个人剂量监测仪在佩戴时紧贴身体，因此散射光子和中子对其测量结果有显著影响。为了模拟这种实际佩戴条件，校准时通常将个人剂量监测仪放置在一个尺寸为宽30 cm、高30 cm、厚15 cm的水体模上。监测仪应放置在距离体模边缘至少10 cm的位置，以确保测量的准确性。

在没有体模的情况下，探测器位置的剂量率H可以通过式（4-2）计算得出，其中f是将暴露于$H_p(10)$剂量率转换为标准剂量率的因子。对于中子，

H 是由源的中子发射率和中子注量到 $H_p(10)$剂量率的转换因子计算得出。校准因子 N 可以通过式(4-1)获得,其中 H 是标准剂量率,M 是监测器的读数。

定向个人 10 mm 深度剂量当量 $H_p(10, \alpha)$ 表示为体模表面法线方向和辐射方向之间的角度为 α。对于能量在 0.4 MeV 以上的光子和能量在 5 MeV 以上的中子,$H_p(10, \alpha)$与 $H_p(10, 0°)$的比值 R 接近 1(对于 $\alpha > 75°$, $0.8 < R < 1$)。从图 4-3 中可以观察到,高能粒子是剂量的主要贡献者,辐射的角度分布并不会显著影响个人受照量。

然而,如果个人剂量监测器的角度依赖性与 $H_p(10, \alpha)$的角度依赖性存在显著差异,尤其是在更高的能量下,那么监测器的读数可能不可靠。在这种情况下,还应考虑角度入射的校准因子 N,以确保监测结果的准确性。

第5章
活　化

在第5章，我们将专注于加速器设施中的感生放射性问题及其评估。感生放射性是粒子加速器操作中不可避免的现象，它对设施安全和环境可能产生重要影响。第5.1节将深入分析这一问题，从产生机制到对人员和环境的潜在风险，以及如何有效评估和管理这些风险。通过本节内容，读者将获得必要的知识和工具，以确保加速器设施的安全运行。

5.1　加速器设施中的感生放射性及其评估

在加速器及其束线部件的操作过程中，感生放射性的产生是一个不容忽视的问题。这种放射性不仅可能对维护人员构成辐射风险，还可能使得活化组件的处置变得复杂。尤其是在治疗端口、束线成形和输运系统附近，放射性的存在可能会对医务人员构成潜在的辐射威胁。对于那些不采用扫描辐照系统的设施，这种辐射的影响更是不容忽视。在回旋加速器设施中，能量选择系统所产生的感生放射性尤其值得关注。

当加速粒子从真空窗口引出，并在患者上游的空气路径中发生核反应时，就会引起活化。此外，加速器设施中和患者身上带电粒子的核反应所产生的二次中子，不仅会激活空气，还可能在设备冷却水中产生放射性物质，甚至影响到地下水。

当使用高能带电粒子进行治疗时，患者的患病部位本质上也会被活化。Tujii等人(2009)通过在治疗设施中用质子束和碳离子束照射体模，测量了活化情况。研究结果表明，医护人员和患者家属受到的照射风险非常低，而考虑到厕所的稀释作用，患者排泄物中的放射性浓度也几乎可以忽略不计。

Barbier(1969)出版了一本关于感生放射性的综合性著作，而IAEA

(1987)也发布了一些有价值的数据。此外，一些文献(如 IAEA，1988；Sullivan，1992)也探讨了与高能粒子加速器的活化相关的安全问题。

感生放射性及其产生的辐射场可以通过单个蒙特卡罗程序进行估算，这一程序从初级加速粒子开始计算(Ferrari，2005)。一些蒙特卡罗代码能够计算残余放射性的产生，而后处理程序则负责跟踪放射性的衰变链，并计算 γ 射线的传输和剂量率。第 6 章将详细介绍蒙特卡罗方法，而本章将着重介绍用于确定设备、建筑物、水和空气活化的计算和测量技术。

5.1.1 活化反应

中子因其能够穿透原子核的库仑势垒，故能与任何能量级别的原子核发生反应。在热中子的情况下，最常见的相互作用是通过(n，γ)反应实现的。然而，特定核素如^{6}Li，倾向于通过(n，α)反应生成^{3}H。当中子的能量高于目标核的激发能级时，可能触发(n，n$'$)反应。通常，受激的原子核会迅速返回基态，同时释放 γ 射线。当入射中子的能量高至足以引发粒子发射时，将发生多种活化反应，如(n，p)、(n，α)和(n，2n)等。相对论高能中子则可引发散裂反应，该反应会释放比目标核更轻的多种核素。

对于能量低于库仑势垒的带电粒子，它们与原子核的有效反应受到限制。在特殊情况下，如铀中的库仑激发，可能伴随 X 射线发射和裂变现象。但这些现象通常可以忽略，因为 X 射线的能量较低且穿透力弱，而裂变的概率非常小。当粒子能量超过库仑势垒时，将形成复合核。根据复合核的激发能量，可能发生(x，γ)反应(其中 x 代表入射的带电粒子)和粒子发射反应，如(x，n)、(x，p)和(x，α)等，这些反应通常会产生放射性核素。此外，高能带电粒子还可能引发溅射反应。

图 5-1 和图 5-2 展示了反应截面的示例。图 5-1 描绘了^{59}Co 的中子俘获截面，该截面通常与$\frac{1}{v}$(v 为中子速度)或 $\frac{1}{\sqrt{E}}$ 成正比，其中 E 是能量。根据核素的特性，它们在共振能量区域会出现波动。^{59}Co(n，γ)^{60}Co 反应是热中子活化不锈钢中的一个关键反应。图 5-2 展示了^{27}Al 的阈值活化反应截面。^{27}Al(n，p)^{27}Mg、^{27}Al(n，α)^{24}Na 和^{27}Al(n，2n)^{26}Al 反应的阈值能量分别为 1.9 MeV、3.2 MeV 和 13.5 MeV。通常，阈值反应的截面在超过阈值能量后会迅速增大，并达到一个峰值。超过峰值能量后截面减小，因为随着能量的增加，其他反应通道也会开启。

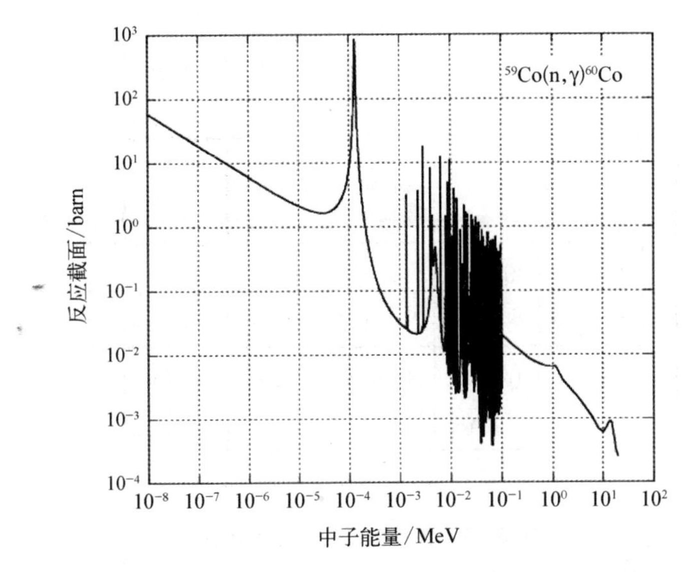

图 5-1 ^{59}Co(n, γ)^{60}Co 活化反应的反应截面与能量的函数关系

(据 Chadwick et al, 2006)

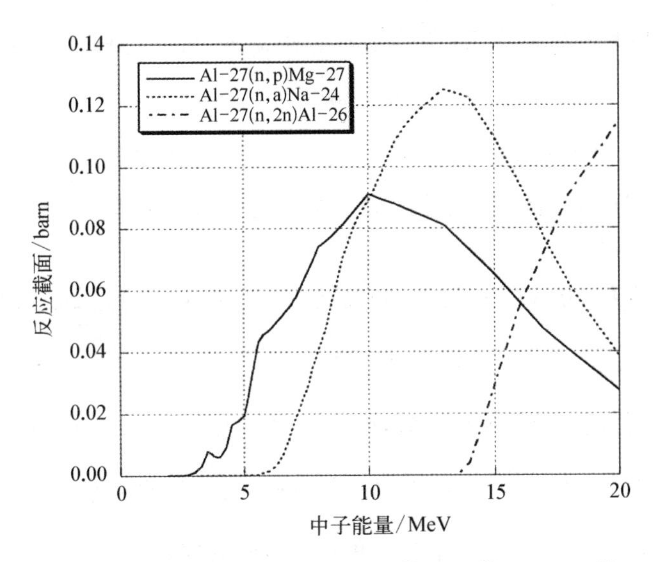

图 5-2 ^{27}Al(n, p)^{27}Mg、^{27}Al(n, α)^{24}Na 和 ^{27}Al(n, 2n)^{26}Al 活化反应的反应截面与能量的函数关系

(据 Chadwick et al, 2006)

图 5-3 展示了由中子和质子的各种反应产生的核素。相比之下,重离子反应更为复杂,因此难以用类似的图展示。在图 5-3 中,(n, d)反应包括(n, pn)反应,(n, t)反应包括(n, dn)和(n, p2n)反应,以此类推。

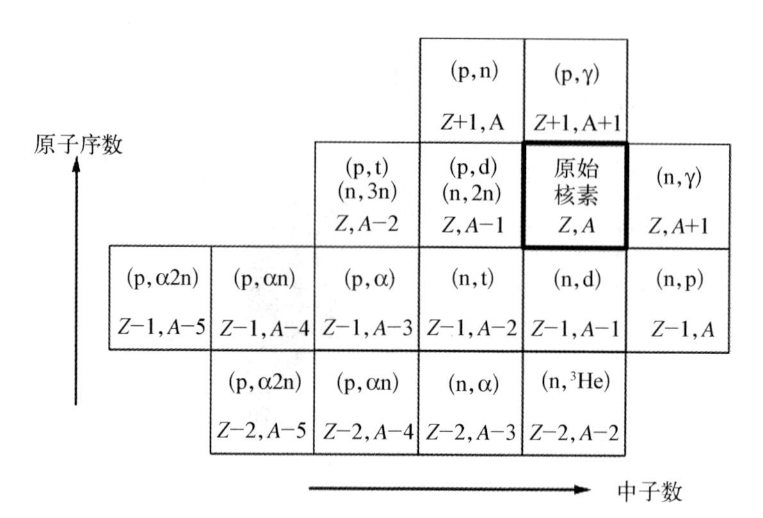

图 5-3 各种核反应产生的核素

5.1.2 活化和衰变

放射性核素的生成率 R(单位是 s^{-1})可以通过以下公式计算：

$$R = \phi\sigma N_F V \tag{5-1}$$

其中，ϕ 是辐照场中的平均辐射注量率，$cm^{-2}\ s^{-1}$；σ 是在辐射能量上平均的活化截面，cm^2；N_F 是待活化核素的原子数密度，cm^{-3}；V 是辐照场中包含活化核素的体积，cm^3。

辐射时间 T_R(单位是 s)后的即时放射性 $A(T_R)$(单位是 Bq)由下式给出：

$$A(T_R) = R(1 - e^{-\lambda T_R}) \tag{5-2}$$

其中，λ 是放射性核素的衰变常数，s^{-1}；R 是饱和活度。当 T_R 远大于放射性核素的半衰期 $T_{1/2}\left(=\frac{\ln 2}{\lambda}\right)$，活度 $A(T_R)$将达到其饱和值 R。

照射结束后经过衰减时间 T_D(单位是 s)后的放射性 $A(T_R+T_D)$(单位是 Bq)由下式给出：

$$A(T_R + T_D) = R(1 - e^{-\lambda T_R})e^{-\lambda T_R} \tag{5-3}$$

图 5-4 中的粗实线展示了式(5-3)所描述的放射性活度随时间变化的曲线，代表一般情况的放射性活度变化；点画线用于描述短半衰期核素的情况($T_R \gg T_{1/2}$)；虚线则用于表示长半衰期核素的情况($T_R \ll T_{1/2}$ 和 $T_D \ll T_{1/2}$)。

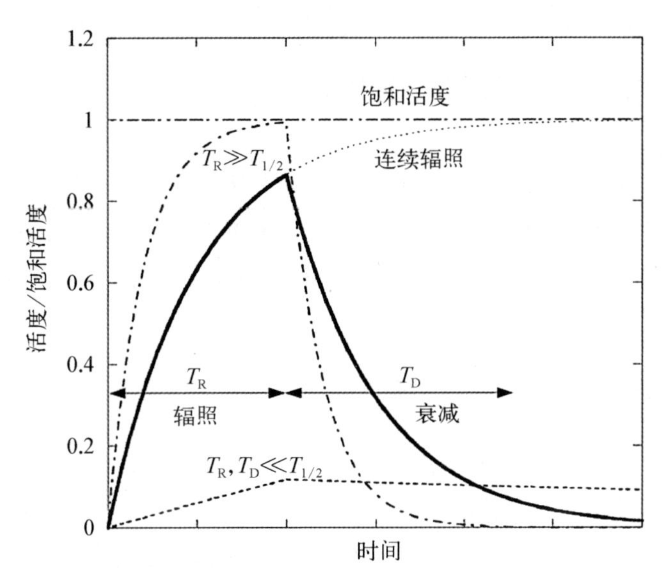

图 5-4 辐照和衰变过程中放射性的变化

当辐照时间 T_R 显著超过半衰期($T_R \gg T_{1/2}$),放射性核素的活度在辐照结束时达到饱和状态。此时,辐照结束后的放射性活度可以用下式近似表示:

$$A(T_R + T_D) \approx R e^{-\lambda T_D} \tag{5-4}$$

在此情况下,放射性活度达到最大值(即饱和活度),并在辐照结束后迅速衰减,如图 5-4 中的虚线和粗实线所示。

如果辐照时间 T_R 和衰减时间 T_D 都远小于半衰期 $T_{1/2}$,则产生的放射性核素几乎不会发生衰变,而是累积起来。此时的放射性活度远低于饱和值,可以用下式近似表示:

$$A(T_R + T_D) \approx -\lambda T_R \tag{5-5}$$

与用于物理研究的高能量、高强度加速器相比,粒子治疗设施的束流强度通常较低,因此其达到的饱和放射性也相对较低。此外,由于治疗设施的辐照时间较短,长半衰期核素的累积放射性通常也较低。因此,在专门进行带电粒子治疗的设施中,维修人员和医务人员通常不会面临显著的辐射风险。然而,值得注意的是,在治疗室和那些可能发生高束流损失的设备外壳中,空气的活化程度可能会相当高。

5.2 加速器部件的放射性活化

在加速器的日常运作中，其部件会暴露于高能粒子的持续轰击下，这些粒子包括但不限于初级束流。这些交互作用不仅激活了构成加速器和束线部件的材料，还可能产生一系列放射性核素。接下来，我们将详细探讨由初级粒子诱导的残余活化现象。

5.2.1 初级粒子诱导的残余活化

加速器和束线系统中的放射性核素主要源于与初级束流的相互作用，这些相互作用发生在束流成形、输送设备以及能量选择系统中。这些部件通常由铝、不锈钢(含有镍、铬和铁)、铁和铜等材料制成。残余活度主要是由这些材料与散射粒子之间发生的散裂反应所引起的。由于钨和钽具有高熔点和高密度，它们常用于加速器的关键部件，例如回旋加速器的引出隔板和束流挡板。这些材料不仅会被活化，还可能因为蒸发而污染周围材料的表面。

5.2.1.1 铝、铬、铁、镍、铜中的残余放射性活度

散裂反应能产生多种放射性核素。HIMAC 的实验测量了在 400 MeV/u 的 ^{12}C 离子照射下，铜、镍、铁、铬和铝产生核素的反应截面(见图 5-5)。如图 5-5 所示，尽管没有明显的靶质量数相关性，但随着靶质量数的增加，产生的

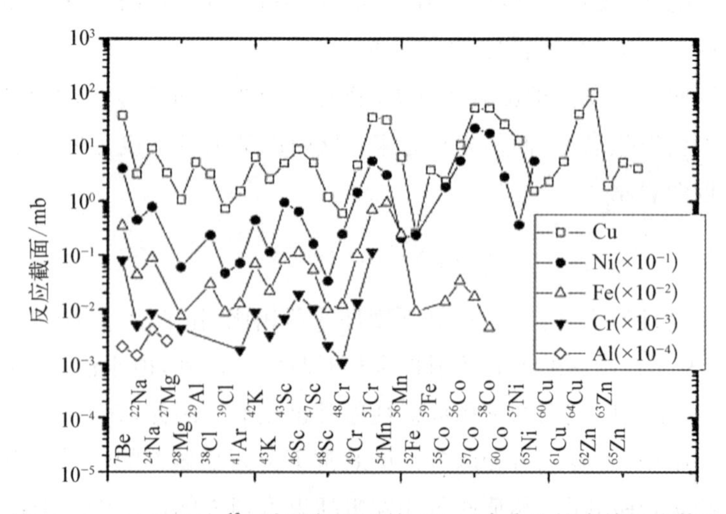

图 5-5 400 MeV/u ^{12}C 离子辐照下的不同元素产生核素的反应截面

(据 Yashima et al, 2004a)

核素分布变得更加广泛。

5.2.1.2　铜中残余活度的质量-产额分布

图5-6揭示了在铜材料中，由不同射弹和能量产生的核素的质量产额(同质量数丰度)分布情况。从图中可以观察到，产物核素可以根据它们的产生机制划分为3个不同的组；分别为组Ⅰ、组Ⅱ和组Ⅲ。组Ⅰ包括了那些由小冲击参数的碰撞或由重射弹的射弹碎片所产生的靶碎片。这些核素通常在碰撞过程中受到较小的冲击，从而形成较轻的碎片。组Ⅲ由那些冲击参数几乎等同于射弹半径与靶半径之和的碰撞所产生的靶破片组成。在这种情况下，较大的冲击参数导致靶核发生更为剧烈的破碎，从而形成较重的碎片，组Ⅱ由组Ⅰ和组Ⅲ之间的碰撞参数所产生的靶碎片组成。这些核素的产生涉及中等大小的冲击参数，导致靶核的中等程度破碎。

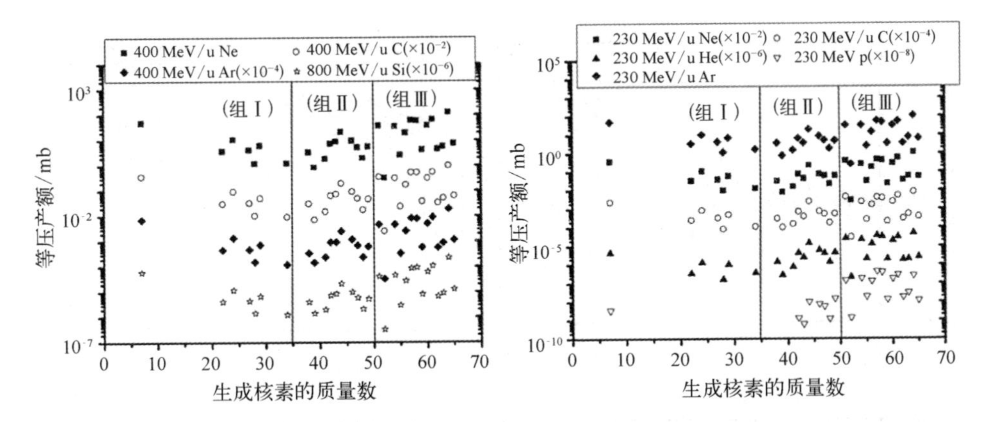

图5-6　铜中由不同射弹类型和能量的粒子产生的核素的质量产额(同质量数丰度)分布

(据 Yashima et al，2002；2004a)

图5-6清楚地展示了一个趋势：随着铜材料与所生成核素之间质量数差异的增大，质量产额截面起初会有所下降。然而，如^{7}Be这样的轻核素不仅通过小撞击参数的反应从靶核的重崩解中产生，还作为轻裂解的较小碎片产生。此外，这些轻核素还可以通过重粒子的抛射碎片过程产生。

5.2.1.3　铜靶深度下残余活度的空间分布

图5-7(a)～(f)展示了铜靶中由^{7}Be、^{22}Na、^{38}Cl、^{49}Cr、^{56}Mn和^{61}Cu等核素诱发的残余活度在空间上的分布情况，其中靶深度以粒子投射范围为单位进行度量。在本节以及接下来的两节(第5.2.1.4节和第5.2.1.5节)中，我们将探讨在初级粒子轨迹附近产生的残余活度。这些活度主要由初级离子引

发，同时也涉及二次带电粒子和中子的生成。

图 5－7(a)～(f)中的数据可以总结如下：当铜靶与生成的核素之间的质量数差异较大时，即生成的核素属于图 5－6 中的组Ⅰ时，则这些核素

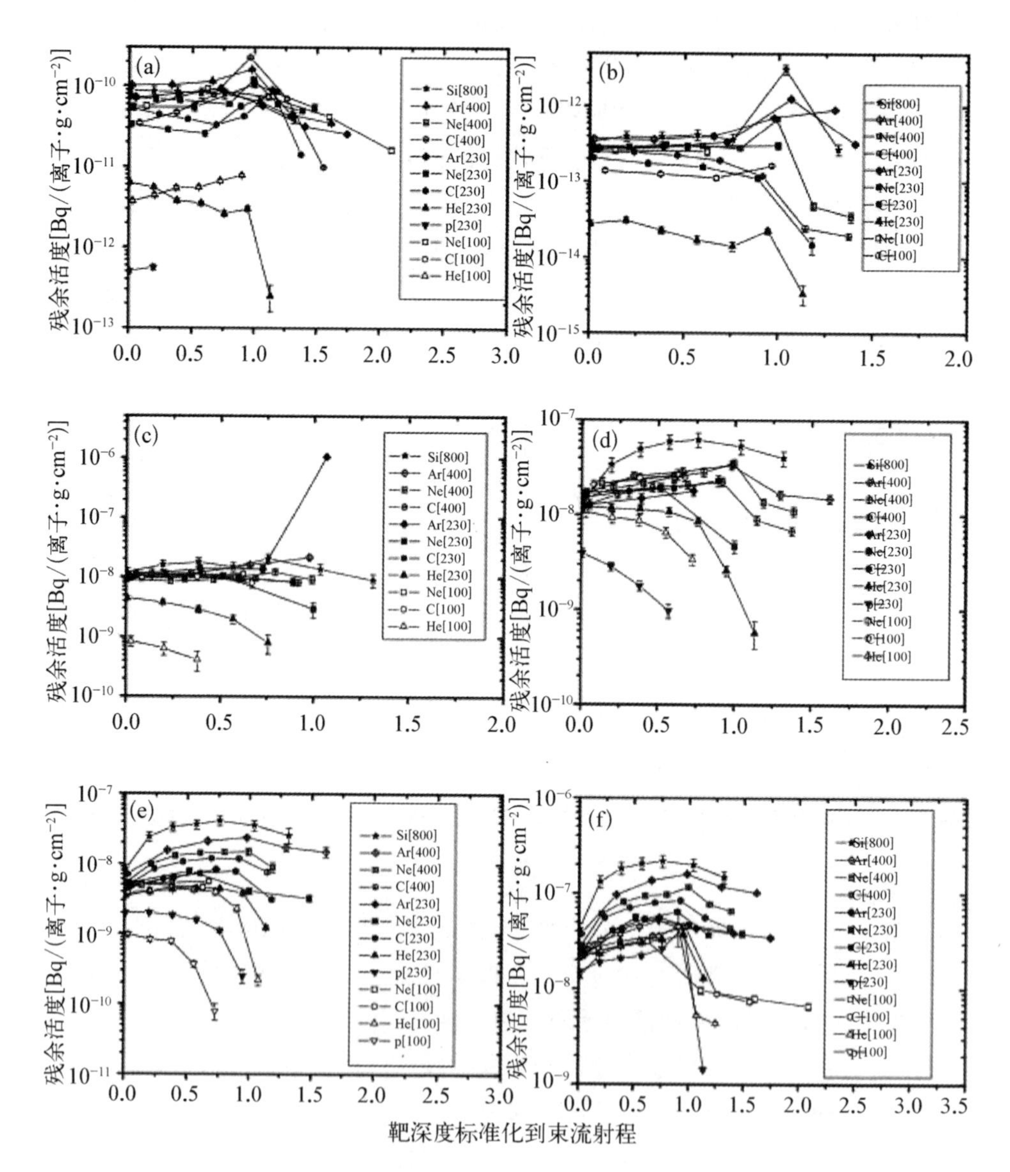

图 5－7　不同入射粒子类型和能量下的残余活度随铜靶深度的空间分布

(a) ^{7}Be 的残余活度；(b) ^{22}Na 的残余活度；(c) ^{38}Cl 的残余活度；(d) ^{49}Cr 的残余活度；(e) ^{56}Mn 的残余活度；(f) ^{61}Cu 的残余活度

(据 Yashima et al, 2004b)

主要由初级的投射反应产生。因此，大多数反应截面随着靶深度的增加而逐渐减少，这与射弹在靶材料中通量衰减的现象一致。相反，当铜靶与生成的核素之间的质量数差异较小，即生成的核素属于图 5-6 中的组Ⅱ或组Ⅲ时，由次级粒子反应产生的核素比例显著增加。随着生成核素的质量数和投射能量的提高，残余活度也随之增加，尤其是在弹坑深度较大时更为明显。

此外，随着核素质量数和投弹能量的增加，铜靶深度的残余放射性活度也会增加，这主要归因于二次粒子反应的贡献不断增大。在图 5-7(a)、(b)和(c)中，我们可以看到，在某些情况下残余活度在投射射程附近会急剧上升。例如，由 100 MeV/u ^{12}C 产生的^{7}Be、由 800 MeV/u ^{28}Si 产生的^{22}Na，以及由 230 MeV/u ^{40}Ar 产生的^{38}Cl。这种现象可以归因于投射在飞行过程中产生的抛射碎片。由于这些抛射碎片的速度和方向与原始投射相似，它们往往会在比投射射程稍深的位置停留。预计在^{12}C 辐照产生^{11}C 的情况下，也会出现类似的效应。

5.2.1.4 铜靶中总残余活性的估算

图 5-8(a)和(b)展示了根据先前测量的空间分布数据估算得到的铜靶中诱导的总残余活性随冷却时间的变化。这些估算是在束流强度为 6.2×10^{12} 粒子/s，即 1 粒子微安培(1 pμA)的条件下进行的，涵盖了短期和长期照射情景，分别为 10 个月和 30 年。在解读这些图表时，需要注意图 5-8(a)的 x 轴单位是秒，而图 5-8(b)的 x 轴单位是天。

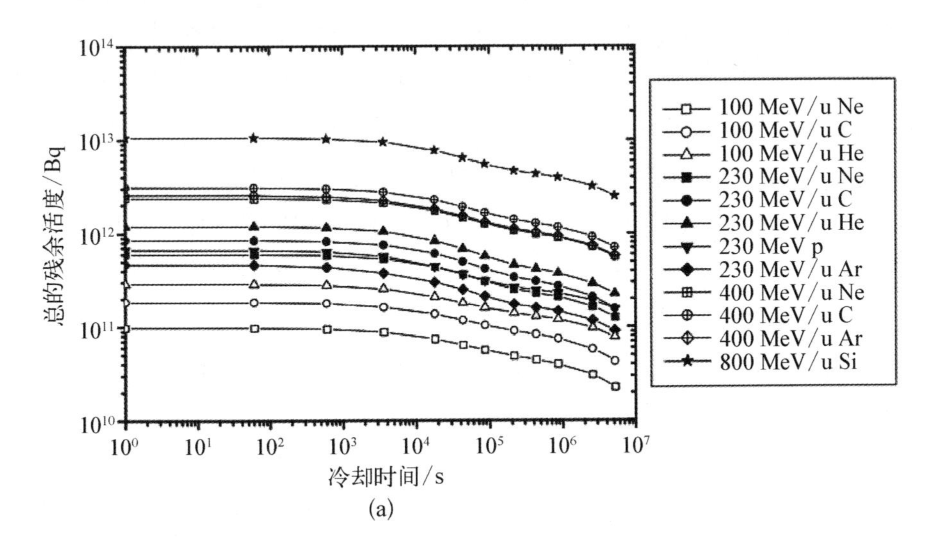

(a)

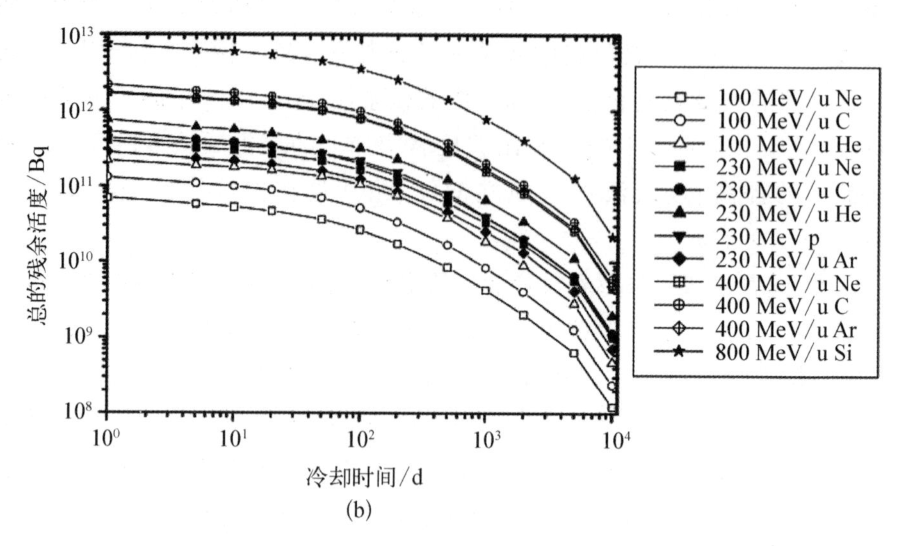

图 5-8　1 pμA 离子在铜靶中辐照产生的总残余活度

(a) 短照射时间(10 个月)；(b) 长照射时间(30 年)

(据 Yashima et al，2004b)

图 5-9(a)揭示了辐照结束时，在厚靶中产生的总残余活度如何随投射的总能量变化。所采用的投射粒子与图 5-8 中相同。除了 230 MeV 质子辐照外，我们可以观察到在相同的投射能量下，每个核子的总活度随着投射质量数的增加而降低。这一现象可以通过以下机制来解释：核素的生成截面与具有相同单位核子能量的投射质量数关系不大(Yashima et al，2002；2004a)。因此，较轻的投射由于射程更远，导致残余活度较大。以图 5-6 为例，230 MeV/u 质子虽然具有与 230 MeV/u 氦相同的射程，但其横截面较小，从而使得质子产生的总活度低于氦产生的总活度。当比较由特定粒子产生的总活度时，该活度随着每个核子能量的增加而增加。当辐照结束时，主要的残余放射性核素包括^{61}Cu、^{64}Cu、^{57}Co、^{58}Co、^{52}Mn、^{51}Cr 和^{7}Be；冷却两个月后，主要的残余放射性核素变为^{65}Zn、^{56}Co、^{57}Co、^{58}Co、^{54}Mn 和^{51}Cr；而冷却 30 年后，主要的残余放射性核素为^{60}Co 和^{44}Ti。这些核素中，由次级粒子反应产生的核素占有相当大的比例。因此，投射能量越高，产生的残余活度也越大，这是因为高能量射弹会产生更多的二次粒子。

图 5-9(b)展示了单位质量铜靶的特定残余活度与投射总能量之间的关系。这里所指的靶是一个具有 1 cm^2 反应截面、长度等于投射射程的

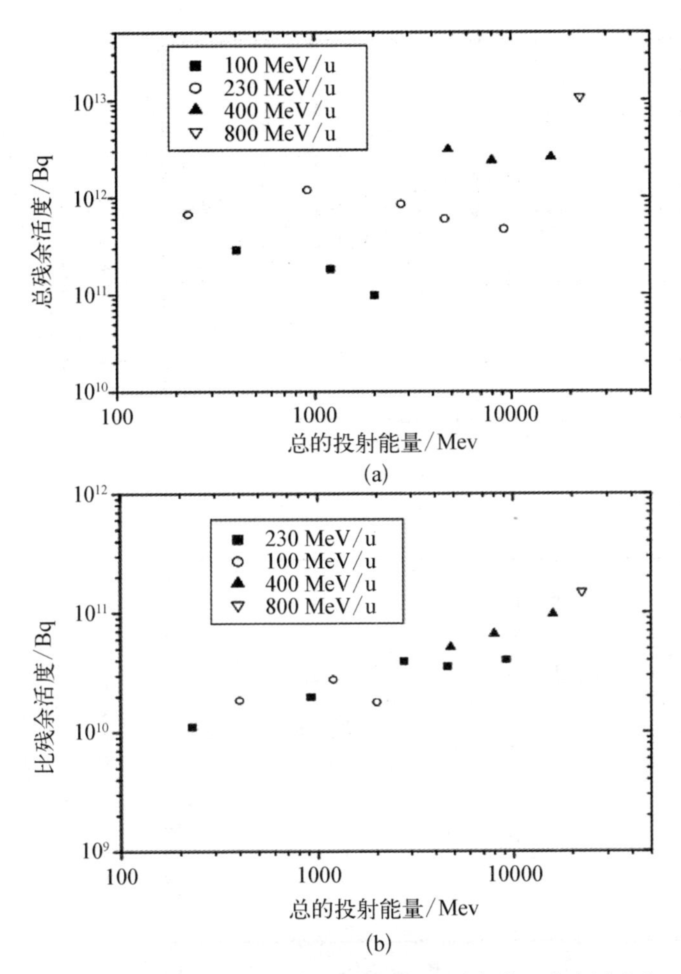

图 5-9 1 pμA 照射 10 个月后在铜靶中诱发的总残余活度和即时比残余活度与投射能量的关系

(a) 总残余活度;(b) 比残余活度
(据 Yashima et al, 2004b)

铜圆柱体。从图 5-9(b)可以明显看出,比残余活度随着投射总能量的增加而增加。

5.2.1.5 铜靶残余活度对 γ 射线剂量的估算

图 5-10(a)和(b)展示了在不同辐照时长[短期(10 个月)和长期(30 年)]条件下,位于铜靶 1 m 处的 γ 射线有效剂量率如何随时间衰减。图中展示的剂量率考虑了湮灭光子对总剂量的贡献。此外,图 5-11 描绘了辐照结束时的剂量率与投射总能量之间的函数关系。γ 射线剂量与投射能量及种类之间的关系,与残余活度的分布特征具有相似性。

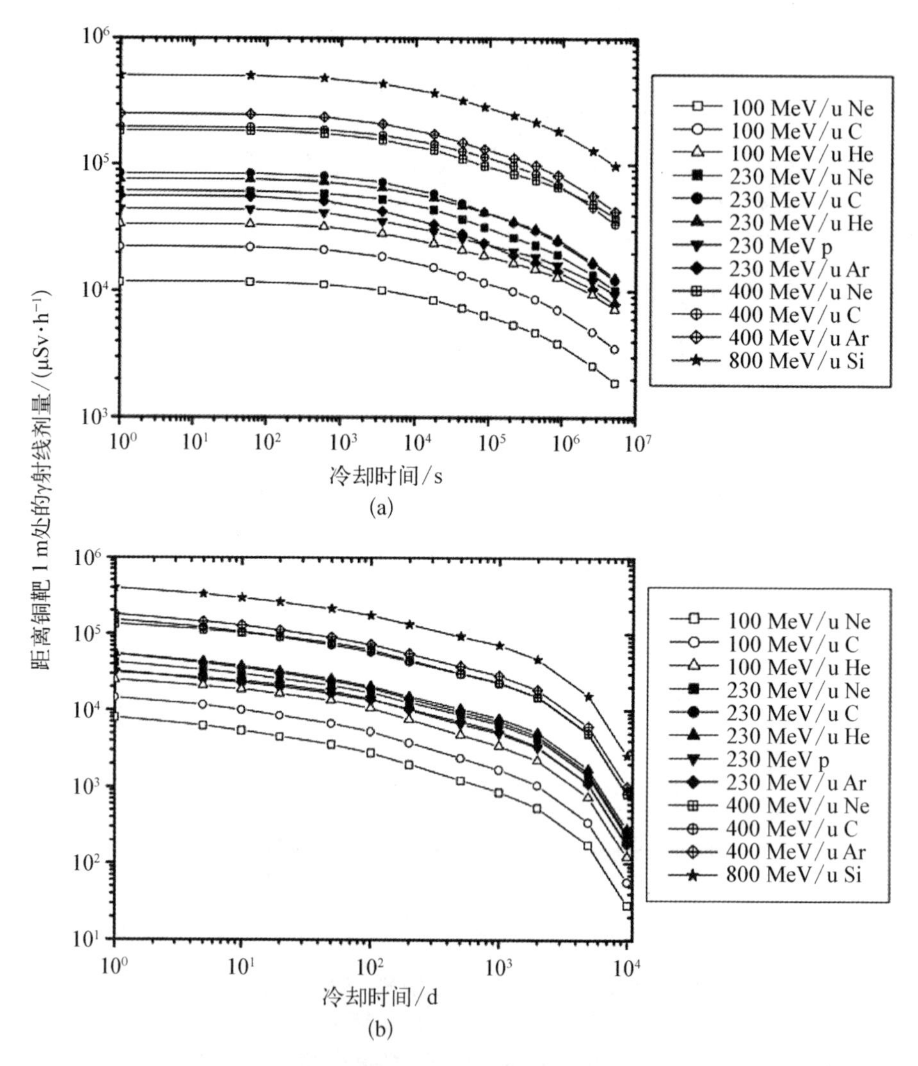

图 5-10 由 1 pμA 离子辐照的铜靶中诱导的总残余活性产生的 γ 射线剂量

(a) 短照射时间(10 个月);(b) 长照射时间(30 年)

(据 Yashima et al, 2004b)

5.2.2 二次中子诱导的残余活化现象

在加速器环境中,放射性核素的形成不仅受到初级粒子的影响,还受到次级中子的显著诱导作用。这些次级中子的能量可以与初始质子的能量相媲美,而在重离子情况下,每个核子的能量甚至可能达到初始粒子能量的 2 倍。由于中子具有较高的穿透能力,它们能在广泛的区域内引起活化,这与带电粒

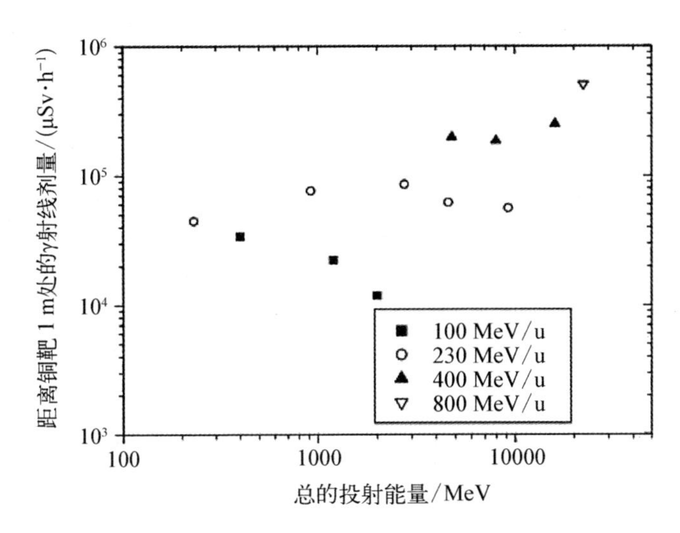

图 5-11 10 个月 1 pμA 离子辐照后在铜靶内诱导的总残余活度导致的 γ 射线有效剂量与入射粒子类型的依赖关系

(据 Yashima et al, 2004b)

子的活化效果形成对比,后者通常局限于粒子的射程范围内。二次高能中子的强度在初始粒子的方向上呈现出明显的正向峰值,并随着与有效源距离的平方成反比关系而逐渐减弱。

在 20 MeV 以上的能量区间,关于中子诱发反应的截面数据相对稀缺。在缺乏具体数据的情况下,通常将 100 MeV 以上的中子诱发反应截面视为与质子诱发的截面等同。图 5-12 提供了一个实例,展示了自然铜(^{nat}Cu)在中子(n, x)和质子(p, x)作用下通过$^{nat}Cu(n, x)^{58}Co$ 和$^{nat}Cu(p, x)^{58}Co$ 反应生成^{58}Co 的反应截面比较。从图中可以观察到,在 80 MeV 以上的能量水平,中子诱发的反应截面略高于质子诱发的反应截面。

在加速器的外壳内部,热中子的分布几乎是均匀的。对于距离中子源 2 m 以外的区域,热中子的注量率 ϕ_{th} 可以通过一个简洁的公式进行估算,这一公式由 Ishikawa 等人(1991)提出:

$$\phi_{th}=\frac{CQ}{S} \tag{5-6}$$

其中,C 是一个常数,通常取值为 4;Q 是产生的中子总数;S 是加速器外壳的总内表面积,包括所有墙壁、地板和屋顶的面积。

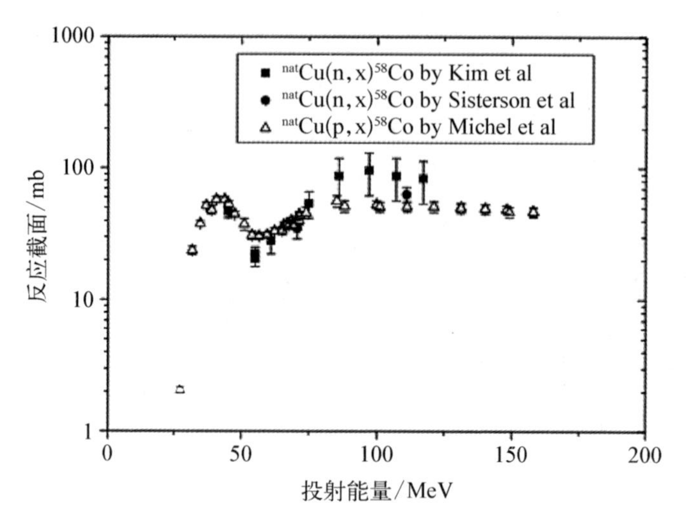

图 5-12 $^{nat}Cu(n, x)^{58}Co$ 和 $^{nat}Cu(p, x)^{58}Co$ 反应的截面

(据 Kim et al，1999；Michel et al，1997；Sisterson et al，2005)

表 5-1 详细列出了热中子与金属相互作用后产生的一些特征放射性核素。表中列出了发射概率大于 1%的 γ 射线(Firestone，1999；Sullivan，1992)。在铁和不锈钢中，锰和钴通常以杂质的形式存在。特别地，^{56}Mn 也可以通过快中子与 ^{56}Fe 发生(n，p)反应生成。黄铜，作为铜和锌的合金，在热中子的作用下也会形成特定的放射性核素。此外，铅砖可能含有少量的锑，这是为了增强其机械性能而特意添加的。

表 5-1 金属中通过热中子俘获产生的特征放射性核素

放射性核素	半衰期	衰变方式	γ 射线(发射)	可转换核素、丰度、俘获截面
^{56}Mn	2.58 h	β^-：100%	847 KeV(98.9%)	^{55}Mn
			1 811 KeV(27.2%)	100%
			2 113 KeV(14.3%)	13.3b
^{60}Co	5.27 a	β^-：100%	1 173 KeV(100%)	^{59}Co
			1 332 KeV(100%)	100%
				37.2b

（续表）

放射性核素	半衰期	衰变方式	γ射线（发射）	可转换核素、丰度、俘获截面
^{64}Cu	12.7 h	EC：43.6%	511 KeV(β+)	^{63}Cu
		β^+：17.4%		69.2%
		β^-：39.0%		4.5b
^{65}Zn	244.3 d	EC①：98.6%	1 116 KeV(50.6%)	^{64}Zn
		β^+：1.4%	511 KeV(β+)	48.6%
				0.76b
^{69m}Zn	13.8 h	IT②：100%	439 KeV(94.8%)	^{68}Zn
				18.8%
				0.07b
^{122}Sb	2.72 d	β^-：97.6%	564 KeV(70.7%)	^{121}Sb
		EC：2.4%	693 KeV(3.9%)	57.4%
				5.9b
^{124}Sb	60.2 d	β^-：100%	603 KeV(98.0%)	^{123}Sb
			646 KeV(7.3%)	42.6%
			723 KeV(11.3%)	4.1b
			1 691 KeV(48.5%)	—
			2 091 KeV(5.7%)等	—

注：① EC代表“电子捕获”(Electron Capture)，是一种放射性衰变过程。
② IT代表“同质异能转换”(Isomeric Transition)，是一种核衰变过程。

5.3 混凝土的活化分析

在加速器设施中，用于屏蔽的混凝土所包含的感生放射性物质和放射性活度浓度通常低于那些直接受到主加速器束流辐照的加速器部件。尽管如此，在加速器停机后，屏蔽室附近的工作人员仍可能受到混凝土中，如^{24}Na（半衰期为15 h）等放射性核素的γ射线照射。当加速器退役并需要拆除屏蔽屏障时，尤其需要注意，因为这时候可能存在长寿命的残余放射性物质，需要谨慎处理。

图5－13展示了在放射化学和核物理研究所（RCNP）由140 MeV质子-锂（p－Li）中子源照射下，厚重屏蔽层中通过测量和计算得到的次级中子能谱。该能谱显示，即使在屏蔽层的深处，高能中子引起的反应仍然显著。此外，放射性活度随着混凝土深度的增加而呈指数级递减。

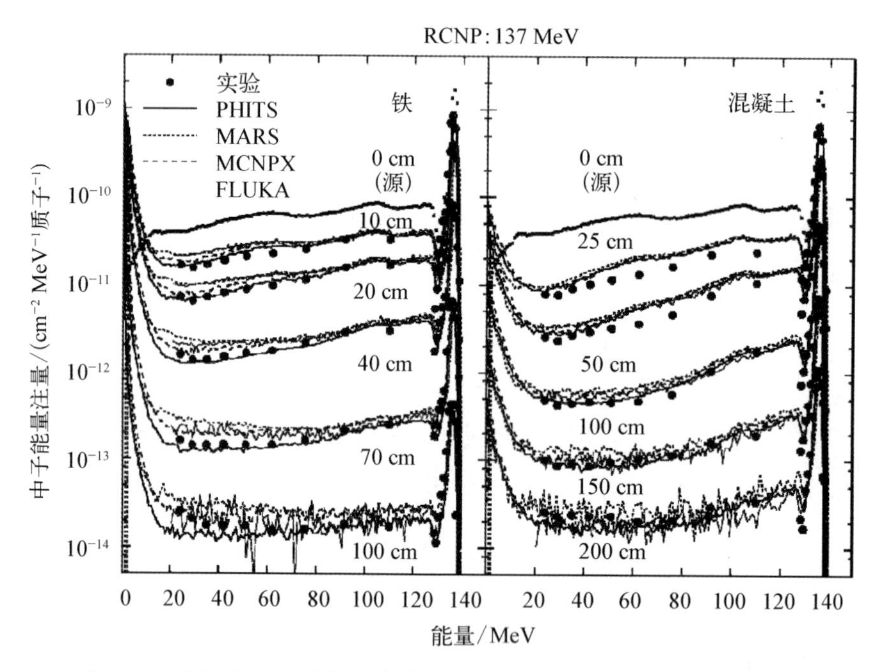

图5－13　厚重混凝土或铁屏蔽中通过测量和计算得到的次级中子能谱

（据 Kirihara et al，2008）

在多个中子辐照设施中，针对混凝土屏蔽层中的感生放射性进行了广泛的研究。具体来说，在500 MeV质子同步加速器的4 m厚混凝土屏蔽中（Oishi et al，2005）、数个质子回旋加速器的0.5 m厚防护罩（Masumoto et al，2008；Wang et al，2004）以及12 GeV质子同步加速器的6 m厚屏蔽体（Kinoshita et al，2008）中完成了测量工作。混凝土中常见的放射性核素包括^{22}Na、^{7}Be、^{3}H、^{46}Sc、^{54}Mn、^{60}Co、^{134}Cs和^{152}Eu。值得注意的是，当混凝土与地下水接触时，^{22}Na和^{3}H可能会溶解于水中，尽管通常水中的放射性物质含量较低。

在加速器退役过程中，最需关注的长寿命放射性核素为^{22}Na、^{60}Co和^{152}Eu。^{60}Co和^{152}Eu主要是通过混凝土中的Co和Eu杂质与热中子发生俘获反应而生成。尽管这些杂质的含量微乎其微，但$^{59}Co(n,\gamma)$和$^{151}Eu(n,\gamma)$的俘获截面相当大。^{22}Na则是由高能中子引发的核散裂反应产生的。根据国际原子能机构的规定(IAEA, 1996)，这些核素的豁免浓度水平被设定为10 Bq/g。

特别地，由于^{59}Co作为铁的杂质在混凝土中的含量高，混凝土中铁筋的^{60}Co放射性活度尤为关键。然而，由于^{59}Co和^{151}Eu的杂质含量依赖于混凝土的具体成分，其放射性活度的估算颇具挑战。通常，^{3}H的放射性活度大约是^{60}Co和^{152}Eu的10倍(Masumoto et al, 2008)，尽管^{3}H的豁免水平要高得多，为10^{6} Bq/g。^{3}H既可以通过核散裂反应也可以通过热中子俘获产生。

在一个12 GeV质子同步加速器设施中，对混凝土屏蔽层的活化深度分布进行了测量(见图5-14)。通过在墙壁上钻孔至4～6 m的深度，获取了混凝

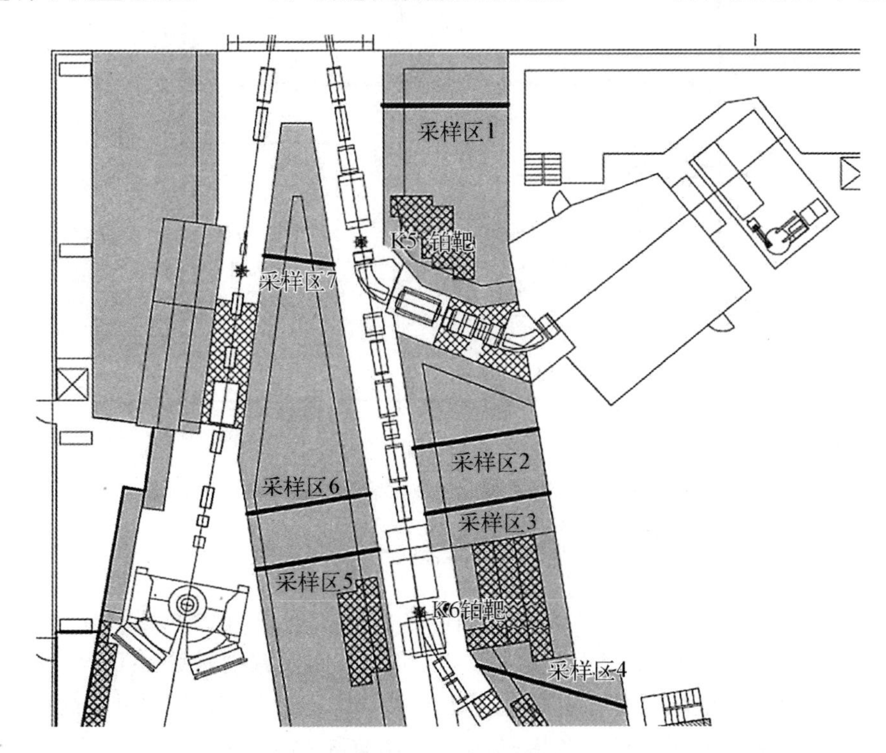

图5-14 12 GeV质子同步加速器设施中的靠近铂靶混凝土屏蔽层平面图

(据Kinoshita et al, 2008)

注：放射性取样位置在采样区1～7处显示。

土芯样。并使用锗探测器测量了γ活性，并成功识别了^{22}Na、^{54}Mn、^{60}Co和^{152}Eu的γ射线。对混凝土样本进行加热处理，并在冷阱中收集氚。使用液体闪烁计数器测量了β活度，结果展示在图5-15中。由高能反应产生的核素（如^{22}Na）的放射性随着屏蔽层穿透深度的增加而呈指数级下降。而由中子俘获反应产生的放射性核素（如^{60}Co和^{152}Eu）的放射性活度则从内表面开始增加，直到约20 cm深度，随后随着深度的增加而减少（Kinoshita et al, 2008）。

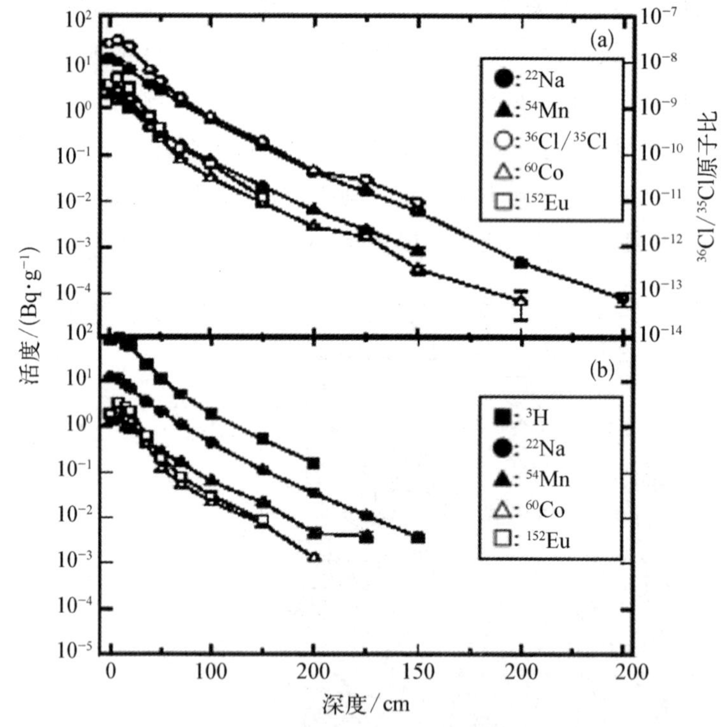

图5-15　6 m厚混凝土屏蔽中靠近铂靶的放射性深度分布

(a) 采样区1;(b) 采样区6
(据Kinoshita et al, 2008)

能够根据测量到的表面剂量率来估算放射性浓度将极大地简化评估过程。在估算混凝土屏蔽层的剂量率时，我们通常假设放射性物质在不同尺寸的矩形平行管道中均匀分布。以距离表面10 cm处的1 μSv/h剂量率为例，我们可以计算出放射性浓度和总量，如图5-16所示(Ban et al, 2004)。这些计算结果表明，无论是放射性浓度还是总量，均未超出国际原子能机构(IAEA, 1996)所规定的豁免水平。

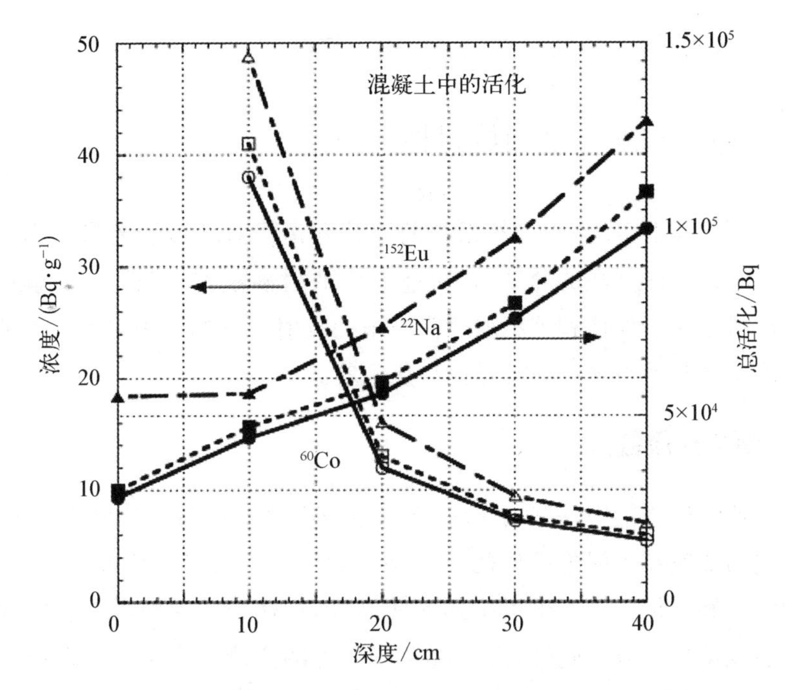

图 5-16 1 μSv/h 剂量率下的 5 cm 混凝土块的放射性总量与浓度分布

（据 Ban et al，2004）

具体到各种放射性核素，^{22}Na 的放射性浓度和总量分别为 10 Bq/g 和 1×10^6 Bq；^{60}Co 的放射性浓度和总量分别为 10 Bq/g 和 1×10^5 Bq；^{152}Eu 的放射性浓度和总量分别为 10 Bq/g 和 1×10^6 Bq。这些数据为我们提供了对混凝土屏蔽中放射性水平的深入理解，并确保了退役和拆除过程中的环境安全。

在实际应用中，准确计算混凝土屏蔽层中的放射性浓度是一项挑战，因为辐照条件和混凝土的具体成分通常存在差异。为了建立一个基准，KENS 散裂中子源设施的研究人员（Oishi et al，2005）进行了一系列的计算工作。他们采用了 NMTC/JAM 代码（Niita，2001）来模拟由 500 MeV 质子撞击钨靶产生的源中子。

在处理中子能量高于 20 MeV 的情况时，NMTC/JAM 代码被用来计算 4 m 厚混凝土中由中子诱发的放射性活度。对于中子能量低于 20 MeV 的情况，则转而使用 MCNP5 代码进行相应的计算。尽管对于^{28}Mg、^{52}Mn、^{7}Be 和^{56}Co 等特定核素的计算结果与实验数据存在较大偏差，但对于那些主要不是通过散裂反应产生的核素，计算值与实际测量值之间的一致性在 2～5 倍的范围内，这表明所采用的方法具有一定的可靠性。

5.4　冷却水和地下水的放射性考量

在粒子加速器设施中，冷却系统的设计和运作对环境的放射性影响至关重要。水不仅是热交换的介质，也可能成为放射性核素的载体。了解这些核素的生成机制对于评估和控制加速器设施的放射性影响尤为关键。本节将详细讨论冷却水和地下水中的放射性活化问题。

5.4.1　活化反应截面

在束流输运过程中，磁体、狭缝、挡板以及能量选择系统等组件的冷却水，可能会因为加速粒子损失产生的二次中子而活化。在某些情况下，如回旋加速器的狭缝和挡板以及离子引出的偏转器处，加速粒子甚至可能直接撞击冷却水而引发活化反应。此外，由束流损失产生的高能二次中子有可能穿透屏蔽材料，进而激活地下水。

高能中子与氧原子相互作用时，可通过散裂反应生成多种放射性核素，包括^{14}O、^{15}O、^{13}N、^{11}C、^{7}Be和^{3}H。这些核素的生成反应截面如表 5－2 所示(Sullivan，1992)，该表专门展示了 20 MeV 以上中子的活化截面数据。

表 5－2　中子和质子的水活化截面

核素	半衰期	衰变方式	γ射线能量/MeV	γ射线发射概率/%	反应截面	
					O/mb①	水/cm^{-1}②
^{3}H	12.3 a	β^-	—	—	30(56)③	1.0×10^{-3} (1.9×10^{-3})
^{7}Be	53.3 d	EC，γ	0.478	10.5	5(9)	1.7×10^{-4} (3.1×10^{-4})
^{11}C	20.4 min	β^+	—	—	5(9)	1.7×10^{-4} (3.1×10^{-4})
^{13}N	9.97 min	β^+	—	—	9(17)	3.0×10^{-4} (5.6×10^{-4})

（续表）

核素	半衰期	衰变方式	γ射线能量/MeV	γ射线发射概率/%	反应截面	
					O/mb①	水/cm^{-1}②
^{14}O	1.18 min	β^+，γ	2.3 MeV	99.4	1(2)	3.3×10^{-5} (6.2×10^{-5})
^{15}O	2.04 min	β^+	—	—	40(75)	1.3×10^{-3} (2.5×10^{-3})

注：① $1\ mb=1\times10^{-3}b=1\times10^{-27}cm^2$。
② 原子密度：H 为 $6.67\times10^{22}\ cm^{-3}$；O 为 $3.34\times10^{22}\ cm^{-3}$。
③ 括号中的数值是^{12}C离子的反应截面数值。

在冷却水系统中，质子与水分子的相互作用同样会导致活化，其活化截面与中子的情况相当，因此，表 5-2 同样适用于质子引发的反应。值得注意的是，自然界中 0.205%的氧是^{18}O同位素。当质子与水分子相撞时，可能会通过$^{18}O(p, n)^{18}F$反应生成发射正电子的^{18}F，其半衰期大约为 1.83 h，相关的反应截面数据如图 5-17 所示（Hess et al，2001；Kitwanga et al，1990；Marquez，1952；Ruth and Wolf，1979；Takacs et al，2003）。

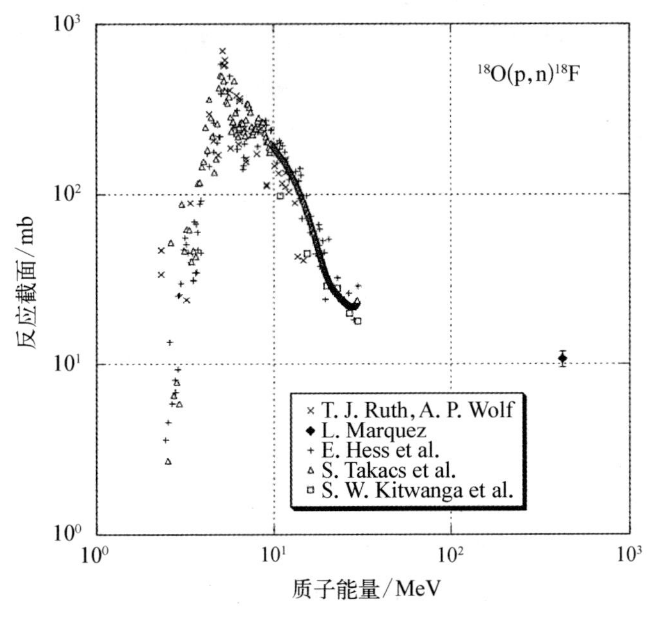

图 5-17 $^{18}O(p, n)^{18}F$活化反应截面

此外，考虑到^{12}C较大的质量数，其与中子或质子的反应截面也相对较大，如果仅从几何截面角度考虑，可以假设氧与^{12}C的反应截面是氧与质子反应截面的1.87倍。表5-2中也列出了基于这一假设得出的^{12}C的反应截面数据。

5.4.2 水活化的影响

放射性核素如^{14}O、^{15}O、^{13}N和^{11}C具有较短的半衰期，它们在辐照后很短的时间内就会达到放射性的饱和状态。这些正电子发射核素产生的湮灭光子可能会增加冷却水管道和离子交换树脂罐周围的剂量率。在忽略水和管壁对光子自吸收的情况下，可以根据式(5-7)计算冷却水管周围的剂量率。

$$E = \frac{\pi^2 \gamma_E r^2 c}{d} \tag{5-7}$$

其中，E是有效剂量率，μSv/h；γ_E是有效剂量率因子（正电子发射核素为0.001 44 μSv/h·Bq^{-1}·cm^{-2}）；r是冷却水管的半径，cm；c是水中正电子发射核素的浓度，Bq/cm^3；d是冷却水管与观察点之间的距离，cm。

随着辐照过程的结束，放射性核素如^{14}O、^{15}O、^{13}N和^{11}C的活度会迅速衰减，导致相应的剂量率也会随之减少。尽管如此，一些在离子交换树脂中累积的放射性核素，例如^{18}F和^{7}Be，仍然可能产生可检测的剂量率。特别是^{18}F，如果质子束穿透水体，其引发的剂量率可能持续大约一天时间。在更换离子交换树脂时，也需要注意^{7}Be的存在，它的半衰期为53天，并会在2～3年后显著减少至安全水平。

^{3}H(氚)以HTO(氚水)的形式存在于水中，由于其半衰期较长，达到12.3年，会在水体中持续积累。因此，定期监测其浓度是必要的，尤其是在使用粒子治疗设备时，由于其束流强度较低，^{3}H的浓度通常远低于允许排入下水道系统的限值。

对于地下水，考虑到其可能被用作饮用水源，必须严格控制其活化水平。地下产生的放射性核素有可能通过水迁移至饮用水中。如果加速器设施附近存在水井，那么受活化的水不会立即被用于饮用，而可能是在地下水中迁移后进入饮用水系统。因此，虽然半衰期短的放射性核素如^{14}O、^{15}O、^{13}N和^{11}C，以及迁移率低的核素如^{7}Be通常不会对地下水造成长期影响，但^{3}H由于其较长的半衰期，可能对地下水产生持续的影响。因此，在加速器设施的设计和运行阶段，必须充分考虑地下水的放射性活化问题，并采取相应的监测和控制措施。

如果屏蔽外的水中放射性浓度不可忽视，则需要估算水井或场址边界处的浓度。地下水的流速会影响长半衰期核素的积累量，而衰变现象也需要在估算中予以考虑。式(5-8)提供了一种估算给定点浓度的方法，考虑了地下水的流速和核素的衰变。

$$C = C_0\left(1 - e^{-\lambda\frac{L_1}{v}}\right)e^{-\lambda\frac{L_2}{v}} \tag{5-8}$$

其中，C 是给定点的浓度，Bq/cm^3；C_0 是辐照区域的饱和浓度，Bq/cm^3；λ 是核素的衰变常数，s^{-1}；L_1 是屏蔽外部的照射区域的长度 cm；v 是地下水的流速，cm/s；L_2 是照射区域和考虑点之间的距离，cm。

5.5 空气的放射性活化

在粒子治疗设施中，空气不仅为患者和工作人员提供必要的氧气，还可能成为放射性核素的来源。空气的活化主要源于二次中子的辐射，这些中子由加速器产生的高能粒子与材料相互作用时产生。此外，初级粒子在加速器真空系统和患者位置之间的空气路径中也可能直接引起空气活化。了解这些活化过程对于确保治疗环境的安全性至关重要。

5.5.1 活化截面

空气中的放射性核素可以通过蒙特卡罗模拟等高级计算方法进行详细估算，如本书第 6 章所述。然而，在大多数粒子治疗设备中，由于空气活化水平远低于规定限值，通常只需要进行粗略估计。如果初步估算结果接近规定限值，则需要进行更精确的计算。

高能中子在空气中产生的主要放射性核素包括^{3}H、^{7}Be、^{11}C、^{13}N、^{14}O和^{15}O，而热中子则主要产生^{41}Ar。表 5-3 列出了这些核素的产生截面(Firestone，1999；Sullivan，1992)，其中^{14}N 和^{16}O 的截面数据特别针对 20 MeV 以上的中子。

对质子而言，N 和 O 的反应截面与中子相当，因此表 5-3 同样适用于质子反应。^{14}N+^{12}C 的几何截面是^{14}N+p 的 1.90 倍，^{16}O+^{12}C 的几何截面是^{16}O+p 的 1.87 倍。表中还列出了^{12}C 离子的反应截面，这是基于前面提到的几何截面比率计算得出的。

表 5-3 中子和质子的空气活化截面

核素	半衰期	衰变方式	γ射线能量/MeV	γ射线发射概率/%	反应截面		
					N/mb[a]	O/mb[①]	Air/cm^{-1}[②]
^{3}H	12.3 a	β^-	—	—	30(57)[③]	30(56)	1.5×10^{-6} (2.8×10^{-6})
^{7}Be	53.3 d	EC，γ	0.478	10.5%	10(19)	5(9)	4.4×10^{-7} (8.4×10^{-7})
^{11}C	20.4 min	β^+	—	—	10(19)	5(9)	4.4×10^{-7} (8.4×10^{-7})
^{13}N	9.97 min	β^+	—	—	10(19)	9(17)	4.9×10^{-7} (9.2×10^{-7})
^{14}O	1.18 min	β^+，γ	2.3	99.4%	0(0)	1(2)	1.1×10^{-8} (2.0×10^{-8})
^{15}O	2.04 min	β^+	—	—	0(0)	40(75)	4.2×10^{-7} (7.8×10^{-7})
^{41}Ar	1.82 h	β^-，γ	1.3	99.1%	610(40 Ar)		1.42×10^{-7}

备注：① 1 mb$=1\times10^{-3}$b$=1\times10^{-27}cm^2$。
② 原子密度：N 为 3.91×10^{19} cm^{-3}；O 为 1.05×10^{19} cm^{-3}；Ar 为 2.32×10^{17} cm^{-3}。
③ 括号中的数值是^{12}C离子的反应截面数值。

5.5.2 空气活化浓度的估算

空气中放射性核素浓度的估算对于确保粒子治疗设施的安全性至关重要。本节公式提供了在不同条件下室内空气和排出空气中放射性核素浓度的估算方法(RIBF，2005)。这些估算假设房间内的空气是均匀混合的，并考虑了房间体积、通风速度、辐照时间和其他相关参数。本节公式中的符号说明如下。

A_0：房间内产生的饱和放射性活度，Bq[相当于式(5-1)中的 R]；

λ：衰变常数，s^{-1}；

V：房间体积，cm^3；

v：房间的通风速度，cm^3/s；

v_A：设施通风处的通风速度，cm^3/s；

ε：如果安装了净化系统，过滤器的穿透率（除^7Be外为1.0）；

T_R：辐照时间，s；

T_D：照射结束和通风开始之间的衰减时间，s；

T_E：室内人员的工作时间，s；

T_W：从照射结束到下一次照射开始之间的时间，s。

在进行设施规划时，应在设计阶段对房间内和烟囱处的空气浓度进行估算，并与监管规定的限值进行比较，以确定所需的通风量。

5.5.2.1 排出空气中的放射性核素浓度

情况1：在连续通风条件下，一个辐照周期（即从第一次辐照开始到第二次辐照开始）内烟囱的平均浓度（C_1）。

$$C_1 = \frac{\varepsilon v \lambda A_0}{v_A\left(\lambda + \frac{v}{V}\right)(T_R + T_W)}\left\{T_R - \frac{1}{\lambda + \frac{v}{V}}\left[1 - e^{-\left(\lambda + \frac{v}{V}\right)T_R}\right]e^{-\left(\lambda + \frac{v}{V}\right)T_W}\right\} \tag{5-9}$$

情况2：一个辐照周期内烟囱的平均浓度（C_2），条件是在辐照过程中停止通风，并且在照射停止之后的时间T_D开始通风。

$$C_2 = \frac{\varepsilon v A_0}{v_A V\left(\lambda + \frac{v}{V}\right)(T_W - T_D)}(1 - e^{-\lambda T_R})e^{-\lambda T_D}\left[1 - e^{-\left(\lambda + \frac{v}{V}\right)(T_W - T_D)}\right] \tag{5-10}$$

5.5.2.2 室内空气中的放射性核素浓度

情况3：停止辐照时持续通风的治疗室的空气浓度（C_3）。

$$C_3 = \frac{\lambda A_0}{V\left(\lambda + \frac{v}{V}\right)}\left\{1 - e^{-\left(\lambda + \frac{v}{V}\right)T_R}\right\} \tag{5-11}$$

情况4：在辐照停止之后的时间T_D同时开始工作和通风的条件下，T_E工作时间内房间的平均空气浓度（C_4）。这种情况可应用于加速器外壳，例如，人员仅在维护时进入。

$$C_4 = \frac{A_0}{V\left(\lambda + \frac{v}{V}\right) T_E} (1 - e^{-\lambda T_R}) e^{-\lambda T_D} \left[1 - e^{-\left(\lambda + \frac{v}{V}\right) T_E} \right] \quad (5-12)$$

这些公式考虑了衰变常数、通风速度、辐照时间和衰减时间等因素，为粒子治疗设施的空气放射性管理提供了科学依据。

第 6 章

用于粒子治疗的蒙特卡罗代码

蒙特卡罗方法以其独特的随机抽样技术，能够模拟和分析高能粒子在复杂几何结构中的传输和活化过程。这种方法在粒子治疗领域尤为重要，因为它允许研究人员和工程师评估和优化治疗设备的屏蔽设计、束流输运和剂量分布，从而确保患者安全和治疗效果的最优化。本章将专注于介绍和讨论用于粒子治疗的蒙特卡罗代码，这是一种强大的计算技术，它能够提供对粒子与物质相互作用的详细和精确的预测。

6.1 通用蒙特卡罗代码的应用

在当今粒子治疗设施的设计中，采用通用的粒子相互作用和输运蒙特卡罗代码已成为最精确且高效的选择。这些代码之所以备受青睐，不仅是因为它们在粒子物理学的各个领域得到了广泛的应用，更是因为它们通过了大量实验数据的严格基准测试，从而确保了建模过程的高精度。现代蒙特卡罗代码的强大之处在于它们能够全面模拟高能粒子级联的所有方面：从太电子伏特粒子的初始相互作用，到次级粒子的输运和再相互作用（包括强子和电磁过程），再到详尽的核裂变、放射性衰变计算，甚至是这些衰变产生的辐射所引发的电磁簇射。这使得使用单一代码即可完成从初级到次级的全面模拟，无须依赖多个不同代码进行烦琐的多步骤计算，从而显著提高了计算结果的一致性，并减少了由于代码转换带来的不确定性。

随着计算能力的指数级增长，人们现在能够在几小时或几天内完成复杂的模拟，且具有较低的统计不确定性。尽管许多通用代码都配备了用户友好的图形界面，这大大缩短了模拟准备和结果后处理的时间，但实际操作中，设置模拟和分析结果所投入的时间往往超过了计算本身。这表明，将资源和精力投入到对设施屏蔽的精细优化研究中，通常比采取保守的屏蔽措施和基础设施建设更为经济高效。

以下是一些常用于辐射输运模拟的通用蒙特卡罗代码，它们将在下文做进一步介绍。

(1) FLUKA(Ferrari, 2005; Battistoni et al, 2007)。

(2) GEANT4(Agostinelli et al, 2003; Allison et al, 2006)。

(3) MARS15(Mokhov, 1995; Mokhov amd Striganov, 2007; Mokhov, 2009)。

(4) MCNPX(Pelowitz, 2005; McKinney et al, 2006)。

(5) PHITS(Iwase, 2006; Niita, 2006)。

(6) SHIELD/SHIELD - HIT(Geithner et al, 2006; Gudowska et al, 2004)。

这些代码各具特色，能够满足粒子治疗设施设计和评估过程中的不同需求。

6.2 蒙特卡罗代码的应用领域

蒙特卡罗代码为粒子治疗设施的辐射防护设计提供了一个多用途和强大的工具。其应用范围覆盖了从屏蔽研究到患者剂量评估的各个方面，为设施的安全性和有效性提供了重要保障。

6.2.1 屏蔽研究和患者的二次剂量

在粒子治疗设施的设计中，屏蔽设计是至关重要的一环，它确保了工作人员、患者以及周围环境的辐射安全。蒙特卡罗代码在这方面发挥着不可替代的作用，它们能够对复杂的屏蔽结构进行细致的优化，包括通道迷宫、管道、壁材选择和壁厚设计，这些通常是传统分析方法难以描述的。通过蒙特卡罗模拟，可以精确计算由高能粒子与屏蔽材料相互作用产生的二次全身照射对工作人员和患者的风险。这一风险评估通常通过将注量谱与能量相关的转换系数相折叠来实现，而这些系数本身也是通过详细的蒙特卡罗模拟得到的。例如，使用人体复杂的体素模型进行模拟，可以更准确地评估患者受到的二次剂量(Pelliccioni, 2000)。

在屏蔽研究领域，蒙特卡罗代码已成为粒子研究加速器和治疗设施屏蔽设计的标准工具。众多研究，如 Agosteo 等人(1996b；1996c)、Brandl 等人(2005)、Fan 等人(2007)等，都采用了蒙特卡罗方法来优化屏蔽设计。第 7 章将进一步讨论束流部件中二次辐射产生的一些问题，以及如何通过蒙特卡罗模拟直接计算单个器官中的能量沉积，从而评估患者的二次剂量。

6.2.2　活化研究

近年来，随着微观模型的发展和实验基准数据的日益丰富，蒙特卡罗模拟在活化研究领域取得了显著进展。过去认为此类预测的不确定性系数在 2～5 之间是合理的，而现在的现代代码能够以 30％或更高的精度预测单个同位素(Brugger et al, 2006)。除了放射性核素的产生，一些代码还允许(在同一模拟中)计算放射性衰变和衰变辐射的传输，从而计算剩余剂量(Brugger et al, 2005)。因此，可以在设计阶段对屏蔽和加速器部件的材料选择和设计进行优化，从而降低后期因采取预防措施而产生的成本，如不必要的加速器停机时间，以便对部件进行"冷却"或临时保护。

蒙特卡罗方法在准确预测放射性核素的产生和分布方面的重要性，已经扩展到了粒子治疗的质量保证领域，例如正电子发射断层扫描(PET)的应用(Parodi et al, 2007；Pshenichnov et al, 2007)。尽管这一应用领域超出了本书内容的范围，但它展示了蒙特卡罗模拟在粒子治疗领域的广泛应用潜力。

此外，空气和水的活化通常也是通过蒙特卡罗模拟进行估算的。在这些情况下，由于介质密度较低和核素生成效率较低，通常会采用离线折叠粒子注量谱和评估的截面数据来代替核素生成的直接计算，以提高模拟的效率和准确性。

6.3　蒙特卡罗代码的要求

在粒子治疗设施的辐射防护设计中，蒙特卡罗代码的选择至关重要。这些代码不仅需要满足精确的物理建模要求，还应具备良好的用户友好性。本节将详细讨论这些要求，并提供选择合适代码的指导。

6.3.1　屏蔽研究

在粒子治疗设施的屏蔽设计中，蒙特卡罗代码必须能够准确描述各种材料中高达每核子数百兆电子伏特的强子与原子核的相互作用。由于屏蔽后的辐照主要是由中子引起的,因此精确模拟中子和光碎片的双微分分布,以及它们通过屏蔽层降至热能的过程至关重要。对于离子束和前向(束)屏蔽,代码对投射碎片的详细处理同样重要。用户通常更倾向于使用与能量相关的剂量当量转换系数,如 Pelliccioni(2000)所总结的系数,以及直接对后者进行评分的折叠方法。代码应提供这种选项。尽管电磁级联对屏蔽后总剂量的贡献相对较小(约 20%),但进行强子级联和电磁级联的耦合模拟仍然必要,以便根据测量结果确定计算基准,并建立场校准因子。

方差减少(偏置)技术对于蒙特卡罗代码在厚屏蔽(1 m 或更长)和复杂通道迷宫设计中的应用至关重要。模拟蒙特卡罗仿真是从实际相空间分布中对物理过程进行采样,而偏置仿真是通过从人工分布中采样,旨在相关空间区域(如厚屏蔽层后)使计算量更快地趋近真实值。需要注意的是,偏差模拟能预测平均量,但不能预测其高阶矩,因此不能再现相关性和波动。关于方差缩小技术的严谨数学处理方法,可参阅如 Lux 和 Koblinger(1991)以及 Carter 和 Cashwell(1975)的教科书。

目前有多种方差缩小方法。如何选择最合适的方法取决于实际问题,不同技术的组合往往是最有效的方法。所谓的“区域重要性偏置”是最容易应用和最安全的方法。将屏蔽层分成若干层,对这些层赋予重要性因子,因子值由内向屏蔽外侧增加,相邻两层的因子相对值等于该层剂量衰减的倒数。

FLUKA(Ferrari, 2005; Battistoni et al, 2007)和 MCNPX(Pelowitz, 2005; McKinney et al, 2006)是两种通用代码,其中包括强大的方差缩小技术,因此可广泛用于屏蔽研究。

6.3.2 活化研究

微观模型对非弹性相互作用的可靠描述对于束线和屏蔽部件的活化研究是不可或缺的。只有低能中子的活化是个例外,因为在相应的中子输运库中通常都有关于核素产生的评估实验数据。加速器部件的活化通常以散裂反应为主。要准确模拟这些反应,需要一个具有前平衡发射的广义核内级联模型,以及蒸发、裂变和碎裂模型。在簇射模拟中,描述高度激发的重残留物的分解(所谓的多重碎裂)可能非常复杂,而且耗时过长,因此通常采用质量数高达 20 或更多的核素的广义蒸发来近似描述。对单个核素产生的预测并非易事,它取决于许多不同物理模型的质量,不仅包括非弹性相互作用和核破裂模型,还包括粒子传输和簇射传播模型。因此，评估结果可靠性的详细基准练习至关重要。通常情况下，冷却时间越长，核素对总活化的贡献就越小，因此单个核素产生的细节就变得更加重要。在冷却时间较短（最多几天）的情况下，核素产生量的高估和低估往往会相互抵消，因此总活度或残余剂量等整体量受模型不确定性的影响要小得多。

MARS15 和 MCNPX 都可以使用级联-激子模型（CEM）和洛斯阿拉莫斯夸克-胶子弦模型（QGSM）进行强子相互作用，这些模型已在广泛的基准实验中得到证明，可以为核素产生提供可靠的预测（Mashnik，2009）。FLUKA 代码还包括详细的核素生成微观模型，已经证明这些模型能提供非常精确的结果（Brugger et al，2006）。在这种情况下，将模型完全集成到代码中去，为安全相关应用程序中经常需要的高水平质量提供了保证。

过去，残余剂量率通常是通过所谓的 ω 因子来估计的，ω 因子将固体材料中非弹性相互作用的密度与材料中放射性核素引起的接触剂量当量率联系起来。目前，越来越多的代码包含了对放射性衰变和衰变辐射传输的描述，并允许人们避免 ω 因子固有的近似值。在这类研究中，应首选能够直接模拟放射性衰变的代码，因为由于剂量限值不断降低，活化部件的处理是一个重要的成本因素，而且设计阶段的优化原则也越来越重要。目前，FLUKA 代码对残余剂量率的单步预测最为一致可靠（Ferrari，2005；Battistoni et al，2007；Brugger et al，2005）。其他通用代码使用 ω 因子（MARS15）或使用不同代码单独计算放射性衰变（MCNPX）。

6.3.3　患者的二次剂量

蒙特卡罗模拟已广泛用于研究患者的二次剂量（见第 7 章）。这种模拟显然需要对主射束在组织等效材料中的传输、相互作用和碎裂（对离子束而言）进行精确建模，并进行完全耦合的强子和电磁辐照模拟。传输代码能够使用体素模型，这通常会提高预测的可靠性，因为这种体模可以非常详细地模拟人体。GEANT4（Agostinelli et al，2003；Allison et al，2006；Rogers et al，2007）和 FLUKA（Ferrari，2005；Battistoni et al，2007；Battistoni et al，2008）就是支持体素几何模型的两个例子。

6.3.4　用户友好性

除了物理建模之外，代码的用户友好性也非常重要。如前所述，计算能力的提高大大减少了实际计算时间，因此，在许多情况下，建立模拟并处理其结果所需的时间成为主导因素。为了解决这个问题，许多代码都有图形用户界面，可以对输入选项进行基本检查。一些例子可以在 Vlachoudis(2009)、Theis 等人(2006)和 Schwarz(2008)的研究中找到。检查输入选项非常重要，因为提高用户友好度与提高将代码作为“黑匣子”使用的频率有关，而人们可能会在不知不觉中将模拟伪影考虑在内。此外，我们还注意到，结果能否被官方等机构接受在很大程度上取决于结果的展示方式。在这方面，三维几何图形可视化、将结果叠加到几何图形上以及使用彩色等值线图都很重要。最后，应当指出的是，尽管图形用户界面具有巨大优势，但要判断所获结果的准确性，对现有物理模型的了解是必不可少的。

6.4　最常用代码概述

在深入理解蒙特卡罗模拟在粒子治疗设施设计中的重要性和应用范围后，本节将对一些最常用的蒙特卡罗代码进行详细介绍。这些代码因其强大的物理建模能力、用户友好的操作界面以及在特定领域的专业应用而受到推崇。

6.4.1　FLUKA

FLUKA 是一款综合性的粒子相互作用和输运代码，它在高能加速器的辐射防护研究领域发挥着关键作用(Ferrari, 2005; Battistoni et al, 2007)。这一代码包含了辐射防护研究所需的所有特性，包括精细的强子与核相互作用模型、强子与电磁过程的全面耦合，以及多样的方差减少技术。

在 FLUKA 代码的心脏，强子相互作用由 PEANUT 模块精确模拟。PEANUT 集成了一系列高能物理过程，涵盖了从高达 20 TeV 的高能相互作用到复杂的核反应。这一模块采用了基于双 Parton 模型的 Glauber-Gribov 级联的唯象描述，广义核内级联模型，平衡前发射机制，以及包括蒸发、碎裂、裂变和 γ 发射在内的去激发过程。

为了精确模拟不同能量范围内的离子相互作用，PEANUT 利用了一系列专用模型。对于高于 5 GeV/u 的能量，DPMJET3 模型提供了精确的描述；对于 0.1～5 GeV/u 的能量，rQMD - 2.4 模型承担了模拟任务；而对于低于 0.1 GeV/u 的低能区域，则采用了玻尔兹曼主方程。这些模型通过不同代码的界面协同工作，确保了离子相互作用的模拟既准确又高效。

在中子传输方面，PEANUT采用了一种多组算法，该算法基于ENDF/B、JEF、JENDL等数据库中评估的截面数据。这一算法将能量范围划分为260个能量组，特别地，31个能量组专门针对热能区进行了优化。对于^{1}H、^{6}Li、^{10}B、^{14}N等少数同位素，PEANUT在运输过程中提供了点式横截面的选项，以增强模拟的精确度。

在电磁过程的模拟上，PEANUT实现了从1 KeV到1 PeV能量范围的详细过程，并且与强子相互作用模型实现了无缝耦合。这种全面的耦合确保了在广泛的能量范围内，电磁和强子过程的相互作用都能得到精确的描述。

FLUKA内置多种方差减少技术，这些技术对于提升模拟效率和精确度至关重要。其中包括权重窗口、区域重要性偏置、前导粒子技术、相互作用和衰变长度偏置等。这些高级技术的应用，使得FLUKA在研究诱导放射性方面拥有独特的优势，特别是在模拟核素的产生、衰变过程以及残余辐射的传输上。FLUKA特别采用基于微观模型的核素产生机制，结合贝特曼方程的活度累积与衰变解法，能够并行处理瞬时辐射和残余辐射引起的复杂粒子级联。

FLUKA由Fortran77语言编写，兼容安装了编译器g77的大多数Linux和UNIX操作系统。代码以二进制形式发布，同时提供了用户例程和公共模块的源代码，增强了代码的可访问性和可定制性。用户可以通过FLUKA的官方网站(http://www. fluka. org)获取更多信息和资源。对于完整的FLUKA源代码，用户可以通过官方网站提供的注册程序(http://www. fluka. org/fluka. php)来申请获取详情。除非面对特定的应用需求，通常情况下，用户无须具备丰富的编程经验即可使用FLUKA。

6.4.2　GEANT4

GEANT4是一个面向对象的工具包，最初的设计是用于模拟现代粒子和核物理实验的探测器响应(Agostinelli et al, 2003; Allison et al, 2006)。它由一个内核组成，该内核提供粒子传输框架，包括跟踪、几何描述、材料规格、事件管理以及与外部图形系统的接口。

GEANT4的真正创新之处在于其内核提供的物理过程接口，这一接口允许用户根据特定应用需求自由选择最合适的物理模型。它实现了广泛的相互作用模型，覆盖从光学光子和热中子到高能粒子所需的复杂相互作用。此外，GEANT4还提供了多种补充或替代的建模方法，增加了模拟的灵活性和准确性。

核内级联的模拟在 GEANT4 中通过两种主要模型实现，分别为二进制级联和 Bertini 级联模型。这两种模型均适用于描述核子及带电介子的相互作用，其中二进制级联模型适合于 3 GeV 以下的能量范围，而 Bertini 级联模型则适用于 10 GeV 以下的能量范围。当模拟场景涉及更高能量时（达到 10 TeV），GEANT4 提供了 3 种高级模型以供选择，分别为高能参数化模型（该模型基于对实验数据的精确拟合）、夸克-胶子弦模型（QGSM）以及弗里乔夫碎裂模型（FMS）。QGSM 和 FMS 均基于强子的弦激发和随后的衰变过程。在原子核去激发过程的模拟方面，GEANT4 包括了磨蚀-烧蚀模型和费米碎裂模型，这些模型能够详细描述原子核在去激发过程中的行为。此外，通过结合特定的软件包，GEANT4 还能够扩展其功能，以模拟重离子的相互作用，进一步增强了其在高能物理模拟领域的应用能力。

GEANT4 的电磁物理软件包不仅限于标准物理过程的模拟，还特别扩展了对低能量范围（1 KeV 以下）的细致处理。这包括 X 射线发射和光学光子传输等现象，使得软件包能够精确捕捉到这些微妙过程的物理特性。

为了提升模拟的统计效率，GEANT4 工具包内嵌入一系列通用的方差缩小技术。这些技术包括重要性偏置、权重窗口以及权重截止法，它们使得用户能够针对特定模拟场景进行优化，有效降低模拟结果的方差，提高模拟的准确性。此外，针对强子过程的模拟，GEANT4 还提供了前导粒子偏置法等高级方差缩小技术。这些方法与相应的物理软件包相结合，进一步增强了模拟的效率和精确度。

GEANT4，这一强大的模拟工具，采用 C ++语言精心编写，确保其在多种操作系统上的兼容性和高效性能。它能够在大多数 Linux 和 UNIX 平台上无缝运行，同时，通过 CygWin 工具，GEANT4 也能够在 Windows 操作系统上实现高效运行。

对于希望获取 GEANT4 代码和文档的用户，可以方便地访问其官方网站进行下载。然而，为了充分利用 GEANT4 的所有功能并进行有效的模拟工作，用户需要具备丰富的 C ++编程经验。这不仅有助于理解 GEANT4 的工作原理，也是进行复杂模拟和定制开发的基础。

6.4.3 MARS15

MARS15 代码系统（Mokhov，1995；Mokhov and Striganov，2007；

Mokhov, 2009)是一套模拟强子级联和电磁级联的蒙特卡罗程序,用于屏蔽、加速器设计和探测器研究。相应地,它涵盖了很宽的能量范围：μ 介子、带电强子、重离子和电磁簇的能量范围为 1 KeV～100 TeV;中子的能量范围为 0.002 15 eV～100 TeV。

5 GeV 以上的强子相互作用可以使用包含式或排他性事件发生器进行模拟。前者对 CPU 有很高的效率(尤其是在高能量时),并基于大量关于包容性相互作用谱的实验数据,而后者则在单一相互作用水平上提供最终状态并保留相关性。在排他性模式中,级联-激子模型 CEM03.03 描述了 5 GeV 以下的强子-核和光子-核相互作用,夸克-胶子弦模型代码 LAQGSM03.03 模拟了高达 800 GeV 的强子和光子以及高达 800 GeV/u 的重离子的核相互作用,而 DPMJET3 代码则处理了更高能量下的相互作用。排他性模式还包括通过蒸发、裂变和碎裂过程详细计算核素产生的模型。

MARS15 还与 MCNP4C 代码耦合,后者处理能量低于 14 MeV 的所有中子的相互作用。除中子外,产生的次级物质被引导回 MARS15 模块进行进一步传输。

MARS15 提供了不同的方差减少技术,如包容性粒子产生、重量窗口、粒子分裂和俄罗斯轮盘赌。标记模块允许标记给定信号的来源,以便进行源项或敏感性分析。MARS15 的其他功能还包括 MAD - MARS 束流线生成器,可方便地创建加速器模型。

MARS15 模块使用 Fortran77 和 C 语言编写,代码可在任何 Linux 或 UNIX 平台上以单核心或多核心模式运行。功能强大、界面友好的图形用户界面提供了各种可视化功能。代码必须由作者按要求安装(Mokhov, 2009)。

6.4.4　MCNPX

MCNPX 继承自 Monte Carlo N - Particle 传输(MCNP)系列,最初专注于中子相互作用和传输的模拟。作为一个描述物理过程的代码,MCNPX 以全面性和详细性著称,其研究成果得到了广泛引用(Pelowitz, 2005; McKinney et al, 2006)。随着时间的推移,MCNPX 的功能显著扩展,不仅限于中子,还涵盖了离子和电磁粒子的模拟。这种扩展显著拓宽了它的应用范围,从最初的中子物理领域,延伸到加速器屏蔽设计、医学物理学以及空间辐射研究等多个领域。MCNPX 的这种多面性使其成为一个多功能的工具,能够在不同的科学和工程领域中发挥作用,满足从基础研究到复杂系统设计的各种需求。无论是在粒子物理的实验设计，还是在医疗设备的辐射防护评估中，MCNPX 都提供了一种强有力的计算支持。

MCNPX 的中子相互作用和输运模块采用了标准化的评估数据程序库，确保了模拟的准确性和可靠性。在缺乏这些程序库的情况下，MCNPX 巧妙地融合了物理模型，以保持模拟的连续性和完整性。这种设计不仅涵盖了能量传输的全过程，还包含了反应堆模拟所需的关键功能，如燃料的燃烧、耗竭和嬗变等。

MCNPX 的灵活性体现在其能够与多种广义核内级联代码相结合，如 CEM2K、INCL4 和 ISABEL，这些代码允许用户探索不同的物理实现方式。这些核内级联代码不仅包含了裂变蒸发模型，而且可以与这类模型进行耦合，例如与 ABLA 模型的结合，从而能够对放射性核素的产生进行精确预测。尽管核内级联代码通常限制在几十亿电子伏特以下的相互作用能量范围内，但 MCNPX 通过与夸克-胶子弦模型代码 LAQGSM03 的集成，成功将模拟的能量范围扩展到约 800 GeV。这一扩展不仅增强了 MCNPX 在高能物理模拟方面的能力，还使其能够模拟离子的相互作用。

在处理电磁相互作用方面，MCNPX 采用 ITS 3.0 代码进行模拟，进一步增强其在电磁领域模拟的能力。这种多物理场的模拟能力，使得 MCNPX 成为一个强大的工具，能够满足从低能到高能、从电磁到强相互作用等不同物理场景的模拟需求。

MCNPX 集成了一系列强大的方差缩减技术，这些技术在提高模拟效率和准确性方面发挥着关键作用。特别是，球形网格权重窗口的生成器能够创建特定的权重分布，使得模拟过程能够更集中地关注那些关键的空间区域。这种技术的应用，显著提升了特定区域模拟结果的精确度。

此外，MCNPX 还提供了与能量和时间相关的权重窗口，允许用户实现更广泛的相空间偏置，进一步优化模拟过程。除了这些，MCNPX 还包含其他减少方差的偏置选项，例如脉冲高度统计和临界源收敛加速，这些技术有助于在保持模拟结果准确性的同时，降低计算成本和时间。

MCNPX 是用 Fortran90 语言编写的，这使得它能够在多个操作系统平台上运行，包括 PC Windows、Linux 和 UNIX。软件的可用性得益于美国田纳西州橡树岭的辐射安全信息计算中心（Radiation Safety Information Computational Center，RSICC，http://www-rsicc.ornl.gov），该中心几乎向所有用户提供了代码的访问权限，包括源代码、可执行文件和数据。尽管某些情况下可能受到敏感国家出口管制的限制，但许多应用场景下，用户无须具备深入的编程知识即可使用 MCNPX。

6.4.5 PHITS

粒子和重离子输运代码系统 PHITS(Iwase，2002；Niita，2006)是第一批模拟 10 MeV/u～100 GeV/u 等宽能量范围内重离子输运和相互作用的通用代码之一。它基于高能强子输运代码 NMTC/JAM，该代码通过结合 JAERI 量子分子动力学代码 JQMD 扩展到重离子。

在几十亿电子伏特以下的能量范围内，PHITS 描述的强子-核相互作用是通过共振的产生和衰变来进行的，而在更高能量(高达 200 GeV)的非弹性强子-核碰撞中，过程通过所谓的弦的形成和衰变来进行，这些弦最终通过产生(反)夸克-(反)反夸克对来强子化。两者都嵌入到一个核内级联计算中。核-核相互作用是在一个基于有效核子间相互作用的分子动力学框架内模拟的。

PHITS 在模拟核与核之间的相互作用时，采用基于核子间有效相互作用的分子动力学框架。此外，广义蒸发模型 GEM 在 PHITS 中被用来处理旁观核的碎裂和去激发，涵盖了多达 66 种不同的抛射物(直至镁元素)和裂变过程。这使得放射性核素的产生，无论是射弹核还是靶核，都能直接从微观相互作用模型中得到准确的预测。

低能中子的输运使用来自评估过的核数据库，如 ENDF 和 JENDL 在 20 MeV 以下的数据，以及 LA150 在 20～150 MeV 范围内的数据。电磁相互作用是基于 ITS 代码在 1 KeV～1 GeV 的能量范围内模拟的。

PHITS 还提供了多种降低方差差异的技术，包括权重窗口和区域重要性偏置，这些技术进一步提高了模拟的效率和准确性。由于 PHITS 能够传输原子核，它在离子疗法和空间辐射研究中得到了广泛应用。此外，PHITS 的通用性使其也适用于其他辐射输运模拟领域，例如散裂中子源的设计。

总的来说，PHITS 是一个功能强大、应用广泛的模拟工具，它在粒子物理、核物理以及相关工程领域中发挥着重要作用。PHITS 代码可从其网站(http://phits.jaea.go.jp/)下载。

6.4.6 SHIELD/SHIELD-HIT

SHIELD 是一种蒙特卡罗模拟代码，由 Sobolevsky(2008)和 Dementyev

和 Sobolevsky(1999)开发,它能够模拟 1 MeV/u~1 TeV/u 能量范围内,不同电荷数和质量数的强子和原子核与复杂扩展目标的相互作用。特别值得一提的是,SHIELD 能够模拟低至热中子能量的中子与物质的相互作用。

在非弹性核相互作用方面,SHIELD 采用了多阶段动力学模型(MSDM),这一模型涵盖了强子相互作用的多个阶段:快速级联阶段、核子和轻核的预平衡发射阶段,以及核碎裂和去激发阶段。对于 1 GeV 以上的高能相互作用,SHIELD 利用夸克-胶子弦模型(QGSM)进行模拟;而在较低能量下,杜布纳级联模型(DCM)则负责处理核内级联过程。此外,针对残余原子核的平衡去激发,SHIELD 实施了一套模型,全面覆盖了蒸发、裂变、轻核的费米分解以及多碎片解体等过程。在高激发原子核解体为多个激发碎片的过程中,用多碎片统计模型(SMM)来描述这一现象。至于低于 14.5 MeV 的中子传输,SHIELD 采用了基于 28 个能量组的 LOENT(低能中子传输)代码,并使用了 ABBN 数据系统。

SHIELD-HIT 代码是 SHIELD 的衍生版本,由 Gudowska 等人(2004)和 Geithner 等人(2006)开发,专门用于精确模拟治疗束流与生物组织和类组织材料的相互作用。SHIELD-HIT 的改进主要与轻离子治疗相关,它考虑了重带电粒子在生物组织中的电离能量损失、杂散和多重库仑散射效应。与 SHIELD 相比,SHIELD-HIT 在粒子传输的其他方面也进行了优化,包括更新的停止功率表、改进的费米破裂模型和改进的强子截面计算。

总的来说,SHIELD 和 SHIELD-HIT 提供了一套强大的工具,用于模拟粒子与物质的相互作用,特别是在医疗物理和辐射防护领域,它们为精确模拟和优化治疗束流提供了重要的科学基础。该代码可向作者索取(详情见 http://www.inr.ru/shield)。

第7章
二次辐射的患者剂量

在癌症治疗中，使用质子和碳离子等带电粒子时，初级粒子与束线部件及患者体内核的非弹性反应会产生次级粒子，如中子、质子、π 介子和重带电离子。这些次级粒子可能具有极高的能量，高达数百兆电子伏特，它们在穿透患者身体的过程中会经历多种级联事件，进而产生一系列新的二次粒子。患者身体的大部分区域可能会暴露在这种复杂的辐射场中。由射束线组件产生的并最终到达患者的二次辐射，可以视为一种外部辐射源；而患者体内产生的次级粒子则构成了一种内部辐射源。

综述文献的丰富数量反映了人们关于二次辐射对接受放射治疗患者健康风险的认识正在不断加深(Palm and Johansson, 2007; Suit et al, 2007; Xu et al, 2008)。目前，专家们已经开展了大量的实验和理论研究，并发表了众多研究成果。然而，由于存在众多不确定性因素，该领域的专家们对此持有不同意见(Brenner and Hall, 2008b; Chung et al, 2008; Gottschalk, 2006; Hall, 2006; Paganetti et al, 2006)。本章将探讨不同能量的质子和碳离子束产生的二次辐射剂量，包括吸收剂量和输送到组织的当量剂量，并解释在离子治疗中次级辐射的当量剂量或剂量当量的概念。此外，我们还将总结重带电粒子放射治疗中二次辐射(特别是中子)的致癌风险。鉴于已有多个研究团体发表了大量资料，本章不可能涵盖所有方面，因此我们仅讨论部分现有数据。

7.1 二次辐射源

在癌症治疗中使用的带电粒子束，如质子和碳离子，不仅直接影响肿瘤细胞，还可能在与物质相互作用时产生一系列次级粒子。这些次级粒子，包括中子、质子、π 介子和重带电离子，构成了所谓的二次辐射源。它们的存在显著增加了治疗计划的复杂性，并可能对患者的健康带来额外的风险。本节将详细讨论这些二次辐射源的产生机制、特性以及它们对患者剂量的影响。

7.1.1 束流线部件中产生的二次粒子

当带电的质子和碳离子束在穿越束线系统或与患者体内的组织相互作用时，会引发一系列核反应，催生出多种次级粒子，包括中子、质子以及轻带电离子，如^{2}H、^{3}H、^{3}He和^{4}He。在主辐射场之外，质子束主要通过产生的二次中子对患者组织产生额外的剂量贡献。对于轻离子放射治疗，可能还会产生一些更重的粒子作为副产品，但幸运的是，这些通常能够被束线中的多重准直器或散射器有效阻挡。

患者体外中子的生成量受到束线路径上使用的材料（包括材料类型和尺寸）的影响，这直接与束线的设计有关。在由回旋加速器传输的固定能量质子和碳离子束的情况下，能量选择系统会生成大量的二次辐射，这涉及可变厚度的能量衰减器和能量限定狭缝。这些降低能量的装置通常位于治疗室外部，例如加速器拱顶内，因此在正常情况下不会对患者造成额外的二次剂量照射。

然而，如果能量降低过程的一部分发生在患者正上方，就需要格外谨慎。例如，眼科治疗束流线就可能面临这种情况。眼科治疗使用的是小射野（如直径小于 3 cm）和较低能量（小于 70 MeV），但剂量率却非常高（如 15～20 Gy/min）。在这种情况下，精确的能量调节和对射束路径的严格控制对于使患者受到的不必要辐射最小化至关重要。

在治疗过程中，喷嘴中产生的中子和质子与束线部件相互作用，触发了一连串的三级反应，这些反应导致高能次级粒子的产生，形成所谓的级联效应。这些高能次级粒子，尤其是中子，根据射束的聚焦特性和散射程度，部分能够穿透并进入患者体内。在核内级联过程中，那些能量超过 10 MeV 的高能中子和质子倾向于沿射束方向前传播。而能量较低的中子（低于 10 MeV），通常通过蒸发过程产生，并在治疗头的源区周围以近乎各向同性的方式发射。

在材料的选择上，高原子序数的材料相较于低原子序数的材料，在与质子相互作用时会产生更多的中子。然而，尽管理论上低原子序数材料如高密度塑料可能在减少中子产生方面更为理想，但在实际应用中，由于技术和成本的限制，大多数治疗头装置仍然采用黄铜、钢、碳或镍等材料。这些材料不仅在物理和工程特性上满足治疗头的需求，而且在制造和维护方面也更为实用。

因此，设计治疗头时需要在材料选择和患者保护之间找到平衡点。既要考虑材料对中子产生的潜在影响，也要确保治疗头的机械强度、耐用性和成本效益。通过对这些因素的综合考量，可以优化治疗头的设计，以最大限度地减少对患者的不必要照射，同时确保治疗效果的最大化。

在比较不同医疗机构的质子治疗设施时，会发现质子治疗射束输运系统和治疗头的设计存在显著差异。这些差异不仅体现在技术层面，还会影响治疗的质量和效率。此外，射束和治疗头的配置会根据治疗射野的具体大小进行调整，以适应不同的治疗需求。

在宽束流或能量调制（包括被动散射）的质子疗法中，为了形成扩散的布拉格峰，需要使用一系列专门的设备，包括散射体、束流平坦化设备、准直器和能量调制装置。这些设备共同作用，确保了质子束能够均匀地分布在治疗区域内，同时达到所需的剂量分布。

对于每个治疗野，通常需要使用单独的孔径和范围补偿器，以适应患者解剖结构的特定需求。因此，质子治疗机的治疗头所产生的中子注量和能量谱，会受到多种因素的影响。这些因素包括射束进入治疗头时的特性（如能量和角散布）、双散射系统和射程调节器中使用的材料，以及患者特定孔径上游的射野大小（Mesoloras et al，2006）。射野大小的变化，尤其是入射到孔径上的射野大小，可能会导致中子剂量出现高达一个数量级的变化。

特别是对于被动散射技术，由于射野传递的复杂性，中子剂量的变化可能会更加显著。这种复杂性使得我们难以定义一个适用于所有情况的“典型”质子治疗中子背景（Gottschalk，2006；Hall，2006；Paganetti et al，2006；Zacharatou Jarlskog and Paganetti，2008b）。因此，每个治疗设施都需要根据自身的设备配置和治疗策略，对中子剂量进行精确的评估和管理，以确保患者接受到安全有效的治疗。

在质子治疗中，高能量的中子和质子，尤其是那些在最终靶形准直器附近产生的，可能会对患者造成不必要的照射。大多数质子治疗传输系统只允许传输几种固定的射野，这些固定尺寸的射野入射到最终的患者特异性孔径上，导致大多数质子治疗头的效率较低（低于 30%，典型射野甚至低至 10%）。这意味着，在被动散射质子束治疗中，治疗头的中子产率可能会随着射野尺寸的减小而增加，实验（Mesoloras et al，2006）和蒙特卡罗模拟（Zacharatou Jarlskog et al，2008）都证明了这一点。

对于束扫描技术，质子笔形束通过磁力扫描整个靶体积，无须散射、平坦化或补偿装置。因此，与被动系统相比，扫描束的二次辐射强度要低得多，因为在束流前行路径中通常除了监测电离室或束流位置监测器外，几乎没有其他的物质材料。

在被动散射系统中，患者还会受到准直器边缘向外散射的初级粒子的影响，这一过程在质子治疗束中尤为重要，因为边缘散射的质子会影响患者的横向射野外剂量分布。需要注意的是，这种由初级粒子散射产生的辐射与由次级粒子组成的二次辐射不同，本章将不对此进行讨论。

7.1.2　患者体内产生的二次粒子

患者在接受质子治疗期间，其体内同样可能产生二次辐射。在这些次级辐射中，由核相互作用产生的质子和中子是对剂量贡献最为关键的粒子。这些源自初始质子的质子，其能量虽低于原始质子，但在治疗区域，尤其是在布拉格峰的入口区域，仍然能够产生显著的剂量(Paganetti，2002)。相比之下，二次中子则具有更远的射程，它们可以在患者体内远离治疗靶点的位置沉积剂量，主要通过与原子核的相互作用产生质子，进而在人体内任何部位沉积能量。

在扫描束和被动散射束技术中，中子剂量的差异主要取决于患者体内产生的中子与治疗头产生的中子之间的比例。这一比例受多种因素影响，包括器官的位置和与治疗靶体积的距离(Jiang et al，2005)。研究表明，治疗头产生的中子剂量与患者体内产生的中子剂量之间的比例可能相差一个数量级，这主要受治疗头的设计和射野大小的影响(Jiang et al，2005)。在通常情况下，来自治疗头的中子对患者中子吸收剂量的贡献更为显著，这表明采用质子束扫描技术可以有效降低患者受到的中子剂量。因此，为了最大限度地减少患者受到的不必要辐射，治疗头的设计和治疗策略的选择至关重要。通过优化治疗头配置和精确控制射束，可以显著降低由次级中子带来的剂量，从而提高治疗的安全性和有效性。

患者体内的中子产生量及其导致的剂量，与射束的穿透能力紧密相关(Zheng et al，2007)。射束穿透力越强，其与组织相互作用时产生核反应的可能性越高，从而增加了中子的生成概率。这种相互作用贯穿了射束的整个路径，因此，射束的穿透深度直接影响了中子的总产生量。

除了射束的穿透力，中子的产生还受到照射体积的影响。当治疗的体积增大时，为了在靶区达到预定的剂量水平，就需要更多的初始质子。这导致在更大的体积内有更多的质子与原子核发生相互作用，进而增加了中子的产生率。因此，相较于外部来源的中子，患者体内由于射束穿透而产生的中子，在治疗体积较大时通常会有更高的产额。

这种内部中子产额的增加，强调了在设计放射治疗计划时，需要仔细考虑射束的能量和治疗体积。通过优化这些参数，可以有效地控制患者体内中子的产生，从而减少不必要的剂量沉积，提高治疗的安全性和精确度。这也意味着在进行大体积靶区的治疗时，可能需要采取额外的措施，如使用更精准的射束调节技术，以降低中子引起的次级效应。

轻离子治疗相较于质子治疗，其过程更为复杂。当轻离子束穿过生物组织时，它们与原子核发生非弹性碰撞，导致初级离子破碎并产生次级离子，这一过程不仅引发了初始束流的强度衰减，还伴随着靶核的核破碎，释放出能量较低的二次离子。这些次级离子，包括氢、氦、锂、铍、硼、碳等轻元素，通常在离子轨迹的近旁沉积能量。与初级离子相比，这些轻质碎片具有更远的射程和更宽的能量分布，可能导致在布拉格峰之外产生不希望的剂量尾部，同时使得沿束流路径的横向剂量分布变得更加分散。

与入射粒子相似，由束流产生的碎片也会与靶核发生弹性散射。较重的碎片（原子序数>2）倾向于小角度散射，而较轻的碎片（原子序数≤2）则更可能发生大角度散射。这种散射效应导致束流扩展，增加了治疗区域外的剂量。快速射束产生的二次粒子主要集中在前向，但也存在显著的角度散射。与此同时，靶核产生的二次粒子具有更广泛的角度分布，尽管它们的能量较低，通常只能进行短距离传输。

值得注意的是，束流产生的碎片，尤其是中子和次级质子，可能具有相当高的能量，这导致它们能够在治疗体积之外更远的地方沉积剂量。当这些高能粒子穿越患者体内时，它们会与组织元素发生核相互作用，引发一连串的级联反应，产生更多的高能二次粒子（Gudowska and Sobolevsky，2005；Gunzert-Marx et al，2008；Porta et al，2008）。

因此，轻离子治疗计划的设计需要考虑到这些复杂的相互作用和它们对剂量分布的影响，以确保最大限度地将能量沉积在目标区域，同时减少对周围正常组织的潜在损伤。这要求精确的剂量计算、对射束参数的精细调控，以及对患者解剖结构和治疗目标的深入理解。

7.2　患者的治疗射野外吸收剂量（二次剂量）

在探讨了次级辐射源的生成机制和特性后，本节将深入分析这些二次辐射对患者的影响，特别是它们在治疗射野外的吸收剂量。这一部分至关重要，因为它直接关系到患者在放射治疗过程中可能遭受的额外辐射剂量，进而影响其整体治疗效果和安全性。

7.2.1 实验方法

为了准确评估在治疗能量下离子束照射水和组织等效材料时产生的二次粒子分布，研究人员已经开展了一系列理论和实验研究。这些研究涵盖了水、碳、聚甲基丙烯酸甲酯(PMMA)以及不同组织等效体模中带电二次粒子的深度依赖性和空间分布，同时考虑离开辐照模型或患者的粒子能谱。大量已发表的数据集中在厚的组织等效靶中停止不同能量的离子束所产生的快中子、中子能谱和中子角分布。

此外，众多放射治疗机构的研究团队已经开展了评估二次辐射剂量的实验工作。在质子治疗领域，实验测量主要集中在 Bonner 球体的应用上，如 Mesoloras 等人(2006)、Schneider 等人(2002)以及 Yan 等人(2002)的研究所示。此外，热释光剂量测量技术也得到了广泛应用，如在 Francois 等人(1988a)和 Reft 等人(2006)的研究中。

在探测器技术方面，Schneider(2002)和 Moyers(2008)的研究采用了 CR－39 塑料核径迹探测器，而 Mesoloras(2006)的研究则利用了气泡探测器。Iwase 等人(2007)使用改进型的中子 rem 计数器 WENDI，针对能量在 100～250 MeV/u 的碳束进行了中子剂量测量。微剂量测量探测器系统因其在提供可靠剂量估计方面的潜力而备受关注。Endo 等人(2007)使用组织等效比例计数器测量了由 290 MeV/u 碳束产生的二次中子的微剂量分布。Wroe 等人(2007；2009)基于硅的微剂量测量技术，提供了被动散射质子束剂量当量与深度和横向距离关系的宝贵信息。

微剂量测量在辐射防护和放射治疗的其他领域已被证明是一种强有力的工具，它能够以线性能量传递为基础，对治疗射野的特性进行比较，如 Hall 等人(1978)、Loncol 等人(1994)、Morstin 和 Olko(1994)、Paganetti 等人(1997)的研究所示。

7.2.2 计算方法(蒙特卡罗技术)

二次剂量的测量，特别是中子剂量，是一项极具挑战性的任务。中子作为间接电离粒子，其相互作用稀少且吸收剂量低。这些特性虽然凸显了蒙特卡罗方法在评估二次剂量中的重要价值，但即便如此，在使用蒙特卡罗代码模拟二次粒子产生时，依然存在显著的不确定性。这种不确定性主要源于对基本物理过程理解的不完善。

首先，对于重带电粒子放射治疗所涉及的能量范围，非弹性核截面的实验数据相对匮乏。其次，核相互作用产生的中子和二次带电粒子辐射可能源自一系列复杂的物理过程，包括预平衡和碎裂物理学以及核内级联机制，这些过程都带有一定的不确定性。

在放射治疗中，尤其是质子和离子治疗，多种蒙特卡罗代码已被用于研究低剂量下的二次剂量。例如，MCNPX 代码已被用于评估质子束中的中子和光子剂量，如 Fontenot 等人(2008)、Moyers 等人(2008)、Perez-Andujar 等人(2009)、Polf 和 Newhauser(2005)、Taddei 等人(2008)、Zheng 等人(2007)、Zheng 等(2008)的研究所示。FLUKA 和 GEANT4 也被用于评估质子束的二次剂量，如 Agosteo 等人(1998)、Jiang 等人(2005)和 Zacharatou Jarlskog 等人(2008)的研究所示。

SHIELD - HIT 和 PHITS 等其他代码被用于研究二次中子剂量，这些研究包括 Dementyev 和 Sobolevsky(1999)、Gudowska 等人(2004)、Iwase 等人(2002;2007)的工作。轻离子束的二次中子剂量研究也采用了 FLUKA、PHITS、GEANT4 和 SHIELD - HIT 等代码，如 Porta 等人(2008)、Gunzert-Marx 等人(2008)、Pshenichnov 等人(2005)的研究。

本书第 6 章详细介绍了在辐射防护领域中使用的蒙特卡罗代码，这些代码为精确评估治疗束流中的二次剂量提供了强有力的工具。

为了精确描述入射到患者身上的辐射场，对治疗头的模拟是必不可少的步骤。质子治疗头的蒙特卡罗模拟技术已经得到了广泛的研究和报道，诸多文献对此进行了深入探讨(Newhauser et al, 2005b; Paganetti, 1998、2006; Paganetti et al, 2004)。这些研究为理解和优化治疗头中辐射束的传输和分布提供了重要的理论基础。

射束进入治疗头时的特征参数，通常是基于实验测量得到的。这些参数对于确保模拟的准确性至关重要，因为它们直接影响到治疗头内部辐射束的形态和强度(Cho et al, 2005;Fix et al, 2005;Janssen et al, 2001;Keall et al, 2003; Paganetti et al, 2004)。通过对这些射束特征的精确测量和模拟，医疗专业人员能够更好地预测和控制质子束在患者体内的行为，从而为每位患者定制更为精确和有效的治疗方案。

原则上，模拟患者几何结构中的二次剂量与计算一次剂量的蒙特卡罗模拟技术具有相似性（Paganetti et al，2008）。关键的区别在于，关注的不再是单纯的吸收剂量，而是等效剂量，这涉及辐射效应的量化参数化。因此，在评估患者的二次当量剂量时，必须纳入考虑粒子类型和能量相关的辐射权重因子，以反映其生物效应（详见本章 7.5 节和 7.6 节中关于次级粒子生物学效应和当量剂量和的部分）。

ICRU（1998）讨论了使用蒙特卡罗模拟来确定当量剂量的不同方法。一种方法是计算特定器官的平均吸收剂量，然后应用平均辐射权重因子进行调整。而另一种常用方法是先计算相关区域（如器官）表面的粒子注量，随后利用能量依赖的注量-当量剂量转换系数来评估（Polf and Newhauser，2005；Zheng et al，2007）。这种方法不涉及对剂量沉积事件的显式模拟。

Sato 等人（2009）采用后一种方法，使用 PHITS 代码对成年男性和女性参照模型中的中子和质子单能束的器官剂量当量转换系数进行计算。这种方法的应用，为我们提供了一种评估器官受到的辐射风险的有力工具，有助于在放射治疗中实现更精准的剂量控制和风险评估。

在蒙特卡罗模拟中，若以中子实际沉积的剂量为基础，计算过程通常非常耗时，因为需要达到合理的统计精度。然而，对每个能量沉积事件进行精确评分（即不依赖注量-剂量转换方法）可能提供更高的准确性。在模拟过程中，快中子在经历有限的相互作用后会迅速失去动能。当进入低能量或热能区域时，中子会减速，并且在软组织中引起弹性散射的概率随之降低，这导致在患者体内，中子的能量分布倾向于以低能量中子为主（Jiang et al，2005）。

为了评估质子束治疗中特定器官的中子当量剂量，需要基于粒子类型、粒子历史和粒子能量逐步应用辐射权重因子进行显式模拟（Zacharatou Jarlskog et al，2008）。如果剂量沉积事件中涉及中子，该剂量沉积将被识别为由中子引起，并赋予相应的中子辐射权重因子。同样，如果剂量沉积是由质子链中的质子引起的，它将被归类为质子诱发的剂量沉积。在模拟过程中，每个相互作用链的历史将根据粒子能量而划分为不同的组别，以便应用与能量相关的质量因子，从而实现对不同类型粒子引起的剂量沉积的精确评估。

Zacharatou Jarlskog 和 Paganetti（2008a）对质子束治疗中的中子当量剂量计算方法进行了深入的比较。研究指出，采用平均辐射权重因子的方法可能会低估中子当量剂量，而逐级应用辐射权重因子则能提供更为准确的评估。这种差异因器官种类和照射区域的大小而异，平均差异约为 25％。

Pshenichnov 等人(2005)和 Gudowska 等人(2007)采用了一种两阶段的计算方法来确定质子和碳离子束在组织等效体模中引起的中子吸收剂量。在第一阶段的蒙特卡罗模拟中,所有二次粒子经历了完整的强子级联和传输过程。而在第二阶段,虽然二次中子在相互作用点生成,但它们被排除在随后通过体模的运输过程之外。通过比较这两种模拟中体模所沉积的能量,研究者能够确定由二次中子引起的吸收剂量。

7.2.3 人体模型

测量或模拟具有简单几何形状的二次剂量,对于揭示不同治疗模式或束流条件之间的相对差异具有重要价值。尽管如此,为了实现更具临床意义的评估,必须依据患者实际的解剖几何形状进行分析。由于对过度辐射的担忧,大多数成像技术很少用于全身扫描,这限制了人们获取患者详细解剖结构的能力。在这种情况下,采用计算体模模型进行蒙特卡罗模拟,为那些在治疗计划中未被成像的器官提供了一种非常宝贵的评估手段。这些模型能够模拟真实的人体结构,从而使得模拟结果更为贴近临床实际。

更有趣的是,这些基于计算体模的模拟不仅对于治疗计划的优化至关重要,它们还可能为人们提供剂量测定的详细信息,进而改进对放射治疗患者的长期随访策略。通过这些模拟,可以更准确地评估患者在原发性癌症治疗过程中接受的器官剂量,以及这些剂量对患者长期健康可能产生的风险。这对于发展更为精确的风险模型,以及为患者提供个性化的放射治疗方案具有重要意义。

在蒙特卡罗模拟中,几何结构的简化通常与模拟速度的提高成正比。因此,早期的模拟工作往往是基于构造简单的虚拟模型进行的,例如 Snyder 等人(1969)提出的模型,这些模型包括男性和女性成人的简化几何体。随后,Kramer 等人(1982)和 Stabin 等人(1995)进一步发展了这些概念。

Cristy 和 Eckerman(1987)依据 1975 年国际放射防护委员会(ICRP)的人类学参考数据,开发了一套标准化的儿童及成人的人体模型。这些模型采用简易的几何形状构建,如椭圆形圆柱体用来模拟手臂、躯干、臀部、头部和颈部,而截断的椭圆形锥体则用来模拟腿部和脚部。在材料上,仅区分了骨骼、软组织和肺部。

这些样式化的模体已经成为辐射防护、核医学和医学成像领域内多种模拟研究的基础,广泛应用于评估医疗辐照对器官剂量的影响,并在流行病学研究中推导出患者的剂量-反应关系(Stovall et al, 1989; 2004)。

然而,由于实际人体解剖结构的复杂性远超过这些程式化模型,使用这些模型所计算出的结果存在一定争议,并且伴随较大的不确定性(Lim et al, 1997; Ron, 1997)。特别是,基于程式化模体的模拟结果在预测器官和骨髓剂量与放射性毒性之间的相关性问题时,并没有显示出强烈的相关性(Lim et al, 1997)。

采用体素体模技术能够以更大程度的真实性模拟人体结构。这种模型根据组织类型(如软组织、硬骨等)和器官识别(如肺、皮肤等)对每个体素进行精确标识(Zaidi and Xu, 2007)。Lee 等人(2006a)在比较程式化体模与体素体模时发现,某些器官的剂量计算结果存在显著差异,高达 150%。其他研究也报道了器官剂量的类似差异,达到 100%(Chao et al, 2001a; Jones, 1998; Lee et al, 2006a; Petoussi-Henss et al, 2002)。这些差异主要归因于程式化体模在几何形态上的限制,包括器官的相对位置和形状。

体素体模技术的发展已经取得了长足进步,诞生了多种不同的模型。最早的应用之一是 Gibbs 等人(1984)开发的用于计算牙科放射摄影剂量的体模。Zubal 和 Harrell(1992)随后开发了头部-躯干模型,利用蒙特卡罗模拟来估算吸收剂量(Stabin et al, 1999)。Kramer 等人(2003; 2006)进一步开发了男性和女性的成人体素模型。近期,Zhang 等人(2008)引入了专为放射剂量测量设计的成年男性体素模型。此外,还开发了孕妇模型,包括 Shi 和 Xu(2004)以及 Xu 等人(2007)的工作。Bednarz 和 Xu(2008)构建了代表不同妊娠阶段(3 个月、6 个月和 9 个月)的孕妇模型。Zaidi 和 Xu(2007)对现有的多种体素体模类型和特性进行了全面的综述。

在众多体素模型中,VIP - Man 成年男性体模因其高度逼真的人体再现而广受欢迎(Xu et al, 2000; 2005)。该模型的开发基于国家医学图书馆的"可见人项目",采用了该项目中精细的解剖彩色图像(Spitzer and Whitlock, 1998)。图 7 - 1 展示了 VIP - Man 模型的部分细节,包括从肾上腺到红骨髓等众多器官和组织(肾上腺、膀胱、食道、胆囊、胃黏膜、心肌、肾脏、大肠、肝脏、肺、胰腺、前列腺、骨骼、皮肤、小肠、脾脏、胃、睾丸、胸腺、甲状腺、灰质、白质、牙齿、头颅脑脊液、男性乳房、眼球和红骨髓),其分辨率达到 0.33 mm×0.33 mm×1 mm 的精细度。VIP - Man 模型的组织和材料成分严格遵循了 ICRU(1989)的规范,确保了模型在模拟中的科学准确性。

在放射学和放射治疗领域,儿科患者的二次剂量问题已受到广泛关注。

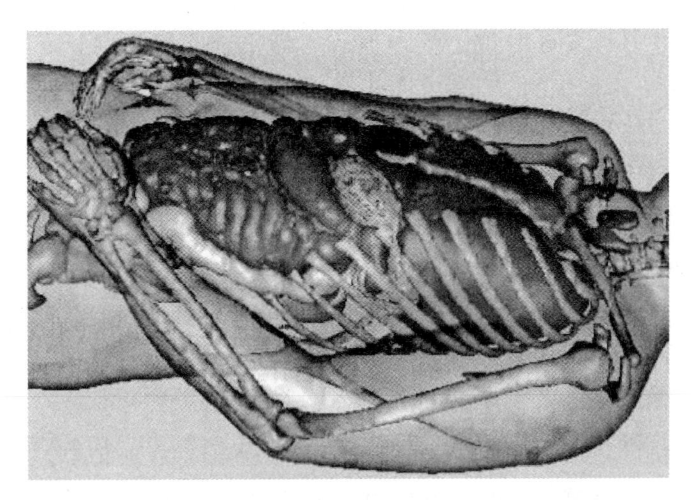

图7-1　全身成年男性体模 VIP-Man 的躯干(彩图见附录)

(据 Xu et al, 2000)

鉴于儿童的器官相对位置、大小和组成随年龄变化,成人模型的简单缩放并不能满足儿科剂量评估的需求。因此,儿科放射学研究的必要性日益凸显(Francois et al, 1988b)。为了填补这一空白,研究者们已经设计并开发了多种儿科模型(Caon et al, 1999; Lee and Bolch, 2003; Nipper et al, 2002; Staton et al, 2003; Zankl et al, 1988)。

这些模型的开发基于活体患者的CT图像,构建了5个不同年龄段的计算体模,专门用于医学剂量测定(Lee and Bolch, 2003; Lee et al, 2005; Lee et al, 2006b; Lee et al, 2006c; Lee et al, 2007; Lee et al, 2008)。这些体模分别代表9个月、4岁、8岁、11岁和14岁儿童的身体特征,具有从0.43 mm×0.43 mm×3.0 mm到0.625 mm×0.625 mm×6.0 mm的分辨率。根据ICRP(2003a)的参考文摘,这些模型综合了年龄相关的体重、身高、坐高和内脏器官质量数据,以及随年龄和性别变化的几何结构和材料组成。特别是对于肺部,分配了有效密度,以确保肺部总质量与参考质量(含肺血液)相匹配。

新生儿体模的加入进一步丰富了儿科模型的序列(Nipper et al, 2002)。最初,这些模型并未包含手臂和腿部,但在风险评估和剂量计算中,四肢的骨髓活跃度不容忽视。因此,为了更真实地模拟儿科患者,研究团队进一步开发了包含手臂和腿部的全身体素模型(Lee et al, 2006b)。

研究已经表明,在评估二次剂量时,传统的程式化儿童模型存在一定的局限性(Lee et al, 2005)。为了深入探究这一点,用一系列光子束“照射”在

MCNPX软件中的不同儿童模型：一个10岁程式化模型、一个15岁程式化模型，以及一个更为精细的11岁男性儿童断层摄影体模。研究发现，尤其是在横向照射的几何条件下，美国佛罗里达大学11岁儿童体模中甲状腺的剂量系数显著低于程式化模型的相应值。

这些断层摄影体模的开发主要基于CT图像和手动分割的器官轮廓，这提供了更为精确的人体内部结构表示。然而，图像噪声和器官移动等因素可能造成图像的模糊，从而引入一定的不确定性。为了更好地适应特定患者的解剖特征，可能需要在两个不同年龄的体模之间进行插值，以实现更精确的匹配。

此外，器官尺寸的调整通常受限于体素分辨率的统一缩放，这可能无法满足所有患者个体差异的需求。例如，由于皮下脂肪分布的个体差异，无法真实地从参考的第50百分位个体创建一个非第50百分位的个体。

为了克服传统体素模型的限制，研究人员采用了一种创新的方法：将体素数据与曲面方程相结合，以设计出更为精确的混合模型。这些模型利用患者的特定图像和先进的可变形图像配准技术，对每个器官的边界进行精细调整，以匹配所需的形状和体积。这种方法使得模型能够更真实地反映个体的解剖特征。在这一领域，已经开发了一系列儿科混合体模，它们基于非均匀B样条拟合(NURBS)曲面构建，代表了特定身高和体重百分比的参考人群(Lee et al, 2006c)。这种方法在核成像领域也有类似的应用，其中已用混合模型的构建方法来提高成像精度(Tsui et al, 1994)。

Segars和Tsui(2002)进一步推动了这一技术的发展，他们开发了一个基于NURBS的四维心脏躯干模型，该模型不仅用于模拟SPECT图像，还能够模拟呼吸运动，为心脏剂量分析提供了强大的工具。

在剂量分析中，虽然最初研究人员将模型分析方法与剂量模型结合使用(Diallo et al, 1996)，但蒙特卡罗方法因其在精确模拟粒子输运方面的优势而成为首选。为了将全身计算体素模型与蒙特卡罗代码有效结合，这些模型需要能够处理体素化的几何形状，包括大量的单个体素，或者通过曲面方程来纳入器官轮廓。

这种结合了体素化技术和曲面方程的混合模型，为精确的剂量分布模拟提供了新的可能性，特别是在复杂的临床情况下，如儿科放射治疗和心脏剂量评估。

当剂量计算中涉及真实患者数据时，每个CT体素所存储的Hounsfield

单位数值，直接反映了组织对诊断 X 射线的衰减能力。这一数值与模型模拟中每个体素所标记的特定材料成分和密度信息形成对比。目前，许多先进的模型已成功集成到蒙特卡罗代码中，使得使用患者的数学模型来评估计算体模的临床相关性成为可能(Rijkee et al, 2006)。

VIP - Man 模型已经在 4 种不同的蒙特卡罗代码中得到实现，分别为 EGS4(Chao et al, 2001a; 2001b; Chao and Xu, 2001)、MCNP(Bozkurt et al, 2000)、MCNPX(Bozkurt et al, 2001)以及 GEANT4(Jiang et al, 2005; Zacharatou Jarlskog et al, 2008)。这些模型的应用涵盖了从内部电子、外部光子到外部中子和质子的器官剂量计算。

儿童体素模型也被用于 GEANT4 中，以评估质子治疗中器官的特异性剂量(Zacharatou Jarlskog et al, 2008)。此外，Xu 等人(2007)基于蒙特卡罗代码 EGS4 和 MCNPX，实现了一个体素化的孕妇模型，该模型以边界表示法为基础。随后，同一研究小组在 MCNPX 中进一步实施了更为精细的孕妇解剖模型，这些模型代表了 3 个月、6 个月和 9 个月的妊娠阶段(Bednarz and Xu, 2008)。

除了全身模型，研究人员还开发了针对患者部分几何结构的模型，如高分辨率的眼球模型(Alghamdi et al, 2007)。这些模型的应用进一步扩展了蒙特卡罗模拟在放射治疗剂量评估中的潜力。

7.3　粒子疗法中二次剂量的测量结果

多个研究团队已经对治疗质子束产生的二次辐射进行了深入的测量研究。例如，Agosteo 等人(1998)对由中子、质子和光子引起的二次剂量进行了研究。他们的研究显示，在射野边缘不同深度和距离处，二次剂量以及散射光子和中子的剂量范围为 0.07～0.15 mGy/Gy。Yan 等人(2002)和 Binns 与 Hough(1997)分别对 160 MeV 和 200 MeV 被动散射束的质子治疗中的二次剂量进行了测量，推断出的中子当量剂量高达 15 mSv/Gy。

Polf 和 Newhauser(2005)专注于研究被动散射传输系统中的中子剂量。他们发现，随着与等中心距离的增加，中子剂量从 6.3 mSv/Gy 降低至 0.6 mSv/Gy，并且随着距离调制的增加，中子剂量也随之增加。此外，Tayama 等人(2006)在 200 MeV 质子束的射野外测量到的中子当量剂量高达 2 mSv/Gy。

这些研究成果为我们理解治疗性质子束的二次辐射特性提供了宝贵的数

据，并有助于进一步优化放射治疗计划，以最大限度地减少患者接受的不必要剂量。

除了对治疗质子束的直接测量，研究者们还采用了拟人模型和微剂量探测器进行了一系列深入的实验（Wroe et al，2007）。在距离射野边缘 2.5～60 cm 的范围内，研究者们记录到了 3.9～0.18 mSv/Gy 的当量剂量变化。

Moyers 等人（2008）通过实验，利用卤化银薄膜、电离室、雷姆计和 CR-39 塑料核轨道探测器，对初级质子射野外的体模患者所接受的剂量和剂量当量进行了测量。此外，Schneider 等人（2004）通过蚀刻轨迹探测器，研究了在质子和光子放射治疗期间，钛合金假体对中子剂量的影响。

Roy 和 Sandison（2004）在一个拟人化体模上进行的辐照实验发现，在 198 MeV 的被动散射系统中，二次中子剂量为 0.1～0.26 mSv/Gy。他们还观察到，随着与射野边缘的横向距离增加，二次中子剂量当量迅速降低。

Mesoloras 等人（2006）进一步利用人体模型对二次中子剂量当量进行了系统性研究。他们发现，中子剂量随着孔径和气隙的增大而减小，这表明黄铜准直器对中子剂量有显著贡献。同时，患者体内产生的中子对中子剂量的贡献随着射野大小的增加而增加。然而，由于与患者准直器相互作用的面积减少，随着孔径的增大，外部产生的中子随射野尺寸的增大而减少。在大射野情况下，中子剂量从 0.03 mSv/Gy 到 0.87 mSv/Gy 不等。

在众多研究中，结果的显著差异性往往源于各自束流输送系统的具体设计。特别是，中子剂量的测量值随着与质子射野边缘的横向距离增加而急剧下降，这表明测量点的精确位置对于结果的准确性至关重要。

针对扫描系统，Schneider 等人（2002）采用了 Bonner 球体和 CR39 蚀刻探测器，对二次中子剂量进行了细致的测量。在针对体积分别为 211 cm^3（骶骨脊索瘤）和 1 253 cm^3（横纹肌肉瘤）的靶区进行治疗时，测得的中子当量剂量范围为 2～5 mSv/Gy。此外，当横向距离从等中心 100 cm 变化至 7 cm 时，测得的中子等效剂量范围为 0.002～8 mSv/Gy。值得注意的是，在布拉格峰区域，中等大小靶体积的中子当量剂量可占到治疗剂量的约 1%。

Schneider 等人（2002）的研究结论强调了在放射治疗中选择不同技术的重要性：与点扫描技术相比，使用被动散射技术的治疗束线在二次中子剂量方面至少存在 1 个数量级的劣势。

使用 Bonner 球体进行的测量揭示了在被动粒子放疗中，由碳和质子束产生的中子环境剂量当量与使用 6 MV 光子束的传统放疗相比，其值是相等或更低的(Yonai et al, 2008)。Endo 等人(2007)在碳束治疗中也获得了微剂量测定数据，这些数据显示，在 Bragg 峰下游，体模侧面的中子剂量与碳剂量的比率极低，分别为小于 1.4×10^{-4} 和小于 3.0×10^{-7}。

Gunzert-Marx 等人(2004;2008)和 Iwase 等人(2007)对治疗用^{12}C 射束中的中子污染进行了实验研究。他们测量了 200 MeV/u 碳离子撞击水等效模型时产生的快中子和二次带电粒子的产率、能谱和角分布。研究结果表明，中子主要向前发射，且中子剂量为每治疗 1 Gy 的产生中子剂量为 8 mGy，不到治疗剂量的 1%，而每治疗 1 Gy 时二次带电粒子的吸剂量约为 94 mGy。基于每个初始离子产生的 0.54 个能量超过 20 MeV 的中子，可以估算出每次治疗当量(GyE)传送到靶上的中子剂量为 5.4 mSv。

Schardt 等人(2006)利用束扫描技术对质子疗法和碳离子疗法的中子剂量进行了比较。他们发现，尽管治疗用碳离子束产生中子的截面远高于质子束，但两种疗法的二次中子吸收剂量预计会相似。由于碳离子具有较高的 LET(线性能量传递)，与质子相比，在提供相同目标剂量的情况下，所需的粒子数量较少，这可以在一定程度上补偿每个初始粒子产生的较高中子量。

除了质子治疗，轻离子束在治疗过程中也扮演着重要角色。然而，与质子束相比，轻离子束的深度-剂量曲线在布拉格峰之后常常会出现所谓的“碎裂尾迹”，这一现象已被 Matsufuji 等人(2003)和 Schimmerling 等人(1989)的研究中所记录。

进一步探索轻离子束的这一特性，Cecil 等人(1980)和 Kurosawa 等人(1999)分别对轻离子在水和石墨中引发的碎裂现象及其产生的中子进行了深入研究。在德国达姆施塔特的德国亥姆霍兹重离子研究中心，研究人员利用动能分别为 200 MeV/u 和 400 MeV/u 的^{12}C 束，对水中的核反应及其产生的二次碎片进行了系统研究。Gunzert-Marx 等人(2004;2008)以及 Haettner 等人(2006)通过 BaF_2/塑料闪烁探测器望远镜成功探测到了向前发射的快中子和高能带电粒子，包括质子、氘核、氚核和 α 粒子。他们利用飞行时间技术详细记录了这些中子的能谱，为理解轻离子束与物质相互作用的复杂性提供了宝贵的数据。

7.4　患者二次剂量的计算结果

蒙特卡罗模拟技术因其高度的精确性和灵活性，在评估患者二次剂量方面发挥了关键作用。Agosteo 等人(1998)分析了束流能量为 65 MeV 的被动束流传输系统中的中子剂量。他们发现,中子导致的吸收剂量在 3.7×10^{-7} Gy 至 1.1×10^{-4} Gy 之间变化,这一剂量水平与射野的距离密切相关。

在高能质子束治疗中,Polf 和 Newhauser(2005)在 MCNPX 计算中观察到,随着与场中心的距离从 50 cm 增加到 150 cm,中子剂量显著下降,从 6.3 mSv/Gy 减少到 0.63 mSv/Gy。在进一步的研究中,该研究小组报告了高达 20 mSv/Gy 的等效剂量,这表明剂量随着调制范围的增加而增加。Polf 等人(2005)使用蒙特卡罗模拟估算了被动扩散治疗野的每治疗质子吸收剂量的中子剂量当量。对于射程为 16 cm、治疗野大小为 5 cm×5 cm 的射束,他们发现在距等中心 100 cm 处的等效剂量为 0.35 mSv/Gy。

Zheng 等人(2007)利用蒙特卡罗模拟分析了被动散射质子治疗系统的二次辐射。他们针对入射到人体模型上的被动散射质子治疗束,对二次辐射的全身有效剂量进行了估算。Taddei 等人(2008)的研究显示,二次辐射的剂量当量为 567 mSv,其中 320 mSv 来自治疗头的泄漏。使用 MCNPX 代码的分析表明,射程调制器是治疗头内任何束流修改装置中最强的中子源。

Moyers 等人(2008)的模拟结果进一步揭示了,进入患者体内的大部分中子是在最终的患者专用孔径和孔径上游的预准直器中产生的,而不是在散射系统中产生的。这一发现对于优化治疗头设计和提高治疗安全性具有重要意义。

Schneider 等人(2002)使用 FLUKA 代码对 177 MeV 扫描质子束进行了蒙特卡罗模拟。他们发现,在靶体积分别为 211 cm^3(骶脊索瘤)和 1 253 cm^3(横纹肌肉瘤)时,测得的中子当量剂量为 2~5 mSv/Gy。此外,在距离等中心 100 cm 至 7 cm 的横向距离内,测得的中子当量剂量范围为 0.002~8 mSv/Gy。这些数据为理解质子束扫描系统在实际治疗中的应用提供了重要的剂量学信息。

轻离子和重离子在模拟类组织材料和屏蔽材料中产生的二次粒子方面,蒙特卡罗代码 SHIELD - HIT 发挥了重要作用。Gudowska 等人(2002)和 Gudowska 等(2004)利用这一工具对轻离子和重离子与这些材料相互作用产生的二次粒子进行了详细模拟。

通过进一步深入研究,Gudowska 和 Sobolevsky(2005)对离子束产生的二次粒子及其在组织中吸收剂量的过程进行了模拟分析。在他们的研究中,对于 200 MeV 的质子束,发现输送到水和 A - 150 模型的中子吸收剂量约占总剂量的 0.6%～0.65%。此外,他们还计算了 390 MeV/u ^{12}C 射束在水和 A－150 模型中产生的二次中子吸收剂量,结果表明这些剂量分别占了总剂量的 1.0%和 1.2%。

Pchenichnov 等人(2005)采用基于 GEANT4 工具包的轻离子治疗蒙特卡罗模型(MCHIT)进行模拟。他们的估计显示,^{12}C 射束在水中产生的二次中子导致的能量沉积占总剂量的 1%～2%,这一比例略高于 200 MeV 质子束诱导的中子贡献,后者约为 1%。

Morone 等人(2008)利用 FLUKA 蒙特卡罗软件对能量调制碳离子束的中子污染进行研究。他们的工作进一步加深了我们对重离子束治疗的中子产生及其影响的理解。

通过这些研究可知,不同类型的离子束在与材料相互作用时产生的二次粒子具有不同的特性和剂量贡献,这些数据对于优化治疗计划和提高治疗的安全性具有重要意义。

数学拟人模型 EVA－HIT 和 ADAM－HIT 已被集成至蒙特卡罗代码 SHIELD－HIT07 中,专门用于模拟轻离子束对肺部和前列腺肿瘤的照射效果。Hultqvist 和 Gudowska(2008)针对能量范围在 80～330 MeV/u 的 ^{1}H、^{7}Li 和 ^{12}C 离子束进行了详尽的计算。研究综合考虑了二次中子、二次质子、来自氦到钙的较重碎片,以及散射的一次离子和二次粒子对器官造成的二次剂量。这些计算揭示了器官对靶区(肿瘤)的单位剂量,其数值为 10^{-6}～10^{-1} mGy/Gy,通常随着与靶区距离的增加而逐渐降低。

图 7－2 汇总了在不同质子束设施和束流参数下,中子剂量随距离射野边缘的横向距离变化的一系列实验和理论结果。这些数据虽然呈现出相似的变化趋势,但也显示出相当程度的相关性变化,反映了不同条件下二次剂量分布的复杂性。图中显示的数据来自实验(Mesoloras et al, 2006; Wroe et al, 2007; Yan et al, 2002)和计算(Polf and Newhauser, 2005; Zacharatou Jarlskog and Paganetti, 2008a; Zheng et al, 2007)。在大多数情况下,我们考虑了多个束流参数,并绘制了两条曲线,即最大值和最小值。图中还显示了强度调制放射治疗(IMRT)情况下的散射光子剂量,假设射野为 10 cm×10 cm (Klein et al, 2006)。

通过这些研究,人们不仅能够更深入地理解轻离子束在治疗过程中产生的二次粒子对周围器官的潜在影响,而且能够为优化治疗计划和提高治疗精确度提供重要的剂量学信息。这种对剂量分布的精确评估,对于最大

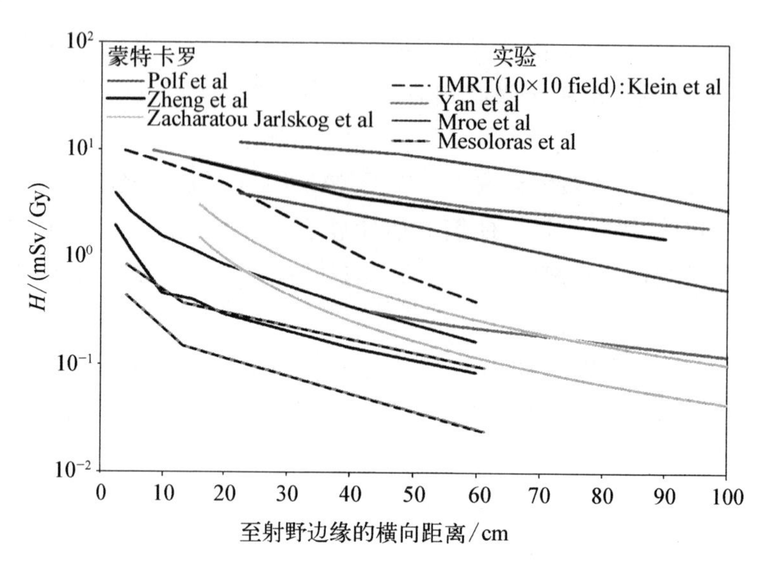

图 7-2 使用被动散射技术的治疗质子束的等效剂量与射野边缘距离的函数关系

限度地减少对健康组织的不必要照射和最大化肿瘤剂量具有至关重要的意义。

虽然图 7-2 中显示的数据有助于了解不同束流照射条件下或不同质子治疗条件下，患者接受的器官剂量的差异，但在流行病学研究中，进行精确的风险分析需要依据特定器官的剂量。为了满足这一需求，近期的研究已经开始采用患者全身模型和蒙特卡罗模拟技术来计算在不同质子治疗条件下的器官剂量。

Jiang 等人(2005)专注于在质子治疗全身 VIP-Man 模型中，靶体积(肿瘤)之外的器官剂量。该研究假设治疗头颈部肿瘤和肺部肿瘤的情况，并基于 GEANT4 蒙特卡罗代码进行模拟。治疗头的模拟涵盖了多种配置(不同的散射体组合、可变铅门等)，以精确模拟每个治疗射野的硬件配置。研究发现，在肺部和鼻旁窦肿瘤的治疗计划中，腹部器官的平均中子剂量当量分别达到 1.9 mSv/Gy 和 0.2 mSv/Gy。特别值得注意的是，红骨髓的剂量水平比肿瘤体积的处方剂量低 3～4 个数量级，但剂量在骨髓中的分布极为不均匀。

该研究还深入分析了患者体内产生的中子和治疗喷嘴外部产生的中子对各器官的产额、质量因子和吸收剂量的影响。内部中子指那些通过初级质子与患者体内原子核相互作用产生的中子，以及随后由这些初级质子引发的中子。而外部中子则包括在治疗喷嘴中产生的中子，以及这些中子在患者体内进一步产生的下一代中子。Jiang 等人的报告详细阐述了内部和外部中子对各器官等效剂量的贡献，模拟结果证实，在二次中子剂量中，外部产生的中子起着主导作用。

Fontenot 等人(2008)通过质子治疗头的蒙特卡罗模型和计算机化拟人模型，对典型前列腺患者的二次辐射有效剂量进行了精确计算。结果显示，每次治疗的剂量约为 5.5 mSv/Gy，且这一剂量随着等中心距离的增加而降低，其中患者膀胱的最大剂量达到了 12 mSv/Gy。Taddei 等人(2009)的研究专注于模拟质子治疗对颅脑脊柱照射后器官的二次剂量。他们采用蒙特卡罗模拟方法，模拟了被动散射质子治疗装置，并利用体素化模型模拟儿科患者的情况。在进行 30.6 Gy 加 23.4 Gy 的增强治疗时，预计的二次辐射有效剂量为 418 mSv，其中 344 mSv 来源于患者体外的中子。Newhauser 等人(2009)进一步使用男性模型对被动散射和扫描束质子照射颅脊柱病变的二次辐射进行了蒙特卡罗模拟。Zacharatou Jarlskog 等人(2008)模拟了儿科患者的质子束治疗，考虑了多种不同射野大小、射束范围和调制宽度的质子场，用于治疗颅内区域的肿瘤。研究中考虑了一个成人体模和 5 个儿童体模(9 个月、4 岁、8 岁、11 岁和 14 岁)，器官剂量作为多达 48 个不同器官和结构的器官指数函数进行计算。

特定器官的中子当量剂量随着射野参数的变化而变化，不同器官之间的剂量差异归因于它们的体积、与靶的距离以及元素组成的不同。例如，组织的范围越大，所需的射束能量越高，因此需要更多的材料(组织)来减缓质子射束的穿透力。基于 4 岁儿童体素模型的模拟结果显示，小射野在肺部的中子当量剂量约为 1.3 mSv/Gy，而大射野则约为 2.7 mSv/Gy。器官的中子当量剂量随着治疗体积的增加而增加，因为在靶中沉积处方剂量所需的质子数量必须增加。

Gottschalk(2006)以及 Paganetti 等人(2006)的研究发现，外部中子导致的中子当量剂量通常会随着射野的减小而增加。对于较小的靶体积，来自治疗头的中子贡献可接近中子总贡献的 99%，而对于较大的靶体积，则可降至约 60%。靶附近器官的中子当量剂量可高达 10 mSv/Gy，但随着距离的增加而迅速降低。Zacharatou Jarlskog 等人(2008)的研究中指出，甲状腺、食道和肝脏的当量剂量随患者年龄的变化而显著不同，如图 7-3 所示，数据是在 6 个不同的颅内治疗野上取平均值。

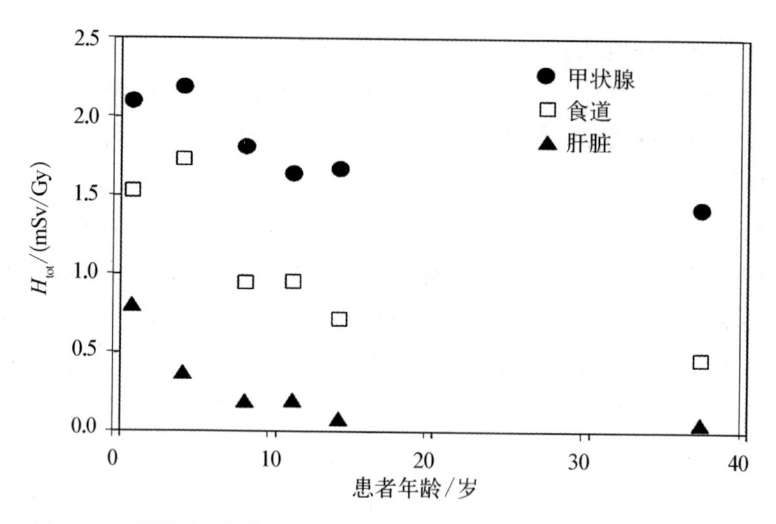

图 7-3　甲状腺、食道和肝脏的器官当量剂量与患者年龄的函数关系

年轻患者由于身体较小，从治疗头受到的中子辐射量较高。随着与靶距离的增加，剂量随患者年龄的变化也更大。例如，与基于成人体模的模拟相比，基于 9 个月婴儿体模的模拟显示甲状腺受到的剂量高出约 50%。就食管而言，成人与 9 个月婴儿的体模剂量比例约为 4 倍。模拟显示，器官受到的最大中子当量剂量约为 10 mSv/Gy。与靶距离较远的器官对患者年龄的依赖性较高。例如，对于相同的射野，肝脏的剂量增加系数约为 20。这些研究结果强调了在质子治疗中考虑患者年龄和器官特异性的重要性，以及在制定治疗计划时对二次辐射剂量进行精确评估的必要性。通过这些深入的分析，医疗专业人员可以更好地理解不同治疗条件下二次剂量的分布，从而为患者提供更为安全有效的治疗方案。

表 7-1 中的数据揭示了头颈部质子治疗中使用的 8 个典型射野的平均等效剂量情况，这项分析由 Zacharatou Jarlskog 等人(2008)完成。通过将这些等效剂量与胸部 CT 扫描的剂量进行比较，可以清晰地看到，对于年轻患者而言，在考虑的射野范围内，所接受的剂量大致等同于接受了额外的 25 次 CT 扫描。

Moyers 等人(2008)也进行了类似的比较分析。研究发现，在质子治疗中射野外的总剂量当量与接受强度调制放射治疗(IMRT)的患者所接受的剂量当量相近。特别地，在患者中心位置，整个疗程中的剂量当量与进行一次全身 CT 扫描的剂量当量相当。

表 7-1　脑部病变 70 Gy 治疗的二次中子辐射对甲状腺和肺部造成的当量剂量

单位：mSv/Gy

治疗方式	4 岁	11 岁	14 岁	平均值
H：质子治疗甲状腺	195.4	166.0	155.1	—
H：甲状腺、胸部 CT 扫描	9.0	5.2	6.9	—
治疗/甲状腺 CT 扫描	21.6	31.8	22.4	25.3
H：质子治疗肺	128.2	54.7	34.7	—
H：肺部、胸部 CT 扫描	13.9	12.0	12.6	—
治疗/肺部 CT 扫描	9.3	4.5	2.8	5.5

注：表中的剂量当量是 8 个治疗野的平均值。这些数值与胸部 CT 扫描的预期辐射量进行了比较，并与患者的年龄成函数关系。

为了准确地对中子应用能量相关的辐射权重因子，关键在于确定那些在器官中引起剂量沉积的中子所具有的能量特征。图 7-4 根据 Jiang 等人(2005)展示了在头颈部肿瘤计划下，到达射野边缘侧的几个关键器官外表面的外部中子(每个进入患者体内的入射中子)能量分布的情况。这些数据显示，快速中子在经历相对较少的散射事件后迅速失去大部分动能。随着能量

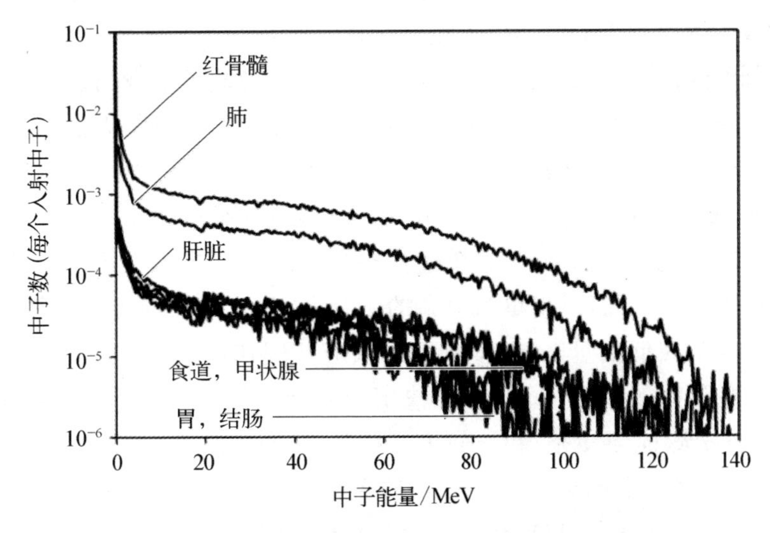

图 7-4　头颈部肿瘤计划下的到达射野边缘侧的主要器官外表面的外部中子能量分布

的降低，尤其是在低能量至热能区域，中子减速并经历弹性散射的概率显著减少，这导致在软组织中发生大量的弹性散射，使得低能中子在患者体内的分布中占主导地位。然而，值得注意的是，尽管低能中子在数量上占优势，但真正导致显著剂量沉积的事件以及辐射权重因子的确定，主要是由能量较高的中子(大于 10 MeV)引发的。Zheng 等人(2008)通过蒙特卡罗模拟的方法对中子谱注量进行了详细的计算分析。这项工作不仅加深了对中子能量分布及其生物效应的理解，而且对于在放射治疗中评估和优化中子引起的二次剂量具有重要意义。

7.5　次级粒子的生物学效应(低和高 LET 粒子，低剂量)

在放射生物学领域，粒子的辐射品质常根据其线性能量传递(LET)来分类。虽然 LET 本身并不直接决定其生物效应，但一般而言，具有较高线性能量传递的辐射更可能对生物组织造成严重的损伤。在放射治疗的背景下，评估不同类型辐射生物效应的常用指标是相对生物效应(RBE)。相对生物效应定义为两种不同类型辐射产生相同生物效应所需剂量的比值。这一比值的确定依赖多种因素，包括剂量、剂量率、治疗总时长、治疗分次、组织类型以及观察的生物学终点。

为了全面理解离子治疗中散射或二次辐射的潜在影响，研究低剂量辐射的生物效应变得尤为重要。由于相对生物效应是基于特定效应水平定义的，并随着剂量降低而可能增加(在此过程中，需注意忽略低剂量超敏效应和阈值效应的潜在影响)，因此在评估时必须考虑相对生物效应的最大值。这可以通过将特定辐射(如中子)的生存曲线外推至零剂量水平来估算。

二次中子辐射在实际剂量沉积中通常表现为较低的水平。在某些简单的实验室细胞系统中，将高或中等剂量水平的剂量-反应数据直接外推至低剂量水平或许可行。然而，对于更为复杂的生物系统，这种外推变得极具挑战性。这主要是因为在低剂量区域，多种竞争效应共同作用，影响着辐射的生物效应。辐射的生物效应是一个多因素决定的复杂过程，它不仅受到物理因素的影响，如剂量大小、剂量率、粒子轨道结构等，还与生物学因素密切相关，包括组织类型、观察的生物学终点、组织的修复能力以及内在的辐射敏感性。

中子的生物效应尤其复杂，因为它们属于间接电离辐射。在极低的能量水平(低于 1 MeV)，中子主要通过与质子的弹性散射过程中贡献吸收剂量；在氮原子中捕获中子产生的质子；通过与碳、氧、氮原子的相互作用产生反冲粒子；部分由在氢原子中的热中子俘获过程中产生的 γ 射线贡献吸收剂量。而对于能量较高的中子（1～20 MeV），它们通过产生的反冲质子在生物组织中沉积大量的剂量。

在评估放射治疗可能引发的二次肿瘤风险时，人们特别关注那些在分次治疗中使用的低剂量给药，尤其是在剂量低于 0.1 Gy 的情况。然而，目前关于这一剂量水平的数据相对匮乏。此外，基于裂变中子的动物模型所展示的致癌效果表明，剂量与反应之间的关系是非线性的，特别是在排除了初始阶段后。这种非线性特性给高剂量至低剂量的推断带来了极大的困难，并且使得推断结果的可靠性大打折扣。正如 Edwards（1999）所讨论的，由于实验本身存在的显著不确定性，确定中子辐射与参照辐射之间正确的初始斜率变得非常具有挑战性，并且伴随着相当大的不确定性。

目前，绝大多数关于中子相对生物效应的数据来源于裂变中子的研究。这些裂变中子的能量通常平均为 1～1.5 MeV。例如，Shellabarger 等人（1980）的研究指出，即使是仅有 1 mGy 剂量的 0.43 MeV 中子，也有可能提升大鼠纤维腺瘤的诱发率。Broerse 等人（1986）的研究发现，0.5 MeV 的中子在引发大鼠良性乳腺肿瘤方面，比 15 MeV 的中子更为有效。Fry（1981）的研究也支持了这一点。鉴于目前缺乏关于高能中子致癌性的数据，研究者们通常依据中子的相对生物效应测量值及其能量依赖性，对更高能量的中子进行推断，以填补这一知识空白（ICRP，1991；2003b；2008 ICRU，1986；NCRP，1990；1991）。

基于对日本原子弹爆炸幸存者所接受的中子剂量的估算，人类数据提供了关于中子诱发癌症风险的重要信息。Egbert 等人（2007）以及 Nolte 等人（2006）分别得出中子诱发人类癌变的最可能的相对生物效应最大值：Kellerer 等人（2006）提出固体癌死亡率的相对生物效应为 100，而 Little（1997）提出总体癌症发病率的相对生物效应为 63。然而，必须认识到，原子弹爆炸幸存者所受到的辐射条件与现代放射治疗的情况有着本质的不同。

正如 Kocher 等人（2005）以及 Brenner 和 Hall（2008）的研究中所讨论的，中子的相对生物效应值存在显著的不确定性。这种不确定性的主要原因在于，目前缺乏 0.1～2 MeV 能量范围之外的相对生物效应数据——这个能量范围覆盖了大多数裂变中子。此外，NCRP（1990）以及 Edwards（1999）的报告中，均未包含关于 20 MeV 以上中子的数据。

7.6 次级粒子对患者的当量剂量概念

在深入理解了二次辐射的来源、特性以及它们在不同治疗条件下的行为后，本节将转向评估这些辐射对患者健康影响的一个重要方面，即当量剂量的计算。这不仅对于放射治疗的安全性至关重要，也是辐射防护和风险评估的核心内容。

7.6.1 辐射权重因子

在低剂量区域的二次辐射中，使用“辐射权重因子”这一术语比传统的相对生物效应更为恰当。这种表述上的改变强调了品质因子或权重因子通常不依赖于具体的终点或剂量反应关系。根据ICRP(1991)的定义，辐射权重因子取代了“品质因子”，成为评估辐射生物效应的一个关键参数。

ICRP(2003b;2008)定义了一个保守的辐射权重因子(W_R)，它与相对生物效应的最大值相关联。在辐射防护领域，当涉及相对低剂量水平时，辐射权重因子被视作相对生物效应的一个保守和简化的度量方法。出于辐射防护的目的，人们有兴趣定义一个在很大程度上独立于剂量和生物终点的参数(如最大相对生物效应)。这种定义方式出于3个主要原因：首先，辐射防护关注的剂量水平通常较低；其次，对公众的建议应当易于理解；最后，辐射防护的建议更注重提供一个保守的指导方针，而不是追求极端的精确性。

对于γ射线、快电子和X射线，辐射权重因子通常假设为1(ICRP, 1991)。尽管有证据表明，在低剂量时，标准X射线单位吸收剂量的生物效应可能是高能光子的2倍，这是基于染色体畸变数据和生物物理考虑。ICRP推荐，光子和电子的辐射权重因子为1，质子的辐射权重因子为2，而α粒子的辐射权重因子则高达20(ICRP, 2008)。

在中子的情况下，ICRP定义了一个与能量相关的钟形曲线，其最大辐射权重因子在1 MeV左右时为20(ICRP, 1991; 2003b; 2008)。对于不带电的粒子，辐射权重因子的分配存在一定的模糊性。例如，快中子主要通过次级质子沉积能量，但其最大辐射权重因子建议为20，而质子的辐射权重因子则恒定为2。

我们必须认识到，辐射权重因子主要是出于辐射防护目的而推荐的，它们对于患者体内产生的二次辐射的适用性可能存在疑问。这些权重因子原本是针对外部辐射提出的，可以用于评估束线部件中产生的二次辐射。然而，当考虑到患者体内产生的二次辐射时，可以将这些辐射视为内部辐射源，这时使用辐射权重因子可能就不太合适了。

定义品质因子为线性能量传递的函数，而辐射权重因子则是粒子类型和能量的函数。理论上，这两个概念应该产生相似的结果。然而，如第7.2.2节所讨论的，尤其是对于中子这样的间接电离辐射，这些概念之间存在一些不一致之处。

7.6.2　等效剂量

ICRP进一步将辐射防护量（当量剂量）定义为器官或组织中的平均吸收剂量乘以辐射类型的辐射权重因子（有时还包括能量因素）（ICRP，2003b）。辐射权重因子的作用是将吸收剂量从戈瑞（Gy）转换为希（沃特）（Sv）。另一个重要的辐射防护量是"有效剂量"，它根据全身随机风险对部分身体辐照进行归一化处理（ICRP，2003b）。ICRP提出有效剂量的概念，主要是为了推荐辐射防护的职业剂量限值。然而，有效剂量是不可测量或不可叠加的，它依赖于组织的权重因子，这些因子是可以调整的。

ICRP指出，在涉及高剂量的情况下，应根据吸收剂量对剂量进行评估；而在涉及高线性能量传递辐射（如中子或α粒子）时，应使用适当的相对生物效应对吸收剂量进行加权。此外，ICRP（1991）强调，不应使用有效剂量概念来表示特定个人的风险。

在估算不同条件下的当量剂量时，例如接受放射治疗的患者，必须考虑剂量率和分次的影响。放射治疗通常分多次进行，如连续30天（通常不包括周末）。大多数风险模型都是基于单次照射的。相同剂量的单次分次照射和多次分次照射之间的效果差异主要是由组织修复能力的差异造成的。为了说明这种影响，必须应用剂量和剂量率有效性因子（DDREF）。由于中子具有高线性能量传递特性，其DDREF为1（Kocher et al，2005）。DDREF适用于0.2 Gy以下的剂量和慢性照射。电离辐射生物学效应委员会建议，在实体瘤风险分析和线性剂量反应关系中，使用1.5的平均校正因子来考虑分级（BEIR，2006）。虽然这适用于光子辐射，但由于中子与组织相互作用的生物机制不同，在处理低剂量辐照时，不应使用DDREF对高线性能量传递辐射（如中子）的等效剂量进行缩放（Kocher et al，2005）。甚至可能存在反向剂量率效应，即高线性能量传递辐射的生物效应随剂量率的降低而增加。不过，这种效应通常不会在较低剂量时出现。

7.7 早期和晚期效应

在放射治疗中，患者体内的剂量分布可以分为3个主要区域：① 靶区(肿瘤)，这是以治疗剂量治疗的规划靶区(PTV)；② 肿瘤附近的高危器官，这些器官可能与射束路径相交，因此可能接受从低剂量到中等剂量的辐射；③ 患者身体的其他部分，这些区域通常接受较低剂量的辐射。

辐射对健康组织的影响可能会导致一系列不良反应，包括器官功能障碍(Nishimura et al，2003)，甚至可能引发二次癌症。治疗性放射束流的路径上，尤其是在靶体积的边缘，常常发现二次肿瘤(Dorr and Herrmann，2002)。值得注意的是，这些不良反应并不一定与剂量成正比。例如，如果治疗的目的是彻底杀死肿瘤细胞，那么靶体积内辐射诱导的癌症风险可能低于周围组织接受中等剂量的风险。

在治疗计划中，必须考虑那些作为治疗计划成像的一部分器官，这些器官通常接受中等剂量(大于处方靶剂量的1%)。这种剂量主要是由于粒子束的散射以及这些器官位于主射束路径内。照射的总剂量称为积分剂量。还有一些器官距离靶体积较远，接收的剂量较低(小于处方靶剂量的1%)。这些器官通常不会在治疗计划中被特别成像或勾勒出来。它们接收的剂量可能来自辐射在治疗头的大角度散射、通过治疗头的泄漏，以及由初始辐射与治疗头或患者体内成分相互作用产生的二次辐射。

尽管一些治疗技术旨在使靶剂量高度适形，但它们并不一定能向远离靶的区域提供较低剂量。一些研究者警告说，与传统放射治疗相比，强度调制放射治疗或质子治疗的使用可能会增加辐射诱导的二次癌症发生率(Hall，2006；Hall and Wuu，2003；Kry et al，2005；Paganetti et al，2006)。由于剂量较低，主要关注的是晚期效应，尤其是二次肿瘤。

与治疗相关的癌症是放射肿瘤学公认的不良反应(Schottenfeld and Beebe-Dimmer，2006；Tubiana，2009；van Leeuwen and Travis，2005)。罹患第二种癌症的可能性取决于整个照射范围和高剂量区的范围。对于辐射诱发的肉瘤，主要关注的不是远离射束边缘的剂量，而是在射束路径上直接投射的剂量。儿童在接受放疗15～20年后，因正常组织剂量导致的偶发二次恶性肿瘤发生率为2%～10%(Broniscer et al，2004；Jenkinson et al，2004；

Kuttesch et al, 1996)。另一些研究估计，在 25 年的随访期间，患第二种癌症的累积风险为 5%～12%(de Vathaire et al, 1989; Hawkins et al, 1987; Olsen et al, 1993; Tucker et al, 1984)，常规放射治疗是一个诱发因素(de Vathaire et al, 1989; Potish et al, 1985; Strong et al, 1979; Tucker et al, 1987)。

在对白血病(Neglia et al, 1991)、头癣(Ron et al, 1988; Sadetzki et al, 2002)和颅内肿瘤(Kaschten et al, 1995; Liwnicz et al, 1985; Simmons and Laws, 1998)进行治疗性颅内照射后，辐射可导致颅内肿瘤。据报道，在一组患者中，第二次癌症的中位潜伏期为 7.6 年(Kuttesch et al, 1996)。垂体腺瘤患者在放疗后约 20 年时，继发性脑肿瘤的累积风险为 1.9%～2.4%，肿瘤发生的潜伏期为 6～21 年(Brada et al, 1992; Minniti et al, 2005)。Brenner 等人(2000)研究了前列腺放疗后患者第二次癌症的情况，发现存活超过 10 年的患者患第二次癌症的绝对风险为 1.4%。治疗量较小的患者罹患第二种癌症的相对风险较低(Kaido et al, 2001; Loeffler et al, 2003; Shamisa et al, 2001; Shin et al, 2002; Yu et al, 2000)。BEIR VII(电离辐射的生物学效应)报告总结了各种器官受低剂量辐射后辐射诱发癌症和死亡率的数据(BEIR, 2006)。

据估计，30 岁的人全身照射 1 Sv 后，受照射人群与未受照射人群患致命性实体癌症的相对风险估计为 1.42(Preston et al, 2004)。Pierce 等人(1996)估计了辐射相关实体癌死亡率的终生超额风险和白血病的终生超额风险与年龄、性别和剂量的函数关系。暴露年龄较小的人风险更高(Imaizumi et al, 2006)。晚期(辐照 50 年后)第二次癌症的高发率与根据仅 10～20 年的患者随访数据进行的风险估算有关。因此，辐射治疗患者的辐射诱发癌症风险估计值必须低于实际终生风险。

通常，辐射相关第二肿瘤的最高发生率发生在辐射射野外围，而不是辐射野中心(Epstein et al, 1997; Foss Abrahamsen et al, 2002)。然而，即使是在主射野外很远的地方施放的剂量也与第二肿瘤有关。几十年前，以色列儿童的头皮被照射以诱发脱发，目的是帮助局部治疗头癣(Ron et al, 1988)。神经组织受到的平均剂量约为 1.5 Gy。与普通人群相比，30 岁时形成肿瘤的相对风险分别为神经鞘瘤 18.8、脑膜瘤 9.5、胶质瘤 2.6；肿瘤发生的平均间隔时间分别为 15 年、21 年和 14 年。Sadetzki 等人(2002)报告了因患头癣而接受放射治疗后出现脑膜瘤的情况，从接触放射线到确诊脑膜瘤的时间为 36 年。最近的一项研究得出结论，即使在宫颈癌初次放射治疗 40 年后，幸存者罹患第二癌症的风险仍然会增加(Chaturvedi et al, 2007)。

二次癌症是晚期效应,因此在儿童癌症的治疗中具有特别重要的意义。就儿童癌症而言,相对五年生存率已从1974年至1976年诊断的儿童的56%上升到1995年至2001年诊断的79%(Jemal et al, 2006),目前的十年存活率约为75%(Ries et al, 2006)。尽管大多数儿童癌症患者在治疗后都能获得较长的生存期,但一些儿童癌症患者在成功治疗原发疾病后,还会患上第二种癌症(Ron, 2006)。大多数公布的数据都是基于儿童癌症幸存者研究(childhood cancer survivor study),这是一项正在进行的多机构回顾性研究,研究对象超过14 000个病例(Bassal et al, 2006; Kenney et al, 2004; Neglia et al, 2001; Sigurdson et al, 2005)。

7.8 模型

在深入探讨了二次辐射对患者健康的潜在影响后,现在转向风险评估的模型化方法。这些模型对于预测和量化癌症风险至关重要,它们基于人群的统计数据和科学推断。

7.8.1 模型概念

癌症风险的评估是一个复杂的过程,它涉及发病风险或死亡风险的预测。这种风险通常以年龄、性别和身体部位为函数来定义剂量-反应关系。癌症的发病率是指在特定时间区间内确诊的人数与该时间区间开始时的未受影响人数之比。相对地,癌症风险是指在观察的人群中疾病发生的概率,简而言之,风险是特定时间间隔内确诊人数与总人数之比。基线风险是指在没有特定风险因素的群体中观察到的癌症发病率,例如未受辐照的参照人群。为了衡量受辐照人群的癌症发病率与未受辐照人群之间的关系,我们可以使用两者的差值或比值来表示。

风险评估是辐射防护中的一项关键活动,它涉及对全身有效剂量以及器官权重因子的计算和应用。这些评估方法由多个权威机构提出,包括美国环保局(EPA)在1994年和1999年的指导文件,以及国际辐射防护委员会(ICRP)在1991年和2003年的推荐,同样还有国家辐射防护委员会(NCRP)在1993年的标准。NCRP特别定义了一系列器官和组织的致命癌症概率,这包括膀胱、骨髓、骨表面、乳腺、食道、结肠、肝脏、肺、卵巢、皮肤、胃、甲状腺以及其他身体部位。这些定义基于对这些器官对于辐射敏感性的理解。ICRP进一步发展了这一概念，引入了具有器官特异性权重因子的全身有效剂量，这一方法最初旨在为工作人员设定辐射防护限值，确保他们受到的辐射量维持在安全水平。

在 NCRP 和 ICRP 的模型中，有效剂量的组织权重因子采用了性别和年龄的平均值，并且考虑了与辐射类型无关的剂量率校正。这些模型提供了一种粗略的近似方法，得出的名义风险值定为 5×10^{-2} Sv。虽然有效剂量的概念适用于辐射防护研究，但 ICRP 明确指出，它并不适用于评估二次癌症的风险模型，因为这些模型需要针对特定部位的风险评估。

流行病学风险评估应当基于特定器官的当量剂量，这一点 BEIR(2006)的报告中得到了体现，该报告提供了一种计算癌症发病率和死亡率的器官特异性风险的方法。剂量-反应关系在这些模型中通常以年龄、性别和身体部位为函数来定义，为风险评估提供了更为精确的框架。

相对风险(RR)是一个关键的流行病学指标，它通过比较具有特定风险因素群体的发病率与没有这些风险因素群体的发病率来评估风险因素的强度。具体来说，如果一个群体接受了某些辐射，RR 就是这个受辐射群体的癌症发病率与未受辐射群体的发病率之间的比值。超额相对风险(ERR)进一步细化了这种比较，它定义为受辐射人群中的癌症发病率或死亡率与未受辐射人群的相应率之比，再减去 1。换句话说，ERR＝RR－1。这种表述方式使得 ERR 能够直接反映出辐射暴露相对于未暴露情况下的额外风险。

绝对风险则直接反映了在特定人群中某种疾病的发生频率，通常以每年的人均癌症病例数来表示。而超额绝对风险(EAR)则是暴露人群中的癌症发病率或死亡率与未暴露人群的相应率之差。EAR 提供了一个直观的度量，即暴露带来的额外癌症病例数。在建模特定疾病的剂量-反应关系时，可以选择使用 ERR 或 EAR 的概念。基于 ERR 的估计在统计上具有较小的不确定性，这使得它对于评估小风险特别有用。而 EAR 则更适合于描述疾病在人群中的整体影响。

超额风险的计算可以综合考虑多种因素，包括个人的年龄、暴露时的年龄、接受的辐射剂量、性别特异性以及人群特征等。终生归因危险(LAR)提供了一个全面的概率评估，即一个人在其一生中因辐射暴露而发展出癌症的可能性(Kellerer et al, 2001)。LAR 不仅包括那些如果没有辐射暴露就不会发生的癌症，还包括那些由于辐射而提前发生的癌症。LAR 可以通过对所有年龄段的超额风险进行积分来估算，无论是使用 ERR 还是 EAR。

BEIR(2006)提出的模型为我们提供了一种理解和量化辐射暴露与癌症发病率之间关系的方法。该模型通过一系列参数来计算超额风险，这些参数包括暴露年龄、接受剂量、性别指数以及暴露后的时间。这种计算方法允许我们评估不同因素对癌症风险的贡献，并且可以根据癌症类型(如实体癌或白血病)采用线性或二次函数来模拟剂量-反应关系。BEIR 委员会特别指出，对于实体癌(不包括乳腺癌和甲状腺癌)，超额相对风险(ERR)主要与 30 岁以下人群的暴露年龄相关，而对于乳腺癌、甲状腺癌和白血病，模型则提供了具体的参数进行风险估算。

Schneider 和 Kaser-Hotz(2005)引入了“器官等效剂量”(OED)的概念，这是一种创新的视角，将任何导致相同癌症发病率的剂量分布视为等效。在低剂量情况下，OED 简化为器官的平均剂量，但在高剂量情况下，情况则更为复杂，因为细胞杀伤效应开始变得显著。OED 模型基于对不同器官辐射诱发癌症的剂量-反应关系的深入理解，并采用线性-指数剂量-反应模型来描述这种关系。该模型通过一个指数函数来考虑细胞杀伤效应，该函数依赖于剂量和器官特异性的细胞灭菌因子，后者是通过霍奇金病数据确定的。尽管 Kry 等人(2005)指出，开发类似 OED 模型的概念存在一些限制，例如它可能仅适用于特定的辐照人群，但 OED 方法相较于 BEIR 模型的优势在于，它能够估算中高剂量照射下的癌症风险，这在放射治疗的靶区附近尤其重要。Schneider 等人(2006)和 Schneider 等人(2007)进一步展示了 OED 方法的应用和优势。

在利用原子弹爆炸幸存者的数据来开发辐射风险模型时，我们必须谨慎地考虑与放射治疗不同的情况。虽然大多数原子弹爆炸幸存者所接受的辐照剂量相对较低(小于 0.1 Gy)，但也有部分人群受到了较高剂量的辐照(超过 0.5 Gy)，这在风险评估中是一个重要因素。此外，辐照的风险不仅取决于剂量的大小，还与剂量率密切相关。

早期的研究已经观察到剂量率对癌症发病率的影响。Grahn 等人(1972)的研究表明，当剂量率降至 0.2～0.3 Gy/d 时，白血病的发病率显著下降至约为$\frac{1}{5}$。Ullrich(1980)和 Ullrich(1987)报告了小鼠肺腺癌发病率与剂量率的依赖性。Maisin 等人(1991)的研究发现，对小鼠进行分次全身照射(10 次 0.6 Gy)相比于单次较大剂量照射(6 Gy)，能够引发更多的癌症。Brenner 和 Hall(1992)对这种剂量递减的反向效应进行了讨论，这种现象在低线性能量传递辐射的治疗剂量水平上是众所周知的。

在风险模型中，通常通过引入比例因子来考虑剂量率效应。然而，在低剂量区域，尤其是在中子辐照的情况下，剂量率的影响可能有所不同。尽管对于散射光子剂量，我们已经建立了正的剂量和剂量率效应因子(DDREF)，但有证据表明，在低剂量中子辐射下，可能不存在剂量率效应，甚至可能存在反向剂量率效应。这是高线性能量传递辐射的一个已知现象。

为了构建一个更为精确的第二种癌症的剂量-反应关系模型，这个模型需要综合考虑治疗模式、治疗部位、束流特性以及患者群体的多样性。当前，迫切需要开展更大规模的流行病学研究，以便在低剂量辐射区域对癌症风险进行精确量化(Brenner et al，2003)。这些研究对于评估流行病学模型中定义的剂量-反应关系至关重要，同时也需要进行细致的器官特异性剂量测定。

目前的风险评估模型仍然存在较大的不确定性，这是由于缺乏精细的器官特异性剂量数据。这种数据的不足限制了人们对放疗患者实际二次癌症发病率的准确解释。此外，过于简化的剂量-反应关系模型可能会误导人们对风险的理解。剂量率效应在这一过程中扮演了重要角色，它对风险评估有着不可忽视的影响(Gregoire and Cleland，2006)。

7.8.2　剂量-反应关系

针对诱发二次肿瘤的低剂量辐射效应问题，学术界已经开展了一系列讨论。研究指出，在高剂量辐射下，由于细胞杀伤效应开始占主导地位，辐射的致癌作用实际上会有所减弱。这一现象在 Upton(2001)的研究中得到了阐述。针对特定类型的癌症，如白血病，研究揭示了其剂量-反应关系的特点。例如，接受宫颈癌放射治疗的患者数据显示，当辐射剂量达到约 4 Gy 时，患白血病的风险有所增加，但在更高剂量下，这一风险反而降低(Blettner and Boice，1991；Boice et al，1987)。此外，Sigurdson 等人(2005)在研究儿童接受癌症治疗后的甲状腺癌风险时发现，随着剂量达到约 29 Gy，风险先增加随后降低。类似地，其他研究也表明，实体瘤的风险可能在剂量为 4～8 Gy 时趋于稳定(Curtis et al，1997；Tucker et al，1987)。

对于儿童患者，Ron 等人(1995)的研究表明，在 0.1 Gy 以下的低剂量辐射下，线性剂量-反应关系最能准确描述辐射反应。在实体癌的风险评估中，通常采用线性剂量-反应曲线(Little，2000、2001；Little and Muirhead，

2000)。实验数据表明,即使是单个粒子的照射也能在单细胞中引起突变,这支持了线性剂量-反应关系的存在,至少在低至 0.1 Gy 的剂量范围内(Barcellos-Hoff, 2001; Frankenberg et al, 2002; Han and Elkind, 1979; Heyes and Mill, 2004; NCRP, 2001)。

然而,也有报道指出,在更低的剂量下,细胞转化率可能会略有下降(Ko et al, 2004),这可能表明非线性剂量-反应曲线的存在(Sasaki and Fukuda, 1999)。此外,一些数据暗示了辐射的保护作用,即所谓的辐射激素效应,这可能在低剂量辐射下降低癌症风险(Calabrese and Baldwin, 2000; 2003; Feinendegen, 2005; Hall, 2004; Upton, 2001)。长期(24 年)对灵长类动物进行的全身辐照(WBI)研究显示,在 0.25～2.8 Gy 的剂量范围内,癌症发病率并未增加(Wood, 1991)。这些发现对于理解低剂量辐射的生物效应具有重要意义,并提示我们在评估辐射风险时需要考虑复杂的生物学机制。

目前,大多数辐射风险模型的建立都是基于广泛的数据收集和分析。特别是,BEIR(2006)和 ICRP(1991)都报道了一种名为"线性无阈值"(LNT)的模型,用于评估低于 0.1 Gy 剂量的辐射风险。这一模型假设,即使在低剂量下,辐射风险与剂量成正比,没有绝对的安全阈值。然而,近期的数据对 LNT 模型的普适性提出了质疑(Tubiana et al, 2009),提示我们可能需要对这一基本假设进行重新评估。

肿瘤诱导的剂量-反应关系的一个重要数据来源是原子弹爆炸幸存者的研究。这些数据大体上支持了一个高达约 2.5 Sv 的线性剂量-反应关系,其中风险估计为每希(沃特)约 10%(Pierce et al, 1996; Preston et al, 2003)。尽管这一线性模型在高剂量范围内得到了验证,但在低剂量区域,特别是 0.005～0.1 Sv,一些分析表明癌症发病率与剂量的关系可能并非完全线性(Pierce and Preston, 2000)。此外,还有一些研究显示,在剂量低于 0.2 Sv 时,癌症发病率并未显著增加(Heidenreich et al, 1997),甚至出现了癌症死亡率和发病率下降的趋势。

这些发现可能指向了人群中对辐射超敏感反应的个体小亚群的存在(ICRP, 1999),或者表明在小剂量辐射下,可能存在一种放射抗性的减弱现象,即低剂量辐射可能降低细胞的放射敏感性。这种效应在多个生物学过程中都有报道,包括致癌性(Bhattacharjee and Ito, 2001)、细胞失活(Joiner et al, 2001)、突变诱导(Ueno et al, 1996)、染色体畸变形成(Wolff, 1998)以及体外致癌转化(Azzam et al, 1994)。

在探讨辐射对生物体的影响时，我们必须认识到细胞间的相互作用可能对剂量-反应关系的线性假设构成挑战。如 Ballarini 等人(2002)、Little (2000)、Little 和 Muirhead(2000)、Nasagawa 和 Little(1999)以及 Ullrich 和 Davis(1999)的研究所示，当多个细胞同时受到辐射损伤时，它们之间的相互作用可能导致非线性的生物学效应。特别地，辐射诱发白血病的剂量-效应关系可能呈现出随着剂量增加而斜率增大的特点，这一点在 Preston 等人(2003)的研究中得到了体现。而辐射诱发肉瘤的情况则可能存在一个剂量阈值，即在达到某个剂量水平之前，癌症风险并不会显著增加，这一观点由 White 等人(1993)的研究中提出。此外，动物实验数据也为我们提供了对低剂量辐射效应的洞察。Tubiana(2005)指出，动物模型研究并未显示在 100 mSv 以下的剂量下癌症风险有显著增加。这种在低剂量下缺乏明显致癌效应的现象，可能源于多个因素：一方面，可能确实存在一个阈值剂量，低于该剂量辐射的致癌效应不明显；另一方面，可能由于低剂量下的致癌效应过于微妙，目前的统计分析方法尚难以检测。

这些发现提示我们，在评估辐射风险时，需要考虑到可能的非线性效应和阈值剂量的存在。同时，它们也强调了在低剂量区域进行精确风险评估的复杂性和挑战。为了更全面地理解辐射的生物学效应，未来的研究需要进一步探索细胞间的相互作用、剂量率的影响以及不同组织和个体对辐射敏感性的差异。

7.9　粒子治疗中辐射诱发二次肿瘤的风险

二次恶性肿瘤是儿童癌症幸存者面临的重要健康挑战，它不仅影响着他们的生活质量，也是导致发病和死亡的主要原因。随着放射治疗技术的发展，我们一直在寻求在提高治疗效果的同时降低患者受到的辐射剂量，以减少继发性癌症的风险。

强度调制放射治疗能够向靶区提供高度适形的高剂量，但这种方法也使得更多组织接受了低剂量辐射，从而可能增加了二次性恶性肿瘤的风险。Hall 和 Wuu(2003)指出，与三维适形技术相比，强度调制放射治疗技术可能使这一风险几乎增加一倍。

质子治疗作为一种先进的粒子治疗技术，由于其独特的物理特性，能够在降低整体剂量的同时，减少对周围正常组织的辐射暴露，有望降低二次肿瘤的风险。质子治疗可以将整体剂量降低 2～3 倍，这为降低治疗相关的二次肿瘤风险提供了可能性。

Chung 等人(2008)通过分析临床数据，对强度调制放射治疗产生的散射光子剂量和质子治疗产生的二次中子剂量导致的继发性恶性肿瘤风险进行了比较评估。这项研究对 1974—2001 年在哈佛回旋加速器实验室接受质子放射治疗的 503 名患者，与来自监测、流行病学和最终结果(SEER)癌症登记处的 1 591 名接受光子治疗的患者进行了配对比较。两组患者的年龄、治疗年份、癌症组织学和治疗部位均经过精心匹配，确保了研究的可比性。研究结果显示，在质子治疗组中，6.4%的患者发展为第二种恶性肿瘤，而在光子治疗组中，这一比例为 12.8%。质子治疗组和光子治疗组的中位随访时间分别为 7.7 年和 6.1 年。在对性别和治疗时的年龄进行调整后，研究结果表明，与光子放射治疗相比，质子放射治疗与较低的二次恶性肿瘤风险相关。

在被动散射技术中，我们可以合理假设患者体内的大部分中子是在治疗头处产生的。基于这一假设，我们可以推断，使用质子束扫描技术能够显著降低中子剂量的照射，特别是在小的治疗野情况下，例如散射系统中的小孔径。实际上，已有研究证明，与被动散射质子或光子相比，扫描质子束在诱发第二次癌症的风险上更低(Miralbell et al, 2002; Schneider et al, 2002)。

Miralbell 等人(2002)评估了质子束相比于光子束，在剂量分布上的改进对于儿科肿瘤治疗中诱发二次肿瘤发生率的潜在影响。研究关注了两名患有不同类型肿瘤的儿童，一名患有脑膜旁横纹肌肉瘤(RMS)，另一名患有髓母细胞瘤。研究结果显示，与强度调制放射治疗相比，调强质子治疗导致二次肿瘤的风险(0.4)大约是 IMRT 射线导致二次肿瘤估计风险的一半(0.8)；对于髓母细胞瘤患者进行的三种治疗计划而言，表 7-2 显示出的乳腺、胃肠道、肺、甲状腺、间充质和骨髓(白血病)等肿瘤的绝对发生率分别是 0.75%、0.43%和 0.05%。与常规 X 射线束治疗相比，使用质子束治疗将二次肿瘤的发生率降低至十五分之一。值得注意的是，这些质子束扫描的数据并未包含任何二次中子成分。因此，观察到的疗效提升仅仅是由于照射高剂量体积的减少所导致的。这一发现强调了质子治疗在减少不必要剂量分布方面的优势，从而可能降低患者接受治疗后的长期风险。表 7-2 是 Miralbell 等人(2002)估算的使用常规 X 射线、强度调制放射治疗或扫描质子束治疗髓母细胞瘤病例后二次肿瘤的绝对年发病率。

表7-2　三种不同放射治疗后估算的二次肿瘤绝对年发病率

肿瘤位置	X射线/%	强度调制放射治疗/%	扫描质子束/%
胃和食管	0.15	0.11	0.00
结肠	0.15	0.07	0.00
乳腺	0.00	0.00	0.00
肺	0.07	0.07	0.01
甲状腺	0.18	0.06	0.00
骨骼和结缔组织	0.03	0.02	0.01
白血病	0.07	0.05	0.03
所有的二次肿瘤	0.75	0.43	0.05
与传统X射线计划相比的相对风险	1	0.6	0.07

注：与传统X射线计划相比的相对风险为X射线1;强度调制放射治疗0.6;扫描质子束0.07。

被动散射和扫描质子放射治疗技术在患者中诱发二次肿瘤的风险已经通过使用计算体模进行的器官剂量计算机模拟得到了评估。这些模拟研究为我们提供了关于不同质子治疗技术潜在风险的宝贵信息(Brenner and Hall, 2008b; Jiang et al, 2005; Newhauser et al, 2009; Taddei et al, 2009; Zacharatou Jarlskog and Paganetti, 2008b)。

Jiang等人(2005)在研究中提供了详细的器官剂量数据,基于这些数据,Brenner和Hall(2008)采用了一个假定的中子相对生物效应值为25,来估计各种器官诱发二次肿瘤的风险。他们的研究结果表明,对于15岁的男性和女性患者,在接受了被动散射质子治疗后,由于外部中子导致的终生癌症风险分别为4.7%和11.1%。这些估算是以治疗肺癌为背景进行的。对于成年患者,相应的风险有所降低,分别降至2%和3%。

这些研究结果强调了在评估质子治疗风险时考虑患者年龄和治疗技术的重要性。被动散射质子治疗由于其特有的剂量分布特性,可能会在患者体内产生更多的中子,从而增加了诱发二次肿瘤的风险。

通过运用先进的蒙特卡罗模拟技术,结合治疗头模型和体素化体模,Taddei等人(2009)对质子治疗颅脊柱照射后的二次辐射诱发二次肿瘤的风险进行了估算。该研究确定的有效剂量对应的致命二次肿瘤的终生归因危险为3.4%，其中二次辐射的有效剂量主要集中在肺部、胃部和结肠等器官。

进一步的研究对被动散射和扫描束质子治疗单元进行了比较。在对男性体模进行的颅骨-脊柱照射模拟中，Newhauser 等人(2009)发现，与扫描质子束治疗相比，被动散射治疗的完全由二次辐射导致终生罹患二次肿瘤的总风险分别为1.5%和0.8%。

Zacharatou Jarlskog 和 Paganetti(2008b)基于使用5个儿科计算模体得出的器官中子当量剂量数据，并结合 BEIR 风险模型进行了风险估算。他们针对治疗脑肿瘤的8个质子射野，计算了不同器官罹患第二种癌症的风险。图7-5展示了一些器官的终生归因危险，揭示了年轻患者由于风险模型的几何差异和年龄依赖性，其风险明显高于成年患者。

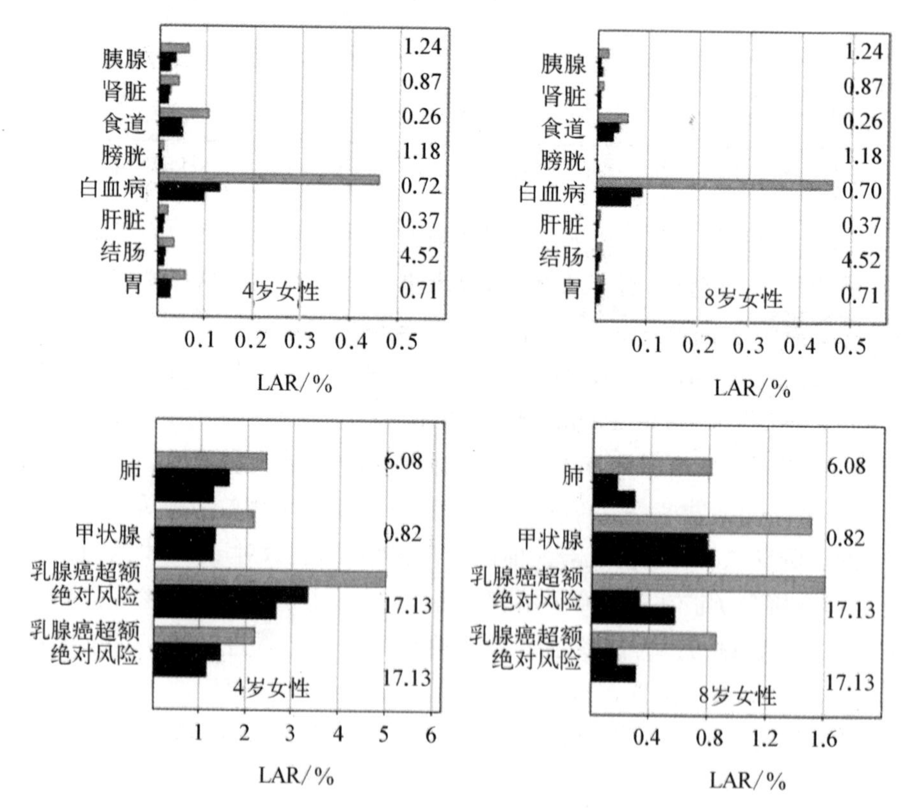

图7-5 基于70 Gy治疗的4岁和8岁脑肿瘤患者二次癌症不同的终生归因危险

(据 Zacharatou Jarlskog and Paganetti，2008)

注：三种颜色代表三种不同的治疗区域(黑色代表器官剂量最低，灰色和蓝色代表最大的治疗区域)。右侧的数字代表这些癌症的基线风险。

特别是，对终生归因危险的比较显示，女性患者应特别关注乳腺癌的风险，而男性患者则更应关注肺癌、白血病和甲状腺癌。值得注意的是，除了儿童患者，白血病也是成人患者的主要风险之一。在 70 Gy 的治疗剂量下，大多数计算出的终生归因危险都保持在 1%以下，但女性乳腺癌、甲状腺癌和肺癌的风险可能更为显著。特别是对于女性甲状腺癌，治疗带来的风险可能超过基线风险。

尽管全身剂量当量主要是一个辐射防护的概念，但已有一些研究团队将其应用于风险估算（Followill et al，1997；Kry et al，2005；Verellen 和 Vanhavere，1999）。在这种估算方法中，全身剂量当量是基于患者体内某一点测量得到的，这一点通常位于治疗射野边缘 40～50 cm 的距离。随后，将测量得到的剂量当量值乘以一个全身风险系数来进行风险评估。

Followill 等人（1997）在距离等中心 50 cm 处对中子和光子的全身剂量当量进行了测量。他们发现，当将中子的辐射权重因子设为 20 时，随着射束能量的增加，中子对全身剂量当量的贡献会急剧上升。具体来说，对于每种治疗方式，25 MV 射束的全身剂量当量是 6 MV 射束的 8 倍。在给定能量下，连续断层治疗（tomotherapy）的全身剂量当量是最高的，而三维适形放射治疗（3D－CRT）的全身剂量当量是最低的。据这些作者估计，与使用 6 MV 非边缘常规治疗技术的散射剂量相关的任何致命性二次癌症的风险为 0.4%，而假定的 25 MV 断层治疗的风险则高达 24.4%。这种风险的增加与每种治疗技术使用的监测单元总数的增加有直接关联。

Kry 等人（2005）对 3D－CRT 和强度调制放射治疗前列腺治疗的全身剂量当量进行了另一系列计算。他们报告了使用全身剂量当量方法与基于器官特异性风险的计算结果之间的显著差异，这强调了在进行风险评估时需要考虑不同计算方法的适用性和准确性。这些研究表明，全身剂量当量可以作为一个有用的工具来评估放射治疗中二次癌症的潜在风险，但同时也揭示了在不同治疗技术和剂量分布下，风险估算可能存在显著变化。

7.10　风险估计的不确定性和局限性

在评估辐射风险时，中子辐射的权重因子引入了显著的不确定性，尤其是在低剂量区域的风险估计中（Brenner and Hall，2008a；Hall，2007；Kocher et al，2005）。ICRP 推荐的辐射权重因子在极低剂量下可能不够精确

(Kellerer, 2000)。根据ICRP的标准,人体内部对能量平均中子的辐射权重因子通常为2~11(Jiang et al, 2005; Wroe et al, 2007; Yan et al, 2002)。然而,无论是体内还是体外实验,都观察到了远高于这一范围的中子相对生物效应值(Dennis, 1987; Edwards, 1999; NCRP, 1990)。特别是,NCRP(1990)指出,对于能量为1~2 MeV的几个辐射终点,裂变中子的辐射权重因子可能超过80,而ICRP建议的权重因子为20。

Dennis(1987)在对实验中子相对生物效应数据的回顾中发现,在低剂量条件下,体内观察到的最大相对生物效应值可高达71。这一发现突显了在低剂量辐射下,中子相对生物效应值可能远高于当前风险评估模型所采用的值,从而对风险估计的准确性造成挑战。

当前,我们手头上的数据尚不足以精确确定中子对流行病学终点的辐射效力。ICRP推荐使用的辐射权重因子可能并不完全反映实际情况,原因在于这些因子主要是出于辐射防护的目的而设计,而非专门针对辐射流行病学的研究。ICRP已经明确指出,有效剂量这一概念更多地应用于辐射防护领域,而非流行病学研究。因此,在分析二次剂量及其带来的风险时,我们必须意识到这些局限性,并在评估过程中谨慎行事。

关于绝对风险估计值的不确定性,已有众多文献进行了探讨。Kry等人(2007)采用了NCRP/ICRP风险模型以及美国环境保护局推荐的风险模型(EPA, 1994; 1999),对绝对风险估计值的不确定性进行了深入分析,并比较了不同治疗方式之间风险估计值的比率。他们的研究结果显示,对于致命性二次肿瘤的绝对风险估计值存在相当大的不确定性,这使得我们难以准确区分不同治疗方式所带来的风险差异。

为了评估放射治疗可能诱发的二次恶性肿瘤风险,研究者们已经开发并应用了多种风险模型。目前,广泛应用的模型大多基于对原子弹爆炸幸存者的数据分析。特别是,BEIR(2006)和ICRP(1991)都推荐,在剂量低于0.1 Gy时采用线性剂量-反应关系,并且不设定低剂量阈值。这一建议主要基于从日本原子弹爆炸幸存者那里获得的流行病学数据,这些数据显示,受影响人群接受的单次等效剂量分布在0.1~2.5 Sv范围内。然而,值得注意的是,原子弹爆炸产生的辐射场、剂量和剂量率与放射治疗中的情况存在显著差异。此外,从这些患者数据中得出的剂量-反应关系伴随着巨大的统计不确定性(Suit et al, 2007)。

在低剂量区域,现有的流行病学数据不足以精确确定剂量-反应关系的具体形态，这表明需要开展更广泛的研究，以便对风险进行更有用的精确量化(Brenner et al, 2003)。风险模型中的不确定性部分源于缺乏准确的剂量测定信息，这使得实际观察到的二次癌症发病率难以得到合理解释。例如，在评估原子弹爆炸幸存者的肺部癌症基线风险时，需要考虑的是，该人群中包括了相当比例的吸烟者。众所周知，与吸烟相关的肺癌风险与辐射可能诱发的肺部二次癌症风险是相加的。但由于原子弹爆炸幸存者群体中吸烟者比例的不确定性，可能导致对男性和女性肺癌基线风险的估计偏高。

质子束治疗中患者的二次辐射问题已经成为医学物理研究者和临床医生关注的焦点。尤其是在最近几年，关于这一议题的大量研究成果已经发布，这反映了放射治疗技术的进步和癌症患者生存率的提高。随着癌症的早期诊断和治疗后患者预期寿命的延长，二次肿瘤的诱发风险逐渐成为一个不容忽视的长期效应。

目前，尽管我们已经能够获取相当精确的剂量学数据，这些数据包括了实验测量和理论计算的结果，但是这些数据与实际癌症风险之间的关系仍然不是完全明确的。这主要是因为低剂量中子的生物效应存在很大的不确定性，同时，我们目前使用的流行病学风险模型也存在不小的不确定性。

临床数据的解释也面临着挑战，这主要是由于患者个体之间的差异以及在低剂量区域缺乏精确的剂量学信息。然而，随着剂量测量技术的不断改进，结合对患者进行长期跟踪研究，我们有望在未来改进现有的风险模型。

总之，质子治疗作为一种先进的放射治疗技术，在提高癌症治疗效果的同时，也带来了对二次辐射问题的新认识。通过持续的研究和技术创新，我们能够更好地理解、量化并最终降低二次癌症的风险，为患者提供更安全、更有效的治疗方案。

第 8 章
安全系统和联锁装置

在深入探讨粒子治疗设备的安全系统与联锁装置之前，本章将首先概述这些至关重要的系统和装置的基本概念和重要性。安全系统和联锁装置的设计宗旨是确保在粒子治疗过程中，所有相关人员的安全得到保障，治疗的精确性得到保证，同时设备和环境也得到妥善保护。这些系统不仅体现了医疗设备的高标准要求，也反映了对患者护理质量的持续追求。

随着我们进入第 8 章的核心内容，即第 8.1 节“安全系统与联锁装置概述”，我们将详细了解这些系统是如何实现其目标的。从保障工作人员、患者及访客的安全，到确保患者接受正确的辐射剂量，再到保护设备和环境免受损害，每一个环节都是我们关注的重点。接下来的内容将深入介绍这些系统的设计原理、实施方法以及它们在实际应用中的重要性。

8.1 安全系统与联锁装置概述

在粒子治疗设备的设计和运营中，安全系统与联锁装置（粒子束中断系统）扮演着至关重要的角色。这些系统的主要目标包括如下几个方面。

（1）保障工作人员、患者及访客的安全，防止他们无意中受到过量辐射。

（2）确保患者接受正确的辐射剂量。

（3）保护设备和环境，避免因高温、辐射而受到损害或激活。

实现这些目标的方法受到多种因素的影响，包括但不限于当地的辐射防护法规、相关机构的具体要求与标准，以及设备供应商遵循的规范。本章将深入探讨已规划或已实施的安全系统方法及其组成部分，旨在揭示其基本原理并展示如何在实际中应用这些系统。为了便于理解，本章的描述可能有所简化，但力求清晰。

本章中讨论的系统实例主要基于瑞士保罗谢勒研究所(PSI)质子治疗中心在撰写本章时已经存在或计划中的系统。尽管如此,其他方法同样适用于不同的治疗设施或使用其他辐射技术的情况。考虑到法律和行业标准的不断变化,读者应根据自身国家的具体情况,自行评估哪些建议或系统最为适用。

本章旨在为读者提供一个全面的视角,帮助他们理解安全系统需要解决的问题,为潜在用户提供必要的背景信息和建议,以确定自己的安全系统标准清单,并与供应商进行深入讨论。同时,本章还旨在提供必要的信息,帮助用户理解、评估并最终审核供应商的提议,确保其符合当地的要求和法规。

图 8-1 展示了 PSI 设施的布局,这些设施均在室内建造并设计。PSI 在与回旋加速器供应商的合作研究中,参与了加速器、接口以及控制系统的创新开发。自 1980 年起,PSI 便开始涉足粒子治疗领域,积累的丰富经验为当前控制和安全系统的设计提供了坚实基础。

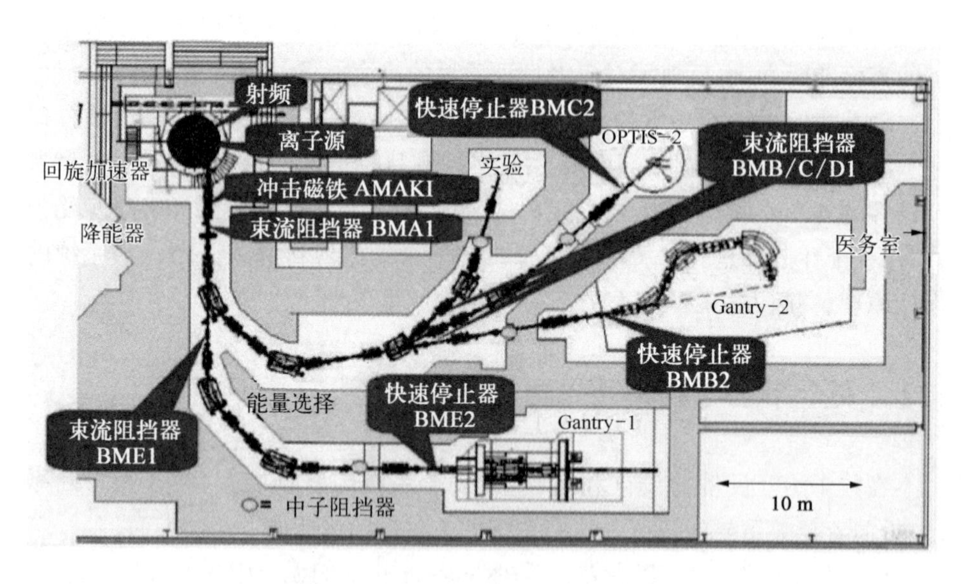

图 8-1　PSI 质子治疗设施的平面图

注:图中标示了可以用来阻止或中断束流的执行装置。

1980—2005 年,粒子治疗项目与 PSI 的物理研究项目并行运行,共享部分高强度质子束资源(Pedroni et al, 1995)。这种并行运行模式对安全系统设计提出了特殊要求,尤其是需要将患者安全功能与机器的控制系统严格分离,以确保安全。

自 2007 年起,PSI 开始使用新建的独立质子治疗设施,该设施的设计采纳了先前的建议。新建的治疗设施(Schippers et al, 2007)配备了先进的回旋加速器、能量衰减器和射束分析系统。此外,还包括两个旋转治疗机架(旋转机架1和旋转机架2)、一个专门用于眼科治疗的OPTIS 2治疗室,以及一个用于实验测量的专用房间。

通过这种精心设计和布局,PSI的质子治疗设施不仅提高了治疗效率,而且通过严格的安全措施,确保了患者和工作人员的安全。这种设施的建立和运行,体现了PSI在粒子治疗领域的专业精神和对安全的持续承诺。

在PSI,安全功能的实现是通过3个独立且专业的系统来控制的:人员安全系统(PSS)、患者安全系统(PaSS)以及运行许可系统(RPS)。这些系统与机器的控制系统(包括回旋加速器和束流线)是完全分离的。这种分离策略不仅降低了整体系统的风险和复杂性,而且为系统设计提供了一种基于"万物互联"理念的综合运行和安全框架。

分离式设计的优势在于它允许各个安全系统独立运作,从而提高了系统的可靠性和灵活性。同时,这种设计也为未来的技术升级和功能扩展提供了更大的空间。虽然存在设计精良的系统可能不采用功能分离的方式,而是采用全局集成的方式,但PSI选择的功能分离方法在安全性和可扩展性方面提供了显著的优势。

PSI的控制系统架构经过精心设计,能够在系统架构中清晰地展示这些独立的安全功能。这种清晰的架构不仅有助于维护和监控,而且也便于在必要时进行调整和优化。通过这种方式,PSI确保了其粒子治疗设施在提供高效治疗服务的同时,也能够维持最高标准的安全性能。

在PSI的粒子治疗设施中,安全系统的运作至关重要。当检测到异常的输入信号或状态时,3个独立的安全系统(人员安全系统、患者安全系统和运行许可系统)均具备"触发"能力,即能够发出指令以关闭束流或阻止其启动。这种状态转变,即从"OK"状态变为"not OK"状态,通常称其为"触发"或"联锁触发"。

每个安全系统都配备了独立的传感器、执行器、开关和计算机系统。尽管关闭束流的执行器可以由多个安全系统激活,但它们各自拥有独立的输入/输出通道,确保了信号的独立性和准确性。此外,专用的诊断信号也被用于验证执行机构是否正常运作。执行器的状态不仅包括"OK"和"not OK",还包括"NC"(未连接)和"err"(错误),这些状态定义了信号的故障安全特性。

在控制室内,显示屏能够明确指示是哪个安全系统触发了束流的中断,并提供深入分析的功能，以诊断错误状态的原因。所有触发事件都会被详细记录，并附有时间戳，以便于事后的审查和分析。

本章将详细介绍这3个安全系统的结构和实施情况。虽然某些特定问题，如PSI特有的点扫描技术或回旋加速器的使用，可能具有独特性(Pedroni et al, 1995)，但这些安全概念的基本原则适用于任何粒子治疗设施。PSI所采用的安全概念的核心在于3个系统的完全独立性，这不仅提高了系统的灵活性，也增强了整体的安全性。

本章的结构如下：第8.1节将讨论安全系统的一些一般性问题；第8.2节将介绍束流拦截装置的相关信息；第8.3节将描述PSI控制系统的相关方面；而第8.4、8.5和8.6节将分别详细介绍3个独立的安全系统。通过这种结构化的方法，本章旨在为读者提供一个全面、深入的安全系统理解，确保粒子治疗的安全性和有效性。

8.1.1 安全要求

不同机构对风险控制和降低的要求，依据当地法律法规及管理规范而有所不同，并随着时间的推移而不断演进。在某些情况下，可能需要通过美国食品药品监督管理局(FDA)的审批、欧盟的CE合规性认证，或者获得其他国家相应机构的同等授权。

对于那些在较早时期启动的研究与开发项目，或原本不打算推向市场的系统，要想将它们调整至符合现行规范可能需要付出巨大的努力。对于这些特殊情况，可能存在一些特殊的规定。

在质子/离子治疗领域，现行法规的实际执行可能并不总是清晰或适用。在这种情况下，我们应当与监管机构进行沟通协商，例如商讨如何设计文档和测试程序以获得治疗的批准。无论如何，采用最先进的方法至少应包括以下内容：一份详尽描述安全系统的报告、风险分析、操作手册、测试清单以及规定的测试频率。通常情况下，必须向监管机构提交初始测试结果和定期的测试报告。

8.1.2 安全标准

据笔者所知，目前尚未有专门针对质子和离子治疗设施的统一具体规范或广泛认可的安全准则。尽管如此，在一些国家，监管机构可能会参照或调整适用于光子或电子治疗直线加速器的现有建议或准则，并正在积极制定针对粒子治疗设施的法规。现有的建议和指南已经提出了被普遍接受的放射治疗安全标准，许多标准也适用于质子和离子治疗。例如，IEC（1998）报道了关于医用电子直线加速器的标准部分，可以适用于质子或离子治疗。在质子或离子治疗过程中，建议在治疗喷嘴中安装两个剂量监测器。第一个监测器在达到100%的预定剂量时会发出停止信号，而第二个监测器则在剂量达到约110%时发出警告信息。此外，IEC（2006）提供了关于医疗应用软件的有用指南。

国际辐射防护委员会第86号出版物列出了放射治疗中意外照射的标准（ICRP，2000）。由于程序或设备故障导致的过量照射被视为"一级危害"，即额外剂量可能造成死亡或严重伤害。在这一类别中，危害分为两类：A类，可能导致危及生命的并发症（超剂量达到或超过规定治疗总剂量的25%）；B类，超剂量达到或超过治疗总剂量的5%～25%，增加了出现不可接受的治疗结果（如并发症或肿瘤无法控制）的风险。

因此，患者安全系统的目标之一是防止由于剂量传递错误导致的剂量超标，即超标剂量应控制在治疗剂量的5%以内，通常约为33 Gy。

8.1.3 风险分析

各国对医疗器械风险分析的要求和程度存在差异，并且随着时间推移而不断发展，因此难以制定一个普适的规则。风险分析本身并没有统一的方法，但可以借鉴现有的医疗器械规范和建议来构建一个有效的工作框架。值得注意的是，质子或离子治疗设备及其附件是否被定义为"医疗器械"，以及在何种条件下适用这一定义，不同国家和地区的法规可能有所区别（如在欧盟，所有成员国遵循相同的规定）。

ISO 14971标准（ISO，2007）提供了将风险管理应用于医疗器械的通用流程。在国际标准化组织（ISO）的官方网站上，列出了认可此标准的成员国名单。该标准详细介绍了风险管理相关活动的组织结构。风险管理过程通常包括以下几个关键步骤。

（1）风险分析：识别潜在的危险情况并量化风险，例如通过故障树分析。

（2）风险评估：评估风险水平，决定是否需要采取措施以降低风险。

（3）风险控制：描述并实施降低风险的措施，并进行验证。

（4）残余风险评估：评估采取措施后剩余的风险水平。

（5）生产后监控：审查实际执行情况，并观察这些措施在实际应用中的表现，以便更新风险分析并响应生产后发现的问题。

在确定所需安全措施的数量时，可以参考 IEC 61508 标准(ISO，2005)提供的流程作为指导。该国际标准在第 5 部分“电气、电子和可编程电子设备的功能安全”中，通过“危险严重性矩阵”将危险事件根据影响程度和发生概率进行分类。当风险的严重性和发生率组合超过预设的临界值时，就必须采取相应的措施。这些措施的稳健性(即安全完整性等级或 SIL)应随着风险的增加而提高。提高措施稳健性的一种方法是增加冗余，即增加构成安全措施的独立安全相关系统的数量。目前，专业公司已经开发了软件工具，以辅助进行此类风险分析。

8.1.4 联锁分析与复位

联锁触发通常发生在设备、部件、测量值或信号在特定安全系统控制下偏离规定公差并进入不理想状态时。一旦机器状态恢复正常(即显示为“OK”)，应立即重置联锁信号并恢复机器至正常运行状态。这一过程至关重要，不仅因为它能缩短等待时间，还因为它可以防止因温度漂移等因素导致机器在重新调整至正常运行状态时耗费额外时间。这种情况特别适用于那些由于短时间内条件未满足而导致的联锁触发，而这些触发并非由设备故障引起。例如，联锁触发可能是由并非所有部件都处于“OK”状态的瞬时情况所引起。此外，联锁触发也可能是由束流电流过大造成的短暂现象，这种情况可能发生在束流强度(信号)不稳定时。

为了准确识别联锁触发的原因，提供清晰的信号指示以及记录基本过程和相关事件的时间戳是诊断和修复问题的关键步骤。图 8-2 展示了控制室中 PSI 用户界面的示例，图中显示回旋加速器(通过安全开关盒控制)和特定区域束流阻断器“BMx1”的状态。它们说明了如何通过这些工具进行有效的联锁分析。

程序应设计得能够让用户快速且方便地访问联锁状态和旁路(“桥接器”)数据。对于那些无法在主界面直接显示的深层次数据，或者需要特定束流线段或设备状态的详细信息，用户可以通过点击主界面中的相关组件或详细信息字段来获取。这种设计确保了用户能够迅速定位并访问所需的信息。在故障发生时，系统必须能够根据故障的性质，自动禁止或禁用继续治疗，并要求操作员对机器状态以及已输送给患者的剂量进行全面评估。这一措施是确保患者安全和治疗质量的关键。一个清晰易懂的联锁分析程序对于操作员来说至关重

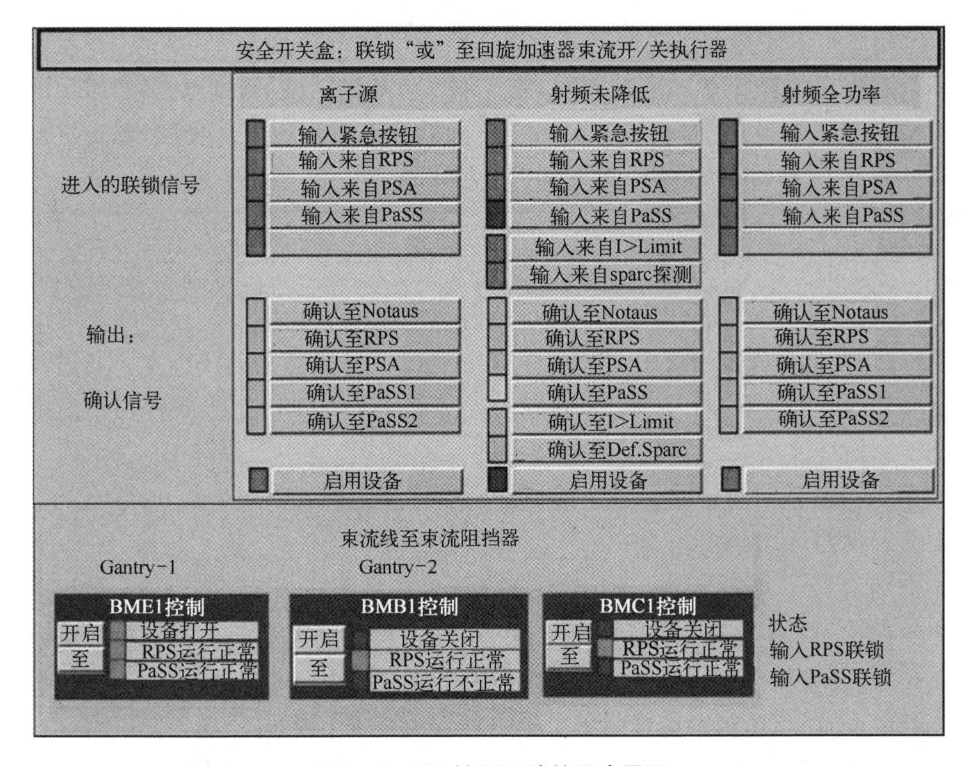

图 8 - 2　PSI 控制系统的用户界面

要，它能够显著提高故障诊断和处理的效率，从而为操作员节省宝贵的时间。

在联锁被重置之后，束流不应自动重新启动。出于安全考虑，系统应要求操作员进行专门的手动操作来重新开启束流。这一安全措施可以防止在未进行适当检查和确认的情况下，束流被意外或不当启动。

8.1.5　质量保证

尽管理论上人们期望对联锁系统进行全面严格的测试，但在实际操作中，对所有可能的控制系统配置情况进行详尽测试是不现实的。然而，通过一系列精心设计的测试，人们能够验证系统的整体功能是否正常。这些测试可以在系统调试期间进行（作为验收测试的一部分），也可以在设备运行过程中定期执行。通过综合这些测试结果，人们可以有效地识别并排除潜在的错误。当涉及商用治疗系统的终端用户测试时，可能性会受到一定限制，但供应商应能够提供已进行测试类型的详细说明。

在质子或离子治疗设备的调试过程中，无论设备是否经过认证，都应实施一系列质量保证测试。这些测试可能需要通过特定的故障条件来模拟，有时甚至需要“欺骗”系统以触发故障状态。一些可能的测试场景包括突然增加的束流强度、磁铁失谐、错误设置的能量衰减器或准直器位置、将放射源置于剂量计前方、紧急按钮的按压，以及绕过机械束流停止器上的限位开关。其中一些测试也应纳入定期的质量控制程序中。

对于治疗设备或控制系统的任何更改或重大维修，都应详细记录，并随后进行“端对端测试”，这在设施的质量控制程序中有明确描述。与标准放射治疗相似，在部分模拟治疗中，剂量分布会被传输到治疗室内的模型上。通过测量模型内的剂量和质子范围，并测试患者安全系统的特定功能，确保治疗的准确性和安全性。

8.2 关闭束流的方法

在粒子加速器和束流传输系统中，存在多种关闭束流的机制。每种执行器(方法或装置)的响应时间各不相同，从几微秒到几分之一秒不等。此外，重新开启束流所需的时间和努力也依赖于所使用的执行机构。

在面临严重风险的情况下(由风险分析确定，详见第 8.1.3 节)，必须通过多个执行机构同时关闭束流以实现冗余。而在低风险或常规关闭情况下，通常只需一个执行器工作。但如果束流未能及时停止，将触发额外的执行器动作。

当使用回旋加速器作为加速器时，可以考虑保持束流开启状态，但仅允许其传输至束流线的特定位置，例如通过使用插入式机械束流阻挡器。对于同步加速器，可以选择停止慢速引出，并将束流储存在同步加速器内。在这种情况下，可以在通往治疗区域的束流线上安装一个额外的快速启动磁铁，以抑制从同步加速器中逸出的质子。

对于回旋加速器，应限制中断束流的持续时间，以避免在束流挡板内和周围不必要地积累放射性。而在同步加速器中，如果等待时间过长导致束流开始活化机器，则需要将同步加速器中的束流完全减速，并在某些情况下将低能量束流偏转到偏转束流收集器上。

大多数束流中断组件都设计为能够接收来自多个系统的“束流关闭”指令。在 PSI，这些系统包括机器控制系统(详见第 8.3 节)以及人员安全系统、患者安全系统和运行许可系统。

在 PSI 实现的束流中断部件，以及商业设施中使用的部件，是回旋加速器和同步加速器实验室的典型设备。在离子治疗设备中，无论是使用外部离子源[如电子回旋共振离子源(ECR)]还是分阶段加速器系统(如注入器后的同步加速器)，都可以采用类似的方法来中断束流。然而，在使用同步加速器的情况下，我们应当意识到，注入输运线或离子源的中断可能会导致与射入治疗室的束流脱节。

本节将概述用于关闭束流的组件，并进一步讨论这些组件的具体用途，以及在束流中断后重新引导束流回到治疗室所需的时间和相关操作的影响。

8.2.1　束流中断组件

在使用同步加速器的过程中，有多种方法可以在束流进入束流传输系统之前将其中断。一种方法是停止射频(RF)加速器的工作，这会降低引出束流的强度。另一种方法是利用环内的快速冲击磁铁，将存储的粒子偏转到束流收集器上。这种操作可以在紧急情况下迅速执行，或者在束流减速后进行，以减少束流收集器中的放射性。选择的具体方法将取决于同步加速器的型号和制造商。此外，关闭离子源也是一种可行的选项。通常，为了实现安全冗余，可以同时采用多种方法。

在回旋加速器设施中，用于中断束流的设备包括快速和标准机械束流停止器，以及束流线中的快速偏转磁铁。还可以通过关闭回旋加速器的射频加速电压或离子源电弧电流，或者在回旋加速器中心使用快速静电偏转器来中断束流。接下来，我们将从回旋加速器中心开始，详细介绍 PSI 使用的束流中断装置。

与所有质子回旋加速器一样，离子源位于回旋加速器的中心。在 PSI，使用的离子源属于“冷阴极”类型(Forringer et al, 2001)。这种离子源在快速关闭时(少于 1 min)的性能可能会受到影响。此外，由于光源关闭后束流强度的衰减较慢，需要几秒钟的时间，因此通常只在紧急情况下才会选择关闭离子源。一般来说，无论离子源的类型如何，在重新启动后都可能会遇到一些不稳定现象。

在回旋加速器中心附近，安装有一组平行板，它们之间能够产生垂直方向的电场。这个电场能够使能量较低的质子在垂直方向上发生偏转，并最终停留在限制垂直孔径的准直器上。这一系统响应极为迅速，能在 40 μs 内停止质子，防止其加速到产生放射性的能量水平。

回旋加速器的射频系统提供了两种关闭束流的方法：一种是降低功率模式，此时只使用一小部分额定射频功率；另一种是完全关闭射频。降低功率模式不仅能减少束流强度，还能防止质子进一步加速。这种模式适用于非紧急情况下的束流关闭，允许束流快速重新启动，其反应时间小于 50 μs。

从回旋加速器抽出后，第一个束流拦截装置是一个名为 AMAKI 的快速冲击磁铁。当 AMAKI 中的电流被激活时，它能在 50 μs 内将束流偏转到束流轴旁的束流收集器上。这种冲击磁铁是治疗过程中的主要“束流开关”，并且在 PSI 使用的点扫描技术中扮演着关键角色。AMAKI 配备了独立的磁铁电流验证装置和磁场开关，确保磁铁能在预定时间内做出正确响应。

位于 AMAKI 下游的是机械束流挡板 BMA1，其反应时间小于 1 s。这个挡板仅在束流被允许进入下游时才会打开。当挡板关闭时，回旋加速器可以独立于其他束流线或治疗室的状态，进行束流的测量和准备(见图 8－3)。

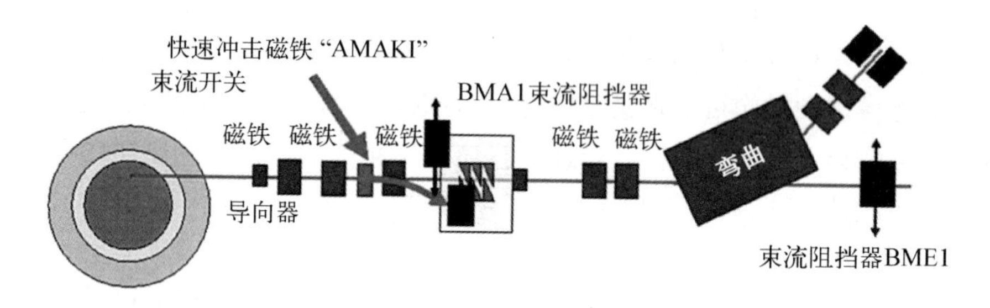

图 8－3　第一个束流线段示意图

注：图中包含一个快速冲击磁铁，作为主要的束流“开/关”开关。
（资料来源：瑞士保罗谢勒研究所）

在每个治疗室(其中“x”代表束流线/治疗室 B、C、D 或 E)的特定束流线部分的起始位置，都安装有一个机械限位器 BMx1。在人员进入治疗室之前，必须确保该挡板处于关闭状态。系统设计确保一次只能打开一个 BMx1 挡板，这样做可以防止由于磁铁故障导致束流错误地进入其他房间。

在通往每个治疗室的束流线中，还设置了另一个快速机械限位器 BMx2(反应时间小于 60 ms)，它用于执行长时间的束流中断和响应患者安全系统联锁触发。BMx2 束流停止器不仅在正常运行期间用于停止束流，还用于测量束流电流。

此外，在束流线进入治疗室的墙上孔上游，安装有一个可移动的中子限位器(铁块)。这个孔是束流进入治疗室的通道。中子挡板设计成不能被质子束直接撞击，因此只有在前一个 BMx1 挡板完全关闭后，中子挡板才能安全插入。如果操作不当，将触发联锁机制，以确保安全。

8.2.2　使用不同的束流中断组件

在正常操作过程中需要停止束流时，选择合适的制动器至关重要，这有助于最小化设备活化和辐射负载，同时尽可能缩短恢复到稳定操作所需的时间。

如果束流中断预计不会超过几分钟，应优先使用快速启动磁铁 AMAKI。对于预计中断时间较长的情况，目标是在回旋加速器中通过垂直偏转器以低质子能量停止束流。

在检测到错误状态时，束流将由安全系统中的一个执行器关闭。表 8-1 列出了 PSI 3 种安全系统及其截束执行器的使用时间。选择使用哪种装置的主要考虑因素是反应时间。反应时间与剂量率的组合决定了患者在治疗过程中因错误而关闭束流时可能接受的额外剂量。患者安全系统的主要目标是在这种情况下限制额外剂量。

表 8-1　束流拦截制动器及其在 3 种安全系统中的应用

束流关闭使用的方法①	人员安全系统	患者安全系统	运行许可系统
快速冲击磁铁 AMAKI		ALOK②	来自束流线 ILK④
快速制动器 BMx2		ALOK	
射频回旋加速器“reduced”		ATOT③	来自束流线 ILK
射频回旋加速器“off”	警报	ETOT：紧急关闭	来自回旋加速器 ILK
离子源关闭	警报	ETOT：紧急关闭	来自回旋加速器 ILK
束流停止器 BMA1		ATOT	来自束流线 ILK
束流停止器 BMx1	当 x 中有警报时，否则只进行状态检查	ATOT	
中子停止器	当 x 中有警报时，否则只进行状态检查		当 BMx1 关闭时

注：① 第 1 列显示了当 3 个安全系统中的任何一个产生信号时，应使用哪个束流关闭开关。这些信号分别列在第 2 列、第 3 列和第 4 列。

② “ALOK”表示由治疗室内的设备引起的局部患者安全系统报警。

③ “ATOT”表示更严重的报警，它是由患者安全系统发出的全局报警，要求关闭整个束流。

④ “ILK”意为“联锁信号”，“x”代表通往特定治疗室的特定束流线(B、C、D 等)。

第 8.5.1 节对这一目标进行了更具体的讨论，其中区分了两种类型的错误。第一种错误是由于剂量应用错误导致的额外剂量，但这种情况可以通过双监控系统等措施来处理。必须确保额外的非预期剂量低于单次剂量的 10%（IEC，1998）。在 PSI，我们的目标是将这一额外剂量控制在单次剂量的 2% 以下，例如对于 Gantry－1，通常不超过 4cGy。第二种错误属于更为严重的“辐射事故”范畴。如果发生辐射事故，患者安全系统的目标是防止意外的额外剂量超过 3 Gy(见第 8.1.2 节和第 8.5.1 节)。

表 8－2 列出了开关设备，包括制动器的响应时间以及束流探测器和处理电子设备的大致响应时间。计算的额外剂量沉积考虑了整个系统的响应时间。例如，PSI Gantry－1 在常规束流设置下从回旋加速器中引出 100nA 的束流，笔形束在布拉格峰(即小于 1 cm^3 的体积)中的剂量率约为 6 Gy/s。当患者安全系统检测到错误，如束流未能及时关闭时，它会关闭射频，此时的额外剂量为 0.09 cGy，远低于 4 cGy 的最大允许误差。

表 8－2　不同束流中断方法的响应时间及 PSI Gantry 1 处额外剂量沉积

装　置	设备、传感器和电子设备的响应时间	6 Gy/s(I_p=100 nA)正常情况下的剂量	最大流强(I_p=1 000 nA)最坏情况下的剂量
快速冲击磁铁 AMAKI	50 μs 100 μs	0.09 cGy	0.9 cGy
射频回旋加速器“关闭”；射频回旋加速器“降低”	50 μs 100 μs	0.09 cGy	0.9 cGy
离子源	20 ms 100 μs	12 cGy	120 cGy
快速束流停止器 BME2	60 ms 100 μs	36 cGy	360 cGy
束流停止器 BME1	<1 s	<6 Gy	<60 Gy
束流停止器 BMA1	<1 s	<6 Gy	<60 Gy

注：在正常操作条件下，从回旋加速器中提取的最大可能电流仅比 Gantry 1 操作期间的正常电流大 10 倍。

在使用回旋加速器时，可能会遇到束流强度意外增加的情形。在同步加速器中，由于引出过程的不稳定性，同样可能出现束流强度的意外增加。但在此情况下，增加的质子数量受限于环中存储的质子总数。然而，在回旋加速器中，例如离子源孔径突然破裂等意外情况可能导致束流强度异常升高。为了限制束流强度，回旋加速器的中心区域安装了固定的准直器。这些准直器设计用于拦截大部分不必要的额外束流强度，因为由这类事件产生的质子通常无法被有效聚焦。当束流强度超出允许值时（这一限制根据应用场景而定，例如，在 PSI 进行眼科治疗时，允许的束流强度是旋转机架治疗时的数倍），回旋加速器出口处的永久安装束流强度监测器将检测到这一异常。

这些监测器一旦检测到超标情况，将发出警报信号，并触发两个快速切换装置（AMAKI 和射频系统）来立即停止束流。尽管从信号发出到装置响应存在一定的时间延迟，但根据第 8.1.2 节和第 8.5.1 节的规定，额外剂量将被控制在 3 Gy 以下。为了防止这些快速冗余系统发生故障，束流线中还设置了机械束流停止器作为另一道防线。这些机械停止器的反应时间相对较长，因此在两个快速系统均失效的情况下，患者可能会接受到较高的超量剂量（见表 8-2）。

8.3　控制系统、主控和设备模式

加速器和束流线的操作，例如设置电源电流、插入束流监测器、测量束流强度等，均通过控制系统来实现。安全系统必须独立于控制系统运行，安全系统与控制系统之间的唯一联系是状态信息的接收和发送。由于控制系统的架构理念与安全系统的目标和设计紧密相关，本节将讨论一些关键概念。在设计过程中，必须考虑以下问题：在拥有多个治疗室的情况下，谁拥有控制权、谁能够执行哪些操作（机器访问控制）、何时能够执行（设备模式），以及如何确保（安全）系统的独立性。本节将通过讨论 PSI 采用的概念来阐释上述问题。

8.3.1　控制概念

在 PSI，我们实现了回旋加速器和束流传输线职责与处理设备相关职责之间的严格分离。这种分离将机器作为束流传输系统的任务和责任，与用户决定是否接受束流进行治疗的任务和责任区分开来。

这种分离在控制系统架构中得到了体现（见图 8-4）。机器控制系统

(MCS)负责控制加速器和束流线，它专注于机器本身的性能控制。每个治疗区域都配备有独立的治疗控制系统(TCS)。每个 TCS 通过束流分配器(BAL)与 MCS 进行通信。BAL 是一个软件包，它能够授予请求区域的 TCS 对相应束流线直至加速器的独占访问权(即主控状态)。此外，它还为主 TCS 提供了一套选定的操作权限，包括对递减器、束流线磁体和冲击磁铁的控制，以及发出束流开/关命令的能力。主 TCS 可以通过 BAL 要求 MCS 根据一系列预定义的设置来配置束流线。主 TCS 能够在不依赖 MCS 的情况下，独立启动、验证、使用和停止束流。

在图 8-4 中所展示的 PSI 的设施中，TCS(如图中右侧所示)被授予对整个束流设施的控制权。该 TCS 能够通过 BAL 对束流线组件进行配置。所有必要的测量工作以及束流的开启和关闭操作均由主 TCS 直接执行和管理。这种设计确保了控制流程的集中化和高效性，同时通过 BAL 的协调，实现了对束流传输系统的精确控制。PSI 提供的这一概念图清晰地展示了 TCS 在束流控制中的核心作用以及与 MCS 之间的交互方式。

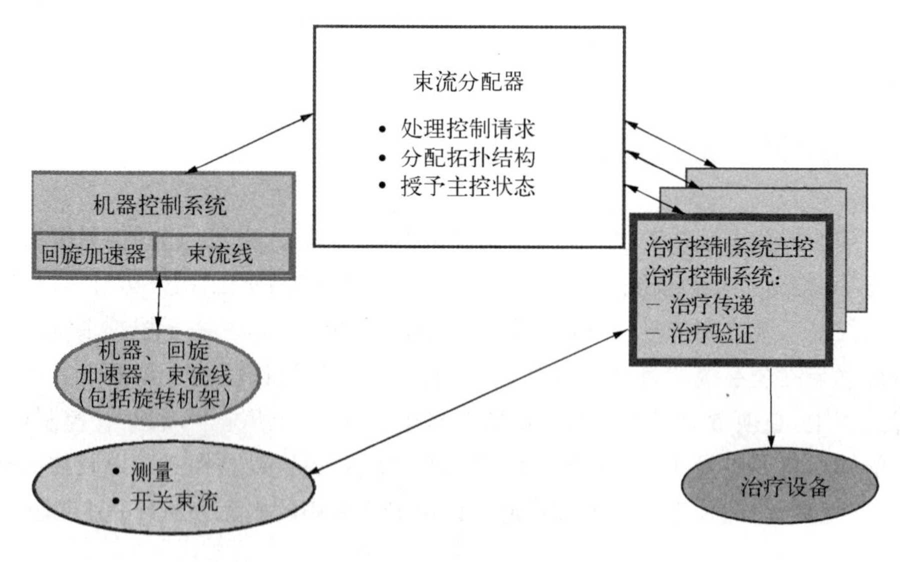

图 8-4 控制系统概念图

8.3.2 系统分离

安全系统与控制系统的分离十分彻底，不仅体现在软件层面，也延伸到了硬件布线，并且在可能的情况下，还扩展到了硬件本身，例如离子室。每个系统都配备了独立的信号电缆和限位开关。如图 8-5 所示，可以看到机械式束流截止器在其关闭(即“进入”)状态下，安装了 3 组限位开关，每组对应不同的安全系统，分别用于保护机器、人员以及患者。

图 8-5　挡板机械制动器局部视图

8.3.3　设备模式

为确保操作员在适当时机执行相应操作，我们设定了 3 种设备模式：治疗模式、诊断模式和机器模式。

(1) 治疗模式：专为患者治疗设计。在此模式下，操作员可以对患者进行治疗。

(2) 诊断模式：用于调整束流线，该束流线分配给具有主控状态的区域。通常，诊断模式不用于患者治疗。但在特定情况下，如小的技术问题(如真空泵问题导致的运行许可系统联锁信号桥接)出现时，可以使用诊断模式完成治疗。这种情况下，必须遵守特殊规则，具体内容见第 8.6.1 节。

(3) 机器模式：用于机器的日常设置和维护，允许对加速器和能量衰减器进行束流测试。在此模式下，设备安全系统被配置为虚拟用户区域“加速器”。所有束流停止器 BMx1 的开启功能被禁用，确保束流不会误入用户区域。

设备模式的切换必须由获得主控权的治疗区操作员执行。治疗模式或诊断模式的启用,需要治疗室控制系统的明确请求。此外,从诊断模式切换到治疗模式时,必须遵循一个严格的程序。该程序首先确保束流和电流设置处于安全状态,以保障治疗过程的安全性和准确性。

8.3.4 处理程序和操作员的典型操作

设备的操作流程通常根据具体场所而异。在 PSI,主控室配备有一名全天候(每周 7 天,每天 24 h)的操作员,同时每个治疗室都配有当地的放射治疗师或治疗操作员。

主控室操作员的职责:① 清晨准备。在每天开始时,主控室操作员负责准备和检查加速器及束流线。② 参数设置。为当天预计使用的几种标准束流强度预先存储特定的机器参数。③ 质量保证(QA)。完成上述工作后,主控室将进行质量保证检查,包括扫描参数、剂量输送以及联锁系统的设置和检查。

治疗室内操作(包括日常操作):从第一位患者治疗开始,直到最后一位患者治疗结束,放射治疗师负责确保机器和安全系统处于允许患者接受治疗的状态,或根据需要切换治疗区域的模式。同时还进行模式切换工作,设备模式的切换遵循一个明确规定的程序,该程序验证系统的完整性,确保治疗过程的安全。

在一天的治疗过程中,放射治疗师负责确保机器和安全系统始终处于适合患者接受治疗的状态,或者在需要时切换至相应的治疗区域模式。设备模式之间的转换遵循一个严格定义的程序,这一程序旨在验证系统的整体完整性。

当某个治疗室准备就绪,准备开始患者治疗时,该治疗室的放射治疗师将通过束流分配器应用程序(详见第 8.3.1 节)申请获得主控权。如果其他治疗室并未持有该权限,治疗师的申请将被批准。为了更高效地利用束流时间,放射治疗师需要对其他治疗室的治疗状态和进度有所了解。

尽管 PSI 目前尚未实现这一功能,但可以设想未来会有一个显示系统,它能够显示当前主治疗室在释放主控权之前的预计剩余时间。这将帮助放射治疗师更好地规划和协调治疗流程。在许多商业系统中,控制系统已经配备了这样的应用程序,它们不仅提供每个治疗室的治疗状态和患者流量信息,还能向队列中的下一个治疗室发出建议或提醒,提示其准备接管主治疗室的资格。

当放射治疗师获得主控权且患者准备就绪，他们将选择操作文件并按下“获得主控”按钮。这一操作会启动TCS中的计算机程序，从而开始执行治疗。TCS将按照治疗计划系统生成的治疗指导文件中列出的命令序列执行治疗。该文件详细包含了所有必要的治疗参数和正确的操作顺序。

治疗正常结束后，冲击磁铁AMAKI会自动偏转束流以停止束流，同时束流停止器BMx2也会自动插入。当主控权被释放(即治疗结束)或治疗师需要进入治疗室时，束流停止器BMA1和BMx1以及中子停止器也会自动插入，以确保安全。

如果在治疗过程中触发了联锁系统，拥有主控权的放射治疗师将通过检查联锁系统的显示和错误日志来确定问题原因。如果问题是可以临时解决的，治疗师将重置系统并继续进行点扫描治疗。如果在短时间内(根据患者情况而定)无法恢复治疗，治疗师则需要记录已完成的治疗部分，并将患者从旋转机架转移到准备室。

在某些情况下，当发生联锁时，可以将主控权移交给主控室，由机器操作员解决问题。一旦问题得到解决，患者将被重新安置在旋转机架上并进行重新定位。主控权恢复后，将执行中断治疗的重启程序，并从治疗停止的位置(及其相应的位置)继续治疗。利用电源故障安全程序，TCS能够持续跟踪所应用的点号和监控单元，确保治疗的连续性和准确性。

8.3.5　硬件

在讨论各个安全系统的章节中，我们已经提供了硬件的详细描述。总体而言，应优先选择那些经过充分验证的组件和系统。在选择硬件时，需要考虑的关键因素包括如下几个方面。

(1) 鲁棒性：确保设备在各种条件下都能稳定运行。

(2) 故障安全设计：设备应能在故障发生时引导系统进入安全状态。

(3) 瞬态处理：设备应能妥善处理可能出现的瞬态现象。

(4) 设备关闭或电缆未连接：系统应能在设备关闭或电缆未连接时保持安全状态。

(5) 信号鲁棒性：系统应能处理信号溢出或饱和的情况。

(6) 时间响应：设备应具备快速且可重复的时间响应特性。

(7) 安全完整性等级(SIL)：考虑可能需要达到的SIL等级。

(8) 制造商认证：选择那些有制造商认证的硬件。

可编程逻辑控制器(PLC)在用户界面应用和一般控制功能中非常有用。然而,出于安全考虑,通常不允许在安全系统中使用 PLC。为了解决这一问题,一些公司已经开发出专门设计并经过认证的安全型 PLC。这些 PLC 在设计中融入了特殊概念,比如冗余,以满足所需的安全等级。这些概念的一部分是严格的测试程序,要求在 PLC 程序发生任何微小变化后都必须进行测试。

在速度或可再现的时间响应成为关键因素的情况下(如在开关系统中),推荐使用先进的逻辑元件和/或数字信号处理器(DSP)。这些技术能够提供更高的性能和可靠性。

8.4 人员安全系统

人员安全系统的设计必须坚固耐用,以确保工作人员和其他人员免受辐射照射;同时,它也应具备必要的灵活性,保障束流操作的可靠性,并允许快速方便地进入患者接受治疗的区域。加速器实验室和放射治疗部门在此类系统的应用上积累了丰富经验,但它们各自面临着不同的限制条件。在质子或离子治疗设备中,需要融合加速器实验室和放射治疗部门的设计理念。

PSI 所使用的人员安全系统主要基于加速器实验室的理念,但在治疗室的应用上,它经过了特别的扩展,以满足患者治疗的需求。在 PSI 的加速器综合设施中,通常采用适用于实验室类型的系统,用于实验测量室和回旋加速器/束线室的门禁控制。所有通过人员安全系统的 PSI 加速器控制室操作人员负责对这些区域的进出进行严格管理。

在医院设施中,与操作员的必要通信和协调通常采用不同的组织方式,以适应医院环境的特殊要求。然而,PSI 治疗室中使用的人员安全系统与医院中使用的质子或离子治疗设备中的系统在功能和设计理念上并没有显著差异,都旨在为患者和工作人员提供最高级别的安全保障。

8.4.1 目的

人员安全系统的核心目的是防止人员进入可能传输束流的区域,从而避免因粒子或光子辐照造成的意外照射。具体而言,人员安全系统必须确保在人员能够进入的区域内不会有束流传输。反之,如果某个区域可以进行束流操作,则必须严禁人员进入。此外,人员安全系统的信号也可用于监控那些可能因束流阻挡而受到辐射的可进入控制区域的辐射水平。由于邻近区域可能存在未受控制的束流损耗，这可能导致可进入区域的辐射剂量升高。在发生特定事件(如限位开关触发)或出现紧急情况(如可进入控制区域的剂量率异常高)时，人员安全系统必须能够触发联锁机制。

不同国家在根据辐射风险指定不同区域及相应的可达性概念时，采取了不同的应用方式。例如，区域可能被划分为“禁止进入”“锁定”“控制进入”“需进行调查”“公共”或“仅限工作人员”等类别。有时，人们还会使用放射性水平指示(如“红”“黄”“绿”色标志)，或通过指示灯显示“束流开启”或“束流关闭”的状态。这些分类应与风险评估紧密相关，以确定区域的分类和进入规则。除了保护人员安全之外，确保出入规则的易懂性和可维护性至关重要。当规定为“禁止进入”时，必须确保无法发生误入的情况。

8.4.2　运行模式

在 PSI，人员安全系统负责设定并控制一个区域的出入状态，这些状态会在该区域入口附近的显示屏上显示(详见第 8.4.5.1 节)。人员安全系统提供了几种不同的运行模式。

(1) “自由”模式：门可以自由打开，允许人员进入。

(2) “受限”模式：门被锁定，需要控制室操作员远程开锁。每个人进入前必须从入口处的钥匙库中取出一把钥匙。

(3) “锁定”模式：门保持锁定状态。这通常意味着该区域存在束流，或区域内的剂量率超过了预设的安全限值。

(4) “警报”模式：在束流关闭且区域门打开的情况下，系统会发出警报。

治疗室仅能处于“自由”或“锁定”状态。当治疗室处于“锁定”状态时，门被锁定，或者如果有人非法进入房间，光栅会检测到并触发警报。

为了确保治疗室 x 可以安全进入，必须保证不会有束流进入。为此，在束流线进入房间的墙上孔上游，需插入束流停止器 BMx1 和中子停止器。如果可进入的区域是束流线或回旋加速器的拱顶部分，则必须关闭回旋加速器的射频和离子源。

表 8－3 概述了与人员安全系统访问控制相关的不同条件和操作。要将区域模式从“自由”切换到“受限”或“锁定”，必须对房间内的人员进行搜索。搜索由最后一个离开该区域的人执行，他需要在区域内的不同位置按下几个按钮，以确认搜索完成。此外，会有声音信号提醒人们离开该区域(治疗室除外)。

表 8-3　区域进入状态和截束组件操作

人员安全系统关闭束流原因	束流截断组件				其他限制
	射频	离子源	BMx1	中子停止器 x	
允许进入用户区域 x	—	—	必须在	必须在	区域剂量监测器正在被检查(剂量率过高时阻止进入或触发警报信号)
在区域(有限)可进入时,允许进入回旋加速器/束流线安全区域	必须关闭	必须关闭	—	—	铅屏蔽必须放置在降解器处; 区域剂量监测器正在被检查(如果剂量率过高,则阻止进入或触发警报信号)
紧急关闭请求/回旋加速器/束流线安全区域的警报信号:如 按下紧急按钮; 安全相关元件发生故障; 局部剂量监测器超过限值	关闭	关闭	—	—	—
紧急关闭请求/用户区域 x 的报警信号:如 按下紧急按钮; 安全相关元件故障; 局部剂量监测器超过限值	关闭	关闭	插入	插入	—

当需要再次进入回旋加速器/束流线保险库或实验保险库时,可以在"受限"进入模式下进行。在这种模式下,每个进入该区域的人都必须从门附近的钥匙库中取出一把钥匙。要将区域的进入模式从"受限"切换到"锁定",不需要进行人员搜索,但必须确保所有钥匙都归还到入口处的钥匙库中,之后才能将保险库的状态切换回"锁定"。只有在区域"锁定"后,才能将 BMx1 及其中子挡板从束流线中移除,或重新启动回旋加速器的射频和离子源。

所有回旋加速器的库房和房间入口均设有迷宫式通道。在通往患者治疗室的迷宫通道出口特别安装了一扇由聚乙烯制成的门。在患者接受治疗期间，这扇门保持开启状态，以便治疗师能够迅速进入治疗室。当处于治疗模式时，迷宫内的光栅系统能够检测到任何进入治疗室的人员。一旦检测到人员，光栅会触发紧急警报，随即停止射频和离子源的运行，并自动插入 BMx1 及相应的中子限位器。在治疗室内进行非治疗性操作，如质量保证、设备校准等活动时，必须将聚乙烯门关闭。

在 PSI 系统中，回旋加速器库房和实验室的访问状态只能通过控制室的操作员远程进行更改。不过，治疗室门口配备了一个本地控制显示板，医务人员可以通过它自行设定门的进出状态，选择“自由”或“锁定”模式。

每个区域及储藏室都配备了紧急关闭按钮，以便在房间内的人员在必要时能够立即发出警报。一旦按下紧急按钮，会立即关闭射频和离子源，插入 BMx1，并打开区域入口的门，确保人员能够安全撤离。

8.4.3　束流关闭规则

人员安全系统在束流控制方面主要扮演被动角色，仅在确认所有条件均满足后才授权开启射频和离子源。在束流运行过程中，一旦检测到某个条件不再满足，人员安全系统将撤销授权并关闭束流，包括射频和离子源。值得注意的是，因联锁触发而导致束流关闭后，系统不会自动重新开启束流，束流的重新开启必须由操作员有意识地进行操作。

8.4.4　功能实现

人员安全系统运行在经过安全功能认证的专用安全 PLC 上。该系统由设计为故障安全的组件构成，并与其他系统完全隔离，确保了其独立性和安全性。系统配备了专用的执行器监控传感器，如限位开关或末端开关，用于实时记录连接执行器(如束流限位器)的状态。当人员安全系统触发联锁时，束流和中子限位器将自动“跌落”至关闭位置。在 PSI 系统中，机械限位器的动作不仅受重力控制，还通过压缩空气实现故障安全控制。一旦发生触发，多个装置(包括机械限位装置和射频装置)将同步动作，共同拦截束流。

射频和离子源的控制箱均设有独立的人员安全系统输入端口。必须接收到一个故障安全信号才能“开启射频”或“开启离子源”。如果连接电缆断开，故障安全信号将消失，从而确保系统安全。

8.4.5 组件

人员安全系统仅是确保人员安全的众多组成部分之一。该系统还与多个具有不同功能的设备相连，本节将讨论其中的一些关键设备。

8.4.5.1 区域门禁控制

在医院的质子或离子治疗设备中，门禁控制的实施与传统放射治疗设备非常相似。具体的实施方式可能还会受到放射治疗师控制台与治疗室门之间的距离和视觉接触的影响。

在 PSI 系统中，每个区域的入口门附近都安装有专用的区域门禁控制柜（见图 8-6）。治疗区的控制柜配备有触摸面板，通过引导用户完成菜单上的一系列操作，来控制允许人员进入或允许射线进入治疗区。束流输运线和回旋加速器库的控制面板及钥匙库安装在专用的人员安全系统门旁。通过面板，用户可以查看当前的进入状态，并通过直接与控制室通信的对讲机改变进入状态或以“限制”模式进入回旋加速器库。在 PSI 系统中，门上不会显示“束流开启”等信号。门禁状态仅决定是否允许束流进入该区域，而束流是否实际射入该区域则由用户自行决定。

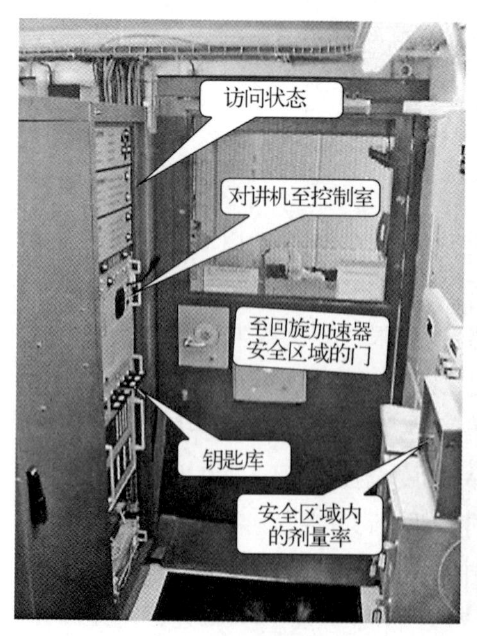

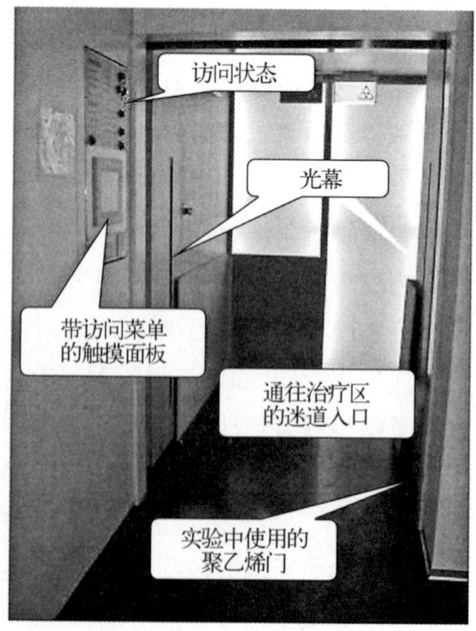

图 8-6 回旋加速器库入口和治疗室入口的人员安全系统装置

为了增强辐射屏蔽效果，在回旋加速器拱顶的迷道入口处增设了一扇混凝土门。在回旋加速器安全区域内，当进入模式即将变为“锁定”状态时，警示灯和音频信号会提前发出警告。为了避免给患者带来混淆，在PSI的患者治疗室内并未采取类似措施。然而，根据当地的法规要求，治疗室内可能也需要安装或使用束流开/关警示灯。

8.4.5.2　探测器

为了保护人员免受辐射，监测器安装在回旋加速器安全区域、控制区和患者治疗室内。鉴于质子或离子治疗的特性，必须安装γ射线和中子监测器(详见第4章)。当区域处于“自由”或“限制”进入模式，并检测到剂量率超过预设阈值时，监测器必须触发警报，并导致联锁触发。此外，在PSI的回旋加速器/束流线库和实验区的出口处，还安装了手/脚监测器。这些监测器不与联锁系统相连。

8.5　患者安全系统

患者安全系统的主要目标是确保对患者进行安全的放射治疗。这一目标的实现要求功能系统与安全系统之间进行严格的分离。PSI为此建立了一个专用的患者安全系统，该系统易于所有用户理解，并且有详细的记录。PSI系统的设计基于一般安全概念和安全功能，原则上适用于任何粒子治疗系统。

在本节中，首先将讨论系统的概念，然后对各个组成部分进行更详细的描述。目的是阐释如何在实践中实现这些概念。因此，本节将提供一个简化的描述，但这并不是完整的。最后，将讨论PSI在点扫描治疗方面的特殊情况，接着是患者安全系统关闭束流的规则，以及一些关于质量保证的说明。

8.5.1　目的

患者安全系统的核心任务是遵循既定的要求，实现对患者保护的基本安全目标。这些目标可具体表述如下。

1) 目标1：防止严重辐射事故

最严重的事故是向患者错误地提供高剂量的辐射。首要且至关重要的安全目标是防止在严重辐射事故中意外的额外剂量超过3 Gy(相当于总治疗剂量的5%)。这与国际辐射防护委员会第86号出版物(ICRP, 2000)中提出的防止所有A类和B类I级危害的要求一致。重点在于监测和束流关闭系统的有效性。

2) 目标2：准确应用已知的辐射剂量

任何对总治疗剂量的误差都可能增加不可接受的治疗结果的风险,如肿瘤控制失败或并发症增多。因此,第二个安全目标是防止治疗过程中的此类错误。例如,通过在束流传输系统喷嘴中使用冗余剂量监测系统,并限制因这类错误导致的意外额外剂量(IEC, 1998)。这种意外的额外剂量必须低于单次剂量的10%(IEC, 1998)。在PSI,我们的目标是将此额外剂量控制在单次剂量的2%以下,即对于Gantry 1,不超过4 cGy。

3) 目标3：将剂量正确地应用于患者的位置

关键在于控制束流的位置(通过在束流输送系统的喷嘴中使用位置敏感的电离室进行监测)、束流的能量(通过降噪器发出的特定位置信号和对偏转磁铁的特定读数进行监测),以及患者的位置(通过事先的CT扫描图像、X射线图像、摄像头等进行确认)。

4) 目标4：随时知晓应用的剂量和剂量位置

如果在治疗过程中照射中断,必须清楚地知道已经给予的剂量以及最后一个照射点的束流位置。

8.5.2 功能要求

治疗控制和监测系统(详见第8.5.4.4节)负责监测剂量的大小和位置。患者安全系统的主要功能要求：当监测系统或其他监测关键束流线和加速器组件状态的设备检测到超出容许极限时,必须触发联锁机制。这与常规放射治疗的做法相似,即记录和验证治疗过程中使用的所有参数,并在计划值与实际值不一致时中断治疗。这种功能可以通过市场上的“记录和验证”系统等方式实现。然而,由于质子或离子治疗系统的高度复杂性,涉及的可用参数众多,并非所有参数都适用于此目的。此外,许多参数与患者安全无直接关联。因此,每个质子或离子治疗设备都必须精心选择相关的参数或组件。PSI为此选择的最重要的组件在第8.5.4.4节中有详细说明。

为了避免严重的辐射事故,并在每次联锁触发后可靠地关闭束流,需要一个由多个独立系统组成的冗余系统来实现束流的关闭。在拥有多个治疗区域的系统中，必须确保患者能在预先选定的区域内安全接受治疗，且不受治疗设施其他部分的干扰。通常要求系统能在不到一分钟的切换时间内，对不同区域的患者进行顺序治疗。

一个关键的要求是，治疗传送和患者安全系统必须独立于设施的其他部分（包括控制系统）。束流线设备发出的对安全操作至关重要的信号会直接发送到患者安全系统，并且患者安全系统也能直接访问选定的组件，以关闭束流。在检测到异常情况时，患者安全系统除了通过这些设备关闭束流（或阻止束流开启）外，没有其他控制功能。

在对患者进行治疗时，必须从治疗计划系统生成的指导文件中读取所有参数值、患者专用或现场专用设备以及机器设置。患者安全系统的一个关键任务是确保正确安装了设备，并对参数进行了适当的设置。

在 PSI，患者的照射过程是完全自动化的，这最大限度地减少了人为错误。在治疗开始前，治疗控制系统会从指导文件中读取所有指令、机器的所有设置和剂量限值。同时，患者安全系统也会获取指导文件信息，对选定的关键设备的设置进行独立检查，并监控相关测量结果。当治疗开始时，治疗控制系统会启动指导文件中列出的操作，而患者安全系统会在线验证治疗是否按计划进行。

8.5.3　系统描述

在治疗过程中，治疗控制系统向机器控制系统（详见第 8.3 节）发送指令。在 PSI 采用的扫描技术中，能量作为一个束流参数，会在治疗过程中动态调整。对于每种射束能量，机器控制系统会根据预定义的束流线设置（称为“调整”）进行操作。治疗过程中，将根据指导文件中指定的顺序依次应用这些调整。对于每一个需要设置的调整，治疗控制系统会将相关信息传递给机器控制系统，机器控制系统则相应地调整能量衰减器和磁铁等设备。

治疗控制系统可以通过专用的束流诊断检查点以及能量定义元件发出的信号，自动验证束流特性是否符合用户需求。患者安全系统会自动检查这些验证结果（Jirousek et al, 2003）。需要指出的是，所有这些读出系统均为患者安全系统专用，如图 8－7 中的蓝色方框所示。图 8－7 是由 PSI 提供，图中治疗控制系统或患者安全系统的组件位于矩形框内，而椭圆形框表示治疗控制系统或患者安全系统的操作。

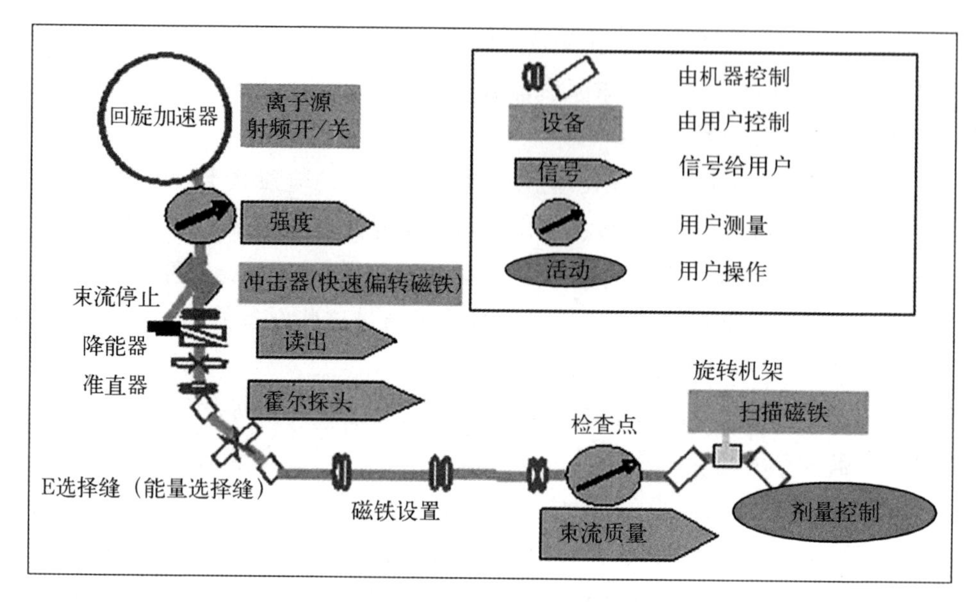

图 8-7　Gantry 1 治疗控制系统信号

8.5.4　患者安全系统组成部分

患者安全系统由以下主要组件构成。

(1) 主患者安全开关和控制器(MPSSC)：作为中央系统，它负责控制和监督唯一束流线和区域，这些束流线和区域在任何时候只分配给一个用户或治疗室(即主治疗室)。MPSSC 还负责传输或触发联锁信号。

(2) 本地患者安全系统(Local PaSS)：每个治疗室的本地患者安全系统，监控连接到该治疗室治疗控制系统的所有信号，包括联锁、警告和“束流就绪”信号。它能够生成并发送联锁信号到本地和远程执行器。

(3) 紧急 OR 模块：这是一个逻辑单元，设计用于在任何一个输入信号(与每个房间的永久性硬线连接)异常时，产生一个总的紧急束流关闭信号。作为一个独立的设备，它也充当 MPSSC 的冗余安全开关。

(4) 冗余探测器和传感器：这些设备与患者安全系统相连，提供必要的监测功能。

(5) 束流中断装置：这些执行器可以由本地患者安全系统或 MPSSC 激活，以中断束流。

有关这些组件的详细信息，请参见第 8.2 节。

此外，患者安全系统还包含一些模块，用于读取、数字化、处理和分发患者安全系统观察到的信号。这些模块执行的任务相对简单，通常在底层软件或固件中实现，并且它们的运行独立于控制系统(除了接收当前要求的束流调谐信息)。

下文将详细介绍这些主要组件的功能。这些组件的组织结构和联锁信号如图8-8所示，图中为PSI的每个区域的本地患者安全系统、主患者安全开关和控制器、紧急OR模块以及主要束流开/关执行器之间的连接装置，紧急OR模块能够生成冗余的关闭信号，并与射频和离子源硬连接。

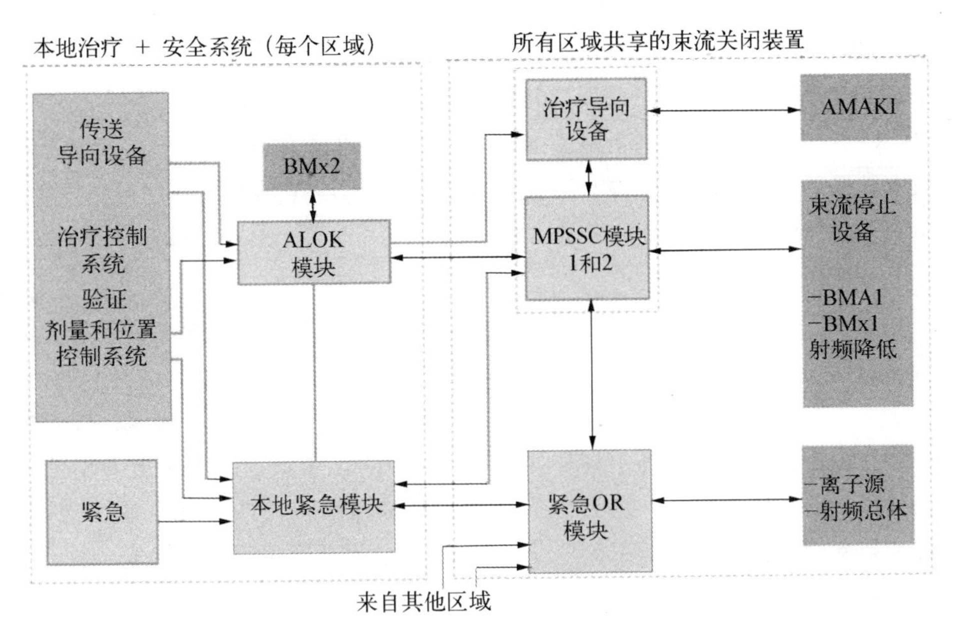

图8-8　患者安全系统主要组件的组织结构和联锁信号示意图

8.5.4.1　主患者安全开关和控制器

由于设施内包含多个治疗或实验区域，实施拓扑控制变得至关重要。因此，患者安全系统的一个关键组成部分是中央系统，它负责控制和监督每次仅分配给一个用户或治疗室(主治疗室)的唯一束流线和区域。主患者安全开关和控制器(MPSSC)监控所有区域的联锁和状态，负责控制和监督唯一的束流线和区域的分配。它按照规定的顺序设置其运行模式，包括以下步骤：禁用所有区域的束流停止器，并启用主区域的束流停止器BMx1。它将检查授予主控身份状态的排他性。主用户可以使用快速冲击磁铁AMAKI开启束流，并监控其联锁状态。此外，主患者安全开关和控制器还监控束流中断元件的运行，并验证从 RPS 返回的就绪信号与从主区域 TCS 返回的保留信号的一致性。

当上述监督功能之一检测到错误或不一致时，主患者安全开关和控制器将触发联锁。如果主患者安全开关和控制器及其束流执行器发生故障，主患者安全开关和控制器将产生紧急联锁(ETOT)。主患者安全开关和控制器采用冗余配置，以增强系统的可靠性。

8.5.4.2 本地 PaSS

每个区域都配备有本地患者安全系统(PaSS)，它嵌入到该区域的 TCS 中，并负责监控连接到该 TCS 的所有信号(联锁、警报和“束流就绪”)。本地患者安全系统生成并监控点扫描的预编程 AMAKI 开/关信号，并在本地联锁(ALOK)的情况下监控剩余束流强度。本地患者安全系统能够独立于主患者安全开关和控制器的状态停止束流。在这种情况下，它将使用 BMx2(一种仅由本地 PaSS 控制的束流阻断器)。

8.5.4.3 紧急 OR 模块

紧急 OR 模块是一个逻辑单元，接收来自各区域的永久性硬接线输入信号。当任何一个输入信号上出现警报时，它将产生一个全局紧急关闭信号“ETOT”。该电子模块不包含处理器，仅执行简单的逻辑“OR”功能，将报警信号直接传递给射频和离子源。如图 8-8 所示，该系统独立于主患者安全开关和控制器和用户状态。这种独立性确保了束流可以由两个冗余系统关闭，每个系统使用一套单独的束流停止执行器，从而提高了关闭束流的安全性。

8.5.4.4 来自不同组件的探测器和安全相关信号

患者安全系统触发联锁的束流线信号源自以下多个监测点。

(1) 专用束流强度监测器：采用电离室和箔片二次电子发射技术，在高强度下也能保持监测的准确性，不会饱和。

(2) 降能器位置监测：专门监测降能器的位置，以确保束流能量设置正确。

(3) AMAKI 踢脚磁铁中的磁开关：专用于验证 AMAKI 磁铁冲击动作的正确性。

(4) 偶极磁铁中的霍尔探头：每个偶极磁铁都装有专用的霍尔探头，用于监测束流能量的设定。

(5) 检查点上的束流强度监测器：在束流线特定位置的检查点上设置，用以监测束流强度。

(6) 患者上游束流喷嘴中的监测器：例如，Gantry 1 中的平面平行板电离室“监测器 1”和“监测器 2”，后者设计有较大的间隙，增加了传感器设计的多样性(详见第 8.5.5 节)。“监测器 3”是一个快速反应的剂量测量电离室，配备有栅格。此外，还有多条离子室用于测量每次光斑投射过程中笔形束的位置。

8.5.4.5　电子设备、硬件和固件

患者安全系统的硬件平台是基于工业封装(IP)承载板，并搭载有数字信号处理器(DSP)。控制束流关闭的逻辑被嵌入到承载板上的 IP 模块中。

系统设计采用了多种方法来提升其可靠性。子系统之间通过冗余路径连接，以消除单点故障的风险。同时，系统诊断的范围也得到了扩展。此外，系统还注重使用多样性原则，例如采用不同类型的传感器，以及对执行器的监控和对束流状态的直接检测，从而增强了系统的安全性和可靠性。

8.5.5　用于剂量应用和点扫描的患者安全系统实施

PSI 采用的点扫描技术对患者安全系统的设计细节提出了特殊要求。在 PSI 的 Gantry 1 中，治疗剂量是通过离散点扫描的方式施加的。OPTIS2 眼部治疗使用的散射束流，在控制系统看来，是以一系列单个光斑的形式照射的。就患者安全而言，点序列的应用是治疗过程中最关键的阶段。剂量以静态剂量输出序列的形式输出，即“离散点扫描”。在点扫描过程中，每个点的剂量都进行在线监测，剂量输出主要基于治疗喷嘴中监测器 1 的信号。另外两个监测器(监测器 2 和监测器 3)则用于剂量的校验。

在每次点照射之间，快速冲击磁铁 AMAKI 会关闭辐射束。监控器 2 的预设值在编程时会设置一个内置的安全裕量，确保在规定剂量基础上有一定的增加。如果监控器 1 发生故障，系统会通过监控器 2 的预设计数器关闭射线束。据估计，这种由于故障引起的延迟，导致的单个光斑过量剂量最多为 0.04 Gy，即单次剂量的 2%(符合患者安全系统安全目标 2)。在这种情况下，系统会产生联锁信号，触发束流关闭和治疗中断。如果未产生联锁信号，并且所有测量系统都确认点剂量沉积正确无误，TCS 将设置执行器、验证执行器并应用下一个剂量点。每个剂量点可计划或给予的最大剂量受限于预设计数器寄存器中允许存储的最大值。

在硬件层面，定义了剂量点的最大剂量和停留时间的固定上限。这些限制由患者安全系统中的安全监控系统(也称备用计时器)进行检查。安全监控系统是独立的电子计数器，用于测量光斑剂量和光斑停留时间。如果超过规定值(计数器溢出),则会自动产生错误信号。每个安全监控系统在辐照结束并获得光斑剂量认可后都会归零。如果束流无意中仍然打开,安全监控系统将介入,防止患者接受的剂量超过规定的最大光斑剂量。

8.5.6 关闭束流的规则

图 8-8 展示了束流关闭安全系统的布局,该系统包括本地联锁模块与共享束流开关装置之间的相互连接。从图中可以明显看出主患者安全开关和控制器的核心作用。主患者安全开关和控制器负责监控所有区域的联锁状态,允许主用户切换并控制快速冲击磁铁 AMAKI 的联锁状态。此外,主患者安全开关和控制器还能够根据主用户的指令,控制特定束流中断元件的操作,包括降低射频功率和激活机械束流阻断器 BMA1 与 BMx1。

患者安全系统能够产生多种束流关闭信号,这些信号因不同原因触发,并导致不同程度的后果。表 8-4 列出了这些信号及其触发原因的示例。表 8-5 进一步展示了这些信号的联锁级别(即它们的层次结构)和相应的关闭动作。

表 8-4　患者安全系统的联锁信号及其触发原因示例

患者安全系统联锁信号	一般原因	具体原因示例
ALOK	在局部治疗控制系统内检测到错误	在 TCS 局部设备的功能错误; 剂量或位置限制在导向软件中被超出
ATOT	在分配的用户安全系统中的错误、在共享安全系统中的错误、可能导致无法控制的剂量沉积或人员伤害的错误	在分配的用户安全系统中的错误; 主患者安全开关和控制器错误,区域预约错误; 处于治疗模式的任何 TCS 中的监控系统错误; 任何束流关闭装置 BMA1、BME1、RF 红色出现错误; 主患者安全开关和控制器板和固件的错误
ETOT	在任何用户安全系统中产生紧急信号或在 ATOT 生成过程中检测到错误	任何用户安全系统中紧急按钮被按下; 检测到束流并且 ATOT 联锁信号存在时束流存在; 束流关闭装置、射频关闭或离子源的错误; 紧急状态的局部监控出错

表 8－5　患者安全系统联锁信号的层次结构以及关闭束流的组件

<table>
<tr><th colspan="4">联锁水平/束流开关控制功能</th><th>束流关闭措施</th></tr>
<tr><td rowspan="7">ETOT</td><td rowspan="5">ATOT</td><td rowspan="2">ALOK</td><td>束流关闭指令</td><td>通过冲击磁铁 AMAKI 输送电流</td></tr>
<tr><td></td><td>关闭局部束流制动器 BMx2</td></tr>
<tr><td rowspan="3"></td><td rowspan="3"></td><td>关闭束流制动器 BMx1</td></tr>
<tr><td>关闭束流制动器 BMA1</td></tr>
<tr><td>将 RF 降低到 80％</td></tr>
<tr><td colspan="3" rowspan="2"></td><td>关闭 RF 电源</td></tr>
<tr><td>关闭离子源电源</td></tr>
</table>

在治疗过程中，对每个治疗部位执行所有相关的安全检查至关重要。如果监测到剂量（通过监控器 1 和监控器 2）或光斑位置（通过旋转机架喷嘴中的多丝监测器，或 OPTIS2 喷嘴中的分区离子室）的测量值与规定值之间存在任何偏差，或者遇到技术故障，系统将立即中断治疗，并触发局部联锁信号"ALOK"。

此外，如果超出预设的最大剂量和光斑停留时间的固定上限（即监控系统计数器溢出），监控系统将自动产生一个全局联锁信号"ATOT"。

图 8－8 还展示了本地系统通过与紧急 OR 模块的独立连接，具备了独立于束流线主控器的冗余能力，能够产生全局关断信号"ETOT"。ETOT 负责控制离子源和射频系统的关闭，以确保在紧急情况下能够迅速安全地停止治疗。

8.5.7　质量保证

正如第 8.1.5 节所讨论的，患者安全系统以及每个治疗区域都需要进行定期的严格检查。这些检查的详细步骤和检测频率（包括每日、每周、每月、每年等不同周期）都在质量保证手册中有明确的说明。

在设施建设的初期阶段，就已经实施了一项严格的质量检测计划。鉴于不可能对整个系统的每一种可能配置进行全面检查，因此开发了一套程序，专门用于在生产阶段对患者安全系统中使用的电子元件进行单独的台架测试。这些模拟程序能够为待测试的电子电路板创建多种初始条件，自动进行测试，并生成详尽的测试报告。

8.6 机器安全：运行许可系统

每个加速器系统均需配备机器安全联锁系统，以确保其正常运行。该联锁系统的主要职能是保护机器及其子系统不受错误操作或故障设备的损害，并防止不必要的高束流强度。接下来将对该系统进行详细说明。

8.6.1 目的

PSI 的机器联锁系统也称运行许可系统（RPS）。运行许可系统负责监控所有束流输运线和回旋加速器设备的信号状态，并将其与所需的拓扑结构（即计划使用的束流线部分）进行比对。仅当运行许可系统发出允许信号，即“束流关闭”信号为“假”状态时，才可启动束流。只有在所需的拓扑结构得到确认，且该结构中的所有设备均已设置至适当值并返回“OK”状态时，束流方可开启。一旦“束流关闭”状态被解除（即设置为“假”），运行许可系统便会向治疗控制系统（主站）发送“机器就绪”信号，随后治疗控制系统便可启动束流（通过快速冲击磁铁 AMAKI）。

运行许可系统的核心任务是防止机器损坏、避免不必要的启动以及控制束流强度不超过规定限值。它不负责检查束流光学性能或磁铁的计算设置是否准确。然而，通过束流诊断系统，我们可以在线监控若干信号，确保弯曲磁体电流处于与所用束流线相匹配的范围内。此外，面对重大设备故障（如电源温度异常或真空系统压力过高），运行许可系统将触发“真”束流关闭。

对于非严重故障信号，可以通过设置桥接器来忽略这些信号。但在治疗模式下，桥接是不允许的。在某些情况下，如果必须使用桥接信号进入“降级模式”，则必须依据由授权人员签署的协议进行。只有在符合条件的人员批准后，方可在治疗模式下有限度地使用桥接信号（如仅限于一天内）。

为了治疗的安全性，运行许可系统中的部分功能在患者安全系统中以冗余方式实现（如对最大允许束流强度的限制）。然而，运行许可系统和患者安全系统的职能是严格区分的，两个系统相互独立，互不依赖。

8.6.2 功能要求

运行许可系统主要不涉及人员或患者安全，因此在冗余性和“故障安全”

方面的要求相对宽松。尽管如此，运行许可系统仍需遵循一般的设计规则，如布线标准和在连接失败时自动转入安全状态，以满足高安全标准。对于质子治疗设施而言，一个特别重要的要求是运行许可系统必须能够迅速适应运行要求的快速变化。鉴于质子治疗设备对高正常运行时间和高治疗可用性的要求，需要采取特别的预防措施来防止误报。此外，还需要一个具备清晰数据记录、故障识别功能以及易于检索可能导致联锁触发事件的用户界面。

大多数辅助设备都配备了自己的设备安全系统，用以监测设备是否正常运行，并通过安全连接向运行许可系统输入端发送状态信号和详细的错误信息。并在可用时发送详细的错误信息。这些信息通过故障安全连接发送。与执行机构以及束流止动装置末端开关的连接与患者安全系统和人员安全系统的连接是分开的。

8.6.3　系统描述

在束流开启前，拓扑结构和运行模式（治疗、诊断或机器）将被输入到计算机程序中。该程序负责生成独特的逻辑配置，并定义束流开关链。与传统的开关链不同，后者通过硬线连接至能够关闭束流的各个组件；而数据采集和组件控制则由 VME 计算机中的软件执行。

如图 8－9 所示（由 PSI 提供），用户界面通过不同颜色显示运行许可系统的状态，以视觉化的方式呈现回旋加速器和束流线部分的准备情况。绿色表示该部分已准备就绪，可以进行束流输出；红色表示该部分尚未准备就绪；黄色则表示该部分虽已准备就绪，但启用了“桥接”功能。当运行许可系统触发联锁时，系统将记录事件的序列原因，并在信息窗口中以时间戳形式列出。用户可以通过点击鼠标选择束流线段，屏幕上随即展示所有组件的状态，以便进行进一步的分析。在图 8－9 的上图中，束流线的颜色表示相应束流线段的状态，而下图展示了“桥接”后第一束流线段中各组件的状态。

8.6.4　检查的元件和条件

产生逻辑关断信号的输入端基于以下元件组的状态进行推断。

（1）有源设备：构成所选拓扑结构的偏转磁体、四极磁体和转向磁体的电源。这些设备的状态信号提供了冷却信息、就绪信号（确保实际电流与请求电流相匹配）以及电源的一些通用信号。

（2）起验证/保护作用的设备：包括射束电流监测器（及其相互间的比

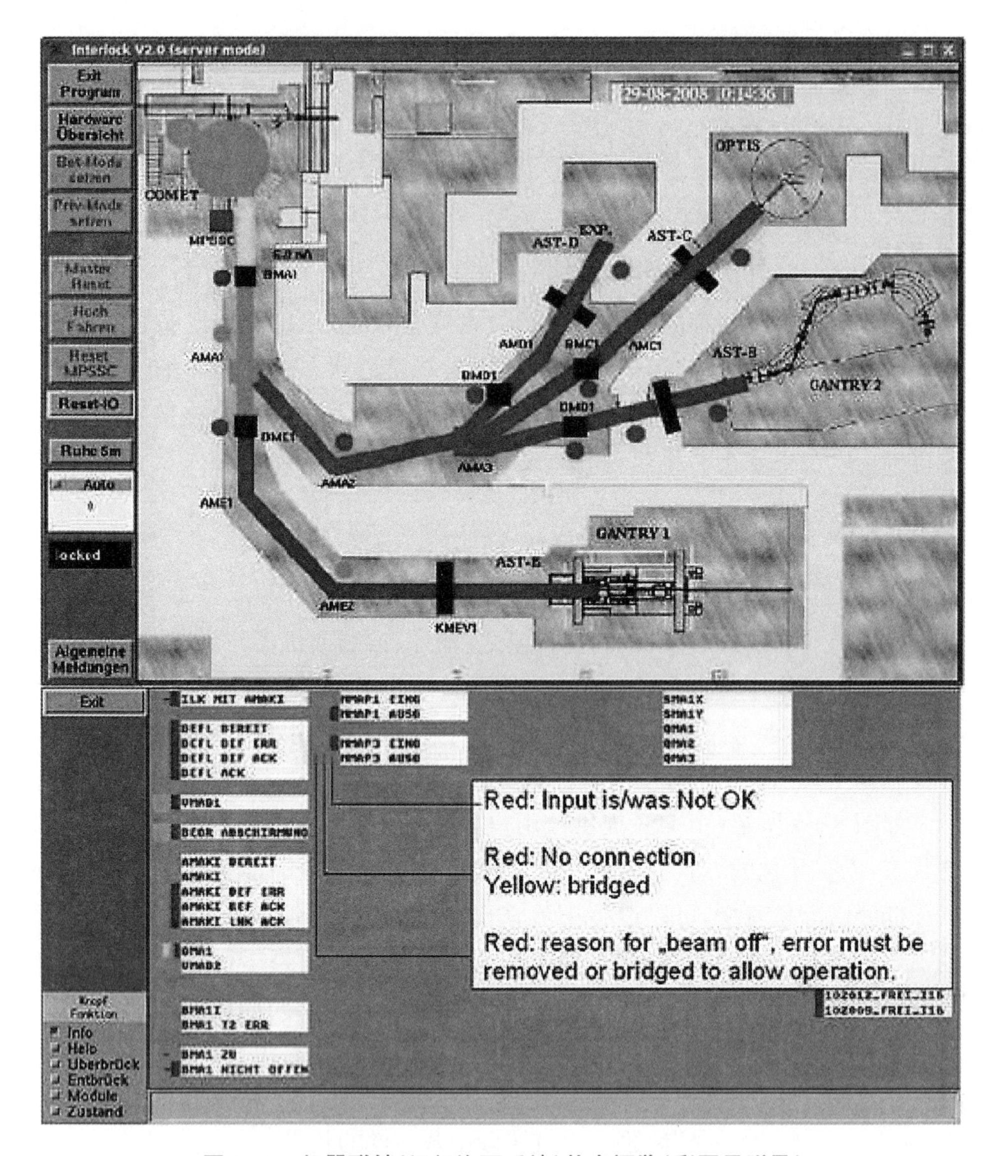

图 8-9　机器联锁(运行许可系统)状态概览(彩图见附录)

率)、狭缝和准直器电流、束流挡板上的射束电流、温度测量和水流控制等设备。

(3) 与配置(拓扑结构)相关的参数：涉及磁铁电流间隔、中子限流器的位置、束流限流器、束流管线中的真空阀等参数。

许多联锁触发是由设备错误引起的,这些错误源自处于活跃拓扑结构中的设备。当错误发生时,它们通常会影响束流特性和束流损耗。束流损耗的某些变化同样可能触发联锁。这种内在的冗余设计非常有价值，特别是当结合了带有时间戳的适当记录，它可以帮助我们快速诊断由一系列事件构成的问题。

8.6.5 高可靠性组件和故障安全设计

运行许可系统由专用模块构成，即运行许可系统模块(RPSM)，每个模块配备了多个输入/输出(I/O)通道。在一个VME底板上，最多可以安装4个RPSM。信号流的方向通过固件(XILINX)进行编程设定，而决定是否触发关闭束流的逻辑是该固件程序的一部分，因此，这一逻辑是独立于机器控制系统的。控制系统通过输入/输出计算机(IOC)与RPSM进行通信，旨在获取关机诊断信息、可视化程序信息，或执行定期测试。

为提升安全性，每个RPSM采取了以下措施。

(1) 输入和输出采用三线制连接，用以识别断开或短路情况，并在发生这些情况时将模块状态转换为“NC”(未连接)或“err”(错误/短路)。

(2) 每个RPSM拥有一个独立的ID编号，以确保模块的唯一性。

(3) 内部固件程序的一致性通过校验和进行验证，确保程序的完整性。

(4) 机器控制系统必须使用加密通信协议向控制寄存器或旁路/桥接寄存器写入内容，写入的新内容必须与被写入的RPSM的ID编号匹配。

(5) 从RPSM读取的数据必须包含其ID号的签名，以验证数据的来源。

(6) RPSM设有一个专用输入端，机器控制系统可以通过该输入端发出强制关束指令，用于测试目的。该指令与实际束流之间的时间间隔将被记录，并且机器控制系统可以读取这一记录。

8.6.6 束流关闭规则

束流的关闭由运行许可系统执行，该系统具备如下三重冗余机制，确保操作的安全性。

(1) 快速启动磁铁AMAKI：作为首选的快速中断手段。

(2) 降低射频功率：防止粒子加速。如果AMAKI在50～100 μs内未能响应，或者BMA1的累积电荷在预定时间内增加了特定值，将触发此机制。采用这种错误条件判断逻辑是为了避免不必要的束流启动。

(3) 离子源关闭：作为最后的保障措施，当射频系统未能及时响应时，将关闭离子源。

8.6.7 测试和质量保证(QA)

部件的定期测试频率基于其对机器安全的重要性而定。

我们执行多项在线测试,包括如下几个方面。

(1) 与患者安全系统信号的交叉验证。

(2) 运行许可系统模块与输入信号模块间电缆连接的检查。

(3) XILINX 固件内容的校验和检查。

在机器控制系统中,我们内置多个测试程序,通常每周运行一次,包括如下几个方面。

(1) 通过主开关通道进行开关测试,并分析开关动作的时间。

(2) 检查可移动部件(如束流限位器)的限位开关触点状态。

(3) 验证磁体电流是否符合允许的拓扑相关电流间隔,并检查联锁功能。

在维护或维修后,我们还会执行其他针对性的测试。这些测试自然与维护或维修所涉及的具体部件紧密相关。

第 9 章
粒子治疗中的安全问题

粒子治疗技术的核心追求是在综合考量临床工作流程的基础上，确保治疗的安全性与有效性。本书致力于向粒子治疗领域提供关键信息，指导如何实施前瞻性的质量管理体系，提升安全意识及文化。我们提出的一项策略是细化降低风险流程，提供自助工具，以促进标准操作程序的正确执行和缓解风险措施的有效应用。

粒子治疗是一个多环节、跨学科的复杂过程，不同部门在工作流程和操作过程中可能存在差异。因此，必须对每个部门的具体情况进行细致分析。本章为粒子治疗协作组织在未来粒子治疗安全信息集中管理方面的工作提供了明确的指导方针。

9.1 粒子治疗的安全性与质量保证

粒子治疗作为一种先进的医疗技术，在治疗各种肿瘤方面展现出巨大潜力。然而，与所有医疗实践一样，安全性始终是首要考虑的因素。粒子治疗的安全性不仅关乎患者的健康和治疗效果，也涉及医疗人员的安全和整个治疗流程的可靠性。

9.1.1 放射治疗安全性

在粒子治疗设施中，实现以下目标至关重要：

(1) 提供安全的治疗方案；

(2) 精确治疗以确保疗效；

(3) 培育安全文化；

(4) 为所有工作人员营造安全的工作环境。

这一过程从部门活动开始，这些活动旨在明确治疗患者所需的流程和参数，并持续至这些参数通过设备得以实施。通常，流程的制定由放射治疗部门负责，而硬件实施则是设备制造商的职责。这些参数随后通过设施内建立的质量保证计划进行定期验证。这已成为放射治疗领域多年来的标准做法。

然而，近年来，部分受到《纽约时报》几年前的报道(AESJ, 2004)以及其他国家相关事件(Agosteo, 2001)的启发，关于谁应该负责哪些流程，以及为了提高安全性，除了设备质量保证之外还应包括哪些流程的问题，已经成为业界讨论的热点。尽管这些报道中的事件属于个别情况，但它们证实了放射治疗历来的高安全性，并揭示了存在的改进空间。

此外，自 1987 年首次发布 ISO 9000 系列关于质量管理系统(QMS)的国际标准，并在众多不同行业和科学领域广泛应用以来，一种更全面、更主动的质量管理方法，包括质量保证和风险管理，已逐渐引入放射治疗领域。基于 ISO 9000 系列，ISO 已经建立了针对医疗设备质量管理系统的国际标准。这为建立质量管理系统提供了宝贵的指导。同时，一些国家也制定了专门针对放射治疗的质量管理系统标准，例如 2009 年发布的德国标准“医学放射学中的质量管理系统——第 1 部分：放射治疗”。

在由美国食品药品监督管理局召集的会议上，讨论《纽约时报》文章中描述的情况时，对设备制造商和医疗设施人员的角色进行了重要的重新审视。一位与会专家表示：“如果出现问题，责任永远不应归咎于医院工作人员，而应由设备制造商承担。”另一位专家则强调：设备制造商有责任提供更全面的培训，以确保医院人员对设备的安全特性有充分的了解和掌握。

尽管会议并未就此达成明确的共识，但普遍的观点是，一个安全的环境和系统是通过严格的安全管理流程来实现的。这涉及对风险的深刻理解、风险缓解策略的制定，以及在放射治疗过程中对设备和个人角色的清晰界定。

放射治疗的安全性实施并没有统一的标准。不同的医疗机构可能遵循不同的工作流程，设备制造商也可能根据其设备的特点或其他因素，采取不同的检查和/或风险缓解措施。人员协议与硬件和软件的联锁机制一样，是构成安全管理的关键部分。虽然一些人可能将此归咎于标准的缺失，但另一种观点认为，这种多样性是这个快速发展领域固有的特点。

尽管我们可以在设备中实施所有安全协议，但随之而来的问题是，这样做是否恰当？是否应该将人完全排除在安全等式之外？随着放射治疗技术的日益复杂化，人为干预可能在射束传递过程中无法及时防止伤害的发生，但这种设计选择的合理性仍然有待深入探讨。

在粒子治疗设备系统中，一个特别的问题可能是，目前市场上并没有大量相同的系统，而且经常需要将定制产品与商业系统相结合。这种结合可能导致对标准放射治疗流程的调整，并可能从硬件角度带来接口兼容性的挑战。在这些特定情况下，必须明确责任，对这些系统的风险进行深入分析，包括接口风险。通常，经过认证的组件会有非常清晰的接口规格标识。

然而，粒子治疗与传统放射治疗在许多流程上是相通的，其安全性的实现同样重要，需要被同等重视和解决。这要求我们不仅要关注技术层面的安全性，还要确保在实际操作中，人员能够正确地理解和使用这些系统。

9.1.2　报告的目标和流程

本书的宗旨在于提供一系列信息和工具，旨在辅助进行流程的自我评估，并推动安全措施的有效实施。我们坚信，员工在营造安全文化及掌握安全执行方法方面的参与度越高，我们的工作环境将越加安全。构建安全文化不仅关乎于谨慎行事和预防事故，也不仅仅是对具体问题的事后讨论，更包含了对系统的理解以及对部门所采纳的主动质量管理方法的贡献。

面对创建安全文化的任务，一些人可能会感到无从下手。然而，事实并非如此。为了达成这一目标，我们首先需要明确安全管理通常是如何执行的。此外，还应提供实用的工具，以助于分析特定设施可能面临的安全问题，并评估必要的缓解措施是否已经得到恰当的实施。这并不是要求我们复制设备制造商所进行的全面危害分析，而是至少要理解这些分析是如何开展的，以及如何将它们扩展到治疗工作流程的其他方面，即使这些方面的技术性可能较低。对于本书中将要介绍的每一种技术，都有多种实现途径。就本书的内容而言，我们更倾向于关注那些普遍采用的方法，并提供一些替代方案的实例。此外，国际原子能机构发布的标准中也包含了改善放射治疗安全的通用指导原则。

在本书中，我们旨在提供对主要方法的描述，这些方法将指导读者思考和分析影响安全的各种问题，并提供模板以帮助读者开始构建自己的分析框架。我们的分析将综合考虑技术、人员和组织因素的各个方面。

本书的结构设计旨在首先介绍和定义进行各种安全分析所需的输入要素，随后描述分析的类型以及预期产生的输出结果。内容流程安排如下：

（1）定义潜在的危害和相应的缓解措施；

(2) 理解风险评估的概念，以确定危害的重要性和优先级；

(3) 提供评估危害、风险及故障影响的模型和模板；

(4) 探讨可应用的缓解措施的类型；

(5) 讨论在分析中应考虑的患者治疗工作流程的各个要素；

(6) 阐述质量保证的关键方面。

最后，从其他设施获取关于实际发生或已经考虑过的问题、事件及其他相关数据显然是有益的，这些信息以有用的匿名形式呈现，可以帮助他人改进他们的系统，以应对之前未曾充分考虑的情况。通常，医疗设备领域设有强制性的不良事件报告系统，这是一个宝贵的信息来源。该系统可在食品药品监督管理局的网站上找到，名为制造商和用户设施设备体验数据库(MAUDE)。在这个平台上，用户可以明确搜索到特定制造商设备的不良事件报告。同时，国际原子能机构也编制了有关放射治疗错误的报告(Agosteo et al, 1998)，为行业提供了重要的参考和警示。

9.2 危害和缓解措施简介

在探讨如何评估一个过程的安全性及其促成安全结果的方法时，明确一些基本概念是非常有益的。在深入进行任何安全分析之前，先对相关术语和理念进行讨论是必要的。首先，值得注意的是，“危害”这一术语根据不同的分析框架有多种定义。它可能被定义为一种环境条件，为发生未计划或不希望的事件提供可能性(如地面上的带电电线)。有时，“危害”和“事故”这两个术语几乎可当作同义词使用(如当有人不慎踩到地面上的积水，而积水中恰好有一根带电电线)。

在阅读有关安全主题的资料时，理解术语的具体使用方式至关重要。危害的成因多种多样，能源自设备故障、人为失误，或者两者的组合。此外，有些危害是由主要行动(无论是设备还是人为)直接引起的，而有些则是对另一个问题的反应而产生的(如试图停车时错误地踩油门而非刹车)。普遍认为，无法完全消除所有潜在的危害，但至关重要的是，我们应有一个能够抵御这些危害的系统。

正如图 9-1 所示，我们可以通过图中方法尝试减轻危害。

我们都生活在一个不断努力维护安全的环境中，有时我们可能会误以为自己对安全措施有着直观的把握。然而，即便是在那些看似已经采取了周全

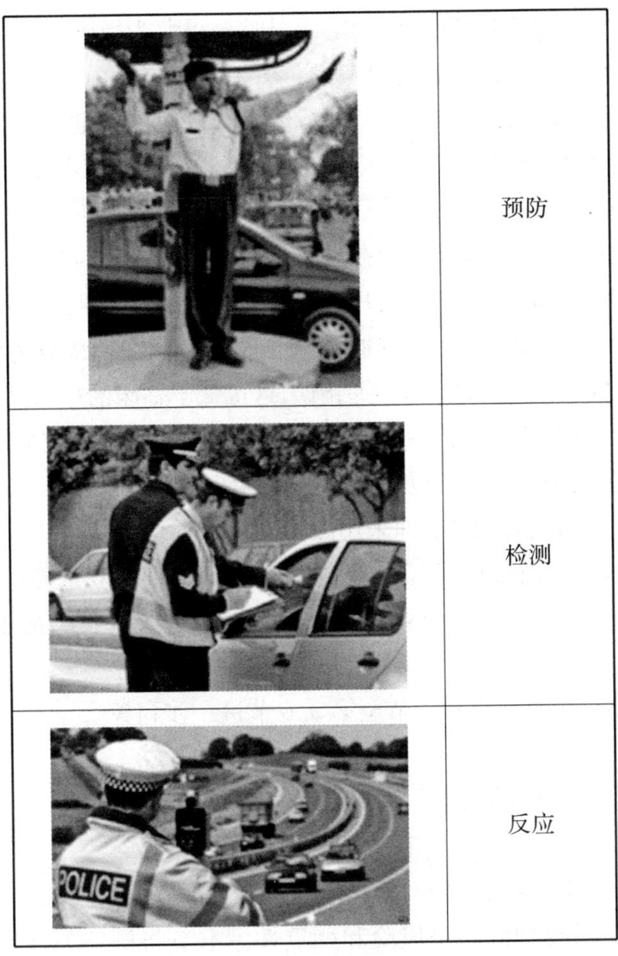

图 9-1　减轻危害示例

预防、检测和响应措施的情况下，我们也不能保证 100%的成功。尤其是面对更为复杂的系统和工作流程，所需要的分析深度往往超出了我们日常直觉的范围。

在放射治疗的环境中，这种分析的必要性同样显著。我们面临的一些问题包括如何确定检测的频率以及如何优化反应时间。这些问题的答案不仅关系到治疗的安全性，也关系到其有效性。

人们可能会质疑，在放射治疗中我们是否能够“预防”所有错误。从设备的角度来看，我们可以借鉴航空业的例子。飞机是否预先设计了防止失去高度的措施，还是在失去高度后再通过检测和响应来处理？在放射治疗的工作流程中，我们能否防止错误地使用图像，或者我们只能尽力而为并持续检测和响应这种情况？这类问题在分析特定情况时显得尤为敏感。

最后，还有一个关键问题需要考虑：某些任务应该由人还是机器来执行？从设备的角度来看，我们可以这样考虑，传统的放射治疗通常包括每个疗程大约 30 次分割治疗，每次分割大约持续 1 min。假设人的思考反应时间（非本能反应时间）大约为 3 s。3 s 占 1 min 的 5%。这可能是每次治疗时间设定为 1 min 的原因之一，它允许操作者在只有 5%的错误发生时进行干预。质子束斑点扫描的时间框架是每个斑点几毫秒，而错误分析的难度取决于剂量率和特定的治疗计划，这通常短于人的反应时间。同样，在传统放射治疗中，1 mm 的叶片间隙可能导致 5%的剂量传递错误，这也低于临床治疗场景中人的检测能力。然而，如果所有叶片代替特定模式打开，这完全在人的检测能力范围内。

通常，我们有几种不同的方法来减轻风险。

(1) 设计中的风险规避：即采用故障安全设计。

(2) 通过质量保证降低风险：例如通过每日检查或双重检查。

(3) 通过通知来降低风险：例如通过告知所有人员特定措施并进行相应的培训。

这些方法将在本章第 9.4 节至第 9.6 节进一步讨论。

9.3 风险和严重性介绍

在第 9.2 节中，我们已经对危害和缓解措施进行了定义。在进行安全分析时，两个至关重要的概念是风险和严重性。本节将阐述如何定义和量化这些概念。

根据国际电工委员会(IEC)601 - 1 - 4 和国际标准化组织(ISO)13489 - 1 的标准，定义风险为危害发生的可能性与其相关事故造成的伤害严重程度的结合。通过这种分析，我们能够确定潜在效应的重要性，并识别相应的缓解措施，以降低事故的严重性和/或发生的可能性。尽管存在多种方法和参考资料，但特别值得一提的是 ISO 14971—2007 标准，它为医疗设备的风险管理提供了全面的指导。

9.3.1 风险参数的层次结构

再次强调，风险是由危害的严重性和该危害发生的概率共同决定的。危害的严重性可以划分为不同的等级。例如，考虑一个人接触到低压草坪照明的裸露电线与接触到 200 A 主断路器面板中的裸露电线，这两种情况的严重性显然不同。在实践中，通常将严重性分为 4 个等级，如果无法确定具体类别，则可能增加到 5 个等级（见表 9－1）。

表 9－1　风险严重程度等级

术　语	级　别	说　　明
严重程度	5	尚未确定（假设最坏情况）
严重	4	导致死亡、永久性损伤或危及生命的伤害
中度	3	导致可恢复的伤害或需要专业医疗干预的损伤
轻度	2	导致不需要专业医疗干预的可恢复伤害或损伤
可忽略	1	不便或暂时不适

这些等级可能会根据不同情况有不同的定义。例如，在放射治疗的情况下，每个等级可能会有特定的剂量限制（见第 9.5.4 节）。

发生的频率或概率（或可能性）的等级可以根据表 9－2 定义，尽管在不同情况下会考虑不同的时间框架。

表 9－2　风险层级

术　语	等　级	描述（设施安装基础上的终生发生率）
可能性	—	尚未做出确定
未确定	U/5	由软件缺陷、误用或用户错误引起（不确定发生率）
频繁	5	常见/典型的事件（≥1/a）
可能	4	在设施寿期内可能多次发生[(0.1～1)/a]
偶尔	3	在设施寿期内可能发生几次[(0.001～0.1)/a]
罕见	2	在设施寿期内至少可能发生一次，但极不可能（<0.001/a）
极不可能	1	在设施寿期内发生的可能性不大，但理论上是可能的（<0.000 01/a）

此外，有时这些等级会根据个别分析人员的偏好或具体实施情况进一步细分为10个或更多等级。请注意，未确定的概率或严重性可能被视为未定义，或根据分析中使用的保守程度视为最大值。

9.3.2 风险类别和限定因素

根据定义，风险优先数(RPN)由严重性和概率的组合决定。例如，表9-2中最大的RPN值为20(计算方式为5乘以4)，而最小的RPN值(对于已经定义的情况)为1。此外，有时还需要考虑检测某个危害发生的难度，这实际上可能会调整该危害发生的频率或频次。避免性的度量有时也会被明确纳入考量(尽管它显然与可检测性相关)。虽然严格来说，避免性不是一个独立的量(在某些观点中)，但有时它会从概率评估中分离出来单独考虑。

有时，RPN也称关键性，并且RPN值可能会进一步细分为不同的关键性类别。RPN值用来指导分析人员识别缓解措施的必要性以及选择适当的缓解类型，无论是追求极高的安全性还是相对较低的安全性，以尝试防止事故的发生。

本节的主要目标是定义一个RPN，可以用来指导危害或故障模式的分析。然后，利用这个RPN来确定需要采取的缓解措施。

以下是一些计算RPN的示例，这些示例将有助于我们理解如何将RPN应用于实际的风险评估和管理中。

9.3.2.1 RPN树或风险图及其类别

为了简化风险分析(尽管这种方法并不总是最合适的)，我们可以通过以下方式近似地评估风险数值的贡献。

定义S1：代表中度严重性，即相对较轻的伤害。

定义S2：代表重度严重性，即较为严重的后果。

在这个示例中，我们仅关注可能造成的伤害的严重性，分为S1和S2两个等级。我们所描述的分析方法适用于系统的各个方面，包括从咨询、计划到治疗的所有步骤，直至最终的患者治疗。因此，一个重要的考虑因素是评估施加或已经施加的辐射剂量。例如，如果无意中向关键组织器官施加超过2 Gy的剂量(可能是由于诊断图像勾画不当或设备故障造成的)，这些情况的严重性可以视为S2级别。

此外，即使与辐射无直接关联，如电击或重物落在人身上的情况，也可以视为S2级别的严重性。然而，确定这些严重性的界限有时仍带有一定的主观性。我们在这里识别上述考虑因素，旨在引发读者的思考，看看他们是否对这些因素有所反应，并鼓励他们形成自己对于构建评级系统的看法。

定义 P1：代表偶尔和罕见的概率，即较低发生的可能性。

定义 P2：代表可能、频繁以及未确定的概率，即较高的可能性。

在考虑概率时，需要思考多种问题。例如，高空坠物的风险不仅包括设备故障的概率（这可能构成潜在危害或潜在事故，具体取决于你对"危害"一词的定义），也包括个人遭受伤害的可能性（如在不恰当的时刻恰好位于掉落物体的下方）。例如，直接接受放射治疗的患者在束流开启时位于治疗室内的可能性，可能比其他人更高，因此不同人群的风险概率可能有所不同。

再考虑另一个问题，如计算机传输数据的准确性是否比人工转录更可靠？

定义 A1：代表高度可避免的风险，或者易于检测的风险。

定义 A2：代表非常难以避免的风险，或者难以检测的风险。

需要再次强调的是，这包含多种考虑因素。正如上文所述，有些人可能认为这些因素只是概率的修饰因子，不必单独处理它们。实际上，概率的许多方面是相互关联的，无法完全独立处理。这里为了举例说明，我们这样进行了区分。

在评估辐射风险时，我们可以考虑与在线测量束流传输相关的量。值得注意的是，在线测量束流量的行为本身，实际上是一种从风险分析和/或失效模式与影响分析（FMEA）中确定的安全缓解措施。在这种情况下，采取的缓解措施可能会实际上改变我们检测或避免危害的能力。因此，这些缓解措施实际上可能会修改危害发生的概率。

另一种有助于避免事故的方法通常是由经验丰富的工作人员进行监督的活动。这种方法将再次改变相对风险，具体取决于涉及的个体类别。例如，有经验的工作人员可能会注意到某个治疗计划与患者的疾病状况不符，如果存在一个工作人员应该检查的缓解措施，他们就能够及时检测到并采取措施。

鉴于这些考量，一种可能的方法是采用以下分析树，从而对风险等级进行分类，并确定应考虑哪种类型的缓解措施。考虑到严重性和概率（以及避免性和/或可检测性）的组合，我们可以使用（RPN）值来识别潜在的风险类别和关键性类别。根据这一类别，可能需要采取某些行动。

例如，表 9-3 是有时使用的来自 EN 954-1 标准的缓解分类方法，这种方法可以帮助我们确定应采取的缓解措施类型。

表 9-3　缓解措施类别层级表

类别编号	类别的含义
1	应定期检查实施的安全功能
2	根据经过良好测试的组件和安全原则设计系统
3	设计使单一错误不会导致冗余安全功能的丧失，并在实际操作中，该安全功能操作能被独立检测或测试，从而最小化冗余的丧失
4	类别 1～3 及设计系统，使得组件的错误不会导致安全功能的丧失

在矩阵图 9-2 中，顶部横排的数字指的是上文刚刚识别的缓解措施类别(1～4)。侧边的字母/数字组合是严重性(S)、概率(P)和可避免性(A)的组合。例如，S_1 代表低严重性，因此不考虑其他限定因素(概率和可避免性)。这是根据 EN 954-1 的做法。在更新的 ISO 13489-1 中，S_1 行现在已细分。单元格中的红色圆圈表示针对特定参数组合导致的给定行的首选缓解措施关键性类别。例如，第三行由 $S_2-P_1-A_2$ 组成。在那一行中，如果有充分的理由，可能会实施较低类别的措施(例如，图 9-2 中类别 1 的蓝色圆圈)，这些理由应该记录下来。

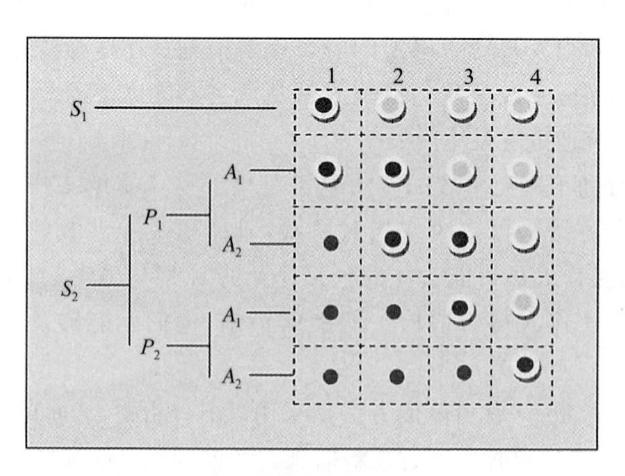

图 9-2　风险缓解矩阵图(彩图见附录)

首选的风险评估类别是 2 或 3(红色圆圈)，也可以出于保守性或特定原因实施更高类别(黄色圆圈)。请注意，评估基本上是各组分等权重的乘积结果。当然，这将取决于如何给各种问题分配“数字”。

9.3.2.2 强行计算

之前讨论的方法较为严格,它将风险和概率的分配最小化。虽然这种方法是一个标准,但正如前文所述,该标准已经更新,并且引入了更多的细分级别。为了在某些情况下为选择特定的风险潜力数(RPN)/缓解类别的阈值提供额外的灵活性,可能最好的方法是通过增加或减少类别选择的数量。增加选择的数量可能会使分析变得更加复杂。例如,我们可以通过一种简单直接的方式来进行这种计算。

如果我们对严重性的 4 个类别、概率的 5 个类别和可避免性的 2 个类别进行直接的数值分析,结果将如表 9-4 所示。

表 9-4 风险(直接)分类方法

严重性	概率	可避免性		关键性				
				0	Ⅰ	Ⅱ	Ⅲ	Ⅳ
1	1	1		1				
		2		2				
	2	1		2				
		2		4				
	3	1		3				
		2		6				
	4	1		4				
		2		8				
	5	1		5				
		2		10				
2	1	1		2				
		2		4				
	2	1		4				
		2		8				

（续表）

严重性	概率	可避免性		关键性				
				0	Ⅰ	Ⅱ	Ⅲ	Ⅳ
2	3	1		6				
		2	1		12			
	4	1		8				
		2	1		16			
	5	1		10				
		2	1		20			
3	1	1		3				
		2		6				
	2	1		6				
		2	1		12			
	3	1		9				
		2			18			
	4	1			12			
		2	Ⅱ			24		
	5	1	Ⅰ		15			
		2	Ⅲ				30	
4	1	1		4				
		2		8				
	2	1		8				
		2	Ⅰ		16			
	3	1			12			
		2	Ⅱ			24		

(续表)

严重性	概率	可避免性		关键性				
				0	Ⅰ	Ⅱ	Ⅲ	Ⅳ
4	4	1	Ⅰ		16			
		2	Ⅳ					32
	5	1	Ⅰ		20			
		2	Ⅳ					40

通过简单乘积的方式,严重性、概率和可避免性组合产生了一个可能的最大数值,我们在此表中称之为“关键性”。然后,我们可以根据这个乘积来定义风险类别。例如,最严重的类别(Ⅳ)可以定义为得分 31～40 的项目;类似地,得分 21～30 的项目可以被分配为类别Ⅲ。这种方法与前一个图表的格式相似,但在数值处理上更为直接。然而,这种方法可能被认为更加主观,因为分析师必须确定分隔这些类别的界线。一旦确定了类别,就可以根据该类别来分配相应的缓解措施。

彩色的行与列与前面的类别相对应,列中的关键性数值列出了对应的类别。这种方法提供了一种直观的方式来识别和分类风险,以便采取适当的缓解措施。

9.3.2.3 二元组合

前文我们概述了一种系统化的方法,用于识别具有最高风险的流程、程序或技术。一旦这些最高风险问题被识别出来,我们就可以开始通过安全改进措施来降低这些风险。在最简单的形式中,我们可以创建一个二元结构,基本上在需要缓解的风险与不需要缓解的风险之间划一条清晰的界限。例如,表 9-5 使用概率和严重性的组合来识别哪些组合应当缓解,以及哪些是可以接受的风险。当然,这个表可以根据其他 RPN 定义的阈值进行替换。正如本报告多次暗示的那样,有些人接受只有概率和严重性导致风险,并且可检测性和/或可避免性对概率数字有所贡献的观点。有些人则喜欢明确指出这些额外的因素。然而,无论你的团队决定如何做,这里的要点是存在一个 RPN 范围,低于此范围的风险不需要缓解,而高于此范围的风险则需要缓解。根据 RPN 超出的程度,缓解的类型可能会有所不同。这将在失效模式与影响分析(FMEA)中反映出来。

表 9-5　概率和严重性二元组合风险划分表

概　率	严　重　性			
	轻　微	较　轻	中　等	严　重
未确定	可接受	需缓解	需缓解	需缓解
频繁	可接受	需缓解	需缓解	需缓解
可能	可接受	可接受	需缓解	需缓解
偶尔	可接受	可接受	需缓解	需缓解
罕见	可接受	可接受	可接受	需缓解
极不可能	可接受	可接受	可接受	需缓解

对于某些情况，这种简单的划分可能不够充分。我们可以进一步采取措施，例如，在表 9-4 中单独列出风险数字，并将结果细分为任意数量的类别。这个表格确定了 4 个类别。EN 954-1 标准建议在表 9-3 中考虑使用这 4 个类别。

9.4　评估模型和方法论

在数十年的发展中，研究人员已经提出了多种分析事故的方法。

9.4.1　评估模型

1931 年，美国安全工程师海因里希提出了著名的"多米诺骨牌事故模型"[见图 9-3(a)]。该模型基于一个核心假设：一旦触发了一系列事件，事故的发生似乎变得不可避免。它描绘了一个线性的事件链，理论上，移除任何一个环节(即多米诺骨牌)都有可能阻止整个事件链的继续。这个模型中的元素包括社会环境、人的粗心大意和具体行动。在 20 世纪初，当工厂安全和人为因素是事故的主要原因时，这个模型曾被广泛采用。

随后，1990 年，英国曼彻斯特大学教授里森引入了"瑞士奶酪模型"[见图 9-3(b)]，用于分析系统故障。这个模型是对海因里希模型的演变，它考虑了多个潜在的错误源，类似于瑞士奶酪中的孔洞。在瑞士奶酪模型中，每一个孔洞都象征着一个过程中可能出现的失败点。尽管它也呈现为线性进展，但事故只有在所有防线中的孔洞对齐时才会发生。这个模型强调了多重防御机制的重要性，以及它们在防止事故中的作用。

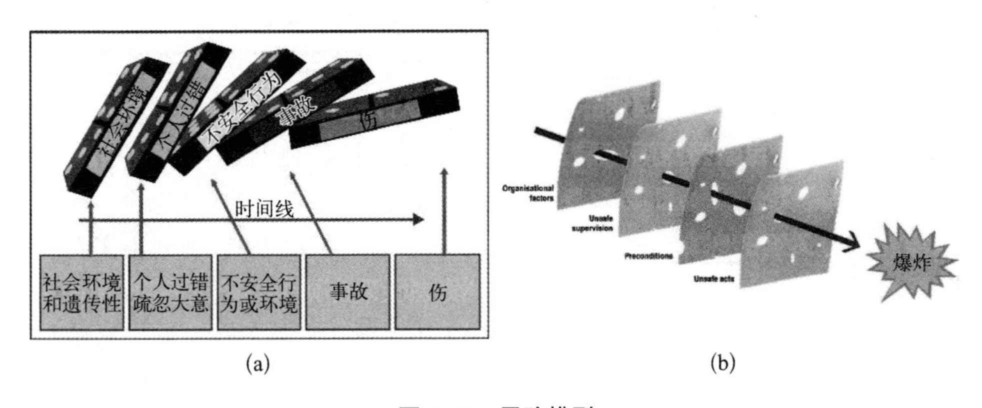

图 9－3　风险模型

（a）多米诺骨牌事故模型；（b）瑞士奶酪模型

请注意，即使是这些早期模型也包括多条防线或多个步骤以达到最终目的。在瑞士奶酪模型中，孔洞的位置可能是随机分布的；或者，更准确地说，在任何特定时间，孔洞的位置可能呈现出随机性。这一点值得注意，因为该模型起源于 20 世纪中叶，它不仅包含了技术因素，还涵盖了组织因素，例如将监督视为事故发生的前提条件。模型中存在多个孔洞，意味着它允许各种工厂流程在不同防线上发挥作用。

这两个模型都融入了管理、社会文化和环境因素，这些因素在现代分析中仍然至关重要。它们并非过时，而是提醒我们在评估事故时不应忽视这些基本要素。一些模型甚至扩展了其视角，考虑了来自政府互动的输入，或者在像放射治疗这样高度规范化的领域中，还包括了专业组织如美国医学物理协会（AAPM）、美国食品药品监督管理局、国际原子能机构和国际标准化组织的指导和报告，因为这些因素也可能在事故中起到关键作用。

随着现代化的发展，系统的复杂性日益增加，这要求我们采用更复杂的分析模型。功能共振事故模型（FRAM）便是这样一种模型，它假设即使是由随机噪声引起的微小变化，也可能在环境中引发一系列事件，最终形成一个貌似连贯的信号。换句话说，一个系统可能如此复杂，以至于我们可能无法识别所有的潜在故障点（即“瑞士奶酪洞”），而且在某些情况下，这些故障点可能会以不可预测的方式对齐，增加了事故发生的风险。

最近,美国麻省理工学院教授莱韦森提出的系统理论事故模型和过程(STAMP)代表了事故分析领域的一个新发展。STAMP 的核心理念是,技术系统已经发展成为高度复杂的社会技术系统。该模型特别强调需要明确考虑的要素,包括子系统间的相互作用以及可能失败的缓解措施。

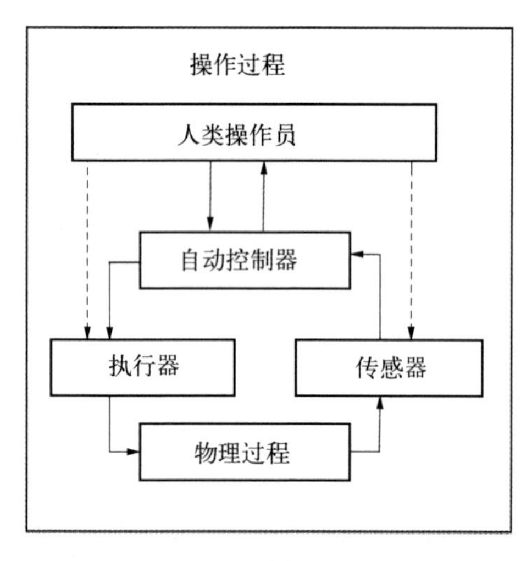

图 9-4 系统控制过程图

根据 STAMP 方法,分析人员首先需要准备系统的控制图,以识别系统中存在的控制行动,如图 9-4 所示。这张图实际上是一个综合了过程和缓解措施的图表,详细列出了各个循环的运行标准和潜在的失败模式。在任何过程中,决策都是基于数据做出的,而这些决策过程中可能存在潜在的错误。

在 STAMP 模型中,事故的发生不仅仅可能是由于组件的故障或控制行动的缺失,控制行动的时机和细节也可能对所需的缓解措施产生不适当的影响。尽管 STAMP 的原始方法并不推荐进一步的量化分析,但在实际应用中,许多用户已经将这种方法与其他风险量化技术结合起来使用,以增强其分析的深度和准确性。

在这个阶段,对特定流程和/或系统的分析可能需要一定程度的个性化处理。本书作者强调,对于采用的任何分析方法而言,最关键的是考虑可能出现的所有相关问题。没有任何系统能够自动提供执行分析所需的所有输入、输出和它们之间的相互关系。分析师必须自行纳入必要的数据,提出恰当的问题,并深入到适当的细节层面,以便最大限度地优化系统的安全性。纳入适当数据的过程可以通过多种机制来促进,包括培养一种鼓励全面报告的安全文化。

在所有这些过程中,应该识别以下几个关键方面:

(1) 确保有效系统性能所需的基本要求;

(2) 满足这些要求所需的具体流程;

(3) 在执行这些流程过程中可能遇到的危害;

(4) 针对这些危害的原因或结果,采取的缓解方法,包括对缓解措施可能失败的考虑。

分析方法可能会因所涉及的系统是在设计阶段还是已经投入运行的系统而有所差异，这取决于系统所拥有的信息量。对一个系统进行逆向工程可能是一个充满挑战的任务，但如果这个过程是员工日常熟悉的，并且操作透明没有隐藏，那么就有可能全面识别出所有的要求和流程。

在明确了事故模型的类型和进行危害分析所需的关键要素之后，现在简要介绍一些稍后将详细讨论的分析工具是有益的。这些模型主要是帮助我们思考问题的理论框架，STAMP是一个例外，它不仅提供了思考工具，还包括了具体的分析方法。

通常，系统安全分析采用以下3种主要“工具”。

(1) 故障树分析(fault tree analysis, FTA)：这是一种“自上而下的方法”，它从可能的事故、危害或故障出发，逆向识别可能导致这些后果的危害，并将这些危害的重要性分类。通过这种方法，我们可以识别危害的原因，并找出相应的缓解措施来处理这些原因和危害。无论是设计一个新系统还是对现有系统进行逆向工程，这种方法都能发挥作用，尤其是当系统已经包含或尚未包含缓解措施时。

(2) 事件树分析(event tree analysis, ETA)：此方法从特定初始事件开始，追踪可能导致的各种结果。

(3) 失效模式与影响分析(failure mode and effects analysis, FMEA；或者在考虑危害严重性的情况下，称为失效模式、效应及关键分析(failure mode, effects and criticality analysis, FMECA)：这是一种“自下而上的方法”，通过评估特定过程或子系统中的动作或组件，识别这些组件的失败如何可能导致事故，并对该效应进行分类。随后，为每个潜在的错误情况确定和制定缓解措施，包括缓解措施本身的潜在失败。

故障树分析特别适用于从系统和/或工作流程中识别出较小的组件或步骤，并针对特定危害对每个组件进行分析。以粒子放疗单元为例，这些组件可能包括治疗计划、肿瘤信息系统以及建筑基础设施等方面。此外，技术因素也在考虑之列，如离子源、主加速器、束流提取系统、束流输送、监控系统、控制系统、电源、患者定位设备、成像设备等，因为它们都可能与同一危害相关联。这种方法的有效性已被广泛认可，尽管在处理复杂的(有时称为“非线性”)交互作用时，仍然存在潜在的错误来源。

事件树分析始于识别一个失败事件及其缓解措施，然后分析可能导致安全缓解措施失效的问题路径。这种方法帮助我们理解，当保护措施未能如预期那样发挥作用时，系统可能会如何响应。

失效模式与影响分析则采用了一种“自下而上”的方法，从系统的低级别组件或步骤开始，评估它们可能的失败模式，并探讨这些失败如何可能导致事故。FMEA 包括对每个潜在的失败情况的效应进行分类，并确定相应的缓解措施，甚至包括对缓解措施本身可能的缺陷的考量。这种方法与危害分析不同，后者从识别潜在的危害开始，然后追溯到可能导致这些危害的组件或过程。

这些分析工具不仅有助于图形化地展示系统潜在的问题（以图形形式绘制），而且能够清晰、系统地识别问题。在这些分析中使用的术语，如“识别失败”，不仅指组件（如电阻器）或步骤（如丢失处方）的失败，也包括基于某些输入执行的“控制行动”的失败。一些现代方法，如系统理论事故模型和过程（STAMP），明确识别了这些类型的问题，但并不会自动发现这些问题。

至关重要的是，没有一个系统能够在没有分析师提供输入的情况下发现问题。尽管如此，已有尝试设计系统以更容易捕捉手动输入的系统要求和依赖性，这有助于分析过程。

最终，如果一个系统过于复杂，很难确信适当的缓解措施已经得到正确实施。因此，我们需要的不仅是实施风险缓解策略，还需要验证这些策略确实有效。风险缓解的验证是程序的一个必要部分。我们应该尽量简化设计，创造一个易于理解的系统。一种方法是分离功能，尽管这随后需要我们妥善处理各个功能间的接口。

最后，定义一个安全状态是至关重要的。不进行治疗本身并不一定代表安全状态，因为缺乏治疗可能导致负面后果。应该有这样一个安全状态，以便在取消治疗之前有时间考虑接下来的行动。

9.4.2　医疗保健中的风险评估

在深入研究细节之前，让我们先简要回顾一下医疗领域风险分析的发展历程。早在公元前 3200 年，就有一个名为 Asipu 的群体，他们扮演着顾问的角色，帮助人们做出决策。Asipu 会识别关键问题和可能的替代方案，评估每个方案的正负面效果，并推荐一个行动方向。这可以视为风险分析的雏形。随着科学的发展，特别是概率论和因果关系的数学理论的确立（如英国科学家哈雷在 1693 年的研究），正式的风险分析方法成为可能。在医学领域，因果关系的理解直到 19 世纪巴斯德的工作才得到现代化的推进。

危害分析(如危害分析和关键控制点,HACCP)和失效模式与影响分析(包括失效模、效应及关键性分析)最初是为军事目的开发的;HACCP 起先用于火炮发射机制,而 FMECA 在 20 世纪 40 年代末被美国海军采用。随后,这些方法被美国航空航天局(NASA)以多种形式采纳,并在 1970 年进入食品加工和制造业,以及其他现在广泛使用的领域。特别是在医疗保健领域,自 1990 年起,美国食品药品监督管理局要求设备制造商根据《医疗器械良好制造实践规范》进行前瞻性风险评估。这一要求通常通过 FMEA 来满足。

在临床操作中,失效模式与影响分析及其衍生方法已广泛应用于麻醉学、护理等领域。然而,在医疗保健实践中,危害分析与失效模式与影响分析之间的区别有时可能并不明显,因此在阅读相关讨论时需要细心辨别。风险分析是美国联合委员会(TJC)认可的重要工具,该委员会已经认证了近 20 000 家医疗保健机构。2001 年,TJC 发布了规则 LD5.2,要求各组织“每年至少选择一个高风险流程进行主动风险评估”。这种评估通常通过失效模式与影响分析来实施。TJC 还出版了一本实用的指南,介绍在医疗保健中如何使用失效模式与影响分析。

在放射肿瘤学领域,除了在机器设计中的应用外,失效模式与影响分析的使用相对较新。2009 年,我们团队中的成员(EF)发表了在放射肿瘤诊所应用失效模式与影响分析的第一份报告,该技术得到了约翰霍普金斯大学公共卫生学院专家的指导。自那以后涌现出许多研究,涵盖了立体定向放射治疗、多叶光栅跟踪系统以及其他临床应用。失效模式与影响分析也是美国医学物理协会(AAPM)即将发布的 TG－100 任务组报告的主题。TG－100 任务组成立于 2003 年,旨在重新审视放射肿瘤学的质量保证需求。AAPM 批准的 TG－100 报告计划于 2016 年发布,重点聚焦于失效模式与影响分析的应用。在国际层面上,放射肿瘤学领域的 ICRP 出版物 112 描述了失效模式与影响分析,并提倡在降低风险计划中采用这一方法。

值得注意的是,至少有一位作者指出,在危害分析与失效模式与影响分析之间有时仍然存在混淆。两者可以通过分析的方向来区分:如果分析是从识别一个潜在的危害开始,探讨这个危害是如何产生的,那么它属于危害分析;如果分析是从某个特定的步骤或组件开始,探讨可能发生的问题以及这些问题可能带来的后果,那么它属于失效模式与影响分析。然而,关键在于,无论单独使用哪一种方法,还是将两者结合使用,目标都是最大化地识别出为实现高度安全系统所需的缓解措施。

9.5 危害分析

危害分析是一项全面的过程，专注于分析系统工作流和操作可能引发的所有可预见危害。其目标是识别可能导致特定危害的条件，并根据风险严重性进行排序，以便采取相应的安全改进措施。这项分析的一个关键成果是确定最大的风险点以及可能的缓解策略。

进行危害分析需要精心的输入和明确的输出。确保输入的识别和整合对于分析的成功至关重要。提出恰当的问题，并确保输入的全面性，有助于产出详尽且完整的分析结果。

危害分析(也称风险分析，有时与故障树分析和失效模式与影响分析相混淆)是一个“自上而下”的过程。简单来说，需执行如下步骤。

(1) 选择一个危害进行分析。

(2) 识别涉及的子系统。

(3) 想象该子系统如何引发所选危害。

(4) 对该危害的严重性进行评分。

(5) 创建一个缓解措施来降低风险。

(6) 确定如何验证缓解措施的有效性。如果无法验证缓解措施的有效性，它还能算是一个有效的缓解措施吗?

在危害分析的常规流程中，识别子步骤及其如何导致所考虑的危害是一个重要环节。通常，危害分析保持在较高层面，可能涉及子系统层面的分析，但不深入到组件层面或更详细的子过程层面。这些更深层次的分析将在“自下而上”的失效模式与影响分析中进行。

9.5.1 危害或事故识别

危害分析是一个需要明确输入和产出的过程。首要的输入之一是识别潜在的危害。虽然我们可能无法识别出每一个可能的危害或错误条件，但通过细致地系统评估 ISO 14971 和 21 CFR 820.30(g)中识别的危害类型，并结合其他技术如失效模式与影响分析，预期可以使系统达到可接受的安全水平。

危害分析的一个关键输入是列出需要考虑的危害类型。这些危害可能影响患者、员工和访客的健康与安全。在识别危害时，我们必须考虑它们可能带来的多重影响。有时，我们还需要考虑危害可能导致的具体事故情况。

9.5.2 子系统识别

危害分析的另一个关键输入是列出可能引发所考虑危害的各类“事物”。在执行危害分析时，决定哪些项目应包含在分析中涉及主观判断，这包括确定必须分析的系统组件列表，这些组件可能涉及人为操作或设备步骤。

需要再次强调的是，所讨论的分析可以覆盖整个放射治疗临床工作流程，而不仅仅是设备相关的危害。因此，“组件”可以是工作流程中的一个步骤。

然而，设备相关的危害是一个可能性丰富的来源，对这些可能性进行重点强调是有益的。

图9-5展示了构成典型质子治疗系统的子系统的高层次细分。在考虑特定危害时，可以逐一考虑这些子系统。至关重要的是识别每个子系统的“需求”，以便分析可能由这些子系统引起的错误或偏离需求的情况。实际上，在分析过程中可能会发现尚未充分考虑某些特定的需求，而这些需求对于避免或减轻危害至关重要。例如，一个旋转机架(不包括作为束流输送系统一部分的束线)可能会影响束流的角度但不影响束流的能量，因此与患者束流范围相关的危害可能不会受到旋转机架的影响。并且，旋转机架的运动可能会影响束流输送元件地对准，这反过来可能影响束流的位置等属性。危害分析的成功在很大程度上取决于如何有效地识别子系统需求和/或进行功能分解。

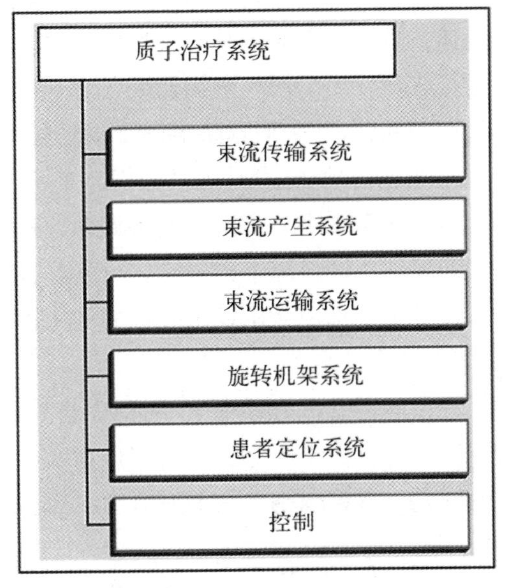

图9-5 质子治疗系统的子系统

此外，错误的照射管理可能源于用于治疗计划的错误CT图像。这种错误图像可能是处理该图像的子系统导致的，包括但不限于以下几个环节。

(1) 计算机数据传输错误。

(2) 技术人员输入的错误患者信息。

(3) 错误地将图像导入到治疗计划系统(TPS)。

(4) 靶区绘制不准确。

考虑到涉及此情况的所有“参与者”,采用“用例表示法”可能是一个有效的选择。用例表示法可以帮助我们分解步骤,并识别不同用户如何与这些步骤互动,尽管这种方法的结果与设备分解类似。关键在于选择一种表示法,它能最大限度地帮助我们分析情况。

一旦我们汇集了所有子系统、步骤和参与者,以及他们各自的责任和要求,我们就可以进一步探讨如何可能引发正在识别的特定危害。

9.5.3 危害分析示例

在深入探讨危害分析的具体实例之前,让我们先对这一过程进行简要的概述。危害分析是一种系统性的方法,旨在识别和评估可能对患者安全、设备运行或治疗质量产生负面影响的条件或事件。通过这种方法,我们可以预测潜在的问题,并采取预防措施来减轻或消除这些风险。

现在,我们已经对危害分析有了一个基本的理解,接下来我们将通过一些具体的示例来进一步阐释这一概念。这些示例将展示如何使用危害分析来识别和评估不同情况下的风险,并探索可能的缓解策略。通过这些示例,我们希望能够更清晰地展示危害分析的实用性和有效性。

9.5.3.1 危害表

在危害分析的过程中,利用表格作为工具或视觉辅助手段是一种有效的方法。它有助于确保我们捕获所有关键的相关信息,同时引导我们提出正确的问题。尽管表格是一个强有力的辅助工具,但它并不能保证揭示所有可能的原因。

为了更深入地阐释危害分析的应用,让我们考虑一个医疗保健领域之外的实例。设想你是一名国家公路交通安全管理局的官员,时间回溯到 1970 年代初。你的职责是对汽车安全进行一次全面的评估。类似于医疗保健领域中的危害分析,这项工作的起点和核心在于识别各种输入,并据此制定出一个详尽的危害列表。为此,你可能需要查阅消费者安全报告、咨询制造商的意见,或者对这一领域的专家进行深入访谈。你的目标是尽可能全面地列出所有潜在的危害。虽然这份列表可能会相当长,但通过危害分析,我们可以为这些风险确定一个可管理的优先级顺序。表 9-6 提供了一个提高汽车安全的假设练习中的故障模式和 RPN 分数示例。风险优先数是通过严重性(S)、发生概率(P)和可检测性(D)的分数相乘得出的,即 $\mathrm{RPN}=S\times P\times D$。

表 9-6　汽车危险分析示例

危险编号	危险描述	原　因	严重性	发生概率	可检测性	风险优先数
1.1	汽车无法启动	电池没电	1	5	1	5
1.2	汽车无法启动	没油	1	5	1	5
1.3	汽车无法启动	电气短路	1	1	1	1
2.1	轮胎漏气	穿孔	5	5	1	25
3.1	严重碰撞/人员	在黑暗的道路上超速行驶	10	5	1	50
3.2	碰撞/中度损坏	后退到某个位置	5	5	5	125

在识别出危害后，我们应进一步提供额外的输入，以识别可能的相关原因。在本例中，这通过检查组件、行动和参与者来完成。请注意，在本例中，参与者可能包括驾驶员或路上的障碍物。表 9-6 中显示，某些危害可能有多个原因。例如，“汽车无法启动”可能由电池耗尽、油箱空或电路短路引起，以及其他许多未列出的原因。当一个特定危害有多个原因时，将这些原因分开考虑是有益的，因为它们各自的风险评分可能不同。然而，在危害分析中，并不总是需要深入挖掘到最具体的原因。

表 9-3 中可能令人意外的是，最后一行的风险优先数高于倒数第二行的。这表明，与监测汽车后方的情况相比，检测汽车是否超速要容易一些。当然，如果车辆配备了倒车摄像头，或者在检测超速的情况下，如果驾驶员处于醉酒状态，那么情况就会有所不同。

9.5.3.2　根本原因分析

在危害分析中，主观性的一个关键领域是对调查细节的深入程度。如前所述，表 9-6 所展示的分析在某种程度上可能不够详尽。一些潜在的问题已经在前面的讨论中提及。列表中的危害和原因可能缺乏具体性。根本原因分析(RCA)是一种识别危害原因的有力工具。根据执行团队的经验，进行 RCA 可能需要数周甚至数月的密集工作，以彻底理解事件的因果链。尽管 RCA 在医疗保健领域得到了广泛应用，它通常在发生严重错误之后才被启动，这也是“根本原因”这一术语的由来，意在找到特定问题的根本原因。然而，RCA 的一般目标适用于所有安全缓解措施：识别所有相关的因果因素，这些因素通常不止一个。

以表 9-6 中的汽车安全为例，我们注意到具有最高风险优先数的故障模式是由倒车时撞到物体引起的碰撞。如果我们仅仅依据这一故障模式信息来制定安全缓解措施，可能只触及了问题的一部分。我们需要更深入地了解这种碰撞为何会发生。是因为驾驶员后视视角的限制，还是存在其他因素？在某些情况下，即使驾驶员的后视视线清晰，他们是否会选择不看？他们为何会做出这种选择？故障树分析可以协助我们进行根本原因分析，如图 9-6 所示。

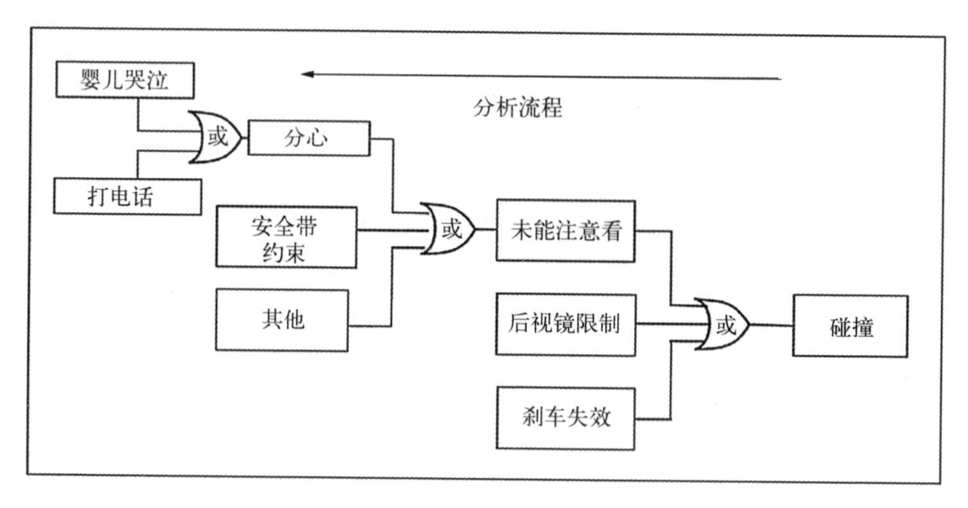

图 9-6　故障树分析示例

请注意，在本分析中，“OR”逻辑门的存在提供了错误传递并引发危害的条件。实际上，分析可以从危害端开始（危害分析的常规流程），或者从原因端开始反向进行（如在失效模式与影响分析中）。此外，值得注意的是，在某些情况下，事故的发生可能是由一系列事件串联引发的，例如婴儿的哭泣导致驾驶员分心，进而可能发生碰撞。

如果车辆配备了后视摄像头，这将有助于缓解因后视视角受限引发的问题，但仍然存在驾驶员可能未注意到或刹车系统可能失效的风险。进一步地，如果车辆装有在接近后方物体时发出警告声的传感器，这种措施的有效性取决于驾驶员是否注意到警告声，从而引入了新的潜在故障点，即驾驶员可能未能听到警告声。而且，如果在分析中加入“AND”逻辑门，可能会提供额外的安全保障。例如，如果将“刹车失灵”的情况改为“刹车状态检查正常”，并与“挂倒挡”的条件相结合，就可以防止在刹车系统正常时进行倒车操作，从而避免潜在的碰撞。

这种逻辑上的变化体现了安全缓解措施的基本原则，即通过多重保障来降低风险。然而，这种逻辑的实现完全依赖于对各种原因之间依赖关系的准确理解。

当然，如果我们能够通过某种方式，如设想中的能量场，让所有车辆在遇到潜在碰撞风险时自动安全停下，那么我们可能就不需要过分担心具体的根本原因。实际上，这种设想并非完全脱离现实：将近距离传感器视为一种能量场，正如某些汽车广告中所展示的那样，它们能够在车辆接近时发出警告，从而防止碰撞。在这种情况下，如果所有条件都得到满足，就不会形成后方碰撞的危害。因此，在某些情况下，我们不必深究每个根本原因，因为分析的深度可以在一定程度上取决于我们能够找到的缓解措施的有效性。

9.5.3.3　临床照射危害分析示例

在临床治疗中，确保患者接受精确剂量的照射至关重要。表9-7详细列出了可能导致整个治疗射野过度照射的潜在危害、原因以及相应的缓解措施。这些措施不仅包括了根本原因分析(RCA)，还结合了风险类别方法，以风险优先数为基础进行分类，并指明了涉及的子系统或参与者。

表9-7　照射危害分析示例

危害描述	原　因	缓解措施或安全决策	风险类别	子系统/参与者
整个治疗射野的过度照射	剂量测定系统读数不准确	提供冗余剂量测定系统；在FMEA中进一步分析原因	3	剂量测定
	离子室电子单元在达到剂量时未能及时停止照射	提供冗余剂量测定系统；在FMEA中进一步分析原因	3	剂量测定
	加速器在接到指令时未能有效中断束流	提供冗余束流关闭装置；并提供冗余信号以关闭束流；在FMEA中进一步分析原因	2	加速器
	由人为错误导致剂量输入过高	引入严格的剂量输入程序；验证剂量输入值；和/或在FMEA中进一步分析原因	2	治疗师/物理师

（续表）

危害描述	原　因	缓解措施或安全决策	风险类别	子系统/参与者
整个治疗射野的过度照射	治疗计划错误导致剂量错误	引入计划检查；进行针对患者的特定 QA 测量；适当的治疗计划系统调试	2	治疗师/物理师，软件
	在系统处于剂量测定或调试模式时治疗患者	引入严格的系统模式程序；提供冗余模式检查；在 FMEA 中进一步分析原因	3	治疗师/物理师，软件

本表格的目的是提供一个思维框架，帮助识别和解决潜在的临床问题，而不是提供详尽无遗的解决方案。通过这种分析，我们能够更系统地评估风险，并采取适当的预防措施，以确保患者安全和治疗质量。

9.5.4　放射治疗中的辐射危害与风险分析

在进行放射治疗的安全分析时，必须全面考虑整个放射治疗部门的工作流程。其中，放射风险的评估是关键因素之一，需要特别关注。

放射治疗中需要考虑的关键因素包括如下几个方面。

(1) 绝对剂量：治疗中使用的总辐射量。

(2) 剂量的相对分布：辐射在患者体内的分布模式。

(3) 剂量的绝对位置：辐射精确作用于患者体内的具体位置。

从辐射危害的角度来看，临床工作流程的任何步骤可能产生以下 3 种情况。

(1) 绝对剂量问题：① 超剂量，指超过患者所需剂量的辐射；② 低剂量，指低于患者所需剂量的辐射。

(2) 剂量分布问题：错误的分布可能导致剂量在特定位置的不恰当集中或分散，这在下文的分类中有所体现。

(3) 位置问题：① 靶内，指辐射作用于预定的治疗区域；② 靶外，指辐射作用于非预定的治疗区域。

这些情况的危害严重程度可以通过表 9-8 的方式进行评估。

表 9-8 旨在提供一个框架，帮助医疗专业人员评估不同辐射情况下的潜在风险，并采取相应的预防措施。通过这种分析，可以更有效地识别和减轻放射治疗过程中可能出现的危害。

表9-8　放射治疗辐射危害与风险分析

辐射情况	危害严重程度	描　述
超剂量	低	靶内：过量辐射可能导致局部组织损伤，但通常影响范围有限
	中等	靶外：过量辐射可能对周围健康组织造成损害，影响范围较广
低剂量	高	靶内：不足剂量可能导致治疗效果不佳，需要额外治疗
	低	靶外：不足剂量对健康组织的影响较小，但可能影响治疗效果

在放射治疗中，确保靶区和正常组织的剂量精确至关重要。剂量的微小偏差都可能对治疗效果和患者安全产生重大影响。对剂量偏差及其潜在风险的分析如下。

（1）靶外剂量低于预期：若靶外剂量低于预期，正常组织受到的辐射将减少，从而降低了由此引起的事故严重性。

（2）靶内剂量低于预期：若靶内剂量不足，可能导致治疗失败，其风险等级可能被评估为高危或中危，具体取决于治疗情况和分析人员的主观判断。

（3）靶内剂量高于预期：过高的靶内剂量可能违反治疗协议，但其实际危害程度可能存在差异，需要根据具体情况进行评估。

这种风险分析的主观性体现在不同分析者可能对同一情况的风险严重性有不同的看法。例如，在粒子治疗中，射程错误或扩散布拉格峰（SOBP）的不当可能导致靶外剂量过高和靶内剂量不足。因此，分析者需要确定这些情况是否具有相同的严重性，或者是否需要分别考虑。

在缺乏明确结果的情况下，应采用最坏情况分析，以确保患者安全。例如，错误的靶区划定可能导致剂量应用错误。然而，如果治疗计划和执行是准确的，可以确定错误的类型。这类错误可能不易及早发现，因此必须使用最坏情况假设进行分析。

此外，治疗计划算法、成像模拟和束流传递的错误都可能导致上述情况。如果有检测这些问题的方法，如体内剂量监测，情况将会有所改变。

这种分析的主观性要求分析者根据自身情况仔细定义几何形状和潜在问

题。进行风险分析时，应注意以下几个方面。

(1) 识别可能导致危害的失败，并考虑由此引发的事故。

(2) 识别故障的概率。

(3) 确定总体风险，并制定相应的缓解措施，如通过质量检查的频率来降低风险(详见第9.10节)。

最关键的安全项目将通过安全缓解措施进行处理，而治疗精度问题可能根据确定的容忍度在较低的关注级别进行处理。补救策略应根据其与各子系统的相关性进行分类。

9.6 失效模式与影响分析

失效模式与影响分析(FMEA)是一种预防性的风险管理工具，其核心目标是识别、评估并优先处理可能引起危害的故障模式。与传统的危害分析相比，失效模式与影响分析采用一种自下而上的方法，从具体的操作或组件出发，逐步分析可能的故障及其潜在影响。失效模式与影响分析的优势在于其能够提供一个结构化的框架，帮助分析者系统地识别和评估潜在的风险，并通过优先排序确保资源被有效地用于最需要改进的地方。这种方法强调了预防性思维，通过主动识别和解决潜在问题，提高整体的系统安全性和可靠性。

9.6.1 失效模式与影响分析方法

失效模式与影响分析是一种基于预防的方法，其核心在于识别潜在的故障模式，并评估它们对系统或过程的影响。该方法的执行过程简洁明了，具体包括以下几个关键步骤。

(1) 故障模式识别(输入)：识别系统中组件或步骤可能发生的故障模式。这是分析的起点，要求我们深入理解每个组件或步骤的功能和潜在弱点。

(2) 影响确定(输出)：分析故障模式发生时可能产生的直接后果。这些后果称为“输出”，它们是故障直接影响的体现。

(3) 危害识别(输出)：进一步分析故障影响可能引发的连锁反应，并识别这些反应可能导致的具体危害。这可能需要进行多步骤的深入分析。

(4) 危害严重性评估(输出)：对识别出的危害进行重要性评估，以确定它们对安全、性能、成本等方面的潜在影响。

(5) 缓解措施制定(输出)：基于危害的严重性，制定有效的缓解措施。这些措施旨在降低故障发生的概率或减轻其影响。

(6) 缓解措施验证(输出):确保所提出的缓解措施可以通过适当的方法进行验证。如果无法验证其有效性,那么这些措施就不能被视为真正的解决方案。

(7) 重新评估(可选):在实施缓解措施后,可选择重新评估危害的严重性,以确定是否需要进一步的措施。这一步骤有助于确保持续改进和风险管理。

9.6.1.1 故障模式识别

在临床放射治疗中,识别潜在的故障模式是确保患者安全和治疗质量的关键第一步。这些故障模式可能包括但不限于① 机械故障,如输出错误的束流能量;② 计划错误,如使用错误的 CT 扫描制订计划;③ 临床护理错误,如因处方沟通失误导致的错误剂量。

这种识别过程与 Peter Pronovost 及其同事提倡的预防性思维相似,即临床人员需考虑"下一个患者将如何受到伤害?"的问题。

9.6.1.2 失效模式与影响分析的优先级排序方法

一旦识别出可能的故障模式,失效模式与影响分析(FMEA)提供了一种按优先级排序的方法,以确保有限的时间和资源能够集中用于解决最大的危害。这种方法认识到并非所有故障都同等重要,而是应根据其对患者安全的潜在影响进行评估。

失效模式与影响分析通过平衡故障的严重性、发生概率和可检测性来回答"什么是最大的风险"这一问题。例如,即使某个错误的后果非常严重,如果其发生概率极低,则可能不需要立即优先处理。相反,那些频繁发生且容易识别的故障模式,即使其单个后果不那么严重,也应优先考虑。

失效模式与影响分析提供了一种半定量的方法来评估和平衡风险因素。这种方法类似于决定何时在十字路口安装交通信号灯的问题——需要考虑事故发生的频率、严重性以及预防措施的可行性。

在启动失效模式与影响分析的过程中,首要的考虑因素是明确将要分析的临床护理领域。虽然对放射肿瘤学中患者就诊到复诊的整个流程进行全面分析是可行的,但必须认识到这背后的工作量。通常,选择专注于较小的、更易管理的部分,如治疗计划过程,是一种更为高效的策略。在此基础上,可以逐步构建对整个工作流程的理解,同时必须注意各部分之间可能存在的接口。

例如,如果 B 部分和 D 部分是独立完成的,则它们可能依赖于 A 部分,并可能相互影响。因此，在第 9.8.2 节中提到的工作流程图或流程图是失效模式与影响分析的一个关键输入。从宏观上审视整个流程，然后深入到具体的细节，这通常是最佳的做法。此外，选择那些简单易懂的部分有助于进行更深入的安全性分析。

必须将各部分之间的互动和接口纳入分析之中，这些接口可能是另一个部分的一部分。因此，系统或工作流程的设计将对安全分析的复杂性和所需工作量产生显著影响。从硬件角度来看，从设备及相关因素的"地图"开始考虑，有助于识别和分析在失效模式与影响分析中需要考虑的关键硬件组件及其相互作用。

通过这种结构化的方法，失效模式与影响分析能够确保临床放射治疗的安全性和效率，同时优化资源的使用和分配。

头脑风暴会议是完成失效模式与影响分析的有效手段。无论采用何种方法，关键在于确保所有员工的代表都能参与其中。这样可以全面考虑工作流程的各个步骤以及不同学科之间的相互作用。对临床护理的细节有深入的理解和欣赏是至关重要的，尤其是在自己的部门中。这种方法的一个额外好处是为不同专业的人员提供了相互交流和了解彼此角色的机会，这有助于增进团队之间的理解和协作。

一旦开发出故障模式的列表，接下来的步骤是识别这些故障可能产生的效应及其引发的危害。这些危害随后会以与危害分析相同的方式进行评估和评分。这些由故障引起的潜在危害，成为失效模式与影响分析与危害分析之间的桥梁。这种自上而下与自下而上的方法相结合，旨在填补分析中的空白。

如前所述，存在多种评分标度，AAPMTG－100 报告中也提供了一种。在选择评分标度时，应谨慎考虑其是否适合特定的环境。即便是被广泛认为标准的标度，如果它与你的具体情况不符，也不应采用。实际上，使用哪种评分尺度可能并不像确保不同员工在进行 FMEA 时能够给出一致和可重复的分数那样关键。毕竟，这些分数的主要目的是为了确定一个相对的优先级顺序。如果评分的范围较广，那么在决定哪些问题需要首先解决时，就可以进行更细致的调整。

通过这种方式，失效模式与影响分析不仅有助于识别和评估潜在的风险，还能促进团队成员之间的沟通和理解，从而为提高安全意识和培养安全文化奠定基础。

9.6.2 失效模式与影响分析示例

将失效模式与影响分析(FMEA)的基本方法应用于质子放疗设备或流程时,其核心步骤保持一致。表9-9提供了与质子放疗相关的潜在故障模式示例,特别关注了质子治疗计划中的特定环节。这些示例展示了由于计划制订不当可能导致的肿瘤剂量不足问题。鉴于靶区剂量不足可能带来的严重后果,所有故障模式的严重性均被评为高(9分/10分)。当然,具体的后果会受到临床情况、剂量不足的程度和位置的影响,但本例中考虑的是极端情况。

表9-9 治疗计划部分的失效模式与影响分析

故障模式序号	过程步骤	治疗计划期间故障模式	影响	危害	严重性(S)	发生概率(P)	可检测性(D)	风险优先数(RPN)
1号	GTV勾画-加载MRI扫描	加载了错误的MRI扫描	GTV界定错误	肿瘤剂量不足	9	2	5	90
2号	治疗计划的应用-计划边界	使用了不正确的射程不确定性	计划错误	肿瘤剂量不足	9	3	9	243
3号	确定是否需要运动缓解措施	选择不使用4DCT	未能包括靶运动和错误的体积靶向	笔形束扫描在移动靶肿瘤中的应用不当	9	1	7	63

正如汽车示例中,多个故障模式可能导致同一危害。在进行危害分析时,人们可能已经识别出治疗计划不当作为剂量不足的原因,但分析可能仅停留在采取“双重检查治疗计划”等基本缓解措施上。失效模式与影响分析的优势在于,它允许我们从更基础的层面进行分析,或者说,深入挖掘问题根源。

以治疗计划中的“肿瘤靶区(gross tumor volume, GTV)界定”步骤为例,故障可能是GTV界定不正确。这种情况可能由多种原因引起,包括在读取扫描、在扫描上绘图或使用错误的扫描时的人为错误。失效模式与影响分析的深度分析有助于识别这些根本原因,并为它们制定更为精确和有效的缓解措施。

错误的MRI扫描示例可能包括使用患者的过期扫描或不当的MRI序

列。虽然故障的影响可能与故障的原因无关，意味着危害的严重性不受原因影响，但特定原因可能会影响故障发生的可能性和检测难度。

在这个例子中，使用错误 MRI 扫描的频率被评为不频繁($P=2/10$)，但检测难度较高($D=5/10$)，这主要依赖于医生的警觉性。例如，由于质子射程不确定性(如表 9-9 中的 2 号所示)导致的剂量不足，其发生频率被评为更频繁($P=3$)，且检测难度较大($D=9$)。这是因为在没有后续的缓解措施(如针对患者的特定质量保证措施)的情况下，通常缺乏独立的方法来测量患者体内布拉格峰远端边缘的位置。

值得注意的是，一些新技术，如 PET 扫描、即时 γ 探测器和质子放射成像，现在开始用来解决这一问题，这些技术可能会影响可检测性的评分。

不适当使用笔形束扫描技术处理运动靶的情况较为少见，且应该更容易检测($D=7$)，因为如果部门程序中包括了这些步骤，可能会有多个独立的审查来评估这项技术对特定案例的适用性。或者，进行这些审查可以作为失效模式与影响分析的一个输出，建议将其添加到流程中作为缓解措施。

这些不同故障模式的风险优先数现在提供了关于哪些问题应该首先考虑进行安全改进干预的指示。在这种情况下，射程不确定性问题应该是优先考虑的。针对这一问题的缓解措施将在后续讨论中进一步展开。

表 9-9 展示了质子放疗治疗计划过程中的示例故障模式和相应的风险评分。风险评分是通过乘以严重性(S)、发生概率(P)和可检测性(D)的得分来计算风险优先数($\mathrm{RPN}=S\times P\times D$)。

表 9-9 突显了一些问题，这些问题需要进一步讨论。首先，故障模式取决于现有的流程和设备。例如，故障模式 3 号与笔形束扫描有关，可能与那些仅使用均匀散射系统治疗此类患者的设施无关，尽管即使在这种情况下，有时也需要使用门控和调整治疗体积。流程也依赖于具体的诊所。例如，对于那些已经有与治疗相关成像的缓解措施(如同行评审)的诊所，可能会对这种故障模式有更好的可检测性得分。这反映了有时是一个迭代的过程。高风险导致一个缓解输出，重新分析后导致较低的风险。这个过程有时会重复进行，直至达到一个可接受的(可能是主观定义的)风险水平。所有这些都强调了每个诊所必须执行失效模式与影响分析，尽管可以通过诊所之间分享信息来得出示例故障模式，但失效模式与影响分析评分的细节需要保持一致性。表 9-9 中需要注意的最后一个特点是，某些故障模式同样适用于质子放疗和光子放疗(如故障模式 1 号)。这突出了在不同实践之间分享信息的价值，这一概念

将在下面更详细地讨论。

现在转向设备故障的一个例子，有助于洞察失效模式与影响分析工作的其他方面。可以考虑一个包含电离室的束流传输子系统，该子系统需要一个高电压电源。将这个电源视为一个组件。当然，可以进一步考虑该电源中的某个特定电阻为一个组件，但是，通过了解系统的功能，可以在不必查看每个电阻和电容故障的情况下，识别电源的各种故障模式。在更复杂的系统中，可能需要进一步分析。在电源的情况下，可以考虑一些简单的有限数量的故障，如电压或电流错误。实际上，在这种情况下所做的是基于维护和备件的考虑来确定分析的截止点。人们不太可能决定在电阻级别实施安全缓解措施，而是在输出电压级别检测错误。这并不是说电源制造商可能选择设计电源时具有足够的冗余，以避免某个特定电阻出现问题，或监控该电路的值。

输出电压错误的一个例子是电压变为零。然后可以遵循以下思考过程。

(1) 组件：电离室的高电压。

(2) 故障模式：高电压关闭。

(3) 影响：监控单位(MU)将不被计数。

(4) 危害：剂量过大。

(5) 严重性：高。

(6) 可能性：中等。

(7) 可检测性：高(如果实施了此检测方法)。

(8) 结果：需要采取缓解措施以提高可检测性。

值得深入探讨的是，可以投入到这种情况中的过程思考。在这份报告中，缓解措施与危害分析和失效模式与影响分析是分开的，但在实践中应同时处理。图 9－7 是这种看似简单的故障可能导致以下考虑的示例。嵌入在这种思维图中的考虑包括如下几个方面。

(1) 故障是否可以通过硬件检测？

(2) 故障是否可以通过软件检测？

(3) 可以实施哪些类型的冗余来识别故障的发生(如第二个电离室)？

(4) 如果检测不起作用怎么办？

(5) 如果使用软件检测方法，可能出现哪些故障模式？

(6) 如果检测到这种情况，应采取什么行动？

(7) 为确保希望的行动发生，需要什么检测？

(8) 如果希望的行动没有发生，需要采取什么进一步行动？

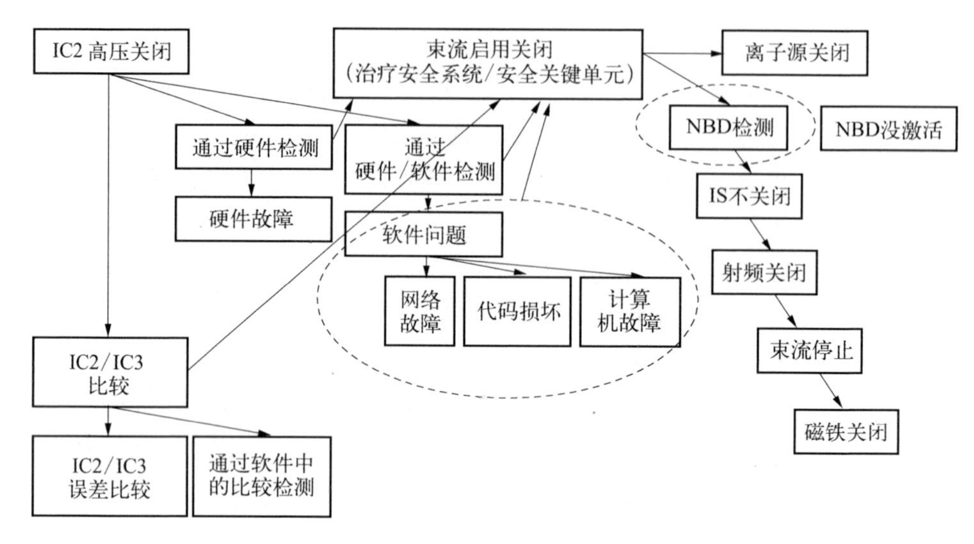

图 9-7　故障及其缓解措施思维图

好的,你在文献中找不到“思维图”。与这种考虑最兼容的是“事件树”(见图 9-8)。它不是故障树,因为它不是从危害开始的,也不是失效模式与影响分析,因为它没有考虑故障的后果。它查看一个错误,并遵循缓解措施的路

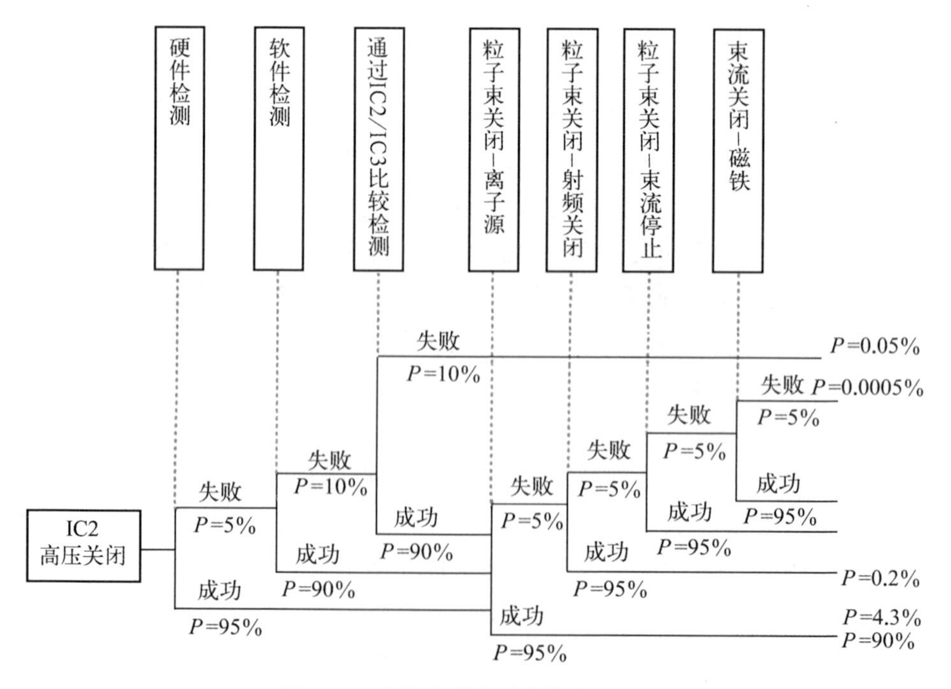

图 9-8　根据思维图转化的事件树图

径，捕捉错误并对其做出反应。这种思维图是分析情况的一个示例，展示了人们如何思考问题的方式。并非总是可以将特定分析适配到标准格式中。例如，图 9－8 中的事件树不包括图 9－7 中的“诊断”框（如网络故障），这可能导致更详细的分支，说明软件错误的原因。但事件树将迫使这些按顺序而不是可能并行地进行。然而，有时标准格式会帮助分析变得更清晰和完整（如事件树包括一些概率估计）。在决定分析工具时，这是非常重要的考虑因素。在这种分析中能走多远，在很大程度上取决于风险和系统的复杂性。

9.6.3　辅助失效模式与影响分析的工具

需要明确的是，所提供的表格并不能替代深入的思维分析和跨学科的讨论。在某些情况下，表格可以作为思维过程的辅助工具。以下表格的标题是基于多年使用粒子治疗系统设备的经验而演变来的。接下来的第一张图表（见表 9－10）实际上代表了表格的左侧部分（也称 A 部分），而第二张图表（见表 9－11）则是一个完整表格的右侧部分（也称 B 部分）。观察这张表格有助于我们朝着构建“思维树”的方向发展。在左侧，它提供了深入挖掘至组件级别的机会，并识别故障模式及其效应。这些效应可进一步细化为与束流属性相关的具体问题，再进一步与治疗危害相关的具体问题。到目前为止，系统/子系统列可以替换为流程的步骤/子步骤，对于非束流生成设备，束流属性列可以省略（请注意设备的影响，例如设备的损坏也应包括在内，设备损坏可能导致治疗中断，这本身就是一种危害）。接下来，进行风险优先数分析并考虑缓解措施（见第 9.7 节）。风险优先数分析导致确定一个临界级别，并存在一个根据该临界级别所需的冗余级别的列。最后，除了明确的缓解措施外，还确定了系统在该故障发生时应处于的理想照射状态，以及确保系统状态适当安全的系统关键元素的条件。请注意，这里可以采取几种方法：可以使用临界级别来确定所需的缓解级别，或者如前所述进行迭代，并在引入每个缓解措施后重新计算风险优先数。这种策略需要在前期就确定。还要注意，这个表格并没有明确指出可检测性或可避免性，假定这些已包含在可能性评估中。

这种方法的几个例子展示在表 9－12 中。

9.6.4　失效模式与影响分析的局限性

在掌握了失效模式与影响分析（FMEA）的基础知识之后，简要探讨其局限性是有益的。首先是实用性问题，这与所需的努力和资源有关。失效模式

表 9-10　失效模式与影响分析示例表 A 部分

体　系			故障及影响		对束流属性的影响			治疗辐射危害		机械危害	设备危害	RPN 分析			
系统	子系统	次级子系统	失败模式	故障影响							对患者没有危险	可能性	严重性	类别(RPN)	冗余级别
					位置	大小	射程	靶剂量	靶外部						
	扫描磁铁	电源供应	没有电压	定位错误											

表 9-11　失效模式与影响分析示例表 B 部分

缓解措施 A_1	缓解措施 $A2$	缓解措施 B_1	缓解措施 B_2	缓解措施 B_3	更多的缓解措施	缓解措施 F_1(多种)	缓解措施 S_1(多种)	辐照状态			机器状态				
设备预防	协议(人)	硬件检测	硬件检测	硬件检测	??	功能检测	软件	标称结束	暂停	终止	注入器开(关)	加速器射频开(关)	束流停止器进入(开启)	束流线磁铁	扫描磁铁

表 9-12　设备失效模式与影响分析示例表

编号	过程步骤或系统组件	故障模式	故障效应	危　害	概率	严重性	类别	缓解措施 1 人为协议	缓解措施 2 人为协议	缓解措施 3 硬件检测 1	缓解措施 4 硬件检测 2	行动
1	束流输运/电离室	IC 电压错误	读取的剂量错误	可能低剂量或高剂量	2	4	Ⅳ	执行 QA 检查	??	提供高压读数	提供冗余电离室	当检测到时暂停束流
2	载入患者处方	错误患者在房间里	错误患者/处方接受治疗	患者接受错误剂量	2	4	Ⅳ	验证患者处方(暂停)	至少 2 人进行这些检查	提供 ID 扫描方法		

与影响分析有时被认为过于劳动密集，几乎难以实施。这种看法很大程度上是一种误解，源自早期的经验。Ford 等人进行的失效模式与影响分析练习需要 5 个月的周会议和 11 人的指导委员会。该研究涵盖了整个放射肿瘤学工作流程，这是一个雄心勃勃的项目，且在放射肿瘤学领域尚鲜为人知的 2007 年完成。现在的学习曲线已经平缓了许多。最近的一项研究显示，对整个放射肿瘤学流程进行失效模式与影响分析可以在 4 个小时的会议中完成，并且能够显著降低风险。放射肿瘤学文献中也出现了其他研究，证实了失效模式与影响分析的实用性。将失效模式与影响分析视为难以使用的工具，可能也与 AAPM TG－100 任务组关于失效模式与影响分析的报告制作超过了 10 年有关，一旦完成，它可能会成为任务组发表的最长报告之一。然而，我们必须认识到，该委员会为制作一份全面的报告所做的大量工作，并不一定意味着这个工具难以使用。在正确的理解、准备和指导下，已经证明失效模式与影响分析是实用的。一些作者也认为，对危害分析和失效模式与影响分析之间的差异缺乏理解可能会增加过程的复杂性。危害分析确实有助于引入人的思维过程，随后失效模式与影响分析提供详细信息。

更为根本的是失效模式与影响分析的其他局限性。首先是评分系统。严重性(S)、发生概率(P)和可检测性(D)的评分具有主观性，并且在不同的人之间可能有很大差异。这导致了基于风险优先数排名的故障模式存在不确定性。因此，深入研究失效模式与影响分析排名并没有太大意义，尤其是在不同机构之间进行比较时。这些排名最适合用来识别最明显的风险点，即那些风险优先数方面的异常值。在更基础的层面上，通过简单的 S、P 和 D 乘积来优先考虑风险的概念可能过于简单化。据我们所知，从未独立验证过这种方法，并且还存在许多问题。特别是，S、P 和 D 乘积的特定意义是什么？为什么不通过这些变量的某种非线性组合来优先考虑风险？例如，在医疗保健中，严重性可能应比其他因素更重要。对于这些问题，目前还没有令人满意的答案。然而，这些因素可能会影响采取行动的阈值，而绝对数字可能与此并不真正相关。

尽管失效模式与影响分析存在许多局限性，如果使用得当，它仍然是一个有用的工具。失效模式与影响分析和危害分析是减少风险的少数几种前瞻性方法之一。它相对容易使用，并且至少在识别最高可能风险场合方面是有效的。现在，它已被 TJC、ICRU 和 AAPM 推荐，其他组织也可能跟进。最后，除了特定的风险缓解措施外，失效模式与影响分析工具还可以作为一个集合点，不同的专业组可以围绕它就患者安全和护理质量进行沟通。在危害和原因的细节层面上，这些技术是常见的陷阱之一。这就是为什么从上至下(危害分析)和自下而上(失效模式与影响分析)的方法对弥合细节差距如此有用的原因之一。必须认识到，提供的信息越具体越好，但详细信息的提供是以复杂性和努力为代价的。在许多情况下，对于放射治疗工作流程，不必要求太追求细节，但当深入研究机器操作的细节时，通常情况却恰恰相反。

9.7 风险缓解

在对潜在风险进行综合分析之后，接下来的重点转向如何有效缓解这些风险。风险优先数(risk priority number, RPN)已经过估算和计算，目前的核心任务是探索降低特定风险严重性的策略。尽管风险缓解措施的重要性并不亚于风险识别，但在文献中关于如何具体实施风险缓解的资料相对较少。这种情况在放射肿瘤学领域尤为突出，而在整体的患者安全研究领域也同样普遍。然而，一些已证实能够产生显著影响的安全改进措施，例如，运用检查清单以降低中心静脉导管相关血流感染的发生率，已经赢得了医疗界的广泛关注和认可。

9.7.1 风险缓解策略

目前的任务是确定如何在实际操作中应对各类问题。一种可行的策略是为特定的故障或危害制定一项缓解措施，并以可能带有主观性的方式评估该措施如何降低危害发生的概率或严重性。随后，持续引入缓解措施，直至将危害降至一个可接受的水平。虽然我们容易理解缓解措施如何通过提高可检测性或可避免性来降低风险发生的概率，但要理解它如何影响的严重性则较为困难，除非该措施从根本上改变了危害本身或危害转化为事故的机制。例如，在第9.5.3.1节中讨论的“汽车无法启动”问题，其严重性评分较低，因为普遍认为这不会对安全造成影响。然而，如果考虑到使用汽车是为了紧急送人去医院的情况，那么严重性评分是否会有所改变?

另一种策略是根据危害的类别来定义更为宏观的缓解策略。例如，较高等级(如第9.3.2.1节所述的Ⅳ类风险)可能需要引入冗余传感器、增加他人复查的步骤、采用非软件的缓解手段或增强机械支撑。相比之下，较低等级的风险可能允许采用软件缓解方法或单纯的人工检查。不同类型的缓解措施可以降低风险发生频率(如通过彻底避免风险的发生),或使风险的严重性最小化(如通过快速联锁装置来迅速停止辐射)。

表9-13所示是一个关于"电离辐射"相关危害分析(而非失效模式与影响分析)的例子,其中包括潜在危害以及在特定情况下被认为适用的潜在缓解方法。在这个例子中,仅采用了协议方法,而没有引入额外的传感器或联锁装置。这样的措施是否足够?

表9-13　电离辐射危害示例

编号	危害	原因	子系统		风险评分				缓解措施	验证方法
			成像	束流输运	严重性	可能性	避免	风险评分		
1	非必要的照射	成像失败期间的呼吸门控界面	Y	N	4	3	1	12/I	在监控器上观察呼吸信号(操作程序); 使用移动体模进行常规质量保证(操作程序); 执行开启和关闭呼吸门控系统的成像(操作程序)	测试计划,以验证缓解措施是否有效

注:① 子系统标记为"Y"代表影像系统,而"N"则代表束流传递系统。

② 风险评分是根据严重性和发生概率的乘积来计算的,例如此处所示的风险评分为12分(严重性评分4乘以概率评分3)。

③ 缓解措施列出了3个具体的操作协议作为缓解措施。

④ 验证方法列说明如何通过一个测试计划来确认缓解措施的有效性。

9.7.2　缓解类型

Grout(2006)提出了3种应对风险的策略。

(1) 使风险变得不可能发生(例如,设计一个圆形孔,只有圆形销才能适配)。

(2) 使错误易于发现(配备适当的仪器和清晰的显示)。

(3) 构建一个具有故障安全特性的设计(具备自我检测和/或自我响应功能。例如,一个通常处于开启状态的继电器)。

在本报告所使用的术语中,降低风险的严重性和发生概率至关重要,后者有时可以通过提升问题可检测性来实现。一个实际的挑战是,我们是否能够,甚至是否需要解决所有已识别的风险。然而，这3种方法并没有完全阐释如何将这些缓解措施应用于放射治疗束流的传递，这将在后续部分进行讨论。如果我们专注于这3种方法，我们可以观察到以下对应关系：防止错误的发生（故障模式1号）对应于降低故障模式的发生概率；使错误易于发现（故障模式2号）与提高可检测性相关；而故障安全设计（故障模式3号）则将特定事件的发生概率降至零（假定故障安全设计具有100%的安全概率）。

通常认为上述第一种策略是最强有力的预防措施，与唐纳德·诺曼的设计原则中的“可供性”相对应，即一种设计或功能，使得设备不可能以错误的方式使用（Barcellos-Hoff，2001）。有时，临床用户可以通过软件或流程设计引入强制功能，但更多时候，这种“防弹”设计对临床用户来说并不可行。特别是在放射治疗的束流传递中，这种方法根本不可能实现。处方剂量的传递基于测量，而测量本身具有固有的误差。我们无法阻止给予过量或不足的剂量，但可以检测到所需剂量接近或刚刚超出目标，并能够及时或具有前瞻性地启动关闭束流的过程，确保交付的剂量在所需的容差范围内。这与阻止错误剂量的输出不同，而是在剂量接近目标时迅速做出反应，这可能更接近第二种策略。

上述第二种策略是使错误易于发现，这在临床上非常常见。放射肿瘤学中的质量保证结构本质上是一种使错误易于发现的方式。例如，通过在患者治疗前测量束流，或由医学物理师和放射治疗师对治疗计划进行独立检查来实现。这种质量保证措施在1994年AAPM第40工作组和许多其他组织推荐中得到倡导。最近的研究试图确定这些各种质量控制检查中哪些最有效。这项研究揭示了一些有趣的模式，例如物理图表检查的高效性和治疗前计划测量的低效性，但仍需进一步研究。

上述列出的缓解策略分类并非全面，没有提及一些经常出现的主题，例如，为员工提供持续的培训和教育的必要性，或设立与临床工作量相匹配的人员配置。这些问题并不完全适合于Grout等人的设计框架，但它们在减少错误方面的效用是显而易见的。建立一个积极主动的质量管理计划的更一般问题包括提升安全文化和内部审查的许多要素，这些都可以导向有效的缓解策略。

在接下来的章节中，我们将进一步细化缓解策略。

（1）通过协议和沟通进行缓解：这是一个尝试通过基于人的信息和程序来防止危害的类别。

(2) 通过质量保证进行缓解：这是一个试图通过定期测量来可视化系统问题的类别。这些测量在不同的时间间隔进行。对发现的问题的反应必须在设计和/或协议中确定并实施。

(3) 通过设备安全设计进行缓解：这是一个尝试通过特定的设计实施或测量能力以及结束危害源的方法来防止或(如果不可能)最小化危害的类别。

(4) 通过协议和沟通进行缓解：设施工作人员对确保安全过程的最大影响是对内部设施流程的影响以及分配给这些流程中参与人员的角色。更好地理解在没有适当过程缓解措施的情况下可能出现的错误，可能有助于激励员工参与这些缓解措施，这可以导致错误数量和严重性的减少。

9.7.2.1　培训

国际原子能机构长期以来一直在收集关于辐射事故的信息并分析其背景。在一份关于放射治疗意外曝光的安全报告中，展示了事故最常见的来源之一与机构中的人员有关，即缺乏教育和沟通。

人员的教育和培训，这里的教育主要涉及与专用系统的工作培训，包括机构和供应商的适当培训。机构必须确保团队的所有成员在不同领域接受培训。

(1) 定期培训内部规定：这通常包括设施的所有安全规定，以及辐射防护规定和数据隐私等规定，还包括所有现有的标准操作程序(SOPs)。

(2) 定期培训专用于放射治疗的系统：这可能包括供应商，但通常由机构直接通过培训师培训的方法进行。它包括如何使用新系统的基本指导，以及系统更改或更新的信息。还应该向用户介绍产品的预期用途。

(3) 工作中的常规持续培训：这包括所有类型的教学活动，如不同主题的教学课程、定期研讨会或专业化的高级课程。

对系统的恰当培训通常不仅需要理论知识，还需要在系统上的实际操作培训，这需要额外的资源，即适当的文档材料。这些材料可能不完全由供应商提供，部分可能由机构提供(如果需要遵循特殊程序)。需要注意的是，所有相关文档应以用户机构的母语提供(有时需要多个版本的文档)。

内部规定的培训起着特殊的作用，因为它包括为缓解设施中的某些风险而实施的所有规定。如果风险分析团队得出一些新的结论，就必须包括额外的规定。因此，需要记录人员的参与，作为缓解措施已成功实现的证明。

9.7.2.2　关于机构内安全相关问题的沟通

另一个高优先级的因素应该是机构内的沟通结构。对于人员来说，了解机构的安全和质量理念、某些程序的背景、标准操作程序或规定，并了解系统的实际状态及其周围的活动至关重要。适当的沟通结构还必须确保信息的正确流动，以便所有相关信息能够传达给负责人员。坚实的安全文化促进了对可能的危害和其他问题给出的常规报告，这有助于期望的沟通流程。下面给出一些示例来说明这一点。

系统的供应商可能会被告知另一家机构的事故，并得出必须发出产品警告的结论。这是供应商的一项规定，所有这个系统的用户都必须遵循，以减少重复这个错误的风险。此类产品警告通常发送给机构中的单一联系人（如医学物理部门的负责人或监管人员）。这位联系人必须确保将此信息正确分发给机构中的所有相关组，如果需要对临床工作流程进行更改或对内部规定进行补充的话，还可能会启动内部讨论。

另一个例子是治疗计划系统的供应商的软件更新，这个更新刚刚安装在治疗计划（TP）计算机上。此更新可能包括错误修复，并在某些特殊情况下导致剂量分布的变化。在这种情况下，重要的是不仅要通知医学物理团队内在改进，还要通知放射肿瘤医师，以确保他们意识到这些变化并且可以接受它们。也许还需要在专门的培训会议上演示这些变化并讨论可能对剂量分布产生的影响。

为了确保信息流动的正确，定期为参与不同任务的各个群体举行专门会议是有益的，相关信息在如下会议中被分发。

（1）一般医学物理会议。

（2）涉及物理和医务人员的治疗计划会议。

（3）涉及医务人员和医学物理人员的临床会议。

（4）加速器人员、技术人员和物理学家参加的技术会议。

（5）涉及设施内所有小组的团队会议。

9.7.3 通过质量保证进行缓解

并非束流的要求标准和传输过程的每个方面都可以在治疗过程前或期间进行验证。明确定义应测量的类型和适当频率的策略是绝对必要的。一种可能的方法是遵循如 AAPMTG142 等共识报告中确定的质量保证步骤，但即便这样的报告也指出，每个放疗设施都有些许不同，工作人员必须确定适合本设施的适当程序。第 9.9 节将更详细地讨论这一点。

在粒子放疗中，主要有两种束流传递模式：一种是束扫描，另一种是束扩散。在每种情况下,都有一些重要的束流参数,这些参数将影响质量保证测量及其频率。

9.7.4　通过设备设计进行缓解

不应期望设施中的所有员工都理解放疗系统中的所有详细安全缓解措施。本报告的一个目的是提供一些背景信息,以便在需要时让读者能够提出问题。

以汽车为例,故障模式也可能取决于所考虑的汽车类型。例如,捷豹(Jaguar)的电路短路发生概率非常高,而大众(Volkswagen)则非常低。同样地,"倒车碰撞"事故的发生率对于轿车可能较低,但对于后视能力有限的小型货车则非常高。可能需要为每个汽车品牌和型号设置单独的表格条目。同样地,每个放疗部门和设备类型的分析也会有所不同。

基本上有两个关键任务需要关注。首先,设备中的某个装置必须被正确设置;其次,该装置的设置值需要以一定的精确度进行测量。根据这个装置设置不当可能带来的风险程度,可能需要额外的冗余方法来确保装置的设置是正确的。此外,还可能需要实现"功能冗余",也就是通过额外的测量来确保所需的功能已经正确执行。例如,如果目标是提供恰当且准确的剂量,那么就需要使用剂量监测室来确保这一点。有人可能会认为,只要知道加速器输出到患者的束流能量和电荷,或者已经应用的设置,这些信息就足以确保剂量的准确性。虽然这种观点有一定道理,但根据标准做法,仍然需要使用冗余的监测室来提供额外的保障,这在图 9－9 中有展示。

在放疗过程中,人为因素引入了相当的不确定性,因为每个人都可能犯错,从而在治疗的各个阶段带来风险。然而,将所有责任推给机器并不一定合适;相反,需要进行风险分析。限制人为风险的一种有效方法是为关键流程定义标准操作程序(SOPs)。这些标准操作程序不仅包括质量保证和质量控制的程序,也涵盖了临床工作流程的重要部分。例如,每日的设备校准监测就是一个至关重要的质量控制环节,因为它直接关系到当天给予所有患者的剂量准确性。这通常包括体模设置、剂量测量和必要的分析步骤。每个步骤都需要专业知识来正确执行,而执行不当可能会引入不易察觉的错误。新团队成员的加入尤其容易引发问题。

为了消除测量过程中的任何模糊性,制定一个清晰的标准操作程序至关重要。它应被视为一个动态的工作文档,需要不断地收集使用标准操作程序

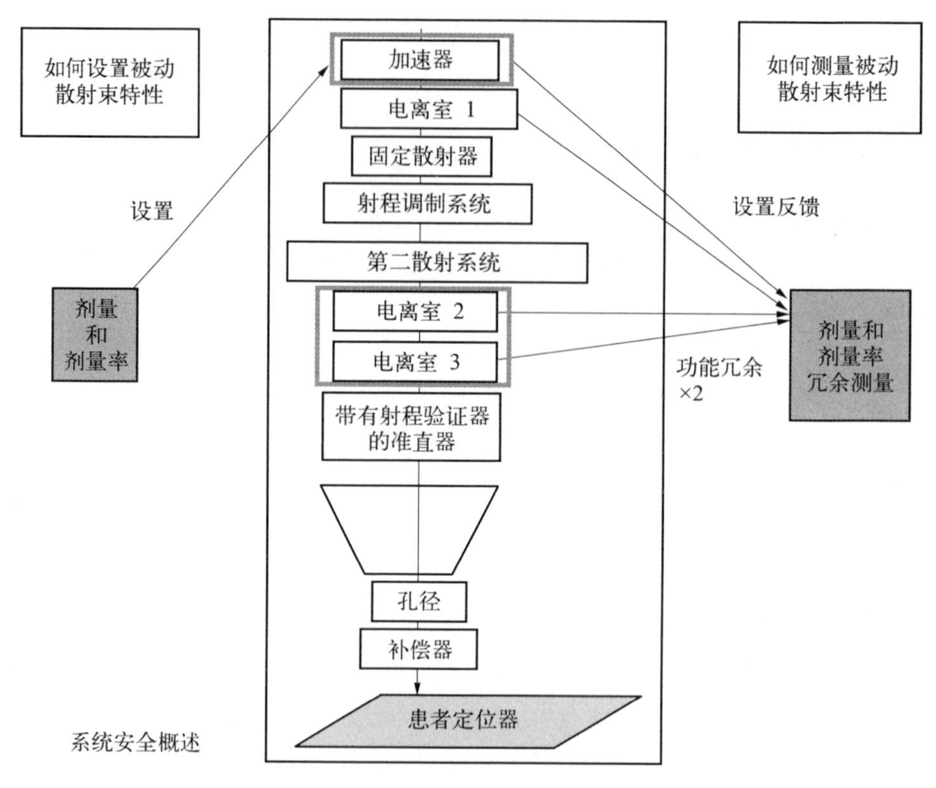

图 9-9 设置和功能是如何被双重冗余监控的示例

团队的反馈，并整合新的观点或建议以实现持续改进。对标准操作程序改进的一个宝贵资源是新员工在接受系统培训过程中的反馈。

尽管编写标准操作程序可能是一项令人望而却步的任务，但它们一旦建立，其价值就会迅速显现。

(1) 它使程序执行更加直接，减少了错误的发生。

(2) 它允许更多团队成员参与原本只有专家才能处理的程序中，可更有效地利用资源。

(3) 对于团队所有成员而言，标准操作程序是极其宝贵的资源，它们缩短了学习曲线。

(4) 在风险分析中，对流程进行清晰地描述至关重要。

一个临床程序标准操作程序的典型例子是患者的设置，这在整个治疗过程中至关重要，尤其是当使用图像引导技术时，它可能是一个相对复杂的程序。X 射线成像系统、患者定位设备、匹配算法和位置修正策略都为精确度提供了可能性,但也允许许多小偏差影响最终结果。在这里,标准操作程序的目标不是提供设置患者的"最佳"方式,而是提供一个对所有患者都一致的"标准"方式。只有定义了标准,我们才能开始分析不同程序并尝试改进过程。同样,标准操作程序往往是风险分析的结果,目的是减轻由于流程不清晰或定义不明确而引起的风险。

然而,重要的是要避免过度使用标准操作程序和其他规章制度,并将它们限制在那些真正需要它们的程序中。否则,团队成员可能会感到他们不再需要负责任或思考他们正在执行的过程,这在任何情况下其效果都是适得其反的。

9.7.5 缓解措施实施实例:高速公路安全

基于这些背景知识,我们现在转向一个实例,以展示错误缓解在实践中的发展。我们考虑第 9.5 节(见表 9-6)中讨论的汽车安全示例。虽然这个例子有些人为设计的成分,但它阐明了一些重要的观点。

作为 1970 年代初国家公路交通安全管理局(NHTSA)的官员,已经使用失效模式与影响分析完成了汽车安全的全面评估。结果显示,一些最高风险的故障模式包括倒车碰撞(RPN=125)和在黑暗道路上超速行驶引起的碰撞(RPN=50)。相关官员决定采取缓解策略来解决这些问题。

第一个原则,让我们考虑哪些措施不会起作用。例如可以开展公关活动,提醒人们在道路上慢行,遵守速度限制,并在倒车时注意周围环境,也可以分发传单、播放广告来提高人们的意识。然而,这可能是徒劳的。这违反了数十年的事故调查结果,这些调查表明,提醒之类的措施几乎完全无效。发送提醒的想法看似合理,这是临床实践中常用的错误缓解方式,实际效果很有限。

经过更仔细地反思上述讨论的缓解原则,相关部门可能会尝试采用第二个原则,即使参与者更容易察觉到不安全的情况。可以尝试通过重新设计速度表来降低高速公路上汽车的速度。一个最高速度为 85 mile[①]/h 的速度表将更明显地提醒司机他们的速度。在速度为 55 mile/h 时,指针已经过了一半的范围(事实上,这正是 NHTSA 在 1979 年所做的,直到 1981 年由于消费者的强烈反对而取消了这一要求)。

作为第二种方法,相关部门可能会尝试建立一个失败安全(或安全设计),

① 1 mile(英里)=1 609.344 m。

也就是说，尝试在碰撞发生时限制伤害。这是上述的第三个原则。相关部门可能会要求汽车配备安全带，正如 1968 年所做的那样，但很快会意识到许多人不系安全带。与其发起又一次失败的公关活动，不如考虑要求配备安全气囊(这正是 NHTSA 在 1994 年对驾驶员一侧、在 1998 年对乘客一侧也所做的)。这种安全设计策略也是汽车中越来越多的辅助系统的基础，例如在靠近其他汽车时自动降低速度。最终实现可能是在自动驾驶汽车中，这种汽车越来越接近市场。虽然这可能会减轻人类驾驶者因倒车碰撞的负担，但它是否更安全？如果确实更安全，也许是因为自动驾驶汽车的性质所必需的安全措施，而这些设备是否同样有助于人类驾驶者？

实际上，如上所述，我们需要进行更详细的分析才能在这个问题上取得进展。需要了解为什么会在黑暗的道路上发生碰撞：哪些道路、在什么条件下等容易发生事故？假设一个重要问题是司机在某些道路段与停放的汽车发生碰撞，我们可能会安装更多的路灯(使危险更明显)或安装减速带(使驾驶员更明显地感知到自己的速度)。在倒车碰撞的情况下，可能会在最有风险的车辆(如小型货车)上安装近距离传感器或后视摄像头。细节很快变得重要，但如同在医疗保健中一样，细节对于制定有效的缓解策略至关重要。

9.8 患者治疗工作流程

在患者治疗的每一个环节中，我们必须将安全作为一条不可动摇的原则。安全性的保障不仅依赖于医疗机器的性能，还依赖于医疗团队的协作、治疗流程的合理性以及整个支持系统的有效性。放射治疗是一项跨学科的复杂活动，其安全性需要通过综合的风险评估和缓解措施来确保。在进行任何正式的风险分析之前，我们必须首先确保分析的背景和前提是准确和全面的。

我们应当全面地识别和理解涉及治疗患者的所有流程，这些流程不应仅仅局限于与放射治疗设备直接相关的机械和软件问题，而应包括从治疗前的准备工作到治疗后的跟踪管理在内的整个治疗链。在进行风险分析时，我们假设参与分析的专业人员对放射治疗领域有深刻的认识，并且具备开展此类分析的必要技能和经验。

此外，我们的分析还应包括对放射治疗设备使用前所需执行的活动的评估，以及对与放射治疗机相连的其他设备的考虑，确保它们在整个治疗过程中的兼容性和协同作用。通过这种全面、系统的方法，我们可以为患者提供更安全、更有效的治疗方案。

约翰·霍普金斯医学院已经应用失效模式与影响分析方法来增强他们流程的安全性。以下是来自约翰·霍普金斯医学院的报道摘录："我们的过程极其复杂，从患者到达进行咨询到治疗，几乎包含了300个步骤。在这些点之间有多个子流程，如模拟治疗或肿瘤轮廓描绘。如果你坐下来等待错误在数百个步骤中的任何一个发生，然后尝试阻止同一个错误重复发生，期望这样做会有效是不现实的。下一个错误很可能在不同的步骤或以不同的方式发生。我们转向失效模式与影响分析来帮助我们系统地查看这些潜在错误。"虽然本报告并不旨在提供一个固定不变的工作流程，但它确实识别了临床工作流程中的关键考虑因素，这些因素可以指导读者构建一个可能的工作流程场景，并根据个人需求进行调整和开发。

治疗过程通常包含至少5个主要步骤，这些步骤构成了治疗工作的基础框架，内容如下。

(1) 咨询：与患者进行初步沟通，了解病情和治疗需求。

(2) 模拟：使用影像技术模拟治疗过程，为精确治疗提供依据。

(3) 治疗计划：根据模拟结果，制订个性化的治疗计划。

(4) 物理质量保证：确保治疗设备和计划的准确性和安全性。

(5) 患者治疗：执行治疗计划，包括以下两个子步骤：① 人员行动(医疗团队的协调和操作)；② 机器行动(治疗设备的精确执行)。

在某些情况下，上述步骤可能会有所调整。例如，步骤(2)和(3)可以合并为一个综合性步骤，涵盖影像获取、治疗规划和模拟定位。此外，随访可以作为一个额外的步骤加入整个流程中，以监测治疗效果和患者的恢复情况。

整个治疗流程可以视作一个图表以不同的形式呈现。它可以是一个按时间顺序排列的步骤列表，清晰展示治疗的每个阶段；或者是一个包含决策点和控制流程的流程图，详细描绘治疗过程中的逻辑关系和决策路径。

粒子治疗作为一种先进的医疗技术，其传递过程的复杂性为潜在错误提供了肥沃的土壤。正如美国卫生保健质量委员会在"人非圣贤，孰能无过：构建更安全的卫生系统"的报告中所强调的，医疗界有责任在每一次接触中为每位患者提供最高质量的护理。粒子治疗在挽救生命方面具有巨大潜力，但同样，一旦发生错误，也可能带来严重后果。

在医疗保健领域，高可靠性组织(High Reliability Organization, HRO)是

指那些通过精心设计的系统减少故障发生，并在不可避免的故障发生时能够迅速有效地响应的组织。这些组织成功的一个关键因素是它们拥有强大的安全文化。安全文化与高可靠性之间的密切关系已被广泛认可，并且可以通过医疗保健研究与质量机构(Agency for Healthcare Research and Quality, AHRQ)的“患者安全文化调查问卷”来衡量。

AHRQ 的调查涵盖了 12 个关键的组织属性，这些属性为构建和维护强大的安全文化提供了一个框架，内容如下。

(1) 沟通开放性：鼓励开放和诚实的沟通，特别是在讨论错误和潜在风险时。

(2) 关于错误的反馈和沟通：确保及时反馈错误，并与相关人员进行有效沟通。

(3) 事件报告的频率：促进事件报告的常态化，以识别和学习潜在问题。

(4) 交接和过渡：确保在不同团队或班次之间的顺畅交接。

(5) 管理层对患者安全的支持：管理层应积极支持并参与患者安全相关的活动。

(6) 对错误的非惩罚性回应：创建一个非惩罚性的文化，鼓励报告错误并从中学习。

(7) 组织学习并持续改进：将错误视为学习和改进的机会。

(8) 对患者安全的整体感知：在整个组织中培养对患者安全的高度关注。

(9) 人员配备：确保有足够的合格人员来提供高质量的医疗服务。

(10) 监管者/经理期望和促进安全的行动：监管者和经理应通过行动展示对安全的承诺。

(11) 部门间的团队合作：促进不同部门之间的协作，以提高整体的患者安全。

(12) 单位内部的团队合作：加强团队内部的合作，确保每个成员都能为患者安全做出贡献。

这些属性不仅为组织提供了一个评估和改进安全文化的基准，而且也是实现高可靠性的关键。通过持续的努力和对这些属性的关注，粒子治疗和其他医疗服务的提供者可以朝着创建一个更安全、更可靠的医疗环境迈进。

9.8.1 咨询过程

粒子治疗咨询的初步步骤：粒子治疗的咨询过程应遵循与光子放射肿瘤

学及其他医学专业相似的标准。通常，这一流程始于转诊医师或患者/患者代表的请求，目的是评估粒子治疗的适宜性和医疗必要性。医师将进行一系列标准评估，包括病史收集、体格检查，以及病理报告和影像学诊断等客观数据的审核。在做出粒子治疗的医疗必要性和适宜性决策之前，医师可能会要求进行额外的检查。

放射治疗决策中的关键评估因素：放射治疗决策中必须评估的因素已被多次尝试定义，这些因素辅助医师判断放射治疗的必要性和适宜性，并可用于制定质量指标（QI）。这些质量指标在治疗开始前进行同行评审或病历检查时至关重要。例如，在癌症治疗中，许多机构要求在开始放射治疗前必须有癌症诊断的文件证明，病历中癌症病理报告的存在可以作为质量指标度量标准。

疾病和患者特定因素的考量：这些评估因素通常包括但不限于① 疾病的类型和程度（如癌症患者的分期），这有助于医师判断治疗是姑息性还是治愈性的；② 患者因素，如存在增加放射毒性风险的条件（如硬皮病和其他结缔组织疾病）；③ 与治疗相关的因素，如先前的放疗和使用增加风险的化疗药物；④ 可能禁忌或复杂化治疗的因素（如妊娠、心脏装置的存在、高原子序数材料的存在）以及患者偏好。这些因素应根据疾病的具体情况进行调整，并在粒子治疗与光子治疗比较时予以考虑。

咨询工作流程中的沟通挑战：咨询工作流程中的一个重大薄弱环节与AHRQ 安全文化调查中的沟通开放性和交接/过渡属性有关，尤其是在咨询过程前和期间未能完全收集所需信息。为此，使用并开发标准表格以确保收集必要信息是有益的。这些表格包括咨询前数据收集表、病史表、标准化体格检查表、基线患者报告的结果量表以及治疗前或模拟前核对表。

医师技能与治疗建议的精确性：在收集数据、患者面谈和检查以及数据审查之后，医师需要制定治疗建议，包括处方。医师的技能水平和整体实践质量是治疗建议制定过程中的一个关键脆弱点。医师对基于证据的治疗标准如 NCCN 指南的熟悉度，对确保治疗建议的科学性和准确性至关重要。此外，医师的专业资格认证、资格认证的维持以及实践认证，都是确保治疗质量的关键因素。

多学科协作的重要性：在制定治疗建议后，医师必须及时完成病历记录，并与其他专科的同事在多模式环境中讨论治疗方案。这种多学科讨论为治疗建议的适当性提供了另一层检查，并有助于提高治疗决策的全面性和准确性。

患者教育与沟通：咨询过程的关键部分是与患者进行完整且易于理解的

治疗建议讨论。这应包括讨论各种治疗选项(如手术、化疗和放疗)以及粒子治疗的信息及其与其他放射治疗形式的区别。标准化的患者信息指南,包括在线文档或视频,通常有助于促进与患者及其他护理人员的讨论。

流程图与风险评估工具的应用:流程图为治疗建议制定过程提供了图形化表示,有助于识别薄弱环节并采取缓解措施。此外,失效模式与影响分析等风险评估工具可用于识别和减轻潜在的治疗风险,如表 9-14 所示。

表 9-14 关于叙述的失效模式与影响分析示例

步 骤	故障模式	严重性	发生概率	缓 解 措 施
制订治疗计划	未包括癌症病理报告	高	低	执行标准评估; 创建检查表和/或辅助图表; 检查(或软件)
制订治疗计划	未使用现有临床试验	主观	中等	与同事讨论推荐

9.8.2 模拟

目前,基于 CT 的三维成像已成为放射治疗模拟的常规标准。尽管缺少直接的前瞻性一级数据来证明其对患者护理的具体影响,但已有研究指出,这种基于 CT 的模拟技术对患者的治疗结果产生了显著的正面影响。

获取患者同意作为模拟过程的首要步骤,必须进行详尽的讨论,包括程序的具体细节以及治疗的潜在风险和益处。在同意讨论期间,患者应获得口头和书面的全面指导。这可能涉及固定设备的准备,比如使用直肠球囊,或是在进行静脉注射对比剂前需注意的口服摄入限制。

在获得患者同意之后,医师将迅速而准确地下达医嘱,其中详细说明了 CT 模拟的关键参数,这是确保模拟过程顺利进行的必要条件。这些参数包括确定补充成像方式如 MRI 或 PET 以供图像融合、对比剂的使用来清晰界定靶体积(在肺癌病例中识别纵隔淋巴结尤为关键)、靶区运动的评估、患者的具体体位以及为确保模拟精度所需的固定装置信息。然而,对比剂的使用在粒子治疗计划的制订中也可能带来挑战,如不正确的校准曲线可能导致问题。此外,在某些情况下可能需使用专门设计的固定装置来满足粒子治疗的特殊要求。在整个模拟工作流程中，确保医嘱的准确性和精确传达至关重要，这与AHRQ调查所强调的沟通和交接的质量密切相关，尤其是在满足粒子治疗计划的精细需求时。为了提高传达的准确性，采用带有下拉菜单选项的电子模板是一种理想选择，它有助于避免误差并确保信息的无误传递。此外，医嘱的准确性和及时性是开发质量指标的关键点，这些指标将有助于持续提升模拟工作流程的质量。

患者模拟的安排及之后的治疗启动标志着模拟过程的下一关键步骤。然而，这一环节存在一个潜在的脆弱点：相较于传统放射治疗，复杂的治疗计划可能耗费更多时间。为此，制定一个包含明确时间节点的标准化工作流程图，对于监控治疗计划的制订和治疗的及时启动至关重要。此外，基于从初次咨询到模拟，再到首次治疗的时间节点，开发和监控质量指标是提高效率和确保及时性的有效手段。随着对粒子治疗的深入理解和应用的增加，将效率融入模拟和治疗计划过程，使之与光子治疗过程相媲美，显得尤为关键。遵循这些质量指标，将有助于优化整个流程。

在模拟过程中，医师将为粒子治疗制定处方，这一步骤最好在实际模拟之前完成，因为这些处方信息对于物理师、放射治疗师和剂量师在模拟过程至关重要。处方参数的准确传达极为重要，它包括靶区位置、总剂量、分割次数、能量、治疗模式、靶区覆盖的剂量参数，以及对危及器官（OAR）的剂量限制。然而，模拟工作流程中的另一个脆弱环节是医师处方的准确性和精确性，这与AHRQ调查所强调的沟通和交接属性密切相关。采用带有下拉菜单选项的电子模板，类似于模拟医嘱中所使用的，可以显著提高医师处方的准确性和传达效率。

在模拟过程的这一环节中，医师对危及器官的剂量限制以及靶体积的可接受剂量的熟悉程度构成了另一个潜在的薄弱环节。幸运的是，基于证据的剂量标准正在逐步形成，为标准医师处方模板提供了宝贵的数据支持。此外，强制使用危及器官和靶体积的标准命名，有望显著减少沟通误差，特别是在粒子治疗中，高线性能量传递（LET）的能量沉积范围和位置的不确定性，对剂量参数的选择有直接的影响。

模拟过程还为医师提供了一个关键机会，用以判断治疗计划过程中是否需要额外的专门服务。这可能包括但不限于特殊物理咨询，以处理先前放射治疗区域的重叠问题、图像融合的保真度评估、心脏设备的耐受极限审查，以及与光子治疗计划的比较分析。在这一过程中，特殊物理咨询的使用差异是一个薄弱点，而核对表的再次运用将辅助医师识别出需要此类咨询的情况。

在模拟阶段，患者将根据医师与物理师、剂量师以及放射治疗师的共同协商被固定在适当的位置。随后进行的CT扫描将由专业人员审核，并确定等中心点。在粒子治疗中，三维CT扫描因其对肿瘤运动的高敏感性而成为常规选择，要求物理师对呼吸运动的一致性和可重复性进行评估。此外，运动管理设备的使用可能会增加模拟过程的复杂性。在特定临床需求下，医师可能需要将CT扫描与MR或18FDGPET扫描进行融合，以更精确地描绘靶区或正常组织，此时保持患者定位的一致性至关重要。患者定位误差的控制是MR和PET扫描中的一个薄弱环节，它可能影响到图像配准的准确性，进而影响靶区和危及器官的精确勾画。

模拟过程的最终环节是靶体积和危及器官勾画，这一步骤可能带来治疗计划过程中最大的不确定性。已有研究明确指出了靶区和危及器官勾画中存在的医师间的变异性。这种勾画上的差异在粒子治疗中尤为突出，已成为一个重大挑战和薄弱环节。目前，靶点和危及器官轮廓的标准化和自动化方法正在快速发展，并有望在不久的将来成为常规临床实践的一部分。

如图9-10所示，我们可以直观地理解与成像相关的流程图。这张流程图不仅仅是一个简单的步骤列表，它通过决策分支展示了分析潜在问题后果所需的详细程度。图中未包含的内容，如决策元素失败的结果，将在分析部分进行单独讨论，这可能涉及冗余和适当检测的问题。

9.8.3 治疗计划的制订

治疗计划的制订在不同医疗机构间可能有所差异，这些差异可能源于个人偏好或特定系统的应用。放射肿瘤学历史上的错误研究指出，治疗计划是医疗风险较高的环节之一（尽管相关数据并不全面，但这一点不容忽视）。治疗计划中的错误可能影响患者整个治疗过程的质量和安全。值得注意的是，尽管粒子治疗与光子治疗在错误发生途径上有许多共通之处，但粒子治疗，尤其是质子治疗，也有其特有问题，如CT成像方案、剂量处方的准确性、射程的不确定性以及治疗过程中的移动管理。

鉴于治疗计划系统的复杂性及其多样化的应用方式，确立一套标准化的受控工作流程至关重要，这些流程通常也会记录在标准操作程序中。同时，对用户进行系统的培训同样不可或缺。制造商通常会向一些专家用户提供专业培训，这些专家随后将根据各自机构的工作流程，对更广泛的用户群体进行进

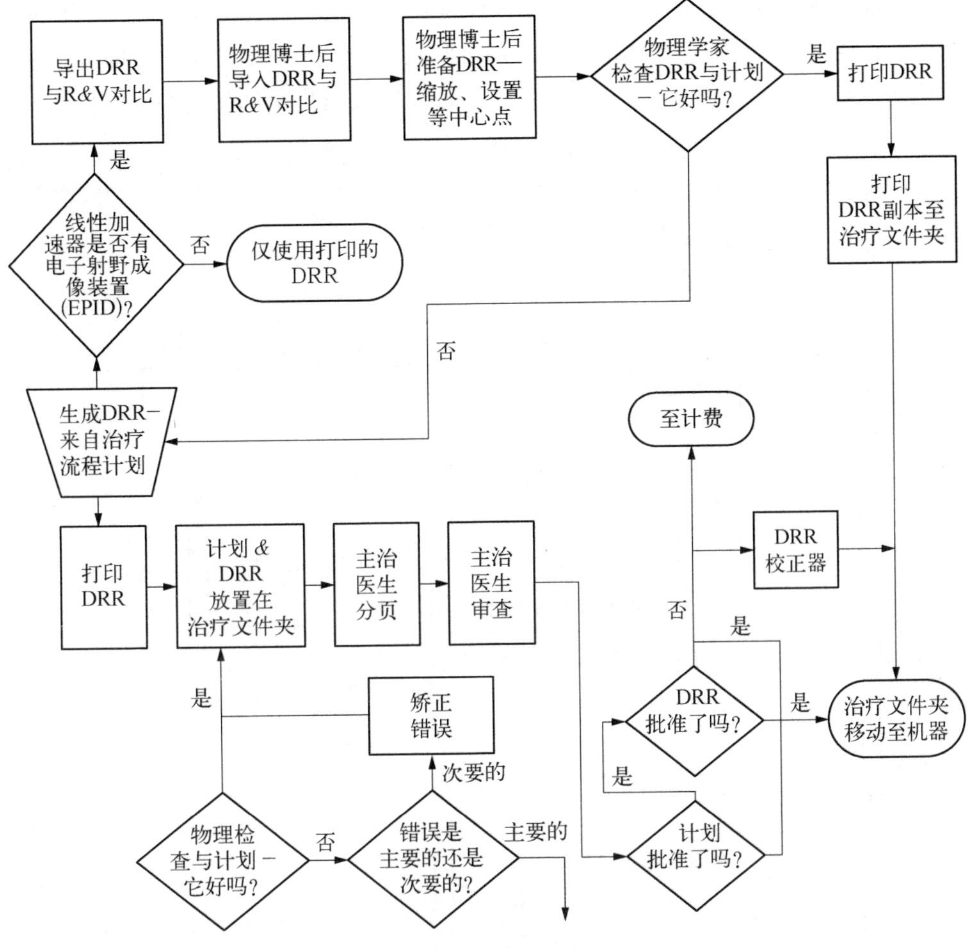

图 9－10　数字重建放射影像导出流程图

一步培训。此外，软件权限的配置在治疗计划过程中尤为关键，特别是对于治疗参数批准、处方制定或治疗计划的调整等步骤，应根据用户群体的不同进行精细化管理。这样做可以有效降低关键参数被不当更改的风险，例如靶区定义的准确性。国际原子能机构的报告《癌症放射治疗计算机计划系统的调试和质量保证》提供了一个全面的指导，是分析和优化治疗计划流程的良好起点。

9.8.4　治疗实施

治疗患者的流程是一项涉及众多相互依存功能的复杂任务。图 9－11 所展示的“用例”提供了这一过程的另一种视角。在这种图形表示法中，识别并定义了多个“角色”，每个“角色”指的是负责执行、启动和响应流程各环节的系统或个人。在图 9－11 中，我们使用了如下缩写来指代不同的角色。

(1) RTT：放射治疗技师(治疗师)。

(2) TCS：治疗控制系统。

(3) PVS：患者验证系统(校准系统)。

(4) MCS：运动控制系统。

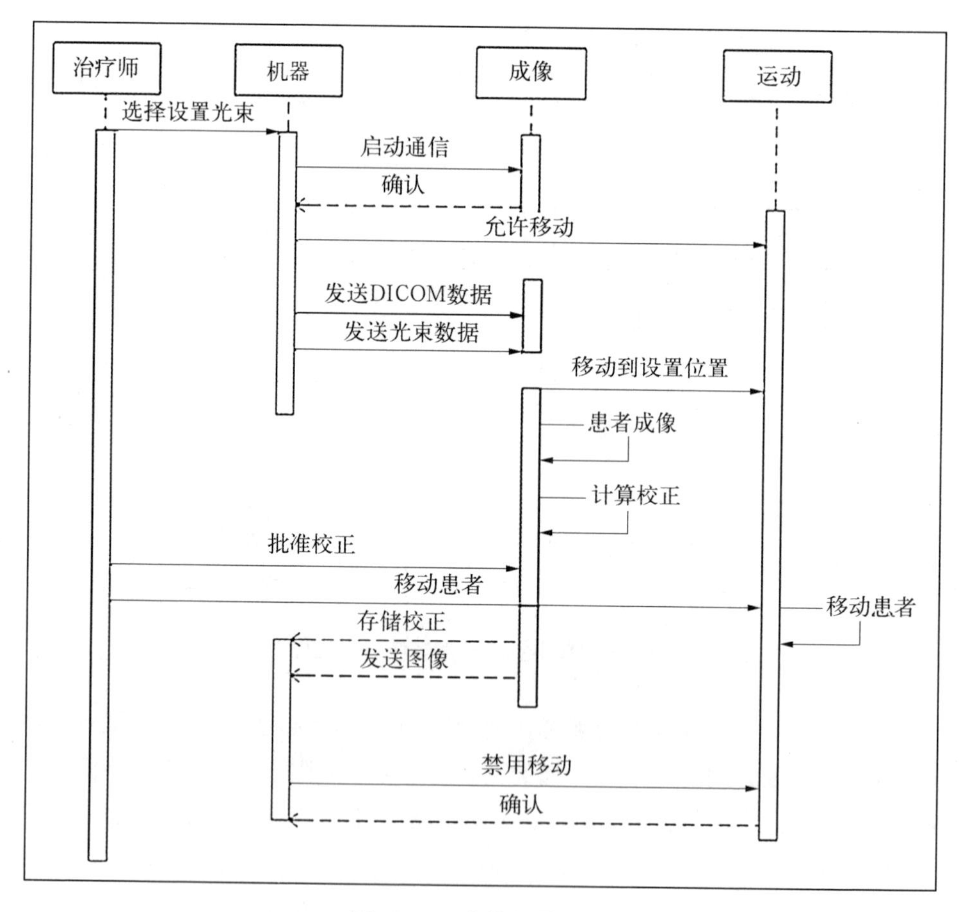

图 9－11　患者设置用例

图 9－11 仅展示了与患者“设置”直接相关的治疗部分，它呈现了一个特定情况下行动的分布，可能并不涵盖所有现有系统的实际应用。然而，它确实清晰地展示了在分布式功能中，信息传递是如何组织的。必须注意的是，分布

式功能带来了信息传输的需求，而信息传输本身可能成为潜在的错误来源。对于照射过程中的读取器系统，可以开发出一个连续进行的流程图，以进一步阐明这一过程。

9.9　质量保证的重要性和实施

在临床操作中，质量保证（QA）是确保流程正确性的关键环节。本报告特别强调了质量保证的详细实施，以体现其在提升临床服务质量中的基础性作用。质量管理体系的构建和执行，涵盖了对所有相关流程的质量保证措施。

质量保证的范畴广泛，包括了从核实患者病历的准确性到验证治疗设备的正确配置，再到对射线束的精确测量和相关设备的严格测试。这些关键环节必须在工作流程的每个步骤中得到明确识别和确认。

在质量保证的实施过程中，可能会遇到责任分配和功能界定的挑战。因此，将质量保证整合到质量管理体系中，并确保有指定的责任人来监督质量保证检查的执行，对于确保工作流程的顺畅和效率至关重要。

质量保证的定义涵盖了质量管理体系中所有必要的计划和系统化措施，以确保提供的产品或服务能够满足既定的质量标准。虽然报告的后续部分将专注于束流质量保证，但我们也必须认识到质量保证的其他方面，它们同样对提高临床服务的整体质量至关重要。

质量的概念不应局限于可量化的性能指标，如剂量的精确度。安全性，作为质量的一个重要组成部分，也必须得到充分的重视和保障。在临床环境中，安全和质量是相辅相成的，它们共同确保了医疗服务的高标准和患者的福祉。

9.9.1　束流质量保证

在放射治疗领域，束流质量保证是确保治疗设备能够精确输出患者所需剂量参数的一系列必要程序。对于放射治疗系统而言，束流质量保证包含从系统验收测试、临床调试到持续的质量控制（QC）的全过程，这不仅关乎设备的性能，也涉及临床应用的准确性和一致性。

将束流质量保证视为一种错误缓解方案是至关重要的，它能够识别和应对系统中可能存在的潜在故障模式。通过这种前瞻性的质量管理，我们可以确保治疗的安全性，最大限度地减少错误发生的风险。

特别是，安全相关的质量保证措施是不可或缺的，它们构成了患者安全保护网的一部分。通过这些措施，我们可以提前发现问题，及时采取措施，从而保障治疗过程的安全性和有效性。因此，束流质量保证不仅是技术层面的保障，更是对患者安全承诺的体现。

在质量保证的领域内，我们可以明确区分两个核心分支：机器质量保证和临床质量保证，如图 9－12 所示。

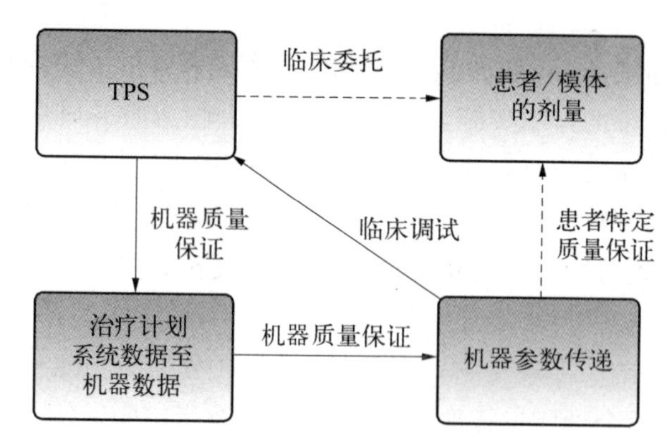

图 9－12　质量保证的各个方面

机器质量保证的核心任务是对质子治疗系统（PTS）进行严格验证，确保其产生的束流参数与治疗计划系统（TPS）所设计的剂量分布精确对应。例如，如果治疗计划需要一个具有 20 cm 射程的质子束，机器质量保证将确保 PTS 能够生成符合这一规格的质子束，且误差控制在可接受的范围内。

临床质量保证则专注于验证 TPS 中使用的束流参数是否确保了治疗计划所预测的剂量分布与实际治疗中的剂量分布相一致。这涉及对 TPS 内部算法的准确性进行确认，而不是单纯地检查机器产生的束流或参数传输的准确性。将准确的束流参数应用于临床治疗计划的过程称为“临床调试”，这一点与旨在优化机器性能的“机器调试”有所区别。

这两个环节都是全面委托流程的重要组成部分，该流程的目的是确立一套完整的操作程序、协议、指导方针和数据支持，以确保临床服务的顺利启动和运行，其中包括质量保证程序的开发与实施。

在质量保证的范畴内，测量扮演着至关重要的角色，它要求我们综合考虑多样化的要素。通过应用本节中讨论的分析技术，我们可以更科学地确定测量的必要性和执行频率。对设备各部分进行细致的测量，确保它们处于最佳工作状态，是一种标准的实践。但我们的终极目标是验证当所有组件协同工作时所提供的束流参数是否达到预期标准。通过专注于这些参数的测量，我们实际上是在关注剂量测量中与束流量直接相关的方面。

将剂量分布细化为如下 3 个核心类别，有助于我们更系统地识别质量保证过程中需要验证的系统组件。

（1）绝对剂量：指在既定条件下所测量的确切剂量值。

（2）剂量的相对分布：评估不同区域间剂量的相对变化情况。

（3）剂量分布的绝对位置：确保剂量分布精确对应于预定的治疗目标区域。

遵循这种逻辑，机器质量保证和患者质量保证可以明确定义如下。

机器质量保证是确保放射治疗系统能够持续产生与临床调试阶段一致的参数，这是对设备性能稳定性的常规检查。患者质量保证是针对特定患者的治疗计划进行验证，确保其输出与预期相符。当治疗计划包含新的规划特性或关键的机器参数组合时，患者质量保证尤为关键。在机器层面，患者质量保证的目的是确保机器能够精确实现治疗计划所预测的剂量分布。

通过这种结构化的方法，我们可以确保质量保证过程既全面又具有针对性，从而提升放射治疗的整体质量和安全性。

9.9.2　临床与机器参数

在深入分析技术之前，我们必须首先搜集能够促进工作流程的信息。这要求我们在最高层次上，根据前文定义，明确对“剂量分布”的 3 类基本要求。这些要求一旦被理解，我们便需要确定当不满足这些要求时可能产生的影响，以及相关的容差限度。在束流质量保证的背景下，一个特定的参数，如束流射程，可能会有明确的容差范围，如±0.5 mm。然而，在临床流程的其他环节，如 CT 图像的运用，可能只涉及正确与错误的判断。需要指出的是，对 CT 图像进行分析，包括将 CT 值转换为质子束的阻止本领，这一转换过程本身就带有不确定性。

图 9-13 描绘了两种主要的束流传递技术（散射束和扫描束）在剂量测量区域的应用情况。这直接关联到前文提及的剂量分布特征的分类。同时，存在多种束流扩散技术，这进一步强调了针对每种传输方法，识别关键参数以描述剂量分布特性的重要性。通过这种细致的分析，我们可以确保每种束流传递技术都能达到预期的临床效果，同时满足精确度和安全性的高标准。

在散射束情况下，我们识别了如下一系列关键参数，它们对于确保束流质

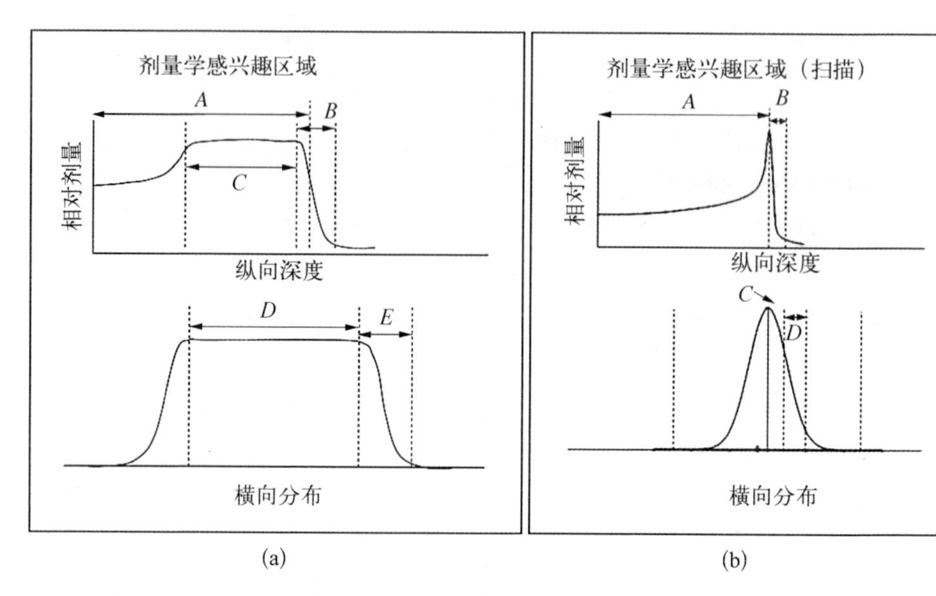

图 9-13　散射束和扫描束的剂量当量

(a) 散射束；(b) 扫描束

量至关重要。

(1) 扩展布拉格峰的范围：沿束流方向扩展布拉格峰的延伸程度。

(2) 侧向衰减与侧向半影：扩展布拉格峰在横向上的衰减特性及其边界区域。

(3) 扩展布拉格峰的横向宽度：影响治疗精度的关键横向尺寸。

(4) 横向剂量均匀性：扩展布拉格峰在横向上的分布一致性。

(5) 横向半影区：扩展布拉格峰横向衰减的过渡区域。

在扫描束情况下，由于束流未经特殊处理，以下参数成为我们关注的焦点。

(1) 原始布拉格峰的范围：沿束流方向未经调整的布拉格峰分布。

(2) 侧向衰减差异与侧向半影：在横向上的衰减不一致性及其影响。

(3) 束流质心的精确位置与稳定性：确保精确靶向治疗区域。

(4) 与束流尺寸和形状相关的横向半影：影响治疗边缘剂量分布的关键因素。

在治疗递送过程中，剂量与剂量监测器读数之间的关系是一个至关重要的参数，尤其在涉及旋转机架的治疗中，这一参数将在不同的位置和角度进行细致测量。

这些参数的准确定义对于理解束流特性至关重要，它们被治疗计划系统用于计算精确的剂量分布。同时，它们也是识别潜在误差的关键细分类型。

参数的定义需要明确且一致，例如，射程的定义位置、侧向衰减的测量方法等。此外，我们可能还需要考虑其他参数，如束流质心的形态特征，包括圆度和对称性，以确保治疗的精确性和质量。通过这种细致入微的参数控制，我们可以进一步提升治疗的质量和安全性。

本书术语汇编部分详细列出了在质量保证过程中可能测量的关键剂量束流参数。这些参数的识别对于理解临床束流参数的形成机制至关重要。例如，我们必须明确是否利用了磁聚焦元件来塑造束流的形态，或者是否存在物理调制设备在束流路径上进行调整。掌握了这些信息，我们便能确定生成临床束流所需的具体设备，进而识别出可作为质量保证程序一部分进行测量的相应设备参数。

在临床束流参数的测量过程中，使用外部仪器进行的测量与直接从设备状态获得的测量之间存在差异，这一点至关重要。在系统的试运行和调试阶段，通常会同时进行这两种类型的测量，目的是为了建立它们之间的校准关系和相互验证。

在采用双散射技术的例子中，对特定系统进行细致分析是至关重要的。以下是对系统进行评估的关键参数。

(1) 扩展布拉格峰(SOBP)的范围主要由最远端布拉格峰的位置所决定，同时近端峰也对总射程有所贡献。此射程主要受束流能量的影响。束流能量的变化受其经过的材料特性影响，包括散射装置、射程调制装置、真空到空气的转换装置、仪器材料等。

(2) 侧向衰减反映了束流能量的扩散情况，这包括初始能量的扩散以及束流穿过材料和到达靶目标时产生的射程歧离。

(3) 扩展布拉格峰的宽度是通过特定的调制设备，如范围调制轮或滤波器，将多个布拉格峰进行组合而形成的。

(4) 横向均匀性是由散射材料、准直器配置、气隙、源靶距离以及束流中心的精确对齐共同作用的结果。

(5) 横向半影则受准直器设计、气隙、有效光源大小以及材料和靶目标的多重散射效应的影响。

通过这些细致的分析，我们可以更好地理解束流参数的形成机制，并确保它们在临床应用中的准确性和一致性。这种系统化的方法为放射治疗的质量和安全性提供了坚实的基础。

在双散射技术的应用实例中，尽管每个系统都可进行详尽的个性化分析，但关键在于识别出与原始加速器和束线直接相关的基础参数：能量及其扩散。这两个要素构成了影响我们先前讨论的束流参数的基石。然而，它们与那些通常用于操控束流参数的要素存在差异。例如，我们并未在上述讨论中提及磁性弯曲偶极子。在某些系统中，这些偶极子通过其设置决定了将导向治疗室的束流能量，但它们的功能是选择能量而非调整能量。

对于扫描束流，由于其在传输过程中未经过修改，所应测量的参数与之前描述的一致。至关重要的补充考量是扫描系统对束流尺寸和定位的动态调整效果。一些系统在扫描过程中允许调整束流宽度，这与能量变化相结合，可能产生需要细致审查的多种参数组合。这些配置的联锁性质要求我们进行彻底的风险分析。

综上所述，临床束流参数与用于形成束流的设备紧密相关。明确这些设备不仅有助于我们开展故障模式分析，而且对于设计全面的质量保证程序至关重要。通过这种结构化的方法，我们可以确保放射治疗的精确性和安全性，同时优化治疗效率。

9.9.3 确定检测频率的策略

在流程的每个环节确定特定检查或活动的执行频率时，我们必须基于风险评估和操作效率来做出决策。以确保 CT 扫描的准确性为例，我们需要审慎考虑在诊断、计划制定到患者设置的整个过程中，何时以及如何频繁地执行这些检查。

首先，评估在每个步骤中执行检查的必要性至关重要。如果在多个环节中频繁使用 CT 扫描，我们是否应在每个环节后都进行一次检查？或者，即使某些步骤中未直接使用扫描，我们是否仍需定期进行验证，例如每天一次？这应与未进行检查可能带来的风险严重性相匹配。

其次，任何检查或缓解措施的实施，都应能有效降低错误使用扫描的风险。如果检查措施不能显著减少错误使用的概率，那么它可能不是最合适的选择。例如，通过在专用模体中进行精确测量，我们可以确保治疗计划 CT 中亨斯菲尔德(Hounsfield)单位(HU)的准确性。

最后，自动化检查可以作为一种高效的辅助手段。通过在患者图像中加入测试对象，或分析 CT 图像中的整体 HU 分布，我们可以在减少耗时测量的同时，保持检查的连续性和一致性。这种方法不仅提高了检查的效率，也确保了治疗流程的质量和安全性。通过这种综合的风险管理和质量控制策略，我们可以为患者提供更可靠和高效的医疗服务。

在设备管理层面，识别所有可能影响预期束流传递的参数和设备仅是质量保证的第一步。我们同样需要评估并确定对这些关键参数进行检查的适宜频率。这一评估应基于对参数偏离期望值时故障严重性的深入分析，同时考虑此类故障发生的概率，失效模式与影响分析是实现这一目标的重要工具。

尽管不同设备的质量保证程序可能遵循一些普遍适用的标准，但这些标准并不总是与特定设备的特性直接相关。本节未指明谁应负责识别那些需要特别关注的特殊情况，但强调了理解这些情况对于精心设计质量保证过程的重要性。

在放射治疗领域，严重事故如药物过量，无论其发生概率大小，都需被持续密切监测。实际上，这种监测通常是实时进行的，且执行监测的设备每天都会在物理质量保证下进行校验。这引出了一个问题：哪些参数需要实时监控，哪些可以采用较低频率的监控？

同时，考虑到实时测量设备本身也可能发生故障，我们必须在质量保证程序中纳入对这些设备进行定期验证的计划。建议定期检查，包括如下几个方面。

(1) 实时或在线监控，以确保治疗过程中的连续性和准确性。

(2) 治疗前的在线初步检查，以确保设备在治疗前处于最佳状态。

(3) 定期的每日、每周、每月检查，以维护设备的性能和可靠性。

(4) 年度深入检查，以评估设备长期运行的稳定性和准确性。

通过这种分层、系统的质量保证方法，我们可以确保放射治疗设备的性能达到最高标准，同时最大限度地降低患者治疗风险。

表9-14是一份详尽的列表，其中总结了临床散射和扫描束流的关键参数以及相关的硬件配置参数。此外，表中还提供了关于这些参数测量频率的示例，但这些示例需要根据具体的系统环境进行调整。在没有经过彻底的个体化评估之前，不推荐直接采纳这些示例作为标准操作程序。

特别需要指出的是，实施质量保证措施的具体细节，必须基于所使用的设备类型来定制。以散射束流中使用的脊形滤波器为例，作为一种被动式设备，它的故障率相对较低。然而，在大多数其他情况下，散射技术涉及的并非被动模式，而是包括了多种活动部件或需要精确同步的设备，这就需要我们更频繁地对这些设备或它们产生的束流进行质量评估。

为了辅助确定在特定情况下的测量频率，以下提供一个危害分析的示例。

这种分析工具可以帮助我们评估不同故障模式的严重性、发生概率以及检测的难易程度，从而为确定测量频率提供决策支持。

通过这种细致且系统的方法，我们可以确保放射治疗设备的性能达到最高标准，同时最大限度地降低患者治疗风险，提升治疗的安全性和有效性。

表 9－15 为我们提供了一份详尽的列表，其中总结了临床散射和扫描束流的关键参数，以及相关的硬件配置参数。此外，表中还提供了关于这些参数测量频率的示例，但这些示例需要根据具体的系统环境进行调整。在没有经过彻底的个体化评估之前，不推荐直接采纳这些示例作为标准操作程序。

表 9－16 所呈现的数字是基于对风险的深入主观分析，这些分析结果对于评估相对风险等级和确定测量频率至关重要。如图 9－13 所示，列出了一些与临床密切相关的束流参数。所谓的“危害”是指特定的束流属性未能按照预期标准进行。目前，表格尚未详细描述这些故障的具体发生机制或故障模式。

表 9－14 中“危害严重性”的评估标准可参见第 9.5.4 节。例如，如果束流射程出现误差，可能会导致正常组织接受到过量的辐射或靶区域未能得到足够的剂量，无论哪种情况后果都极为严重。在本表中，我们采用 1～3 的评分系统，3 分代表最严重的后果或最高的可能性。射程分布的不均匀性虽然不理想，但相比其他类型的误差，其引起的问题通常不会像特定范围的误差那样严重。至于不均匀性的危害，虽然通常不及其他误差严重，但考虑到其潜在影响，我们可能需要重新评估其严重性，并在概率评分中体现这一点。

对于横向束流属性，如射野大小和位置的准确性对于确保正确的剂量分布至关重要，而射野的均匀性虽然也有一定影响，但其影响通常较小。或者我们可以采取一种更为保守的方法，即考虑所有潜在的最坏情况，并为这些情况赋予最高的风险评分，这种做法可以作为一种思考练习，供读者自行探索和评估。通过这种细致的风险评估，我们可以更全面地理解束流参数的重要性，并为临床应用中的质量管理提供坚实的基础。

在深入分析双散射系统对特定束流参数影响的过程中，我们识别了一系列具体的原因和相关项目。这些分析考虑了系统的依赖性因素，并提供了对潜在风险的洞察，内容如下。

(1) 准直器的使用减少了输入束流轨迹对射野定位和尺寸的影响，但第二散射体的非均匀性对横向均匀性有显著影响。

(2) 初始束流能量的扩散对横向参数的影响相对较小，但其对远端衰减

表 9－15　束流质量保证频率示例(可能的实施方式)

束流特性			SOBP					PBS						测试所用数值射程					
			在线测量值	测量在线设置	测量每日QA值	测量日常QA设置	减少测量次数	在线测量值	测量在线初始检查	测量在线设置	测量每日QA值	测量日常QA设置	减少测量次数	旋转机架角度	PPS位置	射程测试	测试模式	流强测试	剂量测试
深度剂量特性	能量(射程)	射程值	是	是	是		是/否		是?	是	是		是/否						
		射程精确性	?	是	是		是/否		是?	是	是		是/否						
	能量扩展(远端脱落)	能量扩展值	否	是			是/否	否	否	是			是/否						
		能量扩展精确性	否	是			是/否	否	否	是			是/否						
	Mod宽度		否	是				否	否	是									
射野特性	束流分布	尺寸	是(IC1)	是				是		是									
		设置精度	是	是				是		是									
		高斯分布	否	否				是		否									
	束流位置	位置值	否	是				是		是									
		位置精度	否	是				是		是									
		到达位置的时间																	
	束流速度	速度值	n/a	n/a				是		是									
		速度精度	n/a	n/a				是		是									

表 9-16　放射治疗束流质量保证风险评估表

束流重要参数	特定束流属性	危害严重性	影响概率											是否可能采取缓解措施?
			入射束流轨迹	固有束流能量扩展	入射束流尺寸	能量衰减器	第一散射器	第二散射器	准直器	补偿器	概率乘积	归一化概率	风险优先数乘积	在线测量
束流射程	束流射程值	3	1	1	1	3	2	3	1	3	54	0.37	1.13	否
	射程扩展	2	2	2	1	2	1	3	1	2	48	0.33	0.67	否
	SOBP均匀性	1	2	2	1	2	2	3	2	3	288	2	2	否
束流形状	射野大小值	3	1	1	2	2	2	3	3	2	144	1	3	是
	射野均匀性	2	3	1	2	2	2	3	3	2	432	3	6	是
	位置值	3	1	1	1	2	1	1	3	2	12	0.083	0.25	是

的影响较大，进而影响 SOBP 的均匀性。

(3) 能量衰减器显著影响束流射程，而这一参数在横向束流参数中扮演关键角色，具体影响取决于能量衰减器的定量调整。

(4) 第二散射体，特别是其旋转部件，可能存在多种故障模式，这些故障模式对束流射程和横向散射有强烈影响。

(5) 准直器的定位及边缘散射效应对束流的横向属性至关重要，同时也因散射作用而影响 SOBP 的均匀性。

在表 9－14 的风险评估中，特别设立了两列来展示概率结果：一列记录了未经过调整的概率乘积，而另一列则应用了归一化处理，确保单个概率的最大值限制在 3 以内，避免风险优先数超出计算模型的预期。这种处理方法有助于维持评估的准确性和一致性。

特别地，横向射野的均匀性具有最高的误差发生概率，其次是扩展布拉格峰(SOBP)的均匀性。然而，当我们审视风险优先数值时，发现它们从横向均匀性到射野大小，再到 SOBP 均匀性，呈现出递增的模式。

基于风险优先数值，我们可以确定危急级别并制定相应的缓解措施。除了依赖硬件和控制措施确保散射系统及其组件按预期工作外，我们还应实施功能冗余(详见第 7.2.4 节)，这不仅有助于确保治疗期间某些束流属性的在线测量，也为我们提供了额外的安全保障。

尽管横向束流射野大小和均匀性的测量相对容易执行，但 SOBP 均匀性的在线实时测量却颇具挑战。因此，我们可能需要更频繁地对 SOBP 均匀性进行测量，尤其是在尚未实施在线测量作为缓解措施的情况下。

通过这种细致的风险评估和测量频率的调整，我们可以更有效地管理放射治疗过程中的潜在风险，确保治疗的安全性和有效性。

在风险管理的另一种策略中，我们选择将关注点从危害的严重性转移到那些具有最高概率评级的潜在故障模式组件。这一策略特别关注以下关键组件。

(1) 入射束流的轨迹。

(2) 能量降解器的性能。

(3) 第二散射器的稳定性。

(4) 准直器的精确定位。

(5) 补偿器的校准状态。

对于这些关键组件，我们必须通过全面的质量保证监控来确保它们的性能符合标准,并且/或者在我们的质量保证程序中纳入对这些组件功能状态的验证性测量。这将引导我们开发一个高度定制的、针对患者的质量保证程序,该程序能够在首次应用前对准直器和补偿器进行彻底检查,并在不同能量水平下对束流进行测量,以保证束流参数的精确性。

这些测量方法可以是针对特定硬件设计的,比如通过产生短束流脉冲来在移动范围调制器上形成特定的原始布拉格峰,或者更普遍地,通过测量输出因子来进行。

通过对表 9 - 14 中使用的数字进行深入讨论,可以帮助我们的分析团队更全面地理解治疗系统的特性,并有助于构建一个更加安全可靠的治疗流程。这种以数据为基础的方法论将为我们提供宝贵的洞察,帮助我们优化质量保证程序,确保患者安全和治疗质量。

9.10 建立用于安全和质量提升的共享数据库

在质子放疗领域,我们已经讨论了一些潜在的风险场景。本节并不打算提供一个详尽的错误途径清单,也未建议进行这样的尝试,因为该领域的技术和流程在持续快速发展,错误场景往往与特定粒子治疗中心的设备、政策和程序紧密相关。

然而,为了提高安全性和质量,临床用户之间共享关于潜在情况的信息变得尤为重要。前瞻性风险评估工具,如失效模式与影响分析,尽管在识别潜在风险方面发挥着重要作用,但它们也面临着“想象力局限”的问题,即评估者可能未能全面识别所有可能的风险场景。解决这一问题的一个有效方法是在不同粒子治疗中心之间分享经验和最佳实践。

这种信息共享的概念在其他高风险行业中已有应用,例如商业核电行业。核电运营商协会(INPO)作为一个行业支持的组织,通过每日向所有成员核电厂发布警报,来共享一个核电厂发现的、可能与其他核电厂相关的潜在问题。这种做法有助于整个行业从个别经验中学习并提升整体安全水平。

通过建立一个共享数据库,我们可以促进跨粒子治疗中心的协作,提高风险识别和应对能力,从而不断提升质子放疗的安全性和质量。

为了进一步增强临床操作的质量和安全性,我们提议建立一个共享的潜在风险场景数据库。该数据库将作为一个集中的信息平台,专注于潜在的风险领域,并确保所有信息的匿名性。

初步步骤包括开发一个机构系统，鼓励报告关键事件，即使这些事件并未直接导致事故。这种系统，即关键事件报告系统（critical incident reporting system，CIRS），可能成为改进风险管理和质量控制的重要工具。

以下是一些关键议题，需要我们深入探讨。

（1）本数据库将不同于传统的事故报告，它专注于理论上的风险场景，与AHRQ的“不安全条件”报告相似，避免了与事故报告相关的复杂性。

（2）我们需确保数据的保密性，以防止信息被追溯。患者安全组织(PSO)提供了一种保护机制，ASTRO和AAPM已与ClarityGroup签约，通过RO-ILS™ 系统促进事故学习。

（3）数据库的结构设计需要借鉴现有的成功案例，如AAPM在《医学物理学》杂志上发表的白皮书，它为我们提供了一个事故报告数据库的框架。

（4）为了确保数据的质量和可靠性，数据库需要具备严格的质量保证和监督机制。此外，应建立一个匿名反馈系统，以便贡献者能够获得关于其提交内容的澄清和反馈。

参 考 文 献

[1] AESJ. Radiation dose conversion coefficients for radiation shielding calculations[S]. AESJ-SC-R002：2004. Tokyo：Atomic Energy Society of Japan，2004.

[2] Agosteo S. Radiation protection at medical accelerators[J]. Radiation Protection Dosimetry，2001，96(1)：393－406.

[3] Agosteo S，Fasso A，Ferrari A，et al. Double differential distributions attenuation lengths and source terms for proton accelerator shielding[C]//Proceedings Shielding Aspects of Accelerators，Targets and Irradiation Facilities（SATIF 2），12－13 October 1995，Geneva. Nuclear Energy Agency，Organization for Economic Co-operation and Development，Paris，1995.

[4] Agosteo S，Fasso A，Ferrari A，et al. Double differential distributions and attenuation in concrete for neutrons produced by 100－400 MeV protons on iron and tissue targets[J]. Nuclear Instruments and Methods in Physics Research Section B：Beam Interactions with Materials and Atoms，1996，114：70－80.

[5] Agosteo S. Shielding calculations for a 250 MeV hospital-based proton accelerator[J]. Nuclear Instruments and Methods in Physics Research Section A：Accelerators，Spectrometers，Detectors and Associated Equipment，1996，374：254－268.

[6] Agosteo S，Birattari C，Corrado M G，et al. Maze design of a gantry room for proton therapy[J]. Nuclear Instruments and Methods in Physics Research Section A：Accelerators，Spectrometers，Detectors and Associated Equipment，1996，382：573－582.

[7] Agosteo S，Birattari C，Caravaggio M，et al. Secondary neutron and photon dose in proton therapy[J]. Radiotherapy and Oncology，1998，48：293－

305.

[8] Agosteo S, Nakamura T, Silari M, et al. Attenuation curves in concrete of neutrons from 100 to 400 MeV per nucleon He, C, Ne, Ar, Fe and Xe ions on various targets[J]. Nuclear Instruments and Methods in Physics Research Section B: Beam Interactions with Materials and Atoms, 2004, 217: 221 - 236.

[9] Agosteo S, Magistris M, Mereghetti A, et al. Shielding data for 100 to 250 MeV proton accelerators: double differential neutron distributions and attenuation in concrete[J]. Nuclear Instruments and Methods in Physics Research Section B: Beam Interactions with Materials and Atoms, 2004, 265: 581 - 589.

[10] Agostinelli S. GEANT4 - A simulation toolkit[J]. Nuclear Instruments and Methods in Physics Research Section A: Accelerators, Spectrometers, Detectors and Associated Equipment, 2003, 506: 250 - 303.

[11] Ahmed S N. Physics and engineering of radiation detection[M]. San Diego: Academic Press, 2007.

[12] Alberts W G, Dietze E, Guldbakke S, et al. International intercomparison of TEPC systems used for radiation protection [J]. Radiation Protection Dosimetry, 1989, 29(1 - 4): 47 - 53.

[13] Alghamdi A A, Ma A, Tzortzis M, et al. Neutron-fluence-to-dose conversion coefficients in an anthropomorphic phantom [J]. Radiation Protection Dosimetry, 2005, 115(1 - 4): 606 - 611.

[14] Alghamdi A A, Ma A, Marouli M, et al. A high resolution anthropomorphic voxel-based tomographic phantom for proton therapy of the eye[J]. Physics in Medicine and Biology, 2007, 52(22): N51 - N59.

[15] Allison J. GEANT4 developments and applications[J]. IEEE Transactions on Nuclear Science, 2006, 53(1): 270 - 278.

[16] Amaldi U, Silari M. The TERA project and the centre for oncological hadrontherapy[M]. Frascati: INFN, 1995.

[17] Amaldi U, Kraft G. Recent applications of synchrotrons in cancer therapy with carbon ions[J]. Europhysics News, 2005, 36(2): 114 - 118.

[18] ASTM. Cement Standards and Concrete Standards, ASTM Standard C657 [S]. West Conshohocken: ASTM International, 2003.

[19] ASTM. Standard test methods for instrumental determination of carbon, hydrogen, and nitrogen in petroleum products and lubricants, ASTM Standard D5291[S]. West Conshohocken: ASTM International, 2007.

[20] Avery S, Ainsley C, Maughan R, et al. Analytical shielding calculations for a proton therapy facility[J]. Radiation Protection Dosimetry, 2008, 131(2): 167-179.

[21] Awschalom, M. Radiation Shielding for 250 MeV Protons[R]. Batavia, USA: Fermi National Accelerator Laboratory, 1987.

[22] Azzam E I, Raaphorst G P, Mitchel R E. Radiation-induced adaptive response for protection against micronucleus formation and neoplastic transformation in C3H 10T1/2 mouse embryo cells[J]. Radiation Research, 1994, 138: S28-31.

[23] Ballarini F, Biaggi M, Ottolenghi A, et al. Cellular communication and bystander effects: a critical review for modelling low-dose radiation action [J]. Mutation Research, 2002, 501: 1-12.

[24] Ban S, Nakamura H, Hirayama H. Estimation of amount of residual radioactivity in high-energy electron accelerator component by measuring the gamma-ray dose rate[J]. Journal of Nuclear Science and Technology, 2004, 41(Sup 4): 168-171.

[25] Barbier M. Induced Radioactivity [M]. Amsterdam: North Holland Publishing Company, 1969.

[26] Barcellos-Hoff M H. It takes a tissue to make a tumor: epigenetics, cancer and the microenvironment [J]. Journal of Mammary Gland Biology and Neoplasia, 2001, 6: 213-221.

[27] Bassal M, Mertens A C, Taylor L, et al. Risk of selected subsequent carcinomas in survivors of childhood cancer: a report from the Childhood Cancer Survivor Study[J]. Journal of Clinical Oncology, 2006, 24: 476-483.

[28] Battistoni G, Muraro S, Sala P R, et al. The FLUKA code: description and benchmarking[C]// Hadronic Shower Simulation Workshop 2006, Fermilab, 6-8 September 2006, Albrow, AIP Conference Proceeding 896, 31-49.

[29] Battistoni G. The FLUKA code and its use in hadron therapy[J]. Nuovo Cimento C, 2008, 31: 69-75.

[30] Bednarz B, Xu X G. A feasibility study to calculate unshielded fetal doses to pregnant patients in 6-MV photon treatments using Monte Carlo methods and anatomically realistic phantoms[J]. Medical Physics, 2008, 35(7): 3054-3061.

[31] BEIR. Health risks from exposure to low levels of ionizing radiation, BEIR VII, Phase 2[R]. Washington, D. C.: National Research Council of the

National Academy of Science, National Academies Press, 2006.

[32] BfG. Richtwerte für Ortsdosisleistungen in nuklearmedizinischen Betrieben [R]. Switzerland: Bundesamt für Gesundheit, Abteilung Strahlenschutz, Sektion Aufsicht und Bewilligung, Eidgenössisches Departement des Innern EDI, 2004.

[33] Bhattacharjee D, Ito A. Deceleration of carcinogenic potential by adaptation with low dose gamma irradiation[J]. In Vivo, 2001, 15: 87 - 92.

[34] Binns P J, Hough J H. Secondary dose exposures during 200 MeV proton therapy[J]. Radiation Protection Dosimetry, 1997, 70: 441 - 444.

[35] Birattari C, Ferrari A, Nuccetelli C, et al. An extended range neutron rem counter[J]. Nuclear Instruments and Methods, 1990, A297: 250 - 257.

[36] Blettner M, Boice J D. Radiation dose and leukaemia risk: general relative risk techniques for dose-response models in a matched case-control study[J]. Statistics in Medicine, 1991, 10: 1511 - 1526.

[37] Boag J W. The statistical treatment of cell survival data[C]//In: Alper T (Ed.). Proceedings of the Sixth Gray L H Conference: Cell survival after low doses of radiation, 1975: 40 - 53.

[38] Boice J D, Blettner M, Kleinerman R A, et al. Radiation dose and leukemia risk in patients treated for cancer of the cervix[J]. Journal of the National Cancer Institute, 1987, 79: 1295 - 1311.

[39] Bozkurt A, Chao T C, Xu X G. Fluence-to-dose conversion coefficients from monoenergetic neutrons below 20 MeV based on the VIP-man anatomical model[J]. Physics in Medicine and Biology, 2000, 45: 3059 - 3079.

[40] Bozkurt A, Chao T C, Xu X G. Fluence-to-dose conversion coefficients based on the VIP-man anatomical model and MCNPX code for monoenergetic neutrons above 20 MeV[J]. Health Physics, 2001, 81: 184 - 202.

[41] Brada M, Ford D, Ashley S, et al. Risk of second brain tumour after conservative surgery and radiotherapy for pituitary adenoma [J]. British Medical Journal, 1992, 304: 1343 - 1346.

[42] Brandl A, Hranitzky C, Rollet S. Shielding variation effects for 250 MeV protons on tissue targets[J]. Radiation Protection Dosimetry, 2005, 115: 195 - 199.

[43] Brenner D J, Hall E J. Commentary 2 to Cox and Little: radiation-induced oncogenic transformation: the interplay between dose, dose protraction, and radiation quality[J]. Advances in Radiation Biology, 1992, 16: 167 - 179.

[44] Brenner D J, Hall E J. Secondary neutrons in clinical proton radiotherapy: a

charged issue[J]. Radiotherapy and Oncology, 2008, 86(2): 165 - 170.

[45] Brenner D J, Curtis R E, Hall E J, et al. Second malignancies in prostate carcinoma patients after radiotherapy compared with surgery[J]. Cancer, 2000, 88: 398 - 406.

[46] Brenner D J, Doll R, Goodhead D T, et al. Cancer risks attributable to low doses of ionizing radiation: assessing what we really know[J]. Proceedings of the National Academy of Sciences of the United States of America, 2003, 100: 13761 - 13766.

[47] Broerse J J, Hennen L A, Solleveld H A. Actuarial analysis of the hazard for mammary carcinogenesis in different rat strains after X- and neutron irradiation[J]. Leukemia Research, 1986, 10: 749 - 754.

[48] Broniscer A, Ke W, Fuller C E, et al. Second neoplasms in pediatric patients with primary central nervous system tumors: the St. Jude Children's Research Hospital experience[J]. Cancer, 2004, 100: 2246 - 2252.

[49] Brugger M, Khater H, Mayer S, et al. Benchmark studies of induced radioactivity produced in LHC materials, Part II: remanent dose rates[J]. Radiation Protection Dosimetry, 2005, 116: 12 - 15.

[50] Brugger M, Ferrari A, Roesler S, et al. Validation of the FLUKA Monte Carlo code for predicting induced radioactivity at high-energy accelerators[J]. Nuclear Instruments and Methods in Physics Research Section A: Accelerators, Spectrometers, Detectors and Associated Equipment, 2006, 562: 814 - 818.

[51] Calabrese E J, Baldwin L A. The effects of gamma rays on longevity[J]. Biogerontology, 2000, 1: 309 - 319.

[52] Calabrese E J, Baldwin L A. The hormetic dose-response model is more common than the threshold model in toxicology[J]. Toxicological Sciences, 2003, 71: 246 - 250.

[53] Caon M, Bibbo G, Pattison J. An EGS4-ready tomographic computational model of a 14-year-old female torso for calculating organ doses from CT examinations[J]. Physics in Medicine and Biology, 1999, 44: 2213 - 2225.

[54] Caporaso G. High Gradient Induction Linacs for Hadron Therapy[C]//1st International Workshop on Hadron Therapy for Cancer, Erice, Sicily, 24 April - 1 May 2009.

[55] Carter L L, Cashwell E D. Particle-transport simulation with the Monte Carlo method[R]. Springfield: National Technical Information Service, 1975.

[56] CFR. Code of Federal Regulations, Title 10, Part 835, Occupational Radiation Protection[S]. Washington, D. C. : U. S. Department of Energy, 2007.

[57] Chadwick M B, Oblozinsky P, Herman M, et al. ENDF/B-VII. 0: Next generation evaluated nuclear data library for nuclear science and technology [J]. Nuclear Data Sheets, 2006, 107: 2931 - 3060.

[58] Chao T C, Xu X G. Specific absorbed fractions from the image-based VIP - Man body model and EGS4-VLSI Monte Carlo code: Internal electron emitters[J]. Physics in Medicine and Biology, 2001, 46: 901 - 927.

[59] Chao T C, Bozkurt A, Xu X G. Conversion coefficients based on the VIP - Man anatomical model and GS4-VLSI code for external monoenergetic photons from 10 KeV to 10 MeV[J]. Health Physics, 2001, 81: 163 - 183.

[60] Chao T C, Bozkurt A, Xu XG. Organ dose conversion coefficients for 0. 1 - 10 MeV external electrons calculated for the VIP - Man anatomical model [J]. Health Physics, 2001, 81: 203 - 214.

[61] Chaturvedi A K, Engels E A, Gilbert E S, et al. Second cancers among 104, 760 survivors of cervical cancer: evaluation of long-term risk[J]. Journal of the National Cancer Institute, 2007, 99: 1634 - 1643.

[62] Chen J. Fluence-to-absorbed dose conversion coefficients for use in radiological protection of embryo and foetus against external exposure to protons from 100 MeV to 100 GeV[J]. Radiation Protection Dosimetry, 2006,118: 378 - 383.

[63] Chilton A B, Shultis J K, Faw R E. Principles of Radiation Shielding[M]. Englewood Cliffs: Prentice-Hall Inc, 1984.

[64] Cho S H, Vassiliev O N, Lee S, et al. Reference photon dosimetry data and reference phase space data for the 6 MV photon beam from Varian Clinac 2100 series linear accelerators[J]. Medical Physics, 2005, 32: 137 - 148.

[65] Chung C S, Keating N, Yock T, et al. Comparative analysis of second malignancy risk in patients treated with proton therapy versus conventional photon therapy[J]. Journal of the National Cancer Institute, 2008, 72, S8.

[66] Cloth P. The KFA-version of the high-energy transport code HETC and the generalized evaluation code SIMPLE[R]. Kernforschungsanlage Jülich, Jül-Spez 196, 1983.

[67] Coutrakon G B. Accelerators for heavy-charged particle radiation therapy[J]. Technology in Cancer Research and Treatment, 2007, 6(Sup 4): 49.

[68] Coutrakon G, Bauman M, Lesyna D, et al. A prototype beam delivery

system for the proton medical accelerator at Loma Linda[J]. Medical Physics, 1990, 18(6): 1093 - 1099.

[69] Cristy M, Eckerman K F. Specific absorbed fractions of energy at various ages from internal photon sources: Report ORNL/TM - 8381/I-VII[R]. Battelle: Oak Ridge National Laboratory, 1987.

[70] Curtis R E, Rowlings P A, Deeg H J, et al. Solid cancers after bone marrow transplantation[J]. New England Journal of Medicine, 1997, 336: 897 - 904.

[71] de Vathaire F, Francois P, Hill C, et al. Role of radiotherapy and chemotherapy in the risk of second malignant neoplasms after cancer in childhood[J]. British Journal of Cancer, 1989, 59: 792 - 796.

[72] Debus J. Proposal for a dedicated ion beam facility for cancer therapy[M]. Darmstadt, Germany: GSI, 1998.

[73] Dementyev A V, Sobolevsky, N. M. SHIELD-universal Monte Carlo hadron transport code: scope and applications[J]. Radiation Measurements, 1990, 30: 553 - 557.

[74] Dennis J A. The relative biological effectiveness of neutron radiation and its implications for quality factor and dose limitation[J]. Progress in Nuclear Energy, 1987, 20: 133 - 149.

[75] Diallo I, Lamon A, Shamsaldin A, et al. Estimation of the radiation dose delivered to any point outside the target volume per patient treated with external beam radiotherapy[J]. Radiotherapy and Oncology, 1996, 38: 269 - 271.

[76] DIN. Deutsches Institut für Normung, e. V. , Medical electron accelerators - Part 2: radiation protection rules for installation, German Technical Standards 6847[S]. Berlin: Deutsches Institut für Normung, e. V, 2003.

[77] Dinter H, Dworak D, Tesch K. Attenuation of the neutron dose equivalent in labyrinths through an accelerator shield[J]. Nuclear Instruments and Methods in Physics Research Section A: Accelerators, Spectrometers, Detectors and Associated Equipment, 1993, 330: 507 - 512.

[78] Dittrich W, Hansmann T. Radiation Measurements at the RPTC in Munich for Verification of Shielding Measures around the Cyclotron Area[C]// Proceedings Shielding Aspects of Accelerators, Targets and Irradiation Facilities (SATIF - 8), 22 - 24 May 2006, Gyongbuk, Republic of Korea. Paris: Nuclear Energy Agency, Organization for Economic Co-operation and Development, 2006.

[79] Dorr W, Herrmann T. Second primary tumors after radiotherapy for malignancies. Treatment-related parameters[J]. Strahlenther Onkol, 2002, 178: 357 - 362.

[80] Edwards A A. Neutron RBE values and their relationship to judgements in radiological protection[J]. Journal of Radiological Protection, 1999, 19: 93 - 105.

[81] Egbert S D, Kerr G D, Cullings H M. DS02 fluence spectra for neutrons and gamma rays at Hiroshima and Nagasaki with fluence-to-kerma coefficients and transmission factors for sample measurements [J]. Radiation and Environmental Biophysics, 2007, 46: 311 - 325.

[82] Eickhoff H, Haberer T, Schlitt B, et al. HICAT - The German Hospital-based light Ion Cancer Therapy Project[C]//Proceedings of the Particle Accelerator Conference (PAC03), 12 - 16 May 2003, Portland, Oregon, 2003.

[83] Endo S, Tanaka K, Takada M, et al. Microdosimetric study for secondary neutrons in phantom produced by a 290 MeV/nucleon carbon beam[J]. Medical Physics, 2007, 34: 3571 - 3578.

[84] Engle W A. A User's Manual for ANISN, A one-dimensional discrete Ordinates Transport Code with anisotropic Scattering[R]. USAEC Report K - 1963, 1967.

[85] EPA. Estimating radiogenic cancer risks: EPA 402-R - 93 - 076[R]. Washington, D. C. : Environmental Protection Agency, 1994.

[86] EPA. Estimating radiogenic cancer risks. Addendum: Uncertainty analysis: EPA 402-R - 99 - 003[R]. Washington, D. C. : Environmental Protection Agency, 1999.

[87] Epstein R, Hanham I, Dale R. Radiotherapy-induced second cancers: are we doing enough to protect young patients? [J]. European Journal of Cancer, 1997, 33: 526 - 530.

[88] EURATOM. Council Directive 96/29/Euratom, Laying down basic safety standards for the Protection of the Health of Workers and the General Public against the Dangers arising from ionizing Radiation[N]. Official Journal the European Communities L, 1996 - 6 - 29(159): 1 - 114.

[89] Fan J, Luo W, Fourkal E, et al. Shielding design for a laser-accelerated proton therapy system[J]. Physics in Medicine and Biology, 2007, 52: 3913 - 3930.

[90] Fasso A. FLUKA: New developments in FLUKA, modelling hadronic and

EM interactions[C]//In: H. Hirayama (Ed.). Proceedings of the 3rd Workshop on Simulating Accelerator Radiation Environments, May 1997. Tsukuba, Japan: KEK, 1997.

[91] Fasso A, Ferrari A, Ranft J, et al. FLUKA: status and prospective for hadronic applications[C]//Proceedings of the Monte Carlo 2000 Conference, Lisbon, 23 - 26 October 2000. Springer-Verlag, Berlin, 2001.

[92] Fasso A, Ferrari A, Ranft J, et al. FLUKA: A Multi-Particle Transport Code[R]. CERN - 2005 - 10, INFN/TC_05/11, SLAC-R - 773, 2005.

[93] Fehrenbacher G, Gutermuth F, Radon T. Neutron dose assessments for the shielding of the planned heavy ion cancer therapy facility in Heidelberg: GSI Report 2001 - 05[R]. Darmstadt, Germany: GSI, 2001.

[94] Fehrenbacher G, Gutermuth F, Radon T. Calculation of Dose Rates near the Horizontal Treatment Places of the heavy Ion Therapy Clinic in Heidelberg by means of Monte-Carlo Methods[R]. Unpublished internal note, GSI, Darmstadt, Germany, 2002a.

[95] Fehrenbacher G, Gutermuth F, Radon T. Estimation of carbon-ion caused radiation levels by calculating the transport of the produced neutrons through shielding layers[R]. GSI Scientific Report 2001, 205, 2002b.

[96] Fehrenbacher G, Gutermuth F, Radon T. Shielding Calculations for the Ion Therapy Facility HIT[C]//Ion Beams in Biology and Medicine, 39, Annual Conference of the German-Swiss Association for Radiation Protection and 11th Workshop of Heavy Charged Particles in Biology and Medicine (IRPA Fachverband für Strahlenschutz, Switzerland and Germany), 2007a: 33 - 36.

[97] Fehrenbacher G, Gutermuth F, Kozlova E, et al. Measurement of the fluence response of the GSI neutron ball in high-energy neutron fields produced by 500 AMeV and 800 AMeV deuterons[J]. Radiation Protection Dosimetry, 2007b, 126: 497 - 500.

[98] Fehrenbacher G, Kozlova E, Gutermuth F, et al. Measurement of the fluence response of the GSI neutron ball dosimeter in the energy range from thermal to 19 MeV[J]. Radiation Protection Dosimetry, 2007c, 126: 546 - 548.

[99] Fehrenbacher G, Festag J G, Grosam S, et al. Measurements of the ambient dose equivalent of produced X-rays at the linear accelerator UNILAC of GSI [C]//Proceedings of the 12th Congress of the International Radiation Protection Association, IRPA12, Buenos Aires, 2008.

[100] Feinendegen L E. Evidence for beneficial low level radiation effects and

radiation hormesis[J]. British Journal of Cancer, 2005, 78: 3 - 7.

[101] Ferrari A, Pelliccioni M, Pillon M. Fluence to effective dose and effective dose equivalent conversion coefficients for photons from 50 KeV to 10 GeV [J]. Radiation Protection Dosimetry, 1996, 67: 245 - 251.

[102] Ferrari A, Pelliccioni M, Pillon M. Fluence to effective dose conversion coefficients for neutrons up to 10 TeV[J]. Radiation Protection Dosimetry, 1997, 71: 165 - 173.

[103] Ferrari A, Sala P R, Fasso A, et al. FLUKA: a multi-particle transport code[R]. CERN Yellow Report CERN 2005 - 10; INFN/TC 05/11, SLAC-R - 773 (CERN, Geneva, Switzerland), 2005.

[104] Ferrarini M. Personal communication, Politecnico di Milano, Dipartimento di Ingegneria Nucleare, Via Ponzio 34/3, 20133, Milano, 2007.

[105] Firestone R B. Table of Isotopes: 1999 Update, 8th ed., CD-ROM[M]. Malden, MA: Wiley Interscience, 1999.

[106] Fix M K, Keall P J, Siebers J V. Photon-beam subsource sensitivity to the initial electron beam parameters[J]. Medical Physics, 2005, 32: 1164 - 1175.

[107] Flanz J, Durlacher S, Goitein M, et al. Overview of the MGH-Northeast Proton Therapy Center plans and progress[J]. Nuclear Instruments and Methods in Physics Research Section B: Beam Interactions with Materials and Atoms, 1995, 99: 830 - 834.

[108] Flanz J, DeLaney T F, Kooy H M. Particle Accelerators 27 - 32[M]. In Proton and Charged Particle Radiotherapy. Philadelphia: Lippincott Williams & Wilkins, 2008.

[109] Followill D, Geis P, Boyer A. Estimates of whole-body dose equivalent produced by beam intensity modulated conformal therapy[J]. International Journal of Radiation Oncology, Biology, Physics, 1997, 38: 667 - 672.

[110] Fontenot J, Taddei P, Zheng Y, et al. Equivalent dose and effective dose from stray radiation during passively scattered proton radiotherapy for prostate cancer[J]. Physics in Medicine and Biology, 2008, 53: 1677 - 1688.

[111] Forringer E, Blosser H G. Emittance measurements of a cold cathode internal ion source for cyclotrons[C]//Proceedings of the 16th International Conference on Cyclotrons and their Applications. AIP Conference Proceedings, 600, 2001: 277 - 279.

[112] Foss Abrahamsen A, Andersen A, Nome O, et al. Long-term risk of

second malignancy after treatment of Hodgkin's disease: the influence of treatment, age and follow-up time[J]. Annals of Oncology, 2002, 13: 1786 - 1791.

[113] Francois P, Beurtheret C, Dutreix A. Calculation of the dose delivered to organs outside the radiation beams[J]. Medical Physics, 1988, 15: 879 - 883.

[114] Francois P, Beurtheret C, Dutreix A, et al. A mathematical child phantom for the calculation of dose to the organs at risk[J]. Medical Physics, 1988, 15: 328 - 333.

[115] Frankenberg D, Kelnhofer K, Baer K, et al. Enhanced neoplastic transformation by mammography, X rays relative to 200 kVp X Rays: indication for a strong dependence on photon energy of the RBE(M) for various end points[J]. Radiation Research, 2002, 157: 99 - 105.

[116] Freytag E. Strahlenschutz an hochenergiebeschleunigern[M]. Karlsruhe: Nukleare Elektronik und Messtechnik, Karlsruhe, 1972.

[117] Fry R J. Experimental radiation carcinogenesis: what have we learned? [J]. Radiation Research, 1981, 87: 224 - 239.

[118] Furukawa T. Design of synchrotron and transport line for carbon therapy facility and related machine study at HIMAC[J]. Nuclear Instruments and Methods in Physics Research Section A: Accelerators, Spectrometers, Detectors and Associated Equipment, 2006,562: 1050 - 1053.

[119] Garrity J M, Segars W P, Knisley S B, et al. Development of a dynamic model for the lung lobes and airway tree in the NCAT phantom[J]. IEEE Transactions in Nuclear Science, 2003, 50: 378 - 383.

[120] Geisler A E, Hottenbacher J, Klein H U, et al. Commissioning of the ACCEL 250 MeV proton cyclotron[C]//18th International Conference on Cyclotrons and their Applications, Bergich Gladbach, Germany, 2007.

[121] Geithner O, Andreo P, Sobolevsky N M, et al. Calculation of stopping power ratios for carbon ion dosimetry[J]. Physics in Medicine and Biology, 2006, 51, 2279 - 2292.

[122] Gibbs S J, Pujol A, Chen T S, et al. Computer-simulation of patient dose from dental radiography[J]. Journal of Dental Research, 1984, 63: 209.

[123] Gilbert W S. Shielding experiment at the CERN proton synchrotron[R]. CERN-LBL RHEL, Rep. UCRL - 17941, Lawrence Berkeley Laboratory, Berkeley, CA, USA, 1968.

[124] Goebel K, Stevenson G R, Routti J T, et al. Evaluating dose rates due to

neutron leakage through the access tunnels of the SPS[R]. CERN Internal Report LABII-RA/Note/75 - 10, 1975.

[125] Gottschalk B. Neutron dose in scattered and scanned proton beams: in regard to Eric, J. Hall (Int. J. Radiat. Oncol. Biol. Phys. 2006;65: 1 - 7)[J]. International Journal of Radiation Oncology, Biology, Physics, 2006, 66: 1594.

[126] Grahn D, Fry R J, Lea R A. Analysis of survival and cause of death statistics for mice under single and duration-of-life gamma irradiation[J]. Life Sciences in Space Research, 1972, 10: 175 - 186.

[127] Gregoire O, Cleland M R. Novel approach to analyzing the carcinogenic effect of ionizing radiations[J]. International Journal of Radiation Biology, 2006, 82: 13 - 19.

[128] GRPO. German Radiation Protection Ordinance, Veordnung über den Schutz vor Schäden durch ionisierende Strahlen (Strahlenschutzverordnung - StrlSchV)[S]. Bundesministerium der Justis, Germany, 2005.

[129] Gudowska I, Sobolevsky N. Simulation of secondary particle production and absorbed dose to tissue in light ion beams[J]. Radiation Protection Dosimetry, 2005,116: 301 - 306.

[130] Gudowska I, Andreo P, Sobolevsky N. Secondary particle production in tissue-like and shielding materials for light and heavy ions calculated with the Monte-Carlo code SHIELD - HIT[J]. Journal of Radiation Research, 2002, 43(Sup S): 93 - 97.

[131] Gudowska I, Sobolevsky N M, Andreo P, et al. Ion beam transport in tissue-like media using the Monte Carlo code SHIELD - HIT[J]. Physics in Medicine and Biology, 2004, 49: 1933 - 1958.

[132] Gudowska I, Kopec M, Sobolevsky N. Neutron production in tissue-like media and shielding materials irradiated with high-energy ion beams[J]. Radiation Protection Dosimetry, 2007, 126: 652 - 656.

[133] Gunzert-Marx K, Schardt D, Simon R S. Fast neutrons produced by nuclear fragmentation in treatment irradiations with 12C beam[J]. Radiation Protection Dosimetry, 2004, 110: 595 - 600.

[134] Gunzert-Marx K, Iwase H, Schardt D, et al. Secondary beam fragments produced by 200MeVu-1 12C ions in water and their dose contributions in carbon ion radiotherapy[J]. New Journal of Physics, 2008, 10: 075003.

[135] Haberer T, Becher W, Schardt D, et al. Magnetic scanning system for heavy ion therapy[J]. Nuclear Instruments and Methods in Physics

Research Section A: Accelerators, Spectrometers, Detectors and Associated Equipment, 1993, 330: 296 - 305.

[136] Haettner E, Iwase H, Schardt D. Experimental fragmentation studies with ^{12}C therapy beams[J]. Radiation Protection Dosimetry, 2006, 122: 485 - 487.

[137] Hagan W K, Colborn B L, Armstrong T W, et al. Radiation shielding calculations for a 70- to 350-MeV proton therapy facility[J]. Nuclear Science and Engineering, 1988, 98: 272 - 278.

[138] Hall E J, Henry S. Kaplan Distinguished Scientist Award 2003: the crooked shall be made straight; dose response relationships for carcinogenesis[J]. International Journal of Radiation Biology, 2004, 80: 327 - 337.

[139] Hall E J. Intensity-modulated radiation therapy, protons, and the risk of second cancers[J]. International Journal of Radiation Oncology, Biology, Physics, 2006, 65: 1 - 7.

[140] Hall E J. The impact of protons on the incidence of second malignancies in radiotherapy[J]. Technology in Cancer Research and Treatment, 2007, 6: 31 - 34.

[141] Hall E J, Wuu C S. Radiation-induced second cancers: the impact of 3D-CRT and IMRT[J]. International Journal of Radiation Oncology, Biology, Physics, 2003, 56: 83 - 88.

[142] Hall E J, Kellerer A M, Rossi H H, et al. The relative biological effectiveness of 160 MeV Protons. II. biological data and their interpretation in terms of microdosimetry [J]. International Journal of Radiation Oncology, Biology, Physics, 1978, 4: 1009 - 1013.

[143] Han A, Elkind M M. Transformation of mouse C3H/10T1/2 cells by single and fractionated doses of X-rays and fission-spectrum neutrons[J]. Cancer Research, 1979, 39: 123 - 130.

[144] Hawkins M M, Draper G J, Kingston J E. Incidence of second primary tumours among childhood cancer survivors[J]. British Journal of Cancer, 1987, 56: 339 - 347.

[145] Heeg P, Eickhoff H, Haberer T. Die Konzeption der Heidelberger Ionentherapieanlage HICAT[J]. Zeitschrift für Medizinische Physik, 2004, 14: 17 - 24.

[146] Heidenreich W F, Paretzke H G, Jacob P. No evidence for increased tumor rates below 200 mSv in the atomic bomb survivors data[J]. Radiation

Environment and Biophysics, 1997, 36: 205 - 207.

[147] Hess E, Takacs S, Scholten B, et al. Excitation function of the $^{18}O(p,n)^{18}F$ nuclear reaction from threshold up to 30 MeV[J]. Radiochimica Acta, 2001, 89: 357 - 362.

[148] Heyes G J, Mill A J. The neoplastic transformation potential of mammography X rays and atomic bomb spectrum radiation[J]. Radiation Research, 2004, 162: 120 - 127.

[149] Hirao Y. Results from HIMAC and other therapy facilities in Japan[C]// Proceedings of Sixteenth International Conference on Cyclotrons and their Applications 2001, CP600, 13 - 17 May 2001, Marti, F. (Ed.). East Lansing, MI, USA: American Institute of Physics, 2001: 8 - 12.

[150] Hirao Y. Heavy ion medical accelerator in Chiba - a design summary and update - division of accelerator research[R]. Report NIRS-M-89, HIMAC - 001, National Institute of Radiological Sciences, Chiba, Japan, 1992.

[151] Hofmann W, Dittrich W. Use of Isodose Rate Pictures for the Shielding Design of a Proton Therapy Centre[C]//Proceedings of Shielding Aspects of Accelerators, Targets and Irradiation Facilities (SATIF 7), 17 - 18 May 2004, Portugal, 2005: 181 - 187.

[152] Hranitzky C, Stadtmann H, Kindl P. The use of the Monte Carlo simulation technique for the design of an $H^*(10)$ dosemeter based on TLD - 100[J]. Radiation Protection Dosimetry, 2002, 101: 279 - 282.

[153] Hultqvist M, Gudowska I. Secondary doses in anthropomorphic phantoms irradiated with light ion beams[R]. Nuclear Technology, 2008, 10(057): 151.

[154] IAEA. Handbook on nuclear activation data[R]. IAEA Technical Report Series 273, International Atomic Energy Agency, Vienna, 1987.

[155] IAEA. Radiological safety aspects of the operation of proton accelerators [R]. Technical Reports Series No. 283, International Atomic Energy Agency, Vienna, 1988.

[156] IAEA. International basic safety standards for protection against ionizing radiation and for the safety of radiation sources[S]. IAEA Safety Series No. 115, International Atomic Energy Agency, Vienna, 1996.

[157] IAEA. Radiation protection in the design of radiotherapy facilities[R]. IAEA Safety Reports Series No. 47, International Atomic Energy Agency, Vienna, 2006.

[158] Iancu G, Kraemer M. Personal communication, Biologie[M]. Darmstadt:

GSI Helmholtzzentrum für Schwerionenforschung GmbH, 2009.
[159] ICRP. Data for protection against ionizing radiation from external sources (Supplement to ICRP Publication 15)[R]. ICRP Publication 21, Annals of the ICRP 21 (1 - 3), Pergamon Press, Oxford, UK, 1973.
[160] ICRP. Reference man: anatomical, physiological and metabolic characteristics [R]. ICRP Publication 23, International Commission on Radiological Protection, Pergamon Press, Oxford, UK, 1975.
[161] ICRP. Recommendations of the international commission on radiological protection[R]. ICRP Publication 60, Annals of ICRP 21(1 - 3), Pergamon Press, Oxford, UK, 1991.
[162] ICRP. Conversion coefficients for use in radiological protection against external radiation[R]. ICRP Publication 74, Elsevier Science, Oxford, UK, 1996.
[163] ICRP. Radiation dose to patients from radiopharmaceuticals[R]. ICRP Publication 53, Annals of the ICRP 18, Elsevier Science, Oxford, UK, 1998.
[164] ICRP. Genetic susceptibility to cancer[R]. ICRP Publication 79, Annals of the ICRP 28, Elsevier Science, Oxford, UK, 1999.
[165] ICRP. Prevention of accidental exposures to patients undergoing radiation therapy[R]. ICRP Publication 86, Annals of the ICRP 30, Elsevier Science, Oxford, UK, 2000.
[166] ICRP. Basic anatomical and physiological data for use in radiological protection: reference values[R]. ICRP Publication 89, Annals of the ICRP 33 (3 - 4), Elsevier Science, Oxford, UK, 2003.
[167] ICRP. Relative biological effectiveness (RBE), quality factor (q), and radiation weighting factor (wR)[R]. ICRP Publication 92, Annals of the ICRP 33 (4), Elsevier Science, Oxford, UK, 2003.
[168] ICRP. Recommendations of the ICRP[R]. ICRP Publication 103, Annals of the ICRP, Elsevier Science, Oxford, UK, 2007.
[169] ICRP. Recommendations of the international commission on radiological protection[R]. ICRP Publication 60, Annals of the ICRP 21 (1 - 3), Elsevier Science, Oxford, UK, 2008.
[170] ICRU. Basic aspects of high energy particle interaction and radiation dosimetry[R]. ICRU Report 28, International Commission on Radiation Measurements and Units, Bethesda, MD, 1978.
[171] ICRU. The quality factor in radiation protection[R]. ICRU Report 40,

International Commission on Radiation Units and Measurements, Bethesda, MD, 1986.

[172] ICRU. Tissue substitutes in radiation dosimetry and measurement[R]. ICRU Report 44, International Commission on Radiation Units and Measurements, Bethesda, MD, 1989.

[173] ICRU. Measurement of dose equivalents from external photon and electron radiations[R]. ICRU Report 47, International Commission on Radiation Units and Measurements, Bethesda, MD, 1992.

[174] ICRU. Photon, electron, proton and neutron interaction data for body tissues[R]. ICRU Report 46, International Commission on Radiation Units and Measurements, Bethesda, MD, 1992.

[175] ICRU. Quantities and units in radiation protection[R]. ICRU Report 51, International Commission on Radiation Measurements and Units, Bethesda, MD, 1993.

[176] ICRU. Conversion coefficients for use in radiological protection against external radiation[R]. ICRU Report 57, International Commission on Radiation Units and Measurements, Bethesda, MD, 1998.

[177] ICRU. Nuclear data for neutron and proton radiotherapy and for radiation protection[R]. ICRU Report 63, International Commission on Radiation Units and Measurements, Bethesda, MD, 2000.

[178] ICRU. Determination of dose equivalent quantities for neutrons[R]. ICRU Report 47, Nuclear Technology Publishing, Ashford, 2001.

[179] ICRU. Prescribing, recording, and reporting proton-beam therapy[R]. ICRU Report 78, International Commission on Radiation Units and Measurements, Bethesda, MD, 2007.

[180] IEC. Medical electrical equipment - Part 2 - 1, particular requirements for the safety of electron accelerators in the range 1 MeV to 50 MeV[S]. International Standard IEC 60601 - 2 - 1, IHS, Englewood, CO, USA, 1998.

[181] IEC. Functional safety of electrical, electronic, and programmable electronic equipment[S]. International Standard IEC 61508-SER (Ed. 1.0), International Electrotechnical Commission, Geneva, Switzerland, 2005.

[182] IEC. Medical device software - software life cycle processes[S]. IEC 62304, International Electrotechnical Commission, Geneva, Switzerland, 2006.

[183] Imaizumi M, Usa T, Tominaga T, et al. Radiation dose-response relationships for thyroid nodules and autoimmune thyroid diseases in Hiroshima and Nagasaki atomic bomb survivors 55 - 58 years after radiation exposure[J]. Journal of the American Medical Association, 2006, 295: 1011 - 1022.

[184] Ipe N E. Particle accelerators in particle therapy: the new wave[C]//Proceedings of the 2008 Mid-Year Meeting of the Health Physics Society on Radiation Generating Devices, Oakland, CA, Health Phys. Society, McLean, VA, 2008.

[185] Ipe N E. Transmission of shielding materials for particle therapy facilities [C]//Proceedings of the ICRS - 11 International Conference on Radiation Shielding and RPSD - 2008 15th Topical Meeting of the Radiation Protection and Shielding Division of the ANS, Pine Mountain, Georgia, USA, 2009.

[186] Ipe N E, Fasso A. Preliminary computational models for shielding design of particle therapy facilities [C]//Proceedings of Shielding Aspects of Accelerators, Targets and Irradiation Facilities (SATIF - 8), Gyongbuk, Republic of Korea, 2006.

[187] IRPL. Italian Radiation Protection Laws [S]. Decreto Legislativo del Governo n° 230/1995 modificato dal 187/2000 e dal 241/2000, Ministero dell'Ambiente e della Tutela del Territorio, Italy, 2000.

[188] Ishikawa T, Sugita H, Nakamura T. Thermalization of accelerator produced neutrons in concrete[J]. Health Physics, 1991, 60: 209 - 221.

[189] ISO. Medical devices-Application of risk management to medical devices [S]. ISO Standard 14791, International Organization for Standardization, Geneva, Switzerland, 2007.

[190] Iwase H, Niita K, Nakamura T. Development of General-Purpose Particle and Heavy Ion Transport Monte Carlo Code[J]. Journal of Nuclear Science and Technology, 2002, 39: 1142 - 1151.

[191] Iwase H, Gunzert-Marx K, Haettner E, et al. Experimental and theoretical study of the neutron dose produced by carbon ion therapy beams [J]. Radiation Protection Dosimetry, 2007, 126: 615 - 618.

[192] Janssen J J, Korevaar E W, van Battum L J, et al. A model to determine the initial phase space of a clinical electron beam from measured beam data [J]. Physics in Medicine and Biology, 2001, 46: 269 - 286.

[193] Jemal A, Siegel R, Ward E, et al. Cancer Statistics, 2006[J]. CA: A Cancer Journal for Clinicians, 2006, 56: 106 - 130.

[194] Jenkinson H C, Hawkins M M, Stiller C A, et al. Long-term population-based risks of second malignant neoplasms after childhood cancer in britain [J]. British Journal of Cancer, 2004, 91: 1905 - 1910.
[195] Jiang H, Wang B, Xu X G, et al. Simulation of organ specific patient effective dose due to secondary neutrons in proton radiation treatment[J]. Physics in Medicine and Biology, 2005, 50: 4337 - 4353.
[196] Jirousek I. The Concept of the PROSCAN Patient Safety System[C]// Proceedings of the IX International Conference on Accelerator and Large Experimental Physics Control Systems (ICALEPCS 2003), 13 - 17 October, 2003, Gyeongju, Republic of Korea, 2003.
[197] Joiner M C, Marples B, Lambin P, et al. Low-dose hypersensitivity: current status and possible mechanisms[J]. International Journal of Radiation Oncology, Biology, Physics, 2001, 49: 379 - 389.
[198] Jones D G. A realistic anthropomorphic phantom for calculating specific absorbed fractions of energy deposited from internal gamma emitters[J]. Radiation Protection Dosimetry, 1998, 79: 411 - 414.
[199] JORF. Arrêté du 15 Mai 2006 Relatif aux Conditions de Délimitation et de Signalisation des Zones Surveillées et Contrôlées et des Zones Spécialement Réglementées ou Interdites Compte Tenu de l'Exposition aux Rayonnements Ionisants, ainsi qu'aux Règles d'Hygiène, de Sécurité et d'Entretien qui y Sont Imposées[N]. Journal Officiel de la République Française, 15 Juin 2006.
[200] JRPL. Japanese Radiation Protection Laws (Prevention Law), Law Concerning Prevention from Radiation Hazards due to Radioisotopes etc. 167[S], 2004.
[201] Kaido T, Hoshida T, Uranishi R, et al. Radiosurgery-induced brain tumor: case report[J]. Journal of Neurosurgery, 2001, 95: 710 - 713.
[202] Kaschten B, Flandroy P, Reznik M, et al. Radiation-induced gliosarcoma: case report and review of the literature[J]. Journal of Neurosurgery, 1995, 83: 154 - 162.
[203] Kato T, Nakamura T. Estimation of neutron yields from thick targets by high-energy he ions for the design of shielding for a heavy ion medical accelerator[J]. Nuclear Instruments and Methods in Physics Research Section A: Accelerators, Spectrometers, Detectors and Associated Equipment, 1992, 311: 548 - 557.
[204] Kato T, Kurosawa K, Nakamura T. Systematic analysis of neutron yields

from thick targets bombarded by heavy ions and protons with moving source model[J]. Nuclear Instruments and Methods in Physics Research Section A: Accelerators, Spectrometers, Detectors and Associated Equipment, 2002, 480: 571 - 590.

[205] Keall P J, Siebers J V, Libby B, et al. Determining the incident electron fluence for monte carlo-based photon treatment planning using a standard measured data set[J]. Medical Physics, 2003, 30: 574 - 582.

[206] Kellerer A M. Risk estimates for radiation-induced cancer - the epidemiological evidence [J]. Radiation and Environmental Biophysics, 2000, 39: 17 - 24.

[207] Kellerer A M, Nekolla E A, Walsh L. On the conversion of solid cancer excess relative risk into lifetime attributable risk [J]. Radiation and Environmental Biophysics, 2001, 40: 249 - 257.

[208] Kellerer A M, Ruhm W, Walsh L. Indications of the neutron effect contribution in the solid cancer data of the a-bomb survivors[J]. Health Physics, 2006, 90: 554 - 564.

[209] Kenney L B, Yasui Y, Inskip P D, et al. Breast cancer after childhood cancer: a report from the childhood cancer survivor study[J]. Annals of Internal Medicine, 2004, 141: 590 - 597.

[210] Kim E, Nakamura T, Uwamino Y, et al. Measurements of activation cross section on spallation reactions for ^{59}Co and nat Cu at incident neutron energies of 40 to 120 MeV[J]. Journal of Nuclear Science and Technology, 1999, 36(1): 29 - 40.

[211] Kim J. Proton therapy facility project in national cancer center, republic of korea[J]. Journal of the Republic of Korean Physical Society, 2003, 43: 50 - 54.

[212] Kinoshita N, Masumoto K, Matsumura H, et al. Measurement and monte carlo simulation of radioactivity produced in concrete shield in EP - 1 beamline at the 12-GeV proton synchrotron facility, KEK[C]//Proceedings 5th International Symposium on Radiation Safety and Detection Technology (ISORD - 5), Kita-Kyushu, Japan, 2009.

[213] Kirihara Y, Hagiwara M, Iwase H, et al. Comparison of several Monte Carlo codes with neutron deep penetration experiments[C]//Proceedings 11th International Conference on Radiation Shielding (ICRS - 11), Pine Mountain, Georgia, USA, 2008.

[214] Kitwanga S W, Leleux P, Lipnik P, et al. Production of ^{14}O, ^{15}O, ^{18}F and

^{19}Ne radioactive nuclei from (p, n) reactions up to 30-MeV[J]. Physical Review C, 1990, 42: 748 - 752.

[215] Klein E E, Maserang B, Wood R, et al. Peripheral doses from pediatric IMRT[J]. Medical Physics, 2006, 33: 2525 - 2531.

[216] Knoll G F. Radiation detection and measurement, 3rd ed. [M]. Hoboken, NJ: John Wiley & Sons, incorporated, 1999.

[217] Ko S J, Liao X Y, Molloi S, et al. Neoplastic transformation in vitro after exposure to low doses of mammographic-energy X rays: quantitative and mechanistic aspects[J]. Radiation Research, 2004, 162: 646 - 654.

[218] Kocher D C, Apostoaei A I, Hoffman F O. Radiation effectiveness factors for use in calculating probability of causation of radiogenic cancers[J]. Health Physics, 2005, 89: 3 - 32.

[219] Komori M. Design of compact irradiation port for carbon radiotherapy facility[C]//Proceedings of the 3rd Asian Particle Accelerator Conference, 22 - 26 March 2004, Gyeongju, Republic of Korea, 2004.

[220] Kotegawa H. Neutron-Photon Multigroup Cross Sections for Neutron Energies Up to 400 MeV: H1L086R- Revision of HIL086 Library[R]. JAERI-M 93 - 020, Japan Atomic Energy Research Institute, 1993.

[221] Kraemer M. Treatment planning for scanned ion beams[J]. Radiotherapy and Oncology, 2004, 73: 80 - 85.

[222] Kraft G. Tumor therapy with heavy charged particles[J]. Progress in Particle and Nuclear Physics, 2000, 45: 473 - 544.

[223] Kramer R, Zankl M, Williams G, et al. The calculation of dose from external photon exposures using reference human phantoms and Monte Carlo methods. Part I: The male (ADAM) and female (EVA) adult mathematical phantoms [R]. Gesellschaft fuer Strahlen- und Umweltforschung GSF-Bericht-S - 885, 1982.

[224] Kramer R, Vieira J W, Khoury H J, et al. All about MAX: a male adult voxel phantom for Monte Carlo calculations in radiation protection dosimetry [J]. Physics in Medicine and Biology, 2003, 48: 1239 - 1262.

[225] Kramer R, Khoury H J, Vieira J W, et al. MAX06 and FAX06: update of two adult human phantoms for radiation protection dosimetry[J]. Physics in Medicine and Biology, 2006, 51: 3331 - 3346.

[226] Kry S F, Salehpour M, Followill D S, et al. The calculated risk of fatal secondary malignancies from intensity-modulated radiation therapy[J]. International Journal of Radiation Oncology, Biology, Physics, 2005, 62:

1195 - 1203.
[227] Kry S F, Followill D, White R A, et al. Uncertainty of calculated risk estimates for secondary malignancies after radiotherapy[J]. International Journal of Radiation Oncology, Biology, Physics, 2007, 68: 1265 - 1271.
[228] Kurosawa T. Measurements of secondary neutrons produced from thick targets bombarded by high-energy neon ions[J]. Journal of Nuclear Science and Technology, 1999, 36(1): 41 - 53.
[229] Kurosawa T. Neutron yields from thick C, Al, Cu, and Pb targets bombarded by 400 MeV Ar, Fe, Xe, and 800 MeV Si ions[J]. Physical Review C, 2000, 62.
[230] Kurosawa T, Nakao N, Nakamura T, et al. Measurements of secondary neutrons produced from thick targets bombarded by high-energy helium and carbon ions[J]. Nuclear Science and Engineering, 1999, 132: 30 - 57.
[231] Kuttesch J F, Wexler L H, Marcus R B, et al. Second malignancies after Ewing's sarcoma: radiation dose-dependency of secondary sarcomas[J]. Journal of Clinical Oncology, 1996, 14: 2818 - 2825.
[232] Lee C, Bolch W. Construction of a tomographic computational model of a 9-mo-old and its Monte Carlo calculation time comparison between the MCNP4C and MCNPX codes[J]. Health Physics, 2003, 84: 259.
[233] Lee C, Williams J L, Lee C, et al. The UF series of tomographic computational phantoms of pediatric patients[J]. Medical Physics, 2005, 32: 3537 - 3548.
[234] Lee C, Lee C, Bolch W E. Age-dependent organ and effective dose coefficients for external photons: a comparison of stylized and voxel-based pediatric phantoms[J]. Physics in Medicine and Biology, 2006, 51: 4663 - 4688.
[235] Lee C, Lee C, Williams J L, et al. Whole-body voxel phantoms of pediatric patients—UF Series B[J]. Physics in Medicine and Biology, 2006, 51: 4649 - 4661.
[236] Lee C, Lee C, Lodwick D, et al. A series of 4D pediatric hybrid phantoms developed from the US series B tomographic phantoms[J]. Medical Physics, 2006, 33(6): 2006.
[237] Lee C, Lodwick D, Hasenauer D, et al. Hybrid computational phantoms of the male and female newborn patient: NURBS-based whole-body models [J]. Physics in Medicine and Biology, 2007, 52: 3309 - 3333.
[238] Lee C, Lodwick D, Williams J L, et al. Hybrid computational phantoms of

the 15-year male and female adolescent: applications to CT organ dosimetry for patients of variable morphometry[J]. Medical Physics, 2008, 35: 2366 - 2382.
[239] Lee H S. Personal communication, Radiation Safety Office, Pohang Accelerator Laboratory, POSTECH, Nam-Gu Pohang, Gyongbuk, Republic of Korea, 2008.
[240] Leroy C, Rancoita P G. Principles of radiation interaction in matter and detection[M]. Singapore: World Scientific, 2005.
[241] Lim S M, De Nardo G L, De Nardo D A, et al. Prediction of myelotoxicity using radiation doses to marrow from body, blood and marrow sources[J]. Journal of Nuclear Medicine, 1997, 38: 1374 - 1378.
[242] Little M P. Estimates of neutron relative biological effectiveness derived from the Japanese atomic bomb survivors[J]. International Journal of Radiation Biology, 1997, 72: 715 - 726.
[243] Little M P. A comparison of the degree of curvature in the cancer incidence dose-response in Japanese atomic bomb survivors with that in chromosome aberrations measured in vitro[J]. International Journal of Radiation Biology, 2000, 76: 1365 - 1375.
[244] Little M P. Comparison of the risks of cancer incidence and mortality following radiation therapy for benign and malignant disease with the cancer risks observed in the Japanese A-bomb survivors[J]. International Journal of Radiation Biology, 2001, 77: 431 - 464.
[245] Little M P, Muirhead C R. Derivation of low-dose extrapolation factors from analysis of curvature in the cancer incidence dose response in Japanese atomic bomb survivors[J]. International Journal of Radiation Biology, 2000, 76: 939 - 953.
[246] Liwnicz B H, Berger T S, Liwnicz R G, et al. Radiation-associated gliomas: a report of four cases and analysis of postradiation tumors of the central nervous system[J]. Neurosurgery, 1985, 17: 436 - 445.
[247] Loeffler J S, Niemierko A, Chapman P H. Second tumors after radiosurgery: tip of the iceberg or a bump in the road? [J]. Neurosurgery, 2003, 52: 1436 - 1442.
[248] Loncol T, Cosgrove V, Denis J M, et al. Radiobiological effectiveness of radiation beams with broad LET spectra: microdosimetric analysis using biological weighting functions[J]. Radiation Protection Dosimetry, 1994, 52: 347 - 352.

[249] Lux I, Koblinger L. Monte Carlo particle transport methods: neutron and photon calculations[M]. Boca Raton, FL: CRC Press, 1991.

[250] Maisin J R, Wambersie A, Gerber G B, et al. Life-shortening and disease incidence in mice after exposure to g rays or high-energy neutrons[J]. Radiation Research, 1991, 128: 117 - 123.

[251] Mares V, Leuthold G, Schraube H. Organ doses and dose equivalents for neutrons above 20 MeV[J]. Radiation Protection Dosimetry, 1997, 70: 391 - 394.

[252] Marquez L. The yield of F - 18 from medium and heavy elements with 420 MeV protons[J]. Physical Review, 1952, 86: 405 - 407.

[253] Mashnik S G. Overview and validation of the CEM and LAQGSM event generators for MCNP6, MCNPX, and MARS15[C]//Proceedings of the First International Workshop on Accelerator Radiation Induced Activation (ARIA'08), PSI, Switzerland, 2009.

[254] Masumoto K, Matsumura H, Bessho K, et al. Role of activation analysis for radiation control in accelerator facilities[J]. Journal of Radioanalytical and Nuclear Chemistry, 2008, 278: 449 - 453.

[255] Matsufuji N, Fukumura A, Komori M, et al. Influence of fragment reaction of relativistic heavy charged particles on heavy-ion radiotherapy[J]. Physics in Medicine and Biology, 2003, 48: 1605 - 1623.

[256] Mazal A, Gall K, Bottollier-Depois J F, et al. Shielding measurements for a proton therapy beam of 200 MeV: preliminary results[J]. Radiation Protection Dosimetry, 1997, 70: 429 - 436.

[257] McKinney G, Durkee J, Hendricks J, et al. Review of Monte Carlo all-particle transport codes and overview of recent MCNPX features[C]//Proceedings of the International Workshop on Fast Neutron Detectors, University of Cape Town, South Africa. 2006.

[258] Meier M M, Goulding C A, Morgan G L, et al. Neutron yields from stopping and near-stopping-length targets for 256 MeV protons[J]. Nuclear Science and Engineering, 1990, 104: 339 - 363.

[259] Mesoloras G, Sandison G A, Stewart R D, et al. Neutron scattered dose equivalent to a fetus from proton radiotherapy of the mother[J]. Medical Physics, 2006, 33: 2479 - 2490.

[260] Michel R. Cross sections for the production of residual nuclides by low- and medium energy protons from the target elements C, N, O Mg, Al, Si, Ca, Ti, V, Mn, Fe, Co, Ni, Cu, Sr, Y, Zr, Nb, Ba, and Au[J]. Nuclear

Instruments and Methods in Physics Research B, 1997, 129: 153 - 193.

[261] Minniti G, Traish D, Ashley S, et al. Risk of second brain tumor after conservative surgery and radiotherapy for pituitary adenoma: update after an additional 10 years[J]. Journal of Clinical Endocrinology and Metabolism, 2005, 90: 800 - 804.

[262] Miralbell R, Lomax A, Cella L, et al. Potential reduction of the incidence of radiation-induced second cancers by using proton beams in the treatment of pediatric tumors [J]. International Journal of Radiation Oncology, Biology, Physics, 2002, 54: 824 - 829.

[263] Mokhov N V. The MARS Code System User's Guide[R]. Fermilab-FN - 628, 1995.

[264] Mokhov N V. MARS Code System, Version 15[EB/OL], 2009.

[265] Mokhov N V, Striganov S I. MARS15 Overview[C]//Proceedings of the Hadronic Shower Simulation Workshop 2006, Fermilab, 6 - 8 September 2006, Albrow M, Raja R. Eds., AIP Conference Proceeding 896, 2007.

[266] Moritz L E. Summarized experimental results of neutron shielding and attenuation length [C]//Proceedings Shielding Aspects of Accelerators, Targets and Irradiation Facilities (SATIF), 28 - 29 April 1998, Arlington, Texas, Nuclear Energy Agency, Organization for Economic Co-operation and Development, 1998.

[267] Moritz L E. Radiation protection at low energy proton accelerators [J]. Radiation Protection Dosimetry, 2001, 96(4): 297 - 309.

[268] Morone M C, Calabretta L, Cuttone G, et al. Monte Carlo simulation to evaluate the contamination in an energy modulated carbon ion beam for hadron therapy delivered by cyclotron[J]. Physics in Medicine and Biology, 2008, 53: 6045 - 6053.

[269] Morstin K, Olko P. Calculation of neutron energy deposition in nanometric sites[J]. Radiation Protection Dosimetry, 1994, 52: 89 - 92.

[270] Moyer B J. University of california radiation laboratory proton synchrotron [R]. Report TID - 7545, U. S. Army Environmental Command, Washington, D. C., 1957.

[271] Moyers M F, Benton E R, Ghebremedhin A, et al. Leakage and scatter radiation from a double scattering based proton beamline [J]. Medical Physics, 2008, 35: 128 - 144.

[272] Nakamura T. Neutron production from thin and thick targets by high-energy heavy ion bombardment [C]//Proceedings Shielding Aspects of

Accelerators, Targets and Irradiation Facilities (SATIF - 5), 18 - 21 July 2000, Paris, Nuclear Energy Agency, Organization for Economic Co-operation and Development, 2000.

[273] Nakamura T. Double differential thick-target neutron yields bombarded by high-energy heavy ions[C]//Proceedings Shielding Aspects of Accelerators, Targets and Irradiation Facilities (SATIF - 6), 10 - 12 April 2002, Stanford, CA, Nuclear Energy Agency, Organization for Economic Co-operation and Development, 2002.

[274] Nakamura T. Summarized experimental results of neutron shielding and attenuation length[C]//Proceedings Shielding Aspects of Accelerators, Targets and Irradiation Facilities (SATIF - 7), 17 - 18 May 2004, Portugal, Nuclear Energy Agency, Organization for Economic Co-operation and Development, 2004.

[275] Nakamura T, Heilbronn L. Handbook on secondary particle production and transport by high-energy heavy ions[M]. Singapore: World Scientific, 2006.

[276] Nakamura T, Nunomiya T, Yashima H, et al. Overview of recent experimental works on high energy neutron shielding[J]. Progress in Nuclear Energy, 2004, 44(2): 85 - 187.

[277] Nakashima H, Takada H, Meigo S, et al. Accelerator shielding benchmark experiment analyses[C]//Proceedings Shielding Aspects of Accelerators, Targets and Irradiation Facilities (SATIF - 2), 12 - 13 October 1995, CERN, Geneva, Nuclear Energy Agency, Organization for Economic Co-operation and Development, 1995.

[278] Nasagawa H, Little J B. Unexpected sensitivity to the induction of mutations by very low doses of alpha-particle radiation: evidence for a bystander effect[J]. Radiation Research, 1999, 152: 552 - 557.

[279] NCRP. Protection Against Neutron Radiation[R]. NCRP Report 38, National Council on Radiation Protection and Measurements, Bethesda, MD, 1971.

[280] NCRP. Radiation Protection Design Guidelines for 0.1 - 100 MeV Particle Accelerator Facilities[R]. NCRP Report 51, National Council on Radiation Protection and Measurements, Bethesda, MD, 1997.

[281] NCRP. The relative biological effectiveness of radiations of different quality [R]. NCRP Report 104, National Council on Radiation Protection and Measurements, Bethesda, MD, 1990.

[282] NCRP. Calibration of survey instruments used in radiation protection for the assessment of ionizing radiation fields and radioactive surface contamination [R]. NCRP Report 112, National Council on Radiation Protection and Measurements, Bethesda, MD, 1991.

[283] NCRP. Limitation of exposure to ionizing radiation[R]. NCRP Report 116, National Council on Radiation Protection and Measurements, Bethesda, MD, 1991.

[284] NCRP. Dosimetry of X-ray and Gamma-ray beams for radiation therapy in the energy range 10 KeV to 50 MeV[R]. NCRP Report 69, National Council on Radiation Protection and Measurements, Bethesda, MD, 1996.

[285] NCRP. Evaluation of the linear nonthreshold dose-response model for ionizing radiation[R]. NCRP Report 136, National Council on Radiation Protection and Measurements, Bethesda, MD, 2001.

[286] NCRP. Radiation protection for particle accelerator facilities[R]. NCRP Report 144, National Council on Radiation Protection and Measurements, Bethesda, MD, 2003.

[287] NCRP. Structural shielding design and evaluation for megavoltage X- and Gamma-ray radiotherapy facilities[R]. NCRP Report 151, National Council on Radiation Protection and Measurements, Bethesda, MD, 2005.

[288] Neglia J P, Meadows A T, Robison L L, et al. Second neoplasms after acute lymphoblastic leukemia in childhood[J]. New England Journal of Medicine, 1991, 325: 1330 - 1336.

[289] Neglia J P, Friedman D L, Yasui Y, et al. Second malignant neoplasms in five-year survivors of childhood cancer: childhood cancer survivor study[J]. Journal of the National Cancer Institute, 2001, 93: 618 - 629.

[290] Newhauser W D, Titt U, Dexheimer D, et al. Neutron shielding verification measurements and simulations for a 235-MeV proton therapy center[J]. Nuclear Instruments and Methods in Physics Research Section A: Accelerators, Spectrometers, Detectors and Associated Equipment, 2002, 476: 80 - 84.

[291] Newhauser W D, Ding X, Giragosian D, et al. Neutron radiation area monitoring system for proton therapy facilities[J]. Radiation Protection Dosimetry, 2005, 115: 149 - 153.

[292] Newhauser W, Koch N, Hummel S, et al. Monte Carlo simulations of a nozzle for the treatment of ocular tumours with high-energy proton beams [J]. Physics in Medicine and Biology, 2005, 50: 5229 - 5249.

[293] Newhauser W D, Fontenot J D, Mahajan A, et al. The risk of developing a second cancer after receiving craniospinal proton irradiation[J]. Physics in Medicine and Biology, 2009, 54: 2277 - 2291.
[294] Niita K, Meigo S, Takada H, et al. High energy particle transport code NMTC/JAM[J]. Nuclear Instruments and Methods in Physics Research Section B: Beam Interactions with Materials and Atoms, 2001, 184: 406 - 420.
[295] Niita K, Sato T, Iwase H, et al. PHITS: a particle and heavy ion transport code system[J]. Radiation Measurements, 2006, 41: 1080 - 1090.
[296] Nipper J C, Williams J L, Bolch W E. Creation of two tomographic voxel models of paediatric patients in the first year of life[J]. Physics in Medicine and Biology, 2002, 47: 3143 - 3164.
[297] Nishimura H, Miyamoto T, Yamamoto N, et al. Radiographic pulmonary and pleural changes after carbon ion irradiation[J]. International Journal of Radiation Oncology, Biology, Physics, 2003, 55: 861 - 866.
[298] Noda K. HIMAC and new Facility Design for Widespread Use of Carbon Cancer Therapy[C]//Proceedings of the 3rd Asian Particle Accelerator Conference, 22 - 26 March 2004, Gyeongju, Republic of Korea, 2004: 552 - 556.
[299] Noda K. Development for new Carbon Cancer-Therapy Facility and Future Plan of HIMAC[C]//Proceedings of EPAC 2006, 995 - 957, Applications of Accelerators, Technology Transfer and Industrial Relations, Edinburgh, Scotland, 2006.
[300] Noda K. Design of carbon therapy facility based on 10 years experience at HIMAC[J]. Nuclear Instruments and Methods in Physics Research Section A: Accelerators, Spectrometers, Detectors and Associated Equipment, 2006, 562: 1038 - 1041.
[301] Nolte E, Ruhm W, Loosli H H, et al. Measurements of fast neutrons in Hiroshima by use of ^{39}Ar[J]. Radiation and Environmental Biophysics, 2006, 44: 261 - 271.
[302] Norosinski S. Erstellung eines handbuches zur abschätzung von abschirmungen[D]. Diploma thesis, 31 May 2006, Zittau, Görlitz, 2006.
[303] Numajiri M. Evaluation of the radioactivity of the pre-dominant gamma emitters in components used at high-energy proton accelerator facilities[J]. Radiation Protection Dosimetry, 2007, 23(4): 417 - 425.
[304] Oishi K, Nakao N, Kosako K, et al. Measurement and analysis of induced

activities in concrete irradiated using high-energy neutrons at KENS neutron spallation source facility[J]. Radiation Protection Dosimetry, 2005, 115: 623 - 629.

[305] Olsen J H, Garwicz S, Hertz H, et al. Second malignant neoplasms after cancer in childhood or adolescence[J]. British Medical Journal, 1993, 307: 1030 - 1036.

[306] Olsher R H, Hsu H H, Beverding A, et al. WENDI: An improved neutron rem meter[J]. Health Physics, 2000, 70: 171 - 181.

[307] Olsher R H, Seagraves D T, Eisele S L, et al. PRESCILA: a new, lightweight neutron rem meter[J]. Health Physics, 2004, 86: 603 - 612.

[308] Paganetti H. Monte Carlo method to study the proton fluence for treatment planning[J]. Medical Physics, 1998, 25: 2370 - 2375.

[309] Paganetti H. Nuclear interactions in proton therapy: dose and relative biological effect distributions originating from primary and secondary particles[J]. Physics in Medicine and Biology, 2002, 47: 747 - 764.

[310] Paganetti H. Changes in tumor cell response due to prolonged dose delivery times in fractionated radiation therapy[J]. International Journal of Radiation Oncology, Biology, Physics, 2005, 63(3): 892 - 900.

[311] Paganetti H. Monte Carlo calculations for absolute dosimetry to determine output factors for proton therapy treatments[J]. Physics in Medicine and Biology, 2006, 51(12): 2801 - 2812.

[312] Paganetti H, Olko P, Kobus H, et al. Calculation of RBE for proton beams using biological weighting functions[J]. International Journal of Radiation Oncology, Biology, Physics, 1997, 37(4): 719 - 729.

[313] Paganetti H, Jiang H, Lee S Y, et al. Accurate Monte Carlo for nozzle design, commissioning, and quality assurance in proton therapy[J]. Medical Physics, 2004, 31(6): 2107 - 2118.

[314] Paganetti H, Bortfeld T, Delaney T F. Neutron dose in proton radiation therapy: in regard to Eric, J. Hall[J]. International Journal of Radiation Oncology, Biology, Physics, 2006, 66(3): 1594 - 1595.

[315] Paganetti H, Jiang H, Parodi K, et al. Clinical implementation of full Monte Carlo dose calculation in proton beam therapy [J]. Physics in Medicine and Biology, 2008, 53(15): 4825 - 4853.

[316] Palm A, Johansson K A. A review of the impact of photon and proton external beam radiotherapy treatment modalities on the dose distribution in field and out-of-field; implications for the long-term morbidity of cancer

survivors[J]. Acta Oncologica, 2007, 46(4): 462 - 473.

[317] Parodi K, Ferrari A, Sommerer F, et al. Clinical CT-based calculations of dose and positron emitter distributions in proton therapy using the FLUKA Monte Carlo code[J]. Physics in Medicine and Biology, 2007, 52(13): 3369 - 3387.

[318] Pedroni E, Bacher R, Blattmann H, et al. The 200 MeV proton therapy project at the Paul Scherrer Institute: conceptual design and practical realization[J]. Medical Physics, 2005, 32(1): 37 - 53.

[319] Pelliccioni M. Overview of fluence-to-effective dose and fluence-to-ambient dose equivalent conversion coefficients for high energy radiation calculated using the FLUKA Code[J]. Radiation Protection Dosimetry, 2000, 88(4): 277 - 297.

[320] Pelowitz D B. MCNPX user's manual, version 2. 5. 0[R]. Los Alamos National Laboratory report, LA - CP - 05 - 0369, 2005.

[321] Perez-Andujar A, Newhauser W D, Deluca P M. Neutron production from beam modifying devices in a modern double scattering proton therapy beam delivery system[J]. Physics in Medicine and Biology, 2009, 54(4): 993 - 1008.

[322] Petoussi-Henss N, Zanki M, Fill U, et al. The GSF family of voxel phantoms[J]. Physics in Medicine and Biology, 2002, 47(1): 89 - 106.

[323] Piegl L. On NURBS: a survey [J]. IEEE Computer Graphics and Applications, 1991, 11(4): 55 - 71.

[324] Pierce D A, Preston D L. Radiation-related cancer risks at low doses among atomic bomb survivors[J]. Radiation Research, 2000, 154(2): 178 - 186.

[325] Pierce D A, Shimizu Y, Preston D L, et al. Studies of the mortality of atomic bomb survivors. Report 12, Part I. Cancer: 1950 - 1990 [J]. Radiation Research, 1996, 146(1): 1 - 27.

[326] Polf J C, Newhauser W D. Calculations of neutron dose equivalent exposures from range modulated proton therapy beams [J]. Physics in Medicine and Biology, 2005, 50(17): 3859 - 3873.

[327] Polf J C, Newhauser W D, Titt U. Patient neutron dose equivalent exposures outside of the proton therapy treatment field [J]. Radiation Protection Dosimetry, 2005, 115(3): 154 - 158.

[328] Popova II. MCNPX vs DORT for SNS shielding design studies [J]. Radiation Protection Dosimetry, 2005, 115(3): 559 - 563.

[329] Porta A, Agosteo S, Campi F. Monte Carlo simulations for the design of

the treatment rooms and synchrotron access mazes in the CNAO Hadrontherapy facility[J]. Radiation Protection Dosimetry, 2005, 113(3): 266 - 274.

[330] Porta A, Agosteo S, Campi F, et al. Double-differential spectra of secondary particles from hadrons on tissue equivalent targets[J]. Radiation Protection Dosimetry, 2008, 132(1): 29 - 41.

[331] Potish R A, Dehner L P, Haselow R E, et al. The incidence of second neoplasms following megavoltage radiation for pediatric tumors[J]. Cancer, 1985, 56: 1534 - 1537.

[332] Preston D L, Shimizu Y, Pierce D A, et al. Studies of mortality of atomic bomb survivors. Report 13: Solid cancer and noncancer disease mortality: 1950 - 1997[J]. Radiation Research, 2003, 160: 381 - 407.

[333] Preston D L, Pierce D A, Shimizu Y, et al. Effect of recent changes in atomic bomb survivor dosimetry on cancer mortality risk estimates[J]. Radiation Research, 2004, 162: 377 - 389.

[334] Pshenichnov I, Mishustin I, Greiner W. Neutrons from fragmentation of light nuclei in tissue-like media: a study with the GEANT4 toolkit[J]. Physics in Medicine and Biology, 2005, 50: 5493 - 5507.

[335] Pshenichnov I, Larionov A, Mishustin I, et al. PET monitoring of cancer therapy with ^{3}He and ^{12}C beams: a study with the GEANT4 toolkit[J]. Physics in Medicine and Biology, 2007, 52: 7295 - 7312.

[336] PTCOG. Particle theory co-operative group[EB/OL]. (2009 - 05 - 04) [2009 - 05 - 04].

[337] Raju M R. Heavy particle radiotherapy[M]. New York: Academic Press, 1980.

[338] Reft C S, Runkel-Muller R, Myrianthopoulos L. In vivo and phantom measurements of the secondary photon and neutron doses for prostate patients undergoing 18 MV IMRT[J]. Medical Physics, 2006, 33: 3734 - 3742.

[339] RIBF. Radiation safety assessment for RI Bean Factory[R]. Wako, Japan: Promotion Office of RI Beam Factory, Nishina Center for Accelerator-Based Science, RIKEN, 2005.

[340] Ries L A G, Eisner M P, Kosary C L, et al. SEER cancer statistics review, 1975 - 2000[EB/OL]. (2003)[2009 - 09 - 20].

[341] Rijkee A G, Zoetelief J, Raaijmakers C P, et al. Assessment of induction of secondary tumours due to various radiotherapy modalities[J]. Radiation

Protection Dosimetry, 2006, 118: 219 - 226.

[342] Rinecker H. Protonentherapie - Neue Chance bei Krebs[M]. Munich, Germany: F. A. Herbig Verlagsbuchhandlung GmbH, 2005.

[343] Rogers J, Stabin M, Gesner J. Use of GEANT4 for Monte Carlo studies in voxel-based anthropomorphic models[J]. Journal of Nuclear Medicine, 2007, 48(Sup 2): 295.

[344] Ron E. Childhood cancer—treatment at a cost[J]. Journal of the National Cancer Institute, 2006, 98: 1510 - 1511.

[345] Ron E, Hoffmann F O. Uncertainty in radiation dosimetry and their impact on dose response analysis[C]//National Cancer Institute, National Institute of Health Workshop Proceedings, 1997.

[346] Ron E, Modan B, Boice J D, et al. Tumors of the brain and nervous system after radiotherapy in childhood[J]. New England Journal of Medicine, 1988, 319: 1033 - 1039.

[347] Ron E, Lubin J H, Shore R E, et al. Thyroid cancer after exposure to external radiation: a pooled analysis of seven studies[J]. Radiation Research, 1995, 141: 259 - 277.

[348] Roy S C, Sandison G A. Scattered neutron dose equivalent to a fetus from proton therapy of the mother[J]. Radiation Physics and Chemistry, 2004, 71: 997 - 998.

[349] Ruth T J, Wolf A P. Absolute cross sections for the production of ^{18}F via the ^{18}O (p, n) ^{18}F reaction[J]. Radiochimica Acta, 1979, 26: 21 - 24.

[350] Sadetzki S, Flint-Richter P, Ben-Tal T, et al. Radiation-induced meningioma: a descriptive study of 253 cases[J]. Journal of Neurosurgery, 2002, 97: 1078 - 1082.

[351] Sakamoto Y, Sato O, Tsuda S, et al. Dose conversion coefficients for high-energy photons, electrons, neutrons and protons[R]. Tokai: Japan Atomic Energy Research Institute, 2003.

[352] Sasaki S, Fukuda N. Dose-response relationship for induction of solid tumors in female B6C3F1 mice irradiated neonatally with a single dose of gamma rays[J]. Journal of Radiation Research (Tokyo), 1999, 40: 229 - 241.

[353] Sato O, Yoshizawa N, Takagi S, et al. Calculations of effective dose and ambient dose equivalent conversion coefficients for high energy photons[J]. Journal of Nuclear Science and Technology, 1999, 36: 977 - 987.

[354] Sato T, Endo A, Zankl M, et al. Fluence-to-dose conversion coefficients for

neutrons and protons calculated using the PHITS code and ICRP/ICRU adult reference computational phantoms [J]. Physics in Medicine and Biology, 2009, 54: 1997 - 2014.
[355] Schardt D, Iwase H, Simon R S, et al. Experimental investigation of secondary fast neutrons produced in carbon ion radiotherapy [C]// Proceedings of the International Workshop on Fast Neutron Detectors and Applications, Cape Town, South Africa, 2006.
[356] Scharf W H, Wieszczycka W. Proton Radiotherapy Accelerators [M]. London: World Scientific Publishing Company, 2001.
[357] Schimmerling W, Miller J, Wong M, et al. The fragmentation of 670A MeV neon - 20 as a function of depth in water. I Experiment[J]. Radiation Research, 1989, 120: 36 - 71.
[358] Schippers J M, Doelling R, Duppich J, et al. The SC cyclotron and beam lines of PSI's new proton therapy facility PROSCAN [J]. Nuclear Instruments and Methods in Physics Research Section B: Beam Interactions with Materials and Atoms, 2007, 261: 773 - 776.
[359] Schneider U, Kaser-Hotz B. Radiation risk estimates after radiotherapy: application of the organ equivalent dose concept to plateau dose-response relationships[J]. Radiation Environmental Biophysics, 2005, 44: 235 - 239.
[360] Schneider U, Agosteo S, Pedroni E, et al. Secondary neutron dose during proton therapy using spot scanning[J]. International Journal of Radiation Oncology, Biology, Physics, 2002, 53: 244 - 251.
[361] Schneider U, Fiechtner A, Besserer J, et al. Neutron dose from prostheses material during radiotherapy with protons and photons [J]. Physics in Medicine and Biology, 2004, 49: 119 - 124.
[362] Schneider U, Lomax A, Hauser B, et al. Is the risk for secondary cancers after proton therapy enhanced distal to the Planning Target Volume? A two-case report with possible explanations[J]. Radiation and Environmental Biophysics, 2006, 45: 39 - 43.
[363] Schneider U, Lomax A, Besserer J, et al. The impact of dose escalation on secondary cancer risk after radiotherapy of prostate cancer[J]. International Journal of Radiation Oncology, Biology, Physics, 2007, 68: 892 - 897.
[364] Schottenfeld D, Beebe-Dimmer J L. Multiple cancers [J]. Cancer epidemiology and prevention, 2006: 1269 - 1280.
[365] Schultz-Ertner D, Nikoghosyan A, Thilmann C, et al. Results of carbon

ion radiotherapy in 152 Patients[J]. International Journal of Radiation Oncology, Biology, Physics, 2004, 58(2): 631-640.

[366] Schwarz R. Graphical user interface for high energy multi-particle transport [EB/OL]. (2008-09-20)[2009-09-20].

[367] Segars W P. Development and application of the new dynamic NURBS-based cardiac-torso (NCAT) phantom[D]. Raleigh: University of North Carolina, 2001.

[368] Segars W P, Tsui B M W. Study of the efficacy of respiratory gating in myocardial SPECT using the new 4-D NCAT phantom [J]. IEEE Transactions in Nuclear Science, 2002, 49: 675-679.

[369] Segars W P, Lalush D S, Tsui B M W. A realistic spline-based dynamic heart phantom[J]. IEEE Transactions in Nuclear Science, 1999, 46: 503-506.

[370] Shamisa A, Bance M, Nag S, et al. Glioblastoma multiforme occurring in a patient treated with gamma knife surgery. Case report and review of the literature[J]. Journal of Neurosurgery, 2001, 94: 816-821.

[371] Shellabarger C J, Chmelevsky D, Kellerer A M. Induction of mammary neoplasms in the Sprague-Dawley rat by 430 KeV neutrons and X-rays[J]. Journal of the National Cancer Institute, 1980, 64: 821-833.

[372] Shi C, Xu X G. Development of a 30-week-pregnant female tomographic model from computed tomography (CT) images for Monte Carlo organ dose calculations[J]. Medical Physics, 2004, 31: 2491-2497.

[373] Shi C Y, Xu X G, Stabin M G. Specific absorbed fractions for internal photon emitters calculated for a tomographic model of a pregnant woman [J]. Health Physics, 2004, 87: 507-511.

[374] Shin K, Ono S, Ishibashi K, et al. Thick target yield measurements in Tiara, KEK and HIMAC [C]// Proceedings Shielding Aspects of Accelerators, Targets and Irradiation Facilities (SATIF-3), Sendai, Japan, 1997.

[375] Shin M, Ueki K, Kurita H, et al. Malignant transformation of a vestibular schwannoma after gamma knife radiosurgery[J]. Lancet, 2002, 360: 309-310.

[376] Siebers J V. Shielding measurements for a 230 MeV proton beam[D]. Madison: University of Wisconsin, 1990.

[377] Siebers J V, DeLuca P M, Pearson D W, et al. Measurement of neutron dose equivalent and penetration in concrete for 230 MeV proton

bombardment of Al, Fe and Pb targets[J]. Radiation Protection Dosimetry, 1992, 44(1): 247 - 251.

[378] Siebers J V, DeLuca P M, Pearson D W, et al. Shielding measurements for 230-MeV protons [J]. Nuclear Science and Engineering, 1993, 115: 13 - 23.

[379] Sigurdson A J, Ronckers C M, Mertens A C, et al. Primary thyroid cancer after a first tumour in childhood (the Childhood Cancer Survivor Study): a nested case-control study[J]. Lancet, 2005, 365: 2014 - 2023.

[380] Simmons N E, Laws E R. Glioma occurrence after sellar irradiation: case report and review[J]. Neurosurgery, 1998, 42: 172 - 178.

[381] Sisterson J M, Brooks F D, Buffler A, et al. Cross section measurements for neutron-induced reactions in copper at neutron energies of 70.7 and 110.8 MeV[J]. Nuclear Instruments and Methods in Physics Research Section B: Beam Interactions with Materials and Atoms, 2005, 240: 617 - 624.

[382] Slater J M, Archambeau J O, Miller D W, et al. The proton treatment center at Loma Linda University Medical Center: rationale for and description of its development [J]. International Journal of Radiation Oncology, Biology, Physics, 1991, 22: 383 - 389.

[383] Smith A R. Vision 20/20: Proton therapy[J]. Medical Physics, 2009, 36 (2): 556 - 568.

[384] Snyder W S, Fisher H L, Ford M R, et al. Estimates of absorbed fractions for monoenergetic photon sources uniformly distributed in various organs of a heterogeneous phantom[J]. Journal of Nuclear Medicine, 1969, 10(Sup 3): 7 - 52.

[385] Sobolevsky N M. Multipurpose hadron transport code SHIELD[EB/OL]. (2008 - 09 - 20)[2009 - 09 - 20].

[386] Sorge H. Flavor production in Pb (160A GeV.) on Pb collisions: effect of color ropes and hadronic rescattering[J]. Physical Review C, 1995, 52: 3291 - 3314.

[387] Spitzer V M, Whitlock D G. The visible human dataset: the anatomical platform for human simulation [J]. Anatomical Record, 1998, 253: 49 - 57.

[388] Stabin M G, Watson E, Cristy M, et al. Mathematical models and specific absorbed fractions of photon energy in the nonpregnant adult female and at the end of each trimester of pregnancy[R]. ORNL/TM - 12907, 1995.

[389] Stabin M G, Yoriyaz H, Brill A B, et al. Monte Carlo calculations of dose conversion factors for a new generation of dosimetry phantoms[J]. Journal of Nuclear Medicine, 1999, 40: 310 - 311.

[390] Stapleton G B, O'Brien K, Thomas R H. Accelerator skyshine: tyger, tiger, burning bright[J]. Particle Accelerators, 1994, 44(1): 1 - 15.

[391] Staton R J, Pazik F D, Nipper J C, et al. A comparison of newborn stylized and tomographic models for dose assessment in paediatric radiology[J]. Physics in Medicine and Biology, 2003, 48: 805 - 820.

[392] Stevenson G R. The shielding of high-energy accelerators: CERN - TIS - 99 - RP - CF8[R]. Geneva: CERN, 1999.

[393] Stevenson G R. Shielding high-energy accelerators[J]. Radiation Protection Dosimetry, 2001, 96: 359 - 371.

[394] Stevenson G R, Thomas R H. A simple procedure for the estimation of neutron skyshine from proton accelerators[J]. Health Physics, 1984, 46: 155.

[395] Stichelbaut F, Canon T, Yongen Y. Shielding studies for a hadron therapy center[C]// Proceedings of the ICRS - 11 International Conference on Radiation Shielding and RPSD - 2008 15th Topical Meeting of the Radiation Protection and Shielding Division of the ANS, Pine Mountain, Georgia, USA, 2008.

[396] Stovall M, Smith S A, Rosenstein M. Tissue doses from radiotherapy of cancer of the uterine cervix[J]. Medical Physics, 1989, 16: 726 - 733.

[397] Stovall M, Donaldson S S, Weathers R E, et al. Genetic effects of radiotherapy for childhood cancer: gonadal dose reconstruction [J]. International Journal of Radiation Oncology, Biology, Physics, 2004, 60: 542 - 552.

[398] Strong L C, Herson J, Osborne B M, et al. Risk of radiation-related subsequent malignant tumors in survivors of Ewing's sarcoma[J]. Journal of the National Cancer Institute, 1979, 62: 1401 - 1406.

[399] Suit H, Goldberg S, Niemierko A, et al. Secondary carcinogenesis in patients treated with radiation: a review of data on radiation-induced cancers in human, non-human primate, canine and rodent subjects[J]. Radiation Research, 2007, 167: 12 - 42.

[400] Sullivan A H. A guide to radiation and radioactivity levels near high-energy particle accelerators[M]. Kent: Nuclear Technology Publishing, 1992.

[401] Sutton M R, Hertel N E, Waters L S. A high-energy neutron depth-dose

experiment performed at the LANSCE/WNR facility[C]// Proceedings 5th Meeting of the Task Force on Shielding Aspects of Accelerators, Targets and Irradiation Facilities, Paris, 2000: 231 - 240.

[402] Taddei P J, Fontenot J D, Zheng Y, et al. Reducing stray radiation dose to patients receiving passively scattered proton radiotherapy for prostate cancer [J]. Physics in Medicine and Biology, 2008, 53: 2131 - 2147.

[403] Taddei P J, Mirkovic D, Fontenot J D, et al. Stray radiation dose and second cancer risk for a pediatric patient receiving craniospinal irradiation with proton beams[J]. Physics in Medicine and Biology, 2009, 54: 2259 - 2275.

[404] Takacs S, Tarkanyi F, Hermanne A, et al. Validation and upgrade of the recommended cross section data of charged particle reactions used for production pet radioisotopes [J]. Nuclear Instruments and Methods in Physics Research Section B: Beam Interactions with Materials and Atoms, 2003, 211: 169 - 189.

[405] Tayama R, Nakano H, Handa H, et al. DUCT-III: a simple design code for duct-streaming radiations[R]. Tsukuba, Japan: KEK Internal Report, 2001.

[406] Tayama R, Handa H, Hayashi H, et al. Benchmark calculations of neutron yields and dose equivalent from thick iron target for 52 - 256 MeV protons [J]. Nuclear Engineering and Design, 2002, 213: 119 - 131.

[407] Tayama R, Hayashi K, Hirayama H. BULK-I radiation shielding tool for accelerator facilities: NEA - 1727/01[R]. Tsukuba, Japan: KEK Internal Report, 2004.

[408] Tayama R, Fujita Y, Tadokoro M, et al. Measurement of neutron dose distribution for a passive scattering nozzle at the Proton Medical Research Center (PMRC)[J]. Nuclear Instruments and Methods in Physics Research Section A: Accelerators, Spectrometers, Detectors and Associated Equipment, 2006, 564: 532 - 536.

[409] Teichmann S. Shielding calculations for proscan[R]. PSI - Scientific and Technical Report, 2002, 6: 58 - 59.

[410] Teichmann S. Shielding parameters of concrete and polyethylene for the PSI proton accelerator facilities [C]// Proceedings Shielding Aspects of Accelerators, Targets and Irradiation Facilities (SATIF - 8), Gyongbuk, Republic of Korea, 2006.

[411] Tesch K. The attenuation of the neutron dose equivalent in a labyrinth

through an accelerator shield[J]. Particle Accelerator, 1982, 12(3): 169 - 175.

[412] Tesch K. A simple estimation of the lateral shielding for proton accelerators in the energy range 50 to 1000 MeV[J]. Radiation Protection Dosimetry, 1985, 11(3): 165 - 172.

[413] Theis C, Buchegger K, Brugger M, et al. Interactive three dimensional visualization and creation of geometries for Monte Carlo calculations[J]. Nuclear Instruments and Methods in Physics Research Section A: Accelerators, Spectrometers, Detectors and Associated Equipment, 2006, 562: 827 - 829.

[414] Thomas R H. Practical aspects of shielding high-energy particle accelerators: Report UCRL - JC - 115068[R]. Washington, D. C. : U. S. Department of Energy, 1993.

[415] Titt U, Newhauser W D. Neutron shielding calculations in a proton therapy facility based on Monte Carlo simulations and analytical models: criterion for selecting the method of choice[J]. Radiation Protection Dosimetry, 2005, 115: 144 - 148.

[416] Tsoulfanidis N. Measurement and detection of radiation[M]. Washington, D. C. : Hemisphere Publishing, 1995.

[417] Tsui B M W, Zhao X D, Gregoriou G K, et al. Quantitative cardiac SPECT reconstruction with reduced image degradation due to patient anatomy[J]. IEEE Transactions in Nuclear Science, 1994, 41: 2838 - 2844.

[418] Tubiana M. Dose-effect relationship and estimation of the carcinogenic effects of low doses of ionizing radiation: the joint report of the Academie des Sciences (Paris) and of the Academie Nationale de Medecine[J]. International Journal of Radiation Oncology, 2005, 63: 317 - 319.

[419] Tubiana M. Can we reduce the incidence of second primary malignancies occurring after radiotherapy? A critical review[J]. Radiotherapy and Oncology, 2009, 91: 4 - 15.

[420] Tubiana M, Feinendegen L E, Yang C, et al. The linear no-threshold relationship is inconsistent with radiation biologic and experimental data[J]. Radiology, 2009, 251: 13 - 22.

[421] Tucker M A, Meadows A T, Boice J D, et al. Cancer risk following treatment of childhood cancer[M]//Radiation carcinogenesis: epidemiology and biological significance. Braintree: Raven Press, 1984: 211 - 224.

[422] Tucker M A, D'Angio G J, Boice J D, et al. Bone sarcomas linked to

radiotherapy and chemotherapy in children[J]. New England Journal of Medicine, 1987, 317: 588 - 593.

[423] Tujii H, Akagi T, Akahane K, et al. Research on radiation protection in the application of new technologies for proton and heavy ion radiotherapy [J]. Japanese Journal of Medical Physics, 2009, 28: 172 - 206.

[424] Turner J E. Atoms, Radiation, and Radiation Protection[M]. New York: Pergamon Press, 1986.

[425] Ueno A M, Vannais D B, Gustafson D L, et al. A low, adaptive dose of gamma-rays reduced the number and altered the spectrum of S1-mutants in human hamster hybrid AL cells[J]. Mutation Research, 1996, 358: 161 - 169.

[426] Ullrich R L. Effects of split doses of X rays or neutrons on lung tumor formation in RFM mice[J]. Radiation Research, 1980, 83: 138 - 145.

[427] Ullrich R L, Davis C M. Radiation-induced cytogenetic instability in vivo [J]. Radiation Research, 1999, 152: 170 - 173.

[428] Ullrich R L, Jernigan M C, Satterfield L C, et al. Radiation carcinogenesis: time-dose relationships[J]. Radiation Research, 1987, 111: 179 - 184.

[429] Upton A C. Radiation hormesis: data and interpretations[J]. Critical Reviews in Toxicology, 2001, 31: 681 - 695.

[430] USNRC. Standards for Protection Against Radiation 10CFR20, Code of Federal Regulations[S]. [2009 - 09 - 18].

[431] Uwamino Y. Personal communication[Z]. RIKEN, Safety Management Group, RIKEN, Japan, 2007.

[432] Uwamino Y, Nakamura T. Two types of multi-moderator neutron spectrometers: gamma ray insensitive type and high-efficiency type[J]. Nuclear Instruments and Methods in Physics Research Section A: Accelerators, Spectrometers, Detectors and Associated Equipment, 1985, 239: 299 - 309.

[433] Uwamino Y, Fujita S, Sakamoto H, et al. Radiation protection system at the Riken RI Beam Factory[J]. Radiation Protection Dosimetry, 2005, 115: 279 - 283.

[434] van Leeuwen F E, Travis L B. Second cancers[M]//Cancer: principles and practice of oncology, 7th ed. New York: Lippincott Williams & Wilkins, 2005: 2575 - 2602.

[435] Verellen D, Vanhavere F. Risk assessment of radiation-induced malignancies based on whole-body equivalent dose estimates for IMRT

treatment in the head and neck region[J]. Radiotherapy and Oncology, 1999, 53: 199 - 203.

[436] Vlachoudis V. FLAIR: FLUKA advanced interface[EB/OL]. (2009 - 09 - 20)[2009 - 09 - 20].

[437] Wang Q B, Masumoto K, Bessho K, et al. Tritium activity induced in the accelerator building and its correlation to radioactivity of gamma nuclides [J]. Journal of Radioanalytical and Nuclear Chemistry, 2004, 262: 587 - 592.

[438] Weber U. The Particle Therapy Centre of Rhön Klinikum AG at the University Hospital Marburg[C]// Ion Beams in Biology and Medicine, 39th Annual Conference of the German-Swiss Association for Radiation Protection and 11th Workshop of Heavy Charged Particles in Biology and Medicine, Switzerland and Germany, 2007: 242 - 243.

[439] White R G, Raabe O G, Culbertson M R, et al. Bone sarcoma characteristics and distribution in beagles fed strontium-90[J]. Radiation Research, 1993, 136: 178 - 189.

[440] Wiegel B, Alevra A V. NEMUS - the PTB neutron multisphere spectrometer: Bonner spheres and more[J]. Nuclear Instruments and Methods in Physics Research Section A: Accelerators, Spectrometers, Detectors and Associated Equipment, 2002, 476: 36 - 41.

[441] Wolff S. The adaptive response in radiobiology: evolving insights and implications[J]. Environmental Health Perspectives, 1998, 106(Sup 1): 277 - 283.

[442] Wood D H. Long-term mortality and cancer risk in irradiated rhesus monkeys[J]. Radiation Research, 1991, 126: 132 - 140.

[443] Wroe A, Rosenfeld A, Schulte R. Out-of-field dose equivalents delivered by proton therapy of prostate cancer[J]. Medical Physics, 2007, 34: 3449 - 3456.

[444] Wroe A, Clasie B, Kooy H, et al. Out-of-field dose equivalents delivered by passively scattered therapeutic proton beams for clinically relevant field configurations[J]. International Journal of Radiation Oncology, 2009, 73: 306 - 313.

[445] Xu X G, Chao T C, Bozkurt A. VIP - MAN: an image-based whole-body adult male model constructed from color photographs of the Visible Human Project for multi-particle Monte Carlo calculations[J]. Health Physics, 2000, 78: 476 - 485.

[446] Xu X G, Chao T C, Bozkurt A. Comparison of effective doses from various monoenergetic particles based on the stylised and the VIP - Man tomographic models[J]. Radiation Protection Dosimetry, 2005, 115: 530 - 535.

[447] Xu X G, Taranenko V, Zhang J, et al. A boundary-representation method for designing whole-body radiation dosimetry models: pregnant females at the ends of three gestational periods—RPI - P3, - P6 and - P9[J]. Physics in Medicine and Biology, 2007, 52: 7023 - 7044.

[448] Xu X G, Bednarz B, Paganetti H. A Review of Dosimetry Studies on External-Beam Radiation Treatment with Respect to Second Cancer Induction[J]. Physics in Medicine and Biology, 2008, 53: 193 - 241.

[449] Yan X, Titt U, Koehler A M, et al. Measurement of neutron dose equivalent to proton therapy patients outside of the proton radiation field [J]. Nuclear Instruments and Methods in Physics Research Section A: Accelerators, Spectrometers, Detectors and Associated Equipment, 2002, 476: 429 - 434.

[450] Yashima H, Uwamino Y, Sugita H, et al. Projectile dependence of radioactive spallation products induced in copper by high-energy heavy ions [J]. Physical Review C, 2002, 66: 1 - 11.

[451] Yashima H, Uwamino Y, Iwase H, et al. Measurement and calculation of radioactivities of spallation products by high-energy heavy ions [J]. Radiochimica Acta, 2003, 91: 689 - 696.

[452] Yashima H, Uwamino Y, Iwase H, et al. Cross sections for the production of residual nuclides by high-energy heavy ions[J]. Nuclear Instruments and Methods in Physics Research Section B: Beam Interactions with Materials and Atoms, 2004a, 226: 243 - 263.

[453] Yashima H, Uwamino Y, Sugita H, et al. Induced radioactivity in Cu targets produced by high-energy heavy ions and the corresponding estimated photon dose rates[J]. Radiation Protection Dosimetry, 2004b, 112: 195 - 208.

[454] Yonai S, Matsufuji N, Kanai T, et al. Measurement of neutron ambient dose equivalent in passive carbon-ion and proton radiotherapies[J]. Medical Physics, 2008, 35: 4782 - 4792.

[455] Yu J S, Yong W H, Wilson D, et al. Glioblastoma induction after radiosurgery for meningioma[J]. Lancet, 2000, 356: 1576 - 1577.

[456] Zacharatou Jarlskog C, Paganetti H. Sensitivity of different dose scoring

methods on organ specific neutron doses calculations in proton therapy[J]. Physics in Medicine and Biology, 2008a, 53: 4523 - 4532.

[457] Zacharatou Jarlskog C, Paganetti H. The risk of developing second cancer due to neutron dose in proton therapy as a function of field characteristics, organ, and patient age[J]. International Journal of Radiation Oncology, 2008b, 69: 228 - 235.

[458] Zacharatou Jarlskog C, Lee C, Bolch W, et al. Assessment of organ specific neutron doses in proton therapy using whole-body age-dependent voxel phantoms[J]. Physics in Medicine and Biology, 2008, 53: 693 - 714.

[459] Zaidi H, Xu X G. Computational anthropomorphic models of the human anatomy: the path to realistic monte carlo modeling in radiological sciences [J]. Annual Review of Biomedical Engineering, 2007, 9: 471 - 500.

[460] Zankl M, Veit R, Williams G, et al. The construction of computer tomographic phantoms and their application in radiology and radiation protection[J]. Radiation Environment and Biophysics, 1988, 27: 153 - 164.

[461] Zhang G, Liu Q, Zeng S, et al. Organ dose calculations by Monte Carlo modeling of the updated VCH adult male phantom against idealized external proton exposure[J]. Physics in Medicine and Biology, 2008, 53: 3697 - 3722.

[462] Zheng Y, Newhauser W, Fontenot J, et al. Monte Carlo study of neutron dose equivalent during passive scattering proton therapy[J]. Physics in Medicine and Biology, 2007, 52: 4481 - 4496.

[463] Zheng Y, Fontenot J, Taddei P, et al. Monte Carlo simulations of neutron spectral fluence, radiation weighting factor and ambient dose equivalent for a passively scattered proton therapy unit[J]. Physics in Medicine and Biology, 2008, 53: 187 - 201.

[464] Zubal I G, Harell C H. Voxel based Monte Carlo calculations of nuclear medicine images and applied variance reduction techniques[J]. Image and Vision Computing, 1992, 10: 342 - 348.

[465] Medical devices - quality management systems - requirements for regulatory purposes: ISO 13485 [S]. Geneva: International Organization for Standardization, 2003.

[466] International Atomic Energy Agency. International basic safety standards for protection against ionizing radiation and for the safety of radiation sources: No. 115[S]. Vienna: IAEA, 1996.

[467] International Atomic Energy Agency. Applying radiation safety standards in

radiotherapy：No. 38[S]. Vienna：IAEA，2006.

[468] International Atomic Energy Agency. Lessons learned from accidental exposures in radiotherapy：No. 17[S]. Vienna：IAEA，2000.

[469] Medical devices - application of Risk management to medical devices：ISO 14971[S]. Geneva：International Organization for Standardization，2010.

[470] Heinrich H W. Industrial accident prevention：a scientific approach[M]. New York：McGraw-Hill Book Company，1931.

[471] Reason J. Human error[M]. Cambridge：University Press，1990.

[472] Hollnagel E，Goteman O. The functional resonance accident model[C]. Cognitive System Engineering in Process Plant，2004.

[473] Leveson N. Engineering a safer world：systems thinking applied to safety [M]. Cambridge，Mass.：MIT Press，2012.

[474] Joint Commission on Accreditation of Healthcare Organizations. Hospital Accreditation Standard，LD5. 2[S]. 2002：200 - 201.

[475] Failure mode and effects analysis：a hands-on guide for healthcare facilities [J]. Health Devices，2004，33(7)：233 - 43.

[476] Ford E C，Gaudette R，Myers L，et al. Evaluation of safety in a radiation oncology setting using failure mode and effects analysis[J]. International Journal of Radiation Oncology，2009，74(3)：852 - 858.

[477] Perks J R，Stanic S，Stern R L，et al. Failure mode and effect analysis for delivery of lung stereotactic body radiation therapy[J]. International Journal of Radiation Oncology，2012，83(4)：1324 - 1329.

[478] Veronese I，De Martin E，Martinotti A S，et al. Multi-institutional application of failure mode and effects analysis (FMEA) to cyberknife stereotactic body radiation therapy (SBRT) [J]. Radiotherapy and Oncology，2015，10：132.

[479] Sawant A，Dieterich S，Svatos M，et al. Failure mode and effect analysis-based quality assurance for dynamic MLC tracking systems[J]. Medical Physics，2010，37(12)：6466 - 6470.

[480] Huq M S，Fraass B A，Dunscombe P B，et al. The report of task group 100 of the AAPM：application of risk analysis methods to radiation therapy quality management[J]. Medical Physics，2016，43(7)：4209 - 4262.

[481] Ortiz Lopez P，Cosset J M，Dunscombe P，et al. Preventing accidental exposures from new external beam radiation therapy technologies：ICRP Publication 112[R]. Annals of the ICRP，2009，39(4)：1 - 86.

[482] Watson H. Launch Control Safety Study [R]. New York：Bell

Laboratories, 1961.
[483] Awschalom M, Sanna R S. Applications of Bonner sphere detectors in neutron field dosimetry[J]. Radiation Protection Dosimetry, 1985, 10: 89-101.
[484] Roberts. A randomized trial of peer review: the UK national chronic obstructive pulmonary disease resources and outcomes project[J]. Clinical Medicine, 2010, 10(3): 223-7.
[485] Grout J R. Mistake proofing: Changing designs to reduce error[J]. Quality and Safety in Health Care, 2006, 15(Sup 1): 44-49.
[486] Norman D. The design of everyday things[M]. New York: Basic Books, 2013.
[487] Kutcher G. Comprehensive QA for radiation oncology: report of Taskgroup No. 40 Radiation Therapy Committee[R]. AAPM Report No. 46 and Medical Physics, 1994, 21(4).
[488] Ford E, Terezakis S, Souranis A, et al. Quality control quantification (QCQ): a tool to measure the value of quality control checks in radiation oncology[J]. Radiotherapy and Oncology, 2012, 84(3): 263-269.
[489] Agency I A E. Lessons learned from accidental exposures in radiotherapy [R]. Safety Reports Series 17, 2000.
[490] Kohn L, Corrigan J, Donaldson M, et al. To err is human: building a safer health System[M]. Washington, D. C.: National Academies Press, 1999.
[491] Hines S, Luna K, Lofthus J, et al. Becoming a high reliability organization: operational advice for hospital leaders[R]. AHRQ Publication No. 08-0022, Rockville, MD, 2008.
[492] V F Nieva, J Sorra. Safety culture assessment: a tool for improving patient safety in healthcare organizations[J]. Quality and Safety in Health Care, 2003, 12(Sup I): 17-23.
[493] Spencer BA, Steinberg M, Malin J, et al. Quality-of-care indicators for early-stage prostate cancer[J]. Journal of Clinical Oncology, 2003, 21: 1928-1936.
[494] Danielson B, Brundage M, Pearcey R, et al. Development of indicators of the quality of radiotherapy for localized prostate cancer[J]. Radiotherapy and Oncology, 2011, 99: 29-36.
[495] Crozier C, Erickson-Wittmann B, Movsas B, et al. Shifting the focus to practice quality improvement in radiation oncology [J]. Journal of Healthcare Quality, 2011, 33: 49-57.

[496] Iglehart J K, Baron R B. Physician quality and maintenance of certification [J]. New England Journal of Medicine, 2012, 367(26): 2543 - 2549.
[497] Chen A B, Neville B A, Sher D J, et al. Survival outcomes after radiation therapy for stage III non-small-cell lung cancer after adoption of computed tomography-based simulation[J]. Journal of Clinical Oncology, 2011, 29 (17): 2305 - 2311.
[498] Clements N, Kron T, Franich R, et al. The effect of irregular breathing patterns on internal target volumes in four-dimensional CT and cone-beam CT images in the context of stereotactic lung radiotherapy[J]. Medical Physics, 2013, 40(2): 021904.
[499] Hong T S, Tomé W A, Harari P M. Heterogeneity in head and neck IMRT target design and clinical practice[J]. Radiotherapy and Oncology, 2012, 103(1): 92 - 98.
[500] Jameson M G, Holloway L C, Vial P J, et al. A review of methods of analysis in contouring studies for radiation oncology[J]. Journal of Medical Imaging and Radiation Oncology, 2010, 54(5): 401 - 410.
[501] Hoebers F, Yu E, Eisbruch A, et al. A pragmatic contouring guideline for salivary gland structures in head and neck radiation oncology: the MOiST target[J]. American Journal of Clinical Oncology, 2013, 36(1): 70 - 76.
[502] Kalpathy-Cramer J, Bedrick S D, Boccia K, et al. A pilot prospective feasibility study of organ-at-risk definition using Target Contour Testing/Instructional Computer Software (TaCTICS), a training and evaluation platform for radiotherapy target delineation [C]//AMIA Annu Symp Proceedings, 2011: 654 - 663.
[503] Ford E C, Fong de Los Santos L, Pawlicki T, et al. Consensus recommendations for incident learning database structures in radiation oncology[J]. Medical Physics, 2012, 39(12): 7272 - 7290.

相关术语解释

吸收剂量(D)：吸收剂量定义为物质质量 dm 内电离辐射给予的平均能量 d$\bar{\varepsilon}$ 与其质量比的商，表达式为 $D=\frac{\mathrm{d}\bar{\varepsilon}}{\mathrm{d}m}$。其单位为焦耳每千克(J/kg)。吸收剂量的专用单位为戈瑞(Gy)。

活化：指物质通过辐照过程获得放射性的特性。

ALOK：由患者安全系统(PaSS)发出的本地联锁信号。

AMAKI：PSI 使用的快速磁力启动器。

环境剂量当量[$H^*(d)$]：辐射场中某点的剂量当量，该剂量当量由ICRU 球体(直径为 30 cm，成分比例为 76.2% O、10.1% H、11.1% C 和 2.6%N)中相应的扩展和排列场在与排列场方向相反的半径深度 d 处产生(ICRU，1993)。环境剂量当量的单位是希(沃特)(Sv)。

衰减长度(λ)：辐射强度衰减至其原始值的 1/e($\approx$0.37)所需的穿透距离。

BAL：束流分配系统。

BMxi：在 PSI 中，x 束流线中编号为 i 的机械束流阻止器。

桥：指系统的旁路，允许绕过某些状态或条件。

复合核：由尼尔斯・玻尔(Niels Bohr)于 1936 年提出的概念，描述原子核与核子结合的状态。

计算人体模型：利用计算机技术对人体进行的数字化模拟。

转换系数：在特定条件下，剂量当量与相关场量(如注量)之间的比率。

库仑障碍：目标原子核和带电粒子之间的库仑斥力，使得撞击的带电粒子可能因速度不足而无法克服这种斥力，导致碰撞无法发生。库仑障碍因此降低了带电粒子引发核反应的概率。

降解器：用于将粒子减速至选定的能量水平的一种系统。

方向剂量当量[$H'(d, \Omega)$]：在辐射场中某点的剂量当量，指的是在ICRU球体深度d处，沿指定方向Ω的半径上，由辐射场的相应扩展场所产生的剂量当量(ICRU，1993)。方向剂量当量的单位是希(沃特)(Sv)。

剂量当量(H)：剂量当量是组织中某点的Q与D的乘积。其中，Q是该点的质量因子，D是吸收剂量。剂量当量的计算公式为$H = Q \cdot D$。在国际单位制中，剂量当量的单位是焦耳每千克(J/kg)，专有名称为希[沃特](Sv)。

DSP：数字信号处理器，一种专用于高速数字信号处理的微处理器。

ECR源：电子回旋共振离子源，常用于重离子的电离过程。

有效剂量：通过应用器官权重因子，对不同器官或组织所受剂量进行加权求和得到的剂量。

当量剂量(H_T)：考虑不同辐射的辐射加权系数(w_R)，在辐射防护中用于评估组织或器官中的剂量。计算公式为$H_T = \sum_R w_R D_{T,R}$。其中，$D_{T,R}$是组织或器官T因辐射R受到的平均吸收剂量，w_R是相应的辐射加权系数。当量剂量的单位是希(沃特)(Sv)。

ETOT：来自患者安全系统(PaSS)的全球紧急关闭信号。

超额绝对风险(EAR)：受辐射人群的效应率与未受辐射人群的效应率之差。

超额相对风险(ERR)：暴露人群中的效应率与未暴露人群中的效应率之比减去1。

豁免：监管机构基于放射源造成的照射量过小，决定该放射源无须接受监管控制。

外部辐射：由治疗机头产生的二次辐射。

注量(Φ)：单位面积上单位时间内的粒子数，计算公式为$\Phi = \mathrm{d}N/\mathrm{d}a$，其中$\mathrm{d}N$是进入横截面积$\mathrm{d}a$的粒子数。单位为粒子数每平方米($m^{-2}$)或粒子数每平方厘米($cm^{-2}$)。

广义核内级联：描述能量高达数10亿电子伏特(GeV)的核相互作用过程，涉及核内强子和核子之间的弹性和非弹性碰撞级联，考虑了核势能、费米运动和相对论效应。

通用粒子相互作用和输运蒙特卡罗代码：这类蒙特卡罗代码能够在宽广的能量范围内模拟物质中的强子和电磁级联，适用于多种研究领域，不限于特定应用。

撞击参数：在靶核 X 与撞击粒子 p 之间的核碰撞中，撞击参数指的是 p 的位置与通过 X 中心且方向相同的直线之间的距离。该参数在远离 X 的位置测量，确保在此测量位置对 p 不产生任何力的影响。

联锁系统：一种用于中断粒子束辐射的系统，以防止患者体内产生的二次辐射。

IOC：输入/输出通信，指计算机专用的通信机制。

等压：质量数相同但原子序数不同的原子核。

等压产率：等压产率是核碰撞后具有特定质量数的原子核的产生概率。

区域患者安全系统：指特定地区设置的用于患者安全保护的系统。

MCS：机器控制系统，负责设备运行的集中管理。

微观模型：对于对撞强子和原子核成分（如核子、夸克和胶子）之间核相互作用描述的模型。

MPSSC：主患者安全开关和控制器，负责患者安全的关键设备。

核碎裂：非弹性相互作用导致的原子核碎裂，通过测量可证明符合剂量限值的量。操作量的例子包括环境剂量当量、定向剂量当量和个人剂量当量。

OPTIS：专为眼部治疗设计的质子治疗束线系统。

场外剂量：主射束穿透区域之外所接受的剂量。

PaSS：患者安全系统，确保治疗过程中患者的安全。

个人剂量当量[$H_p(d)$]：人体某指定点下适当深度 d 的软组织剂量当量，单位为希（沃特）(Sv)。

PLC：可编程逻辑控制器，一种用于自动化控制的设备。

即时辐射：由原始加速粒子的核反应立即产生的辐射。

防护量：国际放射防护委员会规定的人体剂量测定量，如有效剂量和当量剂量。

PSI：瑞士保罗舍勒研究所。

PSS：人员安全系统。

质量系数：保守定义的权重系数，表示作为线性能量转移函数的生物有效性。

辐射权重系数：保守定义的权重系数，表示作为粒子类型和能量函数的生物效应，用于全身外照射。

相对生物效应(RBE)：两种不同类型的辐射造成相同程度影响所需的剂

量之比。

相对风险(RR)：具有特定风险因素群体的发病率除以不具有该特定风险因素群体的发病率。

残余辐射：一次加速粒子及其中子和带电粒子的二次辐射产生放射性核素。由这些诱导放射性核素解体释放出的辐射(如光子和 β 射线)称为残余辐射。

共振：当射弹粒子能量与目标原子核的能级相吻合时发生的现象，反应截面上会出现显著峰值的现象。

RF：射频，常用于加速器中提供加速电压。

RPS：运行许可系统，又称加速器/机器联锁系统。

RPSM：RPS 中的专用模块，具备多个输入/输出通道。

饱和放射性活度：辐照引起的最大放射性活度，通常在辐照时间超过半衰期的几倍时，就达到了饱和放射性活度。

散射辐射：由主束流散射引起的辐射。

二次辐射：主射束与射束线部件或患者体内发生相互作用时产生的二次粒子辐射。

SIL：治疗控制系统，负责治疗过程中的控制与处理。

溅射：目标原子核与高能重抛射体原子核之间的碰撞过程。任何一种比解体重核更轻的核都可以在溅射反应中产生。

造型模型：使用简单的几何形状在计算机上表现人体。

TCS：治疗控制系统，负责治疗过程中的控制与处理。

厚靶产率(TTY)：靶的二次辐射发射，其厚度略大于辐照带电粒子的范围。TTY 的例子包括中子总产率和中子能量角分布。

跳闸：触发关闭束流的信号。

调谐：对束流线进行预定义设置的过程。

减少差异技术：用于提高迭代估计值精度的程序之一。

体素化模型：采用网格几何结构在计算机中对人体进行表示。

监控系统：备份计时器，用于测量剂量应用的持续时间。

关键性：对风险重要性的评估。

事件树：从故障影响的缓解开始，然后沿着可能阻碍安全缓解工作的问题的道路前进。

故障树：自上而下的方法。从事故、危害或故障开始，确定一连串事件，并确定可能导致事故的危害。

失效模式与影响分析(FMEA)：自下而上的方法。分析可能的故障模式及其影响、重要性以及如何减轻这些影响。

危害分析：自上而下的方法。对可能存在的危险种类、所涉及的风险进行评估，并对其重要性和缓解措施进行分析。

缓解：用于降低危害或故障风险的措施。

风险：事件的严重性和发生概率的组合。

工作流程：进行治疗所需的步骤(不一定按照任何给定的顺序)。

推荐阅读

[1] Israelski E, Muto W. Risk management in medical products[M]. In: Carayon P (Ed.), Handbook of Human Factors and Ergonomics in HealthCare and Patient Safety Second Edition. Boca Raton, FL: CRC Press, 2012.

[2] http://www.usercentric.com/healthcare/FMEA

[3] http://www.hopkinsmedicine.org/news/publications/quality_update/winter_2011/looking

[4] http://www.slideshare.net/elekta2/radiation-safety-identifying-and-improving-points-of-potential-failure

[5] Gawande, "The Checklist," *Annals of Medicine*, Dec 2007

[6] http://www.qualityindicators.ahrq.gov/Modules/PSI_TechSpec.aspx

[7] https://www.astro.org/Clinical-Practice/Patient-Safety/ROILS/index.aspx

[8] https://rpop.iaea.org/RPOP/RPoP/Content/ArchivedNews/3SevereRadiotherapyAccident23pat.htm

[9] https://rpop.iaea.org/RPOP/RPoP/Content/Documents/Whitepapers/rapport_IGAS-ASN.pdf

[10] http://www.telegraph.co.uk/news/worldnews/europe/france/9837803/French-doctors-and-rad

[11] https://rpop.iaea.org/RPOP/RPoP/Content/AdditionalResources/Training/df1_TrainingMaterial/AccidentPreventionRadiotherapy.htm

[12] IAEA Safety report series No 17: Lessons learned from accidental exposures in radiotherapy; Vienna 2000. Available at http://www-pub.iaea.org/books/iaeabooks/5818/Lessons-Learned-from-Accidental-Exposures-in-Radiotherapy

[13] http://www.hopkinsmedicine.org/news/publications/quality_update/winter_2011/looking_forward_to_adverse_events

[14] http://www.nytimes.com/2010/01/24/health/24radiation.html?_r=0

[15] http://well. blogs. nytimes. com/2010/01/23/when-radiation-treatment-turns-deadly/
[16] https://rpop. iaea. org/RPOP/RPoP/Content/ArchivedNews/3_SevereRadiotherapyAccident23patients. htm
[17] http://www. telegraph. co. uk/news/worldnews/europe/france/9837803/French-doctors-and-radiologist-jailed-for-radiation-overdoses. html
[18] http://www. fda. gov/MedicalDevices/NewsEvents/WorkshopsConferences/ucm211110. htm
[19] https://www. accessdata. fda. gov/scripts/cdrh/cfdocs/cfmaude/search. cfm
[20] http://www. hopkinsmedicine. org/news/media/releases/three_years_out_safety_checklist_continues_to_keep_hospital_infections_in_check
[21] Surveys on Patient Safety Culture Research Reference List，http://www. ahrq. gov/professionals/quality-patient-safety/patientsafetyculture/resources/index. html
[22] IAEA Technical Reports Series 430[R]. Vienna，2004. http://www. pub. iaea. org/mtcd/publications/pdf/trs430_web. pdf
[23] http://armstronginstitute. blogs. hopkinsmedicine. org/2014/12/02/small-wins-line-the-path-toward-zero-harm/

附录　彩　图

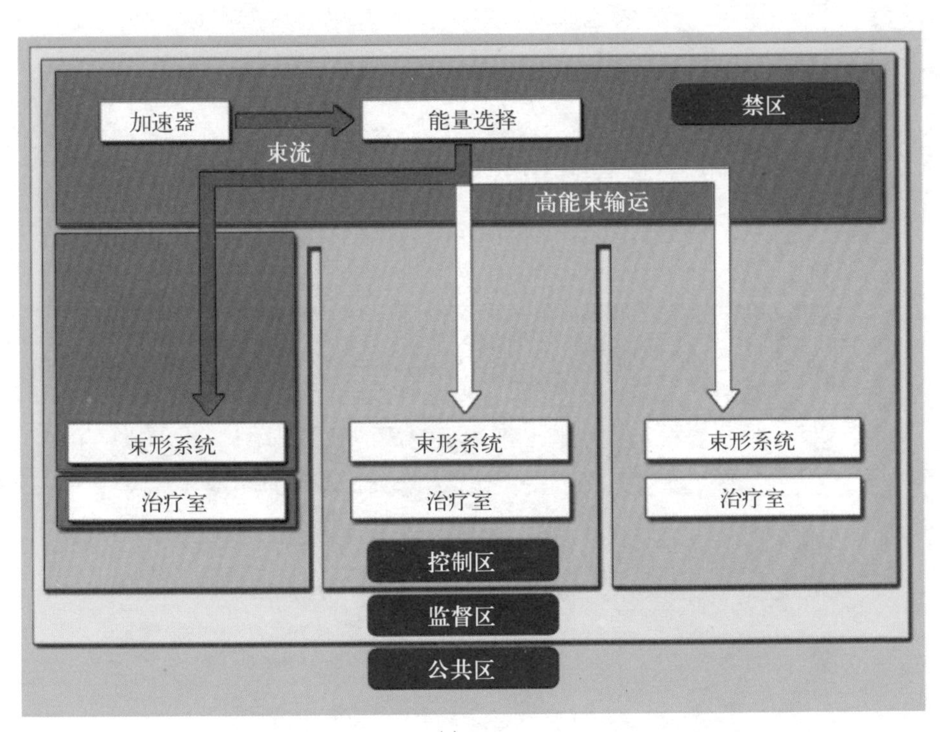

(a)

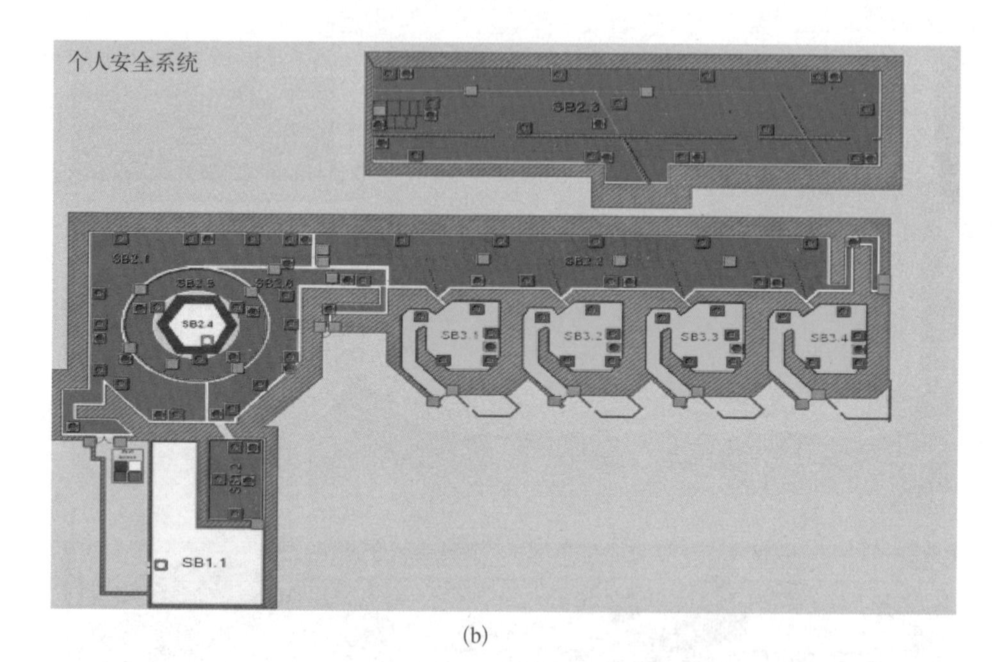

(b)

图 3 - 1　粒子治疗设施的放射区域划分及访问限制示意图

(a) 放射区域划分;(b) 放射区域访问限制

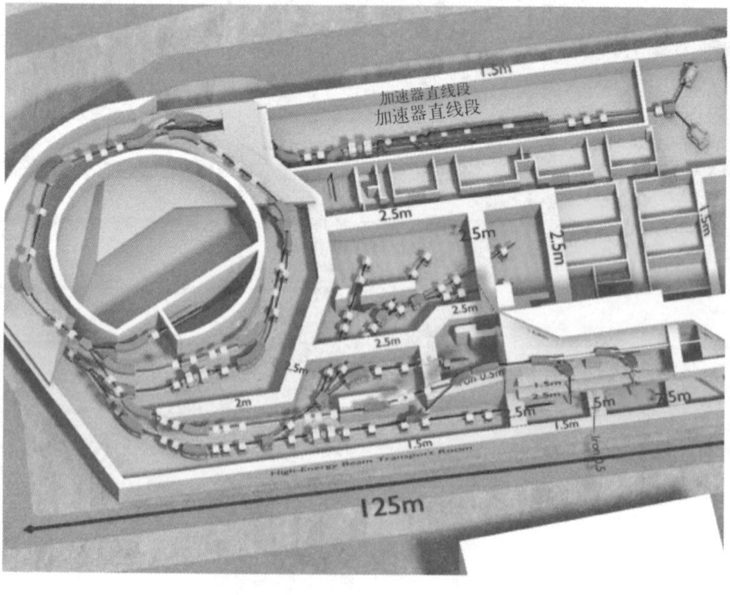

图 3 - 24　HIMAC 设施布局

[由 Fehrenbacher G、Goetze J 和 Knoll T 提供(GSI, 2009)]

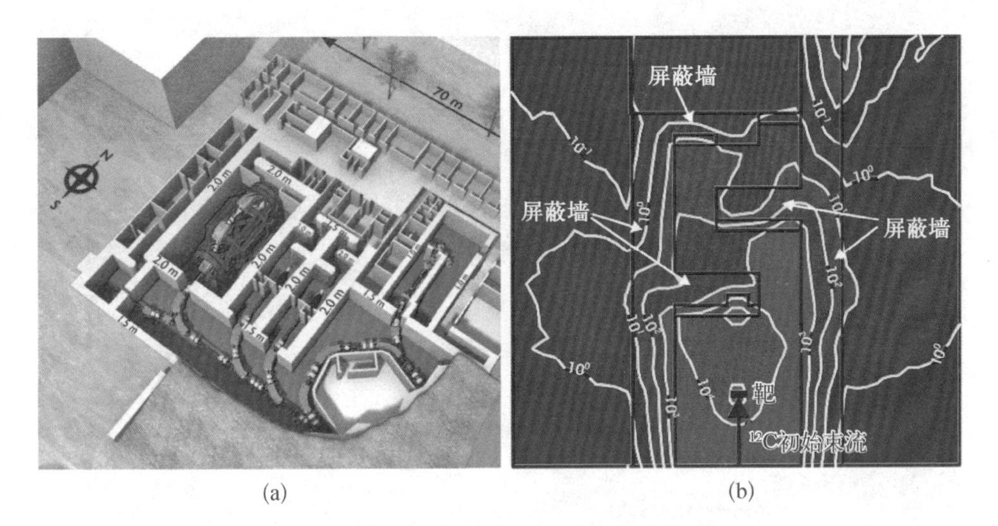

(a)　　(b)

图 3-27　海德堡 HIT 加速器设施布局

(a) 加速器设施;(b) 碳离子束在水平束治疗室中的剂量分布

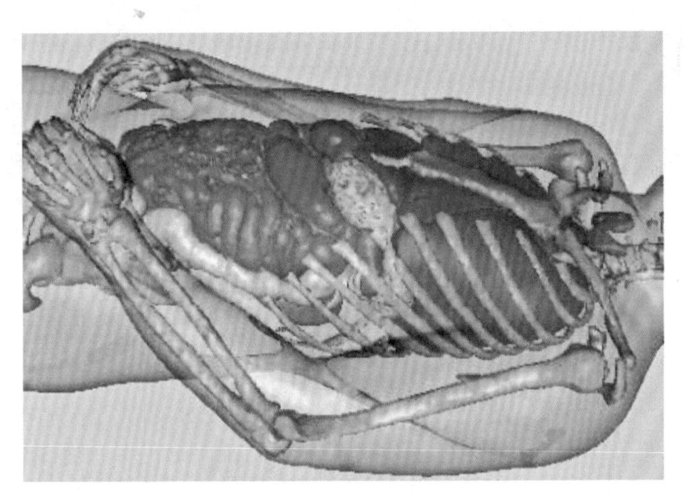

图 7-1　全身成年男性体模 VIP-Man 的躯干

(据 Xu et al，2000)

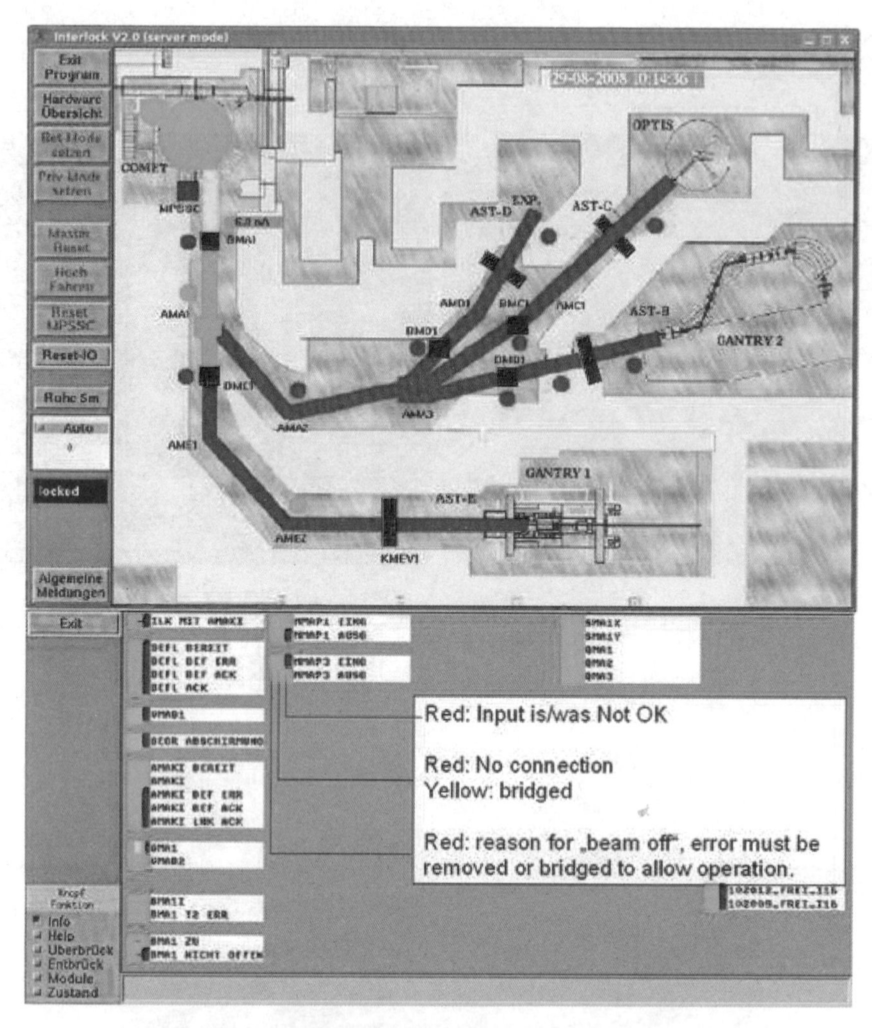

图 8-9 机器联锁(运行许可系统)状态概览

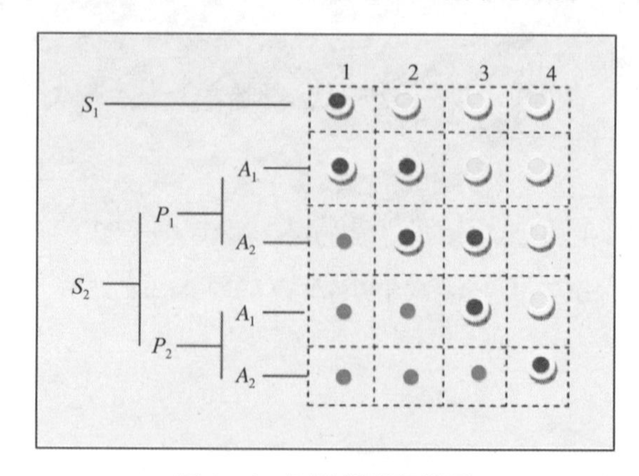

图 9-2 风险缓解矩阵图